城镇防沙理论与工程
Theory and Engineering of Blown Sand Disaster Control for City and Town

邹学勇　张春来　程　宏　吴晓旭　石　莎　著

By Zou Xueyong, Zhang Chunlai, Cheng Hong, Wu Xiaoxu and Shi Sha

科学出版社

北　京

内 容 简 介

本书针对中国北方和青藏高原城镇风沙灾害的孕灾环境、风沙灾害现状、成因与发展趋势,提出了城镇防沙工程的核心思想和理论框架。根据城镇防沙技术的分类与功能,阐明了各种单项技术的防沙原理和技术参数优化、多项技术的优化配置及其防沙原理;制定了不同规模和重要性城镇的具体防护目标和工程设计原则,总结出不同自然条件下城镇防沙工程布局和技术模式。以位于青藏高原风沙灾害区的狮泉河镇防沙工程、拉萨市柳吾新区防沙工程、三个小城镇防沙工程,以及位于中国北方风沙灾害区的嘎鲁图镇防沙工程为案例,论述了不同生物气候区和不同规模城镇的防沙工程技术模式,以及其推广应用的潜在价值。分析了城镇防沙工程效益与环境影响,提出了城镇防沙工程管理与质量保障措施。

本书可供从事自然地理学、水土保持与荒漠化防治学、灾害学、生态学、风工程学研究的有关人员,以及相关专业的教学和科研人员参考使用。

审图号:GS(2018)3334 号

图书在版编目(CIP)数据

城镇防沙理论与工程 / 邹学勇等著 . —北京:科学出版社,2018.5
ISBN 978-7-03-055484-0

Ⅰ.①城… Ⅱ.①邹… Ⅲ.①城镇–防沙工程 Ⅳ.①TV673

中国版本图书馆 CIP 数据核字(2017)第 282055 号

责任编辑:王 运 / 责任校对:张小霞
责任印制:肖 兴 / 封面设计:铭轩堂

科学出版社 出版

北京东黄城根北街 16 号
邮政编码:100717
http://www.sciencep.com

三河市春园印刷有限公司 印刷

科学出版社发行 各地新华书店经销

*

2018 年 5 月第 一 版 开本:787×1092 1/16
2018 年 5 月第一次印刷 印张:17 1/2
字数:420 000

定价:228.00 元

(如有印装质量问题,我社负责调换)

序

自然环境变化或者人为因素导致风沙掩埋城市的现象，在古今中外不乏其例。中国的楼兰和统万城、沙特阿拉伯的萨利赫迈达（Madain Saleh）、毛里塔尼亚的欣盖提（Chinguetti）等古城都已经被风沙掩埋，纳米比亚的科尔曼斯克普（Kolmanskop）和马里的通布图（Tombouctou）等文化历史名城正在遭受风沙侵袭，而中国受风沙危害的城市和建制镇数量多达 1628 座。中国受风沙危害的城镇主要分布在北方风沙区、青藏高原南部谷地和西部地区，根据《国家新型城镇化规划（2014—2020 年）》，培育发展中西部地区城市群，加快发展中小城市，特别是"丝绸之路"沿线城镇和藏中南地区城镇，是"两横三纵"为主体的城镇化战略格局的重要组成部分。在中国大力推进城镇化的背景下，城镇作为区域经济、政治和文化中心，防沙工作任重道远。

长期以来，针对公路、铁路和水库等重要基础设施的防沙工程开展了大量研究，在工程实践上取得了巨大成就，其中中国科学家的贡献尤为突出。但至今没有针对城镇防沙工程的系统性研究成果出现，不得不说是防沙治沙工程研究领域的一个缺憾。因此，当北京师范大学邹学勇教授邀请我为他们刚刚完成的《城镇防沙理论与工程》作序时，我欣然同意。这本著作是他们近三十年来在克服干旱缺水、烈日严寒、大风沙尘袭击等严酷的困难条件下，进行艰苦的科学考察和实验研究的成果。这是一本内容丰富、理论与实践有机结合的重要论著，是叩世之作。书中既有在风洞模拟实验和数值模拟支持下的理论成果，也有城镇防沙工程区的实地观测结果和工程实践的典型案例分析；既深入地阐明了各种单项防沙技术和多种技术优化配置的工程技术原理，也总结出了不同生物气候区的城镇防沙综合技术体系模式，这对中国乃至其他国家的城镇防沙都具有指导意义。

城镇防沙理论与工程是一个新的领域。作者及其团队通过长期的理论和工程实践研究，对一批典型城镇防沙工程进行工程设计，并且在当地政府和相关部门组织下成功实施。在积累了丰富的理论和工程实践资料基础上，作者深入分析了中国城镇风沙灾害的孕灾环境、成因、危害形式和发展趋势，提出了城镇防沙的概念、核心思想、理论框架和工程设计原则，总结出了中国干旱、半干旱和半湿润区城镇防沙工程技术模式，初步构建了城镇防沙理论体系。该著作是防沙治沙工程研究领域的最新力作，为完善治沙工程学的理论和工程技术做出了重要贡献。

该著作从单项技术关键参数优化和多项技术优化配置、工程布局、工程设计、工程施工管理和保障措施、工程环境影响、工程实施效果等方面，阐述了城镇防沙工程的基本要素，包含了丰富的治沙工程学基础理论和城镇防沙工程典型案例分析资料，内容涉及风沙物理、治沙工程、恢复生态、造林、农田水利、水文水资源等多个学科。该书的出版，必将对我国实施西部大开发战略中的城镇防沙治沙工作的理论研究和生产实践发挥十分重要的作用，对相关领域的科技人员和学生也具有参考价值。

吴　正

2018 年 4 月 7 日

Foreword

Due to the changes in the natural environment, or because of human factors, the cases that cities have been buried by blown sand happened time and again. Many ancient cities, including Loulan City and Tongwan City in China, Madain Saleh in Saudi Arabia, and Chinguetti in Mauritania, had been buried by blown sand. Some famous cultural and historic cities, like Kolmanskop in Namibia and Tombouctou in Mali, are currently facing the threat of blown sand. In China alone, 1628 cities and towns are suffering from blown sand disasters. Most of these cities and towns are located in blown sand-affected areas of northern China, and southern valleys and western areas in the Qinghai-Xizang Plateau. According to the "New Urbanization Plan (2014—2020)", an essential component of the strategic pattern of urbanization (with "Two East-west and Three North-south" urban belts as the main subject) is to cultivate and develop urban agglomerations in the Midwest China, and to accelerate the development of small and medium-sized cities, in particular those located along the Silk Road and in south-central Xizang. Cities and towns typically assume a central role in politics, economy and culture. With the urbanization of China advancing vigorously, there is still a long way to go for the research on blown sand disaster control for city and town.

For a long period, abundant research has been conducted on methods to avert blown sand damage to highways, railways, and water reservoirs. Great engineering achievements have been obtained, and Chinese scientists have made particularly important contributions to this field. Regretfully, systematic research regarding the blown sand disaster control for city and town is limited at the present time. Therefore, I am glad to be invited by Professor Zou Xueyong of Beijing Normal University to write this foreword for their recently finished book, *Theory and Engineering of Blown Sand Disaster Control for City and Town*. This book is a result of hard scientific investigation and experimental studies carried out by the authors and their colleagues for almost 30 years. Their work was conducted under severe conditions, including drought and water shortage, hot and cold weather, strong wind and sandstorms. This book combines theory with practice and bears significance not only for China but also for the world, thus it marks the beginning of a new research field. The book covers the theoretical results supported by wind tunnel experiments and numerical simulations, field measurements performed in the areas of blown sand disaster control engineering, and case analysis of typical engineering practices. The book thoroughly expounds the engineering principles of various single technologies applied for the control of blown sand disaster and optimizes the allocation of multiple technologies. It summarizes different patterns of comprehensive technological system that can be used for blown sand disaster control of cities and towns located in different bioclimatic zones. The book provides significant guidance for control of blown sand disasters for city and town in China and also in other countries.

The theory and engineering of blown sand disaster control for city and town became a new scientific field. By many years of theoretical research and practice, the contributing authors and their colleagues developed designs for controlling blown sand disasters in typical cities and towns. These engineering efforts have been successfully implemented with the support of local governments and relevant departments. The accumulation of abundant theoretical and engineering practice data allowed the authors to perform in-depth analysis of disaster formative environments, forms of damage, and developing trends of blown sand disasters in cities and towns of China. The authors proposed concepts, core thoughts, theoretical framework, and design principles for the control of blown sand disasters in cities and towns. Subsequently, they established a theoretical system of blown sand disaster control in cities and towns and summarized the technological patterns for blown sand disaster control in arid, semi-arid, and semi-humid regions. This book represents a masterpiece that makes a significant contribution to the improvement of theoretical and practical technology systems for blown sand control engineering.

This book expounds the basic elements involved in blown sand disaster control engineering for city and town, such as key parameter optimization of asingle technology, the optimized scheme of combined multiple technologies, engineering layout, engineering design, implementation of engineering management and safeguards, and benefits and environmental impact of the engineering. The book provides the readers with extensive theories and typical case analysis in engineering for blown sand disaster control. The disciplines involved include blown sand physics, blown sand control engineering, restoration ecology, silviculture, irrigation and drainage engineering, hydrology, and water resource science. The publication of this book will undoubtedly have an essential impact on theoretical research and practical operations related to the prevention and control of blown sand disasters in cities and towns. Additionally, it will serve as a reference for the research and technology staff and students active in this field.

Professor Wu Zheng

April 7th, 2018

前　言

　　城镇风沙灾害防治工程是以风沙物理学、治沙工程学、恢复生态学、造林学、景观生态学、区域可持续发展理论为基础的一个新的跨学科领域，简称为城镇防沙工程。与一般风沙灾害防治工程不同的是，城镇防沙工程是以城镇为防护对象，以治理城镇周边荒漠化土地、防治风沙入侵城镇、消除或降低城镇大气颗粒污染物浓度为目的，多种防沙技术优化配置，在面域上实施的风沙灾害综合防治工程。其核心思想是以城镇为中心，在深入研究风沙灾害成因和区域风沙流场特征的基础上，建立防沙工程体系，优化城镇周边土地利用空间格局，防止风沙入侵和改善大气环境质量，实现以城镇为中心的区域经济社会和资源环境协调与可持续发展。

　　根据《国家新型城镇化规划（2014—2020 年)》，培育发展中西部地区城市群，加快发展中小城市，特别是"丝绸之路"沿线城镇和藏中南地区城镇，是"两横三纵"为主体的城镇化战略格局的重要组成部分。然而，作为区域政治、经济和文化中心的城镇，在中国风沙灾害区的数量达 1628 座。其中，大城市 7 座，中等城市 2 座，小城市 66 座，建制镇 1553 座。随着城镇化率的提高，城镇规模快速扩展，风沙对城镇的危害不可避免地成为主要环境问题之一。早在 20 世纪 80 年代，西藏自治区阿里地区的狮泉河镇因遭受风沙侵袭，面临城镇被毁、居民难以正常工作和生活的困境。1990～2002 年，我们先后受阿里行署和西藏自治区发展和改革委员会领导的邀请，对狮泉河镇风沙灾害进行了深入研究，并规划和设计了狮泉河镇防沙工程。考虑到狮泉河镇的气候极端干旱和高寒，国际上也没有针对城镇防沙工程的经验，以及防沙工程投入资金大，将该项工程分为五期进行设计和施工，以便筹措资金和积累经验。经过十余年的努力，狮泉河镇防沙工程取得了远超预期的成功，成为西藏自治区风沙灾害防治的样板工程，这给我们以极大鼓舞。随后，在国家"十五"、"十一五"和"十二五"计划期间，连续得到科技部科技支撑计划、西藏自治区发展和改革委员会、阿里地区行署、国家自然科学基金委员会等提供的项目支持，对城镇防沙技术和工程实践开展了较为系统的研究。近三十年来，我们在持续开展各类防沙技术的工作原理和多种防沙技术的优化配置研究基础上，在中国风沙灾害区的多个城镇周边开展了防沙工程技术试验研究，并将研究成果应用到中国北方半干旱区和青藏高原地区的多个城镇防沙工程，取得了令人满意的结果。在国家大力推进城镇化的背景下，风沙灾害区的城镇规模和数量在未来相当长时期内将会持续扩张和增加，对城镇防沙技术的需求将更加急迫。以此为契机，我们对已有的研究积累进行总结，撰写了《城镇防沙理论与工程》一书。本书力图从城镇防沙技术的工作原理出发，阐述各种单项技术的应用条件和关键技术参数优化、多项技术的优化配置，直至整个防沙工程技术体系的建立。通过解析位于不同生物气候区城镇的防沙工程技术体系，希望获得多种可复制的城镇防沙工程技术体系模式。

　　本书共 11 章。第 1 章为城镇化与风沙灾害，由邹学勇撰写，主要分析了沙区城镇风沙灾害孕灾环境、风沙灾害现状、成因与发展趋势，阐述了城镇化过程与风沙灾害的关系。第 2 章为城镇防沙理论基础，由邹学勇撰写，简要回顾了城镇防沙研究历史，提出城镇防沙工程的核心思想和理论框架，阐述了城镇防沙的理论基础。第 3 章为城镇防沙技术的分类与功能，由张春来撰写，总结了防沙技术的分类与功能，阐明了单项技术和多项技术组合的应用条件。第 4 章为城镇防沙工程技术原理，由程宏、张春来、邹学勇撰写，阐述了地表起沙起尘理论，各种单项技术的防沙原理和技术参数优化，多项技术的优化配置及其防沙原理，以及与防沙工程配套的辅助技术应用。第 5 章为城镇防沙工程技术模式，由邹学勇撰写，对不同规模和重要性的城镇，制定了防沙工程的具体防护目标和工程设计原则，提出位于不同生物气候区城镇防沙工程的布局和技术模式。第 6 章为青藏高原极端高寒干旱气候区山间盆地城镇防沙工程，由邹学勇撰写，以西藏自治区阿里地区狮泉河镇防沙工程为案例，论述极端恶劣自然环境下的城镇防沙工程布局和防沙工程技术体系优化配置。第 7 章为青藏高原半干旱气候区河流宽谷城市防沙工程，由张春来、邹学勇撰写，以西藏自治区拉萨市柳吾新区防沙工程为案例，论述青藏高原上位于河流宽谷地带的城镇防沙工程布局和防沙工程技术体系优化配置。第 8 章为青藏高原半干旱和半湿润气候区小城镇防沙工程，由邹学勇撰写，以西藏自治区日喀则和平机场（包括江当乡政府所在地）、扎囊县桑耶镇、林芝机场（包括米林县城）三个小城镇防沙工程为案例，论述小城镇防沙工程布局和防沙工程技术体系优化配置。第 9 章为中国北方半干旱气候区小城镇防沙工程，由邹学勇、吴晓旭、石莎撰写，以内蒙古自治区乌审旗嘎鲁图镇为案例，论述位于沙尘源地内部小城镇防沙工程布局和防沙工程技术体系优化配置。第 10 章为工程效益与环境影响，由张春来撰写，阐述了城镇防沙工程产生的生态、经济和社会效益，以及工程施工阶段和完工后对城镇周边的环境影响。第 11 章为工程管理与质量保障，由邹学勇撰写，阐述了实施防沙工程前开展科学研究、工程规划和设计的重要性，提出了工程施工前、施工过程中和施工后工程运行管护的要求。全书由邹学勇完成统稿。

　　在研究工作和书稿撰写过程中，我们得到很多同行、地方政府和部门领导的帮助。感谢中国科学院寒区旱区环境与工程研究所董光荣研究员，他指引我们走上城镇防沙工程研究的道路；中国科学院寒区旱区环境与工程研究所靳鹤龄研究员、郭迎胜工程师、刘玉璋高级工程师等参与完成了狮泉河镇防沙工程的野外考察、勘测、规划和设计；中国林业科学研究院卢琦、吴波研究员为我们获得研究经费支持付出了艰辛劳动，并对研究工作提供很多帮助；西藏自治区发展和改革委员会、西藏自治区阿里地区行署、西藏自治区林业厅、拉萨市政府等单位的有关领导，为我们开展城镇防沙工程实践给予了大力支持；北京师范大学亢力强副教授和刘辰琛博士提供了部分单项防沙技术工作原理的研究成果，武建军、伍永秋、高尚玉教授等鼓励我们完成本书撰写。北京师范大学地理学院为本书提供出版经费。科学出版社王运编辑的热情帮助和细致工作，使本书编排质量得到保证。特别感谢华南师范大学吴正教授一直给予的鼓励，并应邀为本书作序。还有其他很多给予支持和帮助的同行，无法一一列举致谢，在此一并深表谢意！

　　撰写本书的初衷是抛砖引玉，希望城镇防沙技术和工程研究能够引起广大同行的关注。城镇防沙理论与工程尚属一个新的领域，本书虽然力图构建城镇防沙理论，并基于工程实践提出几套针对不同风沙环境的城镇防沙技术体系模式，但无疑需要继续完善。限于作者的研究水平，书中定有不妥甚至谬误之处，敬请读者批评指正。

Preface

Blown sand disaster control engineering for city and town is a new interdisciplinary field. It is based on several subjects such as physics of blown sand, blown sand control engineering, restorative ecology, silviculture, landscape ecology, and the theory of sustainable regional development. It differs from the common blown sand disaster control, since its object for protection consists of a city or a town. It aims at managing desertified lands in peripheral areas of the town, preventing blowing sand from invading the city and town, eliminating or reducing the concentration of particulate atmospheric pollutants, and optimizes the allocation of several engineering technologies and comprehensively applies them to the regional blown sand disaster control. With the city and town as center, on the basis of in-depth studies on course of blown sand disasters and the regional wind and blown sand field, the core of blown sand disaster control is to prevent blowing sand from invading into urban areas, improve the quality of ambient air by constructing control engineering systems, and optimize the spatial pattern of land use in peripheral areas of cities and towns. The overarching objective of these actions is to ensure a coordinated and sustainable socio-economic development of the region while preserving its resources and environment.

According to the "New Urbanization Plan (2014—2020)", an essential component of the strategic pattern of urbanization (with "Two East-west and Three North-south" urban belts as the main subject) is to cultivate and develop urban agglomerations in the Midwest China, and to accelerate the development of small and medium-sized cities, in particular those located along the Silk Road and in south-central Xizang. However, 1628 Chinese cities and towns, serving as political, economic and cultural centers, suffer from blown sand disasters. Among them, there are 7 big cities, 2 medium-sized cities, 66 small cities, and 1553 towns. With the increasing rate of urbanization, the size of towns is rapidly expanding and the threat of blown sand disasters inevitably becomes a major environmental problem. Early in the 1980s, the Shiquanhe Town of Ngari Prefecture in Xizang Autonomous Region was invaded by blowing sand, and faced both the destruction of the town and the disruption of the normal way of work and life of local people. From 1990 to 2002, we were repeatedly invited by the leaders of Ngari Prefecture Government and Development and Reform Commission of Xizang Autonomous Region to do in-depth research on blown sand disasters in the Shiquanhe Town, and to make planning and design of the blown sand disaster control engineering for the town. Considering extremely arid and cold alpine climate in the Shiquanhe Town, rare successful cases achieved internationally, and large capital investment necessary, the engineering task was divided into five stages that would allow financing and gaining experience. After more than a decade of efforts, the blown sand disaster control engineering in the

Shiquanhe Town reached a success that was beyond our expectations and became a typical project in the Xizang Autonomous Region. We are greatly encouraged by this success. Subsequently, during the period form the "10th Five-Year Plan" to "12th Five-Year Plan", we have been continuously funded by the National Science and Technology Ministry of China, Development and Reform Commission of Xizang Autonomous Region, Forestry Department of Xizang Autonomous Region, and National Natural Science Foundation of China, and have conducted systematic research on the technology and engineering practice of blown sand disaster control engineering for city and town. In the last three decades, by continuous studies on working principles and optimized schemes for various technologies, we conducted engineering test research on the control of blown sand disasters in peripheral areas of many cities and towns in China. The research results were applied to blown sand disaster control engineering for the towns located in the semi-arid zone of northern China and Qinghai-Xizang Plateau. The achievements were satisfactory. With the urbanization in China advancing vigorously, the number and size of cities and towns in blown sand disaster-affected areas will continue to increase in the future. This process will place even more urgent demand for the technology needed for the control of blown sand disasters affecting cities and towns. Therefore, we take this opportunity to summarize the accumulated research to write the book *Theory and Engineering of Blown Sand Disaster Control for City and Town*. Taking the working principles of blown sand control technology as the basic starting point, this book tries to expound conditions of application of various technologies, optimization of both the key technical parameters and allocation of multiple technologies in blown sand disaster control for city and town, and finally elaborate the entire procedures of the establishment of the blown sand control engineering system. We hope to obtain replicable patterns of engineering and technology system for blown sand disaster control through their evaluation in different bioclimatic zones.

The book is divided into eleven chapters. Chapter 1 was written by Dr. Zou Xueyong and covers the issue of urbanization and blown sand disasters. This chapter mostly provides analysis of disaster formative environments, current status, and formative causes and developing trend of blown sand disasters of cities and towns located in blown sand disaster-affected areas. The relationship between urbanization process and blown sand disasters is also explained in this chapter. Chapter 2, written by Dr. Zou, brings forward theoretical basis of controlling blown sand disasters in cities and towns. Following briefly review of the research history in this field, the core concepts and theoretical framework of blown sand control engineering for cities and towns were proposed, and the theoretical basis of blown sand disaster control was brought forward. Chapter 3, which addresses the classification and function of technology in the control of blown sand disasters in cities and towns, was written by Dr. Zhang Chunlai. This chapter also clarifies the conditions for application of various single technologies or combined multiple technologies. Chapter 4, was written by Dr. Cheng Hong, Dr. Zhang and Dr. Zou, deals with the technology and the principles of blown sand disaster control in cities and towns. It elaborates on the theories of sand/dust emission from earth surfaces, principles of blown sand disaster control, and optimization of technologic parameters for various single technologies. It also addresses the optimized configuration and the working principles of multiple technologies, and the application of supporting measures matched with the engineerings for blown sand disaster control. Chapter 5, written by Dr. Zou, provides the typical patterns of blown sand disaster control engineering for city and town, and also sets concrete protection goals and planning principles of engineering for blown sand disaster control for cities and towns of different size and importance, located in different bioclimatic zones. Chapter 6, written by Dr. Zou, describes the pattern of blown sand disaster control engineering in extremely arid and cold alpine intermountain basin in Qinghai-Xizang Plateau. This chapter uses the typical case of blown sand disaster control engineering implemented in the Shiquanhe Town of Ngari Prefecture in Xizang Autonomous Region, and analyses and summarizes blown sand disaster control engineering layout and optimization under extremely harsh natural environment. Chapter 7, describing blown sand disaster control engineering for cities and towns located in a wide river valley in semi-arid area of the Qinghai-Xizang Plateau, was written by Dr. Zhang and Dr. Zou. This chapter highlights the case of blown sand disaster control engineering in the Liuwu District of Lhasa. Chapter 8, written by Dr. Zou, details blown sand disaster control engineering for small towns in semi-arid and semi-humid regions of the Qinghai-Xizang Plateau. This chapter describes three cases of blown sand disaster control engineering in the Xigazê Peace Airport (including the seat of the Jiangdang township government), Samye Town in Zhanang County and Nyingchi Airport (including Mainling town) in Xizang Autonomous Region. The layout and optimized scheme from a system of blown sand disaster control engineering in a small town is also provided. Chapter 9, written by Dr. Zou, Dr. Wu Xiaoxu, and Dr. Shi Sha, addresses a blown sand disaster control engineering for small city and town in semi-arid area in northern China. This chapter uses a typical case of blown sand disaster control engineering in the Galutu Town of Uxin Banner in Inner Mongolia Autonomous Region, and describes the layout and optimized scheme of engineering system for blown sand disaster control for cities and towns located within sand-dust source areas. Chapter 10, written by Dr. Zhang, explains ecological, economic, and social benefits provided by blown sand disaster control engineering in and around cities and towns, and environmental impact during engineering implementation and post-implementation stages. Chapter 11, devoted to engineering management and quality safeguards, was written by Dr. Zou. This chapter stresses the importance of pre-scientific research, engineering planning and design. It also lists the requirements for management and maintenance before, during and after implementation of the engineering system. Dr. Zou compiled the entire manuscript of this book.

During the process of research and the book writing, we have received extensive helps from many peers, and leaders of local governments and department. We greatly appreciate Professor Dong Guangrong of the Cold and Arid Regions Environmental and Engineering Research Institute, Chinese Academy of Sciences(CAREERI, CAS), who led us on the path of research on blown sand disaster control engineering for city and town. We thank Professor Jin Heling, Engineer Guo Yingsheng, and Senior Engineer Liu Yuzhang of the CAREERI, CAS, for their participation in field investigations, planning, and design of blown sand disaster control engineering of the Shiquanhe Town. We thank Professor Lu Qi and Professor Wu Bo of Chinese Academy of Forestry for their great effort in helping us to obtain funding support and providing enormous assistance in our research work. We thank the leaders of Development and Reform Commission of Xizang Autonomous Region, Ngari Prefecture Government, Forestry Department of Xizang Autonomous Region, and Lhasa Municipal Government for their great support for our practical work on implementing blown sand disaster control engineering for city and town. We are grateful to Associate Professor Kang Liqiang and Dr. Liu Chenchen of Beijing Normal University (BNU) for providing the research achievements on working principles of some single technologies of blown sand disasters control. We thank Professors Wu Jianjun, Wu Yongqiu and Gao Shangyu of BNU for their encouragement for us to write this book. We thank the Editor Wang Yun of Science Press for kind help and professional assistance, which ensured a high-quality compilation of the book. In particular, we would like to acknowledge Professor Wu Zheng of South China Normal University for the encouragement he has always given us, and for writing Foreword for this book at our invitation. Numerous other peers also provided support and help. We cannot list all of them here, but we wish to express our deepest gratitude for their contribution. We acknowledge the financial support by the publishing fund of the College of Geography in BNU.

The purpose of writing this book was to inspire our peers to pay due attention to research in the new field of technology and engineering of blown sand disaster control for cities and towns. In this book, while we tried to construct relevant theories and propose several patterns of blown sand disaster control engineering for city and town, further improvement is undoubtedly needed. There are certainly many inappropriate statements or even mistakes in the book due to the limitation of the authors' research, we look forward to receiving criticism from readers.

目　　录

第1章　城镇化与风沙灾害

根据《中华人民共和国城市规划法》，城镇是城市和镇的统称。根据中国现有的规定，将非农业人口规模在10万人以上的定义为城市，人口少于10万且大于2000的定义为镇（毛曦，2004；张俊良和彭艳，2006）。尽管每个城镇形成历史长短和规模不同，政治、经济、文化等影响力存在显著差异，但在一定区域内城镇具有相似的特征和功能，即它们都是区域综合发展的中心。在学术界，尽管对城市的定义仍存在分歧，但可以概括地认为"城市是人类文明的产物，是国家或地区的政治、经济、文化、教育、交通、金融、信息中心"（隗瀛涛，1989）。

城镇化是城市人口比重逐步提高和城市空间不断扩展，产业结构转型升级和居民消费水平不断提高，人类整体素质提升和生活方式逐步转变，社会流动性日益增强和文化多样性传播交融的过程（石忆邵，2003）。城镇化是各国经济社会发展历程中的重要阶段，对一个国家的政治、经济和科技发展，以及国民生活质量和综合素质提高都具有重大意义。除西方发达国家城镇化水平达到后期阶段外，广大的发展中国家尤其像中国这样的发展中大国，城镇化水平刚刚进入中期阶段（30%~70%），城镇在经济社会发展中起着越来越重要的作用，促使不同研究领域的学者对城镇化的发展规律和社会经济作用进行多角度探索。

经济学家关注于城镇发展与工业化水平、经济发展速度、人口集聚、环境代价等（Black and Henderson，1999；Handerson，2002）；社会学家注重城市与郊区农村人口在经济收入、社会公益事业和基础设施等方面的平衡发展（张新和聂观涛，2004；童玉芬和李若雯，2007）；环境学家则更多地从城镇发展引起的环境污染、土地利用变化、区域气候改变等角度进行研究（Kalnay and Cai，2003；McDaniel and Alley，2005；Bolca et al.，2007），尤其是针对大中型城市的大气颗粒污染物研究成为焦点（Mugica et al.，2002；Chalmers et al.，2007；Puustinen et al.，2007）。对于世界各国的城镇而言，上述具有共性的研究领域，无论在理论、方法和技术的发展方面，还是在成果应用上都取得了长足进步。但一些特殊环境背景下的城镇所面临的环境问题，至今仍没有引起科学界的关注，其中地处干旱和半干旱地区的城镇风沙灾害防治（简称"城镇防沙"）就是一个十分重要的科学问题（Zhang et al.，2007；吴斌等，2009）。由于城镇防沙是一个新的研究领域，此前还没有形成完整的概念和理论体系，我们将城镇防沙定义为：以城镇为防护对象，通过调整城镇周边土地利用结构和空间格局，结合恰当的辅助性机械措施和（或）水利设施，人工促进恢复和（或）重建植被，减少甚至消除城镇上空大气沙尘颗粒污染物，它是治沙工程学的一个新领域（邹学勇等，2010）。

1.1 城镇化与风沙环境

根据《国家新型城镇化规划（2014—2020 年）》要求（中华人民共和国国务院，2014），到 2020 年，全国常住人口城镇化率达到 60% 左右，其中培育发展中西部地区城市群，加快发展中小城市，特别是"丝绸之路"沿线城镇和陆路边境口岸城镇，以及藏中南地区城镇，是"两横三纵"为主体的城镇化战略格局的重要组成部分（中华人民共和国国务院，2011）。然而，在干旱和半干旱地区，随着城镇化率的提高，城镇规模快速扩展。这一方面可以保持区域经济持续健康发展，加快产业结构转型升级，解决农业农村农民问题，促进社会全面进步；另一方面城镇扩展过程给城镇周边带来的环境压力越来越大，其中风沙对城镇的危害不可避免地成为主要环境问题之一（邹学勇等，2010）。

1.1.1 城镇化背景

受风沙危害的沙区城镇主要分布在中国北方和青藏高原，涉及内蒙古、宁夏、陕西、甘肃、新疆、西藏、青海、河北、辽宁、吉林、黑龙江、山西、四川 13 个省（自治区）。与中国东部地区相比，这些地区具有相对较低的城镇化率和经济发展水平，意味着这些地区的城镇化率具有很大的提高潜力。根据各省（自治区）统计年鉴数据，截至 2015 年底，内蒙古自治区的城镇化率为 60.3%，宁夏回族自治区为 55.2%，陕西省为 53.9%，青海省为 50.3%，新疆维吾尔自治区为 47.2%，甘肃省为 43.2%，西藏自治区为 25.8%（图 1.1）。除内蒙古、陕西和青海三个省（自治区）城镇化率高于 50%，达到城镇化中期阶段（30%~70%）以外，新疆和甘肃两个省（自治区）城镇化率不足 50%，处于城镇化中期的初级阶段；而西藏自治区仍处于城镇化初期阶段（<30%），即将进入城镇化中期阶

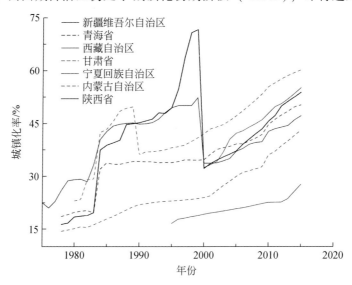

图 1.1 中国北方和青藏高原风沙灾害区城镇化率历年变化

因统计标准变化，各省（自治区）城镇化率数据有异常现象

段。根据联合国对城乡人口变化规律的研究（United Nations，1974；Buettner，2015），当城镇化率低于30%时，城镇化速度比较慢；一旦进入中期阶段，城镇化将快速发展，这意味着中国北方地区和青藏高原地区已经进入或即将进入快速城镇化阶段。尽管中国在城镇化过程中存在诸多问题，但恰恰说明了在"控制大城市规模，合理发展中等城市，积极发展小城市"方针指导下（陈淑清，2003），受风沙危害地区的城镇化进程迎来了前所未有的机遇。

中国北方和青藏高原受风沙危害的共13个省（自治区）至2015年底，风沙区共有大城市7座，中等城市2座，小城市66座，县城以下其他建制镇1553座（表1.1）。相对于东部地区，大中城市数量较少，小城市和建制镇数量大，这为加快发展中小城镇奠定了良好基础。然而，在快速城镇化过程中，城镇建设用地迅速扩展（图1.2），城镇用地年增长率与城镇人口年增长率之间的比例达到1.7∶1以上，大幅超过其合理值1.12∶1（刘新卫等，2008）。随着城镇化率的提高和乡村人口的减少，农村居民点用地呈不减反增趋势（刘耀林等，2014）。这种现象间接地说明，城镇周边土地被粗放利用或者被大面积闲置，不仅造成土地资源浪费，在干旱和半干旱地区还会成为风沙源地。

表 1.1　中国北方和青藏高原风沙灾害区城镇数量（2015 年）

省（自治区）	大城市/座	中等城市/座	小城市/座	县建制镇/座
内蒙古	2	1	13	407
宁夏	1	0	5	53
陕西	0	0	1	92
甘肃	0	0	7	124
新疆	1	0	23	286
西藏	0	0	4	104
青海	1	0	4	120
河北	0	0	0	51
辽宁	0	1	1	102
吉林	0	0	7	130
黑龙江	2	0	0	47
山西	0	0	1	30
四川	0	0	0	7

随着中国经济稳步发展，东部地区的部分省（直辖市）已经达到中等发达国家水平，西部地区的大部分省（自治区、直辖市）还处于欠发达状态。为了避免中等收入国家陷阱，在东西部地区实施产业转移，转变经济增长模式和实现产业升级已成为国家发展战略任务。在此过程中，加快广大农村地区的中小城镇建设，提高全国城镇化水平，完善现有大中型城市的产业功能是关键。对多个国家的城镇化研究表明，城镇化水平与人均GDP（Gross Domestic Product，国内生产总值）总体上呈现明显的正相关，人均劳动力的产出率

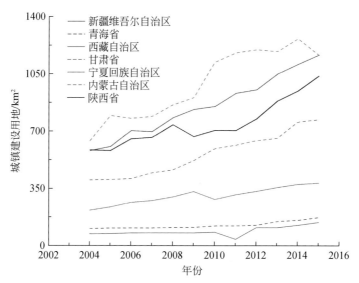

图 1.2　中国北方和青藏高原风沙灾害区城镇建设用地面积变化

显著提高（Henderson，2003）。以 2002 年的中国为例，在其他条件不变的情况下，城镇化水平每提高 1.0%，就会对区域人均 GDP 增长产生 4.17% 的推动作用（徐雪梅和王燕，2004），可见提高西部地区城镇化率的重要意义。随着城镇化率的提高，越来越多的人口向城镇聚集，同时也吸引了越来越多的投资者和旅游者等非常住人口。特别是内蒙古、宁夏、陕西、甘肃、新疆、西藏、青海 7 省（自治区）面积广阔，自然资源丰富，劳动力成本相对较低；山川和人文景观别具特色，旅游资源享誉全球，旅游业已经成为支柱产业，这对改善产业结构、推动消费升级至关重要。

与中国东部地区相比，内蒙古、宁夏、陕西、甘肃、新疆、西藏、青海 7 省（自治区）境内的人口平均密度小，受自然环境和历史的影响，城镇所处的自然环境和地貌部位具有鲜明特点。在青藏高原地区，高海拔决定了氧气稀薄、气温低下、降水偏少等不利于居民生活和生产的自然因素，迫使居民相对集中地生活在局地环境相对较好的山间盆地和河流宽谷地带，以及交通线沿线，逐渐形成不同人口规模的城镇。特别是近几十年来，在国家和当地各级政府的大力扶持下，城镇化发展较快（梁书民和历为民，2007）。在中国北方半干旱区，城镇的形成历史普遍较长，既有坐落在沙漠腹地和辽阔草原上的城镇，也有坐落在地势平坦或者河流宽谷的城镇。在干旱和极端干旱区，城镇主要分布在河流沿岸或尾闾区的绿洲内部。就城镇防沙的理论和技术而言，中国北方半干旱地区和青藏高原是关注的重点，而干旱和极端干旱区的城镇防沙实质上与完善绿洲防护体系一致。

1.1.2　风沙灾害环境背景

风沙灾害是指风携带沙尘而造成人员伤亡、财产损失、社会失稳、资源破坏等结果的事件。城镇风沙灾害特指风携带沙尘对城镇居民造成身体和心理健康损失、生产和生活秩序混乱、财产损失等结果的事件。引发风沙灾害的源地主要在城镇周边地区，有时也可能在城镇内部的局部区域。风沙灾害环境（简称"风沙环境"）是指已经或者有可能孕育风沙灾害的区域环境基础，包括干燥多风的气候、丰富的沙尘物质来源、稀疏的植被，以及强烈的人类生活和生产对自然环境的干扰等。

1. 风动力

风是形成风沙灾害的原动力。通常将能够起动表土沙尘颗粒的最小风速称为起沙风风速，或者称为临界起动风速、土壤临界侵蚀风速。对于不同下垫面，起沙风风速值的大小不同。为了描述区域性的风动力状况，一般将起沙风风速值定义为 5m/s。在中国北方风沙灾害区的风沙灾害高发期（每年 1～5 月和 10～12 月），≥5m/s 风速累积时间高值区主要分布在中蒙边境中段和东段一带（图 1.3），多年平均最高值达 4767.1h。该高值区不仅是强沙尘暴主要发源地和加强区，也是年均沙尘暴日数的高值区（京津风沙源治理工程二期规划思路研究项目组，2013；Wang et al.，2017a）。在青藏高原风沙灾害区，≥5m/s 风速累积时间高值区主要分布在措勤县—班戈县—柴达木一带，多年平均最高值达 2500h 以上。受高大山脉走向、高差引起的热力差异、高原上空西风带等因素影响，在近东西走向的山谷地带形成"狭管效应"，常常形成很强的山谷风，并引起短时风沙灾害。青藏高原上发生风沙灾害严重的区域，主要分布在西部半干旱–干旱区和北部柴达木盆地。

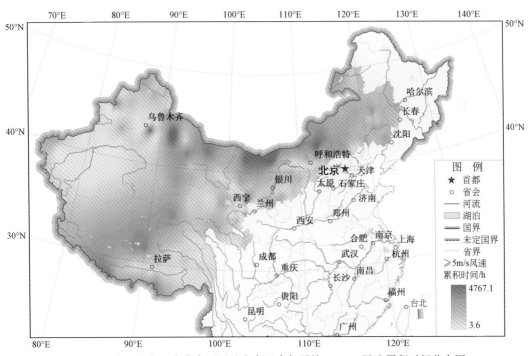

图 1.3　中国北方和青藏高原风沙灾害区多年平均≥5m/s 风速累积时间分布图

风沙灾害是在风作用于地表的剪应力超过表土抵抗能力的情形下发生的。风沙灾害的强度除与下垫面有关外，还与风动力有关，而风动力的强弱是由风速和空气密度决定的。在青藏高原，高海拔导致空气密度减小，即使在风速与低海拔地区相同的情形下，青藏高原上的风动力显著弱于低海拔地区。令 τ_p 和 τ_m 分别为高海拔和低海拔地区风对地表产生的剪应力，τ_{*p} 和 τ_{*m} 分别为高海拔和低海拔地区的风力侵蚀临界剪应力，Q_p 和 Q_m 分别为高海拔和低海拔地区的实际风蚀物流量，u_{*p} 和 u_{*m} 分别为高海拔和低海拔地区的实际摩阻风速，u_{*tp} 和 u_{*tm} 分别为高海拔和低海拔地区的侵蚀临界摩阻风速，ρ_p 和 ρ_m 分别为高海拔和低海拔地区的实际空气密度，则在高海拔地区 $\tau_p = \rho_p u^2_{*p}$，低海拔地区 $\tau_m = \rho_m u^2_{*m}$。对于裸露土壤，风蚀物流量 $Q \propto (\tau_s - \tau_t)$（Anderson and Hallet, 1986；Anderson and Haff, 1988），式中的 τ_s 和 τ_t 分别代表土壤表面所受风剪应力和风力侵蚀临界剪应力。因此有 $Q_p = C_p(\tau_p - \tau_{*p})$ 和 $Q_m = C_m(\tau_m - \tau_{*m})$。当 $\tau_p = \tau_m$ 时，$C_p \approx C_m$。故有 $Q_p/Q_m = \lambda(u^2_{*p} - u^2_{*tp})/(u^2_{*m} - u^2_{*tm})$，式中的 $\lambda = \rho_p/\rho_m$。在 $\tau_{*p} = \tau_{*m}$ 条件下，$u_{*tp} = u_{*tm}/\sqrt{\lambda}$。这里以青藏高原的沱沱河为例（海拔 4500m，$\lambda \approx 0.65$），在相同的下垫面条件下，$u_{*tp}$ 平均比 u_{*tm} 高约 24%，这意味着在青藏高原地区，由于空气稀薄，在相同的风速条件下引起的风沙灾害强度要明显弱于低海拔地区。风力吹扬起的风蚀物流量是风沙灾害强弱的主要指标，反映了空气中颗粒物的质量浓度。由上面的 $u_{*tp} - u_{*tm}$ 关系可知 $Q_p/Q_m = (\lambda u^2_{*p} - u^2_{*tm})/(u^2_{*m} - u^2_{*tm})$。在相同的摩阻风速，即 $u_{*p} = u_{*m}$ 情形下，$Q_p = Q_m(\lambda - u^2_{*tm}/u^2_{*m})/(1 - u^2_{*tm}/u^2_{*m})$。根据不同海拔和气温，在相同摩阻风速情形下，由 λ 值可以计算青藏高原地区的风蚀物流量大多仅相当于低海拔地区的 45%~75%。但是，稀薄空气给空气中的运动颗粒物带来的阻力也减小，沙尘颗粒物的运动高度也显著高于低海拔地区。因此，青藏高原地区的风沙灾害防治比低海拔地区更加困难。

2. 沙尘物质来源

风沙灾害发生的前提之一是地表富含裸露的松散碎屑物。作为风沙灾害的沙尘物质来源，地表碎屑物主要是矿物风化和流水、风力等外营力搬运沉积形成的。在中国北方风沙灾害区，大面积的裸露松散碎屑物来自于前第四纪岩石风化和自然成土、风力和流水搬运沉积，表土中砂粒、粉砂和黏粒的平均含量分别为 43.1%、38.5% 和 18.4%，表土颗粒普遍较粗，且易于被风蚀而形成风沙灾害。从表土质地看，壤质砂土、砂质壤土、粉质壤土和壤土面积占中国北方风沙灾害区总面积的 89.0% 以上，沙尘源地面积占整个北方风沙灾害区总面积的约 77.8%。在青藏高原地区，广泛分布残坡积物、洪积物、冰水沉积物、湖积物和冲积物等松散堆积物，分别约占高原总面积的 16.9%、11.9%、3.1%、2.1% 和 1.6%。在 39.3 万 km² 风蚀荒漠化土地中（图 1.4），裸露沙砾地和半裸露沙砾地风蚀荒漠化土地面积分别达 20.7 万 km² 和 10.3 万 km²，沙质风蚀荒漠化土地面积（包括流动沙地、半流动沙地、半固定沙地和固定沙地）6.3 万 km²，风蚀残丘面积约 2.0 万 km²（Zhang et al.，2018）。近 50 年来气温明显升高，物理风化作用增强，冰川融化增大河流径流量（安志山等，2014），不仅在地表残留更多的碎屑物，同时为地表径流提供大量沉积于河床的泥沙，在冬春季枯水期出露水面成为沙尘源；部分多年冻土转变为季节性冻土，融水将岩石裂隙、冻土间隙和松散土层内碎屑物质带出，形成冻土泥流而成为沙尘源。

风蚀荒漠化土地作为风沙灾害形成源地，能够直接反映风沙灾害发生的范围。据第五次全国荒漠化和沙化监测结果（国家林业局，2015①），干旱区风蚀荒漠化土地面积约

① 国家林业局.2015. 中国荒漠化和沙化简况——第五次全国荒漠化和沙化监测. 北京：国家林业局：1-12.

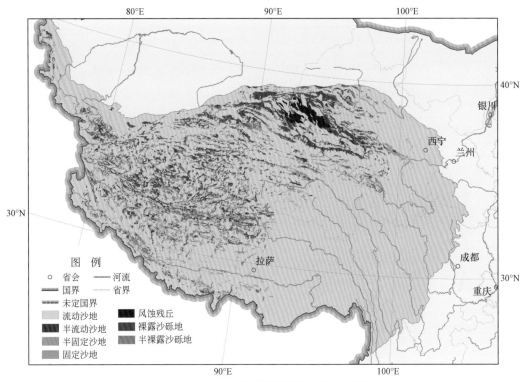

图 1.4　青藏高原风蚀荒漠化土地分布图

93.59 万 km², 半干旱区约 59.21 万 km², 半湿润区约 29.83 万 km²。从土壤风蚀强度的角度来看 (图 1.5), 根据《第一次全国水利普查——风力侵蚀普查成果报告》①（对青藏高原的调查不完全）, 微度 [<200t/(km²·a)] 以上的各等级风蚀面积约 188.16 万 km², 其中轻度侵蚀 87.52 万 km², 中度侵蚀 25.63 万 km², 强烈侵蚀 22.86 万 km², 极强烈侵蚀 22.98 万 km², 剧烈侵蚀 29.17 万 km²。仅在中国北方半干旱地区和青藏高原的微度以上风蚀面积分别为 47.44 万 km² 和约 18.79 万 km²（中华人民共和国水利部和中华人民共和国国家统计局, 2013）, 平均风蚀模数约 5000t/(km²·a), 年土壤风蚀量达 9.8 亿 t, 粉尘释放量达千万吨量级。

3. 植被覆盖

中国北方风沙灾害区自东向西逐渐发育森林、森林草原、典型草原、荒漠草原和荒漠等植被类型, 总体上植被以低矮的草本和灌木为主, 且植被覆盖度较低。利用 2000~2015年的 MODIS NDVI 数据, 采取 MVC 最大值合成法, 将 16 天的 NDVI 数据合成为每年的最大化 NDVI 数据, 并进一步转换为年植被覆盖度, 结果表明, 中国北方风沙灾害区多年平均植被覆盖度为 30.9%（图 1.6）。其中, 植被覆盖度小于 10% 的面积达 146.41 万 km², 主要分布在塔里木盆地、柴达木盆地、准噶尔盆地东部干燥洪积平原、新疆东部至甘肃北

---

① 邹学勇等. 2013. 第一次全国水利普查——风力侵蚀普查成果报告（内部报告）. 1–167.

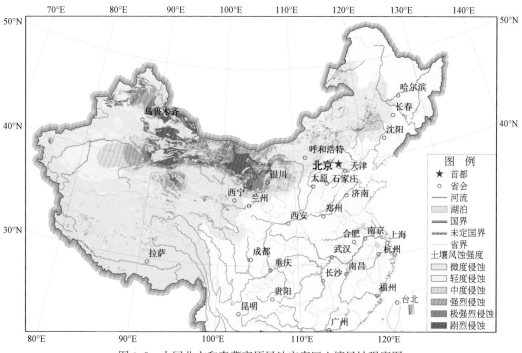

图 1.5　中国北方和青藏高原风沙灾害区土壤风蚀强度图

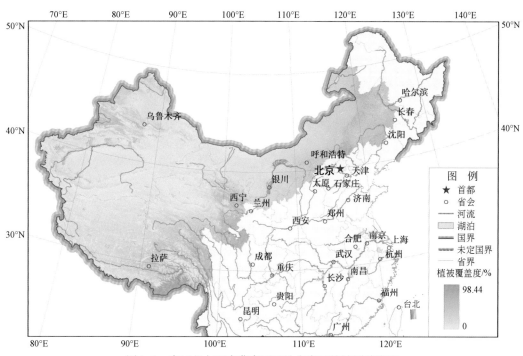

图 1.6　中国北方和青藏高原风沙灾害区植被覆盖度图

部，以及河套平原南部；植被覆盖度 10%~30% 的面积 61.41 万 km²，主要分布在准噶尔盆地的乌伦古额尔齐斯低冲积平原、准噶尔冲积及风积平原和准噶尔南缘缓起伏中山平原，乌兰察布剥蚀平原，宁夏平原周边的干燥洪积平原以及鄂尔多斯高原北部；植被覆盖度 30%~50% 的面积 33.38 万 km²，50%~70% 的面积 36.78 万 km²，这两个植被覆盖度等级主要分布在鄂尔多斯高原南部、乌兰察布南部丘陵以及黄土高原北部，呼伦贝尔高原以及辽河平原的科尔沁沙地；植被覆盖度大于 70% 的面积 59.76 万 km²，主要分布在阿尔泰中高山、准噶尔南缘缓起伏中山平原、准噶尔盆地北部缓起伏中山、河西走廊、河套平原、宁夏平原，以及中国北方风沙灾害区东部和东南部边缘地带。总体上，植被覆盖度小于 30% 的面积约占中国北方风沙灾害区总面积的约 61.5%，而且这些区域绝大部分都是易于形成风沙灾害的沙漠（沙地）、戈壁和荒漠地区。

青藏高原地区的植被类型随气候变化自东南向西北依次发育山地森林、高寒灌丛、高寒草甸、高寒草原和荒漠，同时因山地高差引起的水热条件变化，还存在以高寒草甸、草原和荒漠为主体的垂直分异。高山草原（包括草甸草原、山地灌丛草原、高寒草原）面积 72.5 万 km²，主要分布在藏北高原；高寒草甸面积 65.7 万 km²，主要分布在青藏高原东部的高海拔地区；荒漠（包括温性荒漠和高寒荒漠）面积 23.3 万 km²，主要分布在柴达木盆地、班公错湖盆、羌塘高原北部、喀喇昆仑山与昆仑山间广阔的山原地带。上述植被在冬春季节的覆盖度普遍较低，以 2015 年 5 月的植被覆盖度为例（图 1.6），草原的平均植被覆盖度仅为 11.5%，荒漠平均植被覆盖度为 6.6%。面积广阔的低植被覆盖度土地，是主要的风沙灾害风险因素，也是青藏高原风沙灾害分布范围广的重要原因。

4. 气候与其他因素

气候是风沙环境中的重要因子，除风作为风沙灾害的动力因子以外，降水、蒸发和气温等是反映气候干燥程度的指标，可用湿润指数反映多年平均状态下的干燥程度。一般将湿润指数在 0.05~0.65 之间的大陆地区（不包括极区和副极区）定义为干旱、半干旱和半湿润地区（中华人民共和国林业部防治荒漠化办公室，1994），其中极端干旱区湿润指数小于 0.05，干旱区湿润指数为 0.05~0.20，半干旱区为 0.20~0.50，半湿润区为 0.50~0.65（慈龙骏和吴波，1997）。据此，中国境内的极端干旱、干旱、半干旱和半湿润地区的总面积达 357.05 万 km²，其中半干旱区和半湿润区的面积近 189.04 万 km²（慈龙骏和吴波，1997）。

在中国极端干旱、干旱、半干旱和部分半湿润地区，年降水量一般少于 500mm，最少甚至低于 20mm，而且年际降水变率大。年际降水变率在极端干旱区和干旱区一般为 40%~60%，半干旱区为 30%~40%，半湿润区为 20%~30%（冯丽文和郑斯中，1986）。降水稀少加之变率大，导致干旱和风沙灾害频发。对 1978~2007 年的沙尘暴资料分析结果表明，尽管沙尘暴日数和沙尘暴天气过程都呈减少趋势，但是自 1991 年以后，沙尘暴天气影响的范围和平均持续时间都呈显著上升趋势，即危害性更大的强沙尘暴事件有增加趋势（Wang et al.，2017b）。近几十年来，北半球中纬度大部分地区的降水量有增长趋势，且极端降雨事件增多（Donat et al.，2016）。在降水本来就稀少的干旱地区，即使平均每十年增加 1%~2% 的降水量（Donat et al.，2016），由于极端降雨事件明显增加，也会导致每年无降水期的持续时间延长，加之气温升高导致蒸发增加，干旱区将会变得越来越干旱（Held and Soden，2006）。在此背景下，对风沙灾害的研究必须特别关注降水变率和无降水期持续的时间，因为这有可能增大极端风沙灾害事件发生的概率。

由地表物质风化、成土过程和外营力分选作用造成的表土质地和砾石覆盖度的差异也是风沙环境中的重要因子。中国北方风沙灾害区有约 57.5% 的区域地表砾石覆盖度 <5%，约 18.9% 的区域地表砾石覆盖度为 5%~20%，12.8% 的区域地表砾石覆盖度为 20%~50%，10.8% 的区域地表砾石覆盖度在 50% 以上。青藏高原地区的砾石覆盖更为广泛，有砾石覆盖的区域占沙尘源地总面积的近 79.1%。在砾石覆盖情形下形成的风沙流比流沙地表更高，能量也更大，对风沙灾害防治工程的技术要求也更高。

1.2　城镇风沙灾害现状与趋势

中国荒漠化土地面积近 261.16 万 km^2（国家林业局，2015），其中风蚀荒漠化土地约 182.63 万 km^2，特别是近 172.12 万 km^2 的沙化土地，为城镇风沙灾害的发生提供了沙尘来源。位于荒漠化土地范围内及其外缘的城镇，都受到不同程度和不同形式的风沙危害。在中国北方风沙灾害区，受大尺度天气系统控制，境外荒漠化土地经常是形成风沙灾害的源头，并在境内得以加强，形成范围更广、强度更大的风沙灾害。事实上，中国境内的城镇风沙灾害是在更大范围的环境背景下形成的。

1.2.1　城镇分布与风沙环境特征

1. 城镇分布特点

相对于东部地区，中国北方和青藏高原风沙灾害区人口密度低，大中城市数量较少，以小城镇为主。根据各省（自治区）2015 年统计资料，中国风沙灾害区有大城市 7 座，中等城市 2 座，小城市 66 座，建制镇 1553 座（图 1.7）。其中，干旱区大城市 3 座，中等城市 0 座，小城市 33 座，建制镇 438 座；半干旱区大城市 2 座，中等城市 1 座，小城市 14 座，建制镇 679 座；半湿润区大城市 2 座，中等城市 1 座，小城市 19 座，建制镇 426 座。总体上，半干旱区的城镇分布密度和数量明显大于干旱区和青藏高原地区，从保证国家社会经济健康发展的角度，半干旱区的城镇防沙理论和技术研究是重点。

大中城市一般坐落在水土条件较好的山间盆地或者河流宽谷，具有较长的建设历史。城市周边生态环境建设始终受到足够重视，没有或者少有沙尘源地分布。大中城市的风沙灾害主要是沙尘暴过境时形成的，基本不受流沙直接侵袭。部分建设历史较长、所处地貌位置类似于大中城市的小城市，所受风沙灾害也是如此。对于部分小城市和绝大部分建制镇，因建设历史短，正处于城镇规模快速扩张期，城镇周边生态环境未能得到全面建设，常常有大面积的沙尘源地分布，不仅受沙尘暴过境危害，而且时常遭受流沙直接侵袭。

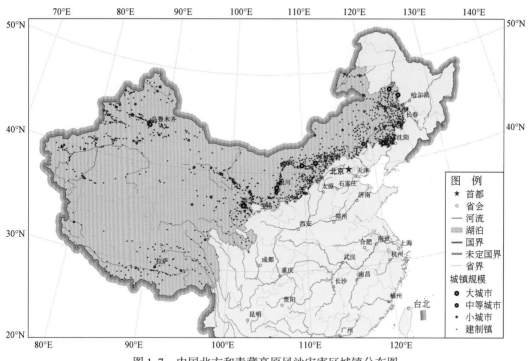

图 1.7　中国北方和青藏高原风沙灾害区城镇分布图

2. 风沙环境区域分异、类型与基本特征

中国风沙环境既受全球性大气环流的影响，具有地带性规律；同时也深受高大地形的影响，具有非地带性规律。地处中纬度地带的中国北方风沙灾害区，广阔的欧亚大陆使来自大西洋的西风带水汽沿途消耗殆尽，仅新疆北部地区获得年均约 200mm 降水，其他西部风沙灾害区在帕米尔高原的阻隔下难以获得西风带降水。中国北方风沙灾害区东部受惠于东亚夏季风带来的水汽，自东向西降水逐渐减少，最大约 500mm。特别是在青藏高原隆升的背景下，西风由爬越高原到绕流高原，从而出现了终年存在于高原北侧的低层反气旋性西风急流，不仅对中国北方风沙灾害区业已存在的干旱起叠加作用，使之变得更加干旱（张林源和蒋兆理，1992），而且对整个东亚冬季大气环流平均场的形成具有决定性的贡献（王安宇等和王谦谦，1985）。青藏高原作为一个巨型地貌单元，总体上在冬季是冷源（叶笃正等，1957），当西风带在高原西端分成两支之后，北支在冬季高原冷源形成的辐散气流作用下，西北地区低层以偏西风下沉气流为主。北支西风在向东延伸至华北地区时，常常受蒙古-西伯利亚高压向南辐散气流影响，形成强劲的西北风。在高原面上，冬季高原冷源造成气流以下沉为主，在高空西风急流带的牵引下，低层西风强盛，并在高大山体和谷地影响下，形成复杂的近地层风场（董光荣等，1996）。一般地，河流宽谷地带和内陆河流尾闾冲积平原地区的水土条件相对较好，不仅适于农耕和放牧，也适宜人类居住。在上述气候和地貌背景下，人类经过对水土资源和居住环境的长期选择，人口逐渐集聚形成城镇，使城镇风沙灾害也表现出明显的区域分异。

根据城镇所受的风沙灾害形式和所处的区域环境特征，可以将中国城镇风沙灾害划分为三个类型区（图 1.8）：Ⅰ. 城镇位于绿洲内部，风沙灾害主要是流沙入侵绿洲，城镇受绿洲外围沙尘暴或者浮尘天气危害。这类城镇主要分布在贺兰山以西的中国北方干旱和极端干旱区，城镇受周边绿洲保护，一般不会直接遭受流沙侵袭。但是，绿洲外部广大的沙漠和戈壁地区形成的沙尘暴或者浮尘天气频率高、强度大、持续时间长，造成城镇空气质量严重下降，其中以新疆、甘肃北部和内蒙古西部阿拉善地区的城镇最为典型。Ⅱ. 城镇位于沙漠或者荒漠化土地等沙尘源地内部，城镇直接受沙尘暴或者扬沙天气危害。这类城镇主要分布在贺兰山以东的中国北方半干旱和部分半湿润区。对于分布在半干旱区的城镇，在郊区草地维护良好或者耕地防护林网完整的情况下，城镇不会遭受流沙直接入侵，但周边大范围的沙漠或者荒漠化土地是沙尘暴的加强源区，受沙尘暴和扬沙危害严重，以陕西省榆林市最为典型；在郊区生态环境没有得到很好维护的情况下，建成区外围即是沙尘源区，城镇极易受流沙直接入侵，以及沙尘暴和扬沙危害，以内蒙古自治区乌审旗达布察克镇最为典型。Ⅲ. 城镇位于局部荒漠化土地内部，直接受沙尘暴或者扬沙天气危害。这类城镇主要分布在青藏高原山间盆地和河流宽谷地带，少数分布在高原面上。山间盆地内受风沙危害的城镇，大多是因为对城镇周边的土地利用强度过大或者对植被破坏严重，导致土地荒漠化而成为沙尘源地。在此情形下，城镇与沙尘源地在空间上相接，受沙尘暴和扬沙危害严重，以西藏自治区阿里地区狮泉河镇最为典型。河流宽谷内受风沙危害的城镇，一种情况与山间盆地内受风沙危害的城镇相似；另一种情况是高原地区的河流在丰枯期水位相差很大，一般达数米，丰水期带来的泥沙沉积于河道两侧，枯水期出露水面，在风力作用下成为沙尘源地，以西藏自治区拉萨市最为典型。高原面上受风沙危害的城镇，

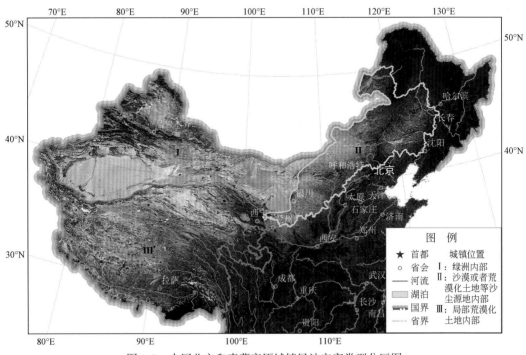

图 1.8　中国北方和青藏高原城镇风沙灾害类型分区图

主要因为海拔高，气候干旱、低温，多大风天气，加之城镇周边的原生植被十分稀疏，土壤质地较粗、结构松散，即使在没有人为干扰情况下也会成为沙尘源地，以西藏自治区班戈县城最为典型。

1.2.2　风沙灾害成灾要素分析

城镇风沙灾害作为一种自然灾害，风沙环境实质上就是孕灾环境，只是城镇周边地区的致灾因子受人类活动强烈影响而具有易变性。其中建成区和郊区的建筑物、较大规模城市的热岛效应等，都影响到区域风场和大气温湿度；郊区土地利用/覆被变化直接决定沙尘源地空间格局和植被状况；郊区各种建设工程对地形的改变，以及地面硬化等也影响地表对大气的沙尘释放强度。致灾因子是能够吹扬沙尘的风、提供沙尘物质的松散裸露土壤以及稀疏的植被和干旱的气候，其中既包括风、干旱气候等自然因子，也包括人类活动破坏植被和表土结构，导致地表裸露和表土抗蚀性降低等人为因子。承灾体是直接受到灾害影响的城镇居民、城镇内生产和生活设施等。尤其在中国北方干旱半干旱地区和青藏高原地区，自然条件恶劣，生态环境具有脆弱性和易损性，且一旦遭受破坏就难以恢复，具有风沙环境的地域面积广阔，形成风沙灾害的可能性大、强度高等特点。

1. 风沙环境自然要素

中国位于欧亚大陆东部，西南部有世界上最高大的青藏高原，东南方向濒临广阔的太平洋和印度洋。这种海陆分布和地形差异的空间格局，形成了特征显著的东亚大气环流和季风气候（朱抱真等，1990），也改变了风沙环境自然要素在水平纬度地带性的分布规律。在中国北方风沙灾害区，贺兰山以东地区的降水量受东亚季风影响，多年平均降水量自东向西由约 500mm 逐渐减少到约 200mm；而贺兰山以西地区的降水量除准噶尔盆地受西风带影响以外，其他区域深居内陆，多年平均降水量一般在 200mm 以下，且呈现自东向西和自北向南逐渐减少的趋势，塔里木盆地大部分地区不足 50mm（图 1.9）。与之相反，中国北方风沙灾害区的蒸发量自东向西逐渐增大，多年平均蒸发量由约 1500mm 增大到约 3000mm；湿润指数由约 0.65 下降到 0.05 以下（慈龙骏和吴波，1997）。气温受纬度和地形影响，总体上属于中温带和暖温带大陆性气候。上述气候要素的区域差异，导致植被类型和植被覆盖度存在显著的区域分异（图 1.6）。在风沙灾害高发期（每年 1~5 月和 10~12 月），多年平均 ≥5m/s 风速累积时间高值区主要分布在中蒙边境中段和东段一带（图 1.3），最高可达 4700h 以上。该高值区不仅是强沙尘暴的主要发源地和加强区，也是年均沙尘暴日数的高值区（京津风沙源治理工程二期规划思路研究项目组，2013；Wang et al.，2017）。为风沙灾害提供沙尘颗粒物的表层土壤普遍较粗，砂粒、粉砂和黏粒的平均含量分别为 43.1%、38.5% 和 18.4%，壤质砂土、砂质壤土、粉质壤土和壤土是主要的土壤质地类型，占中国北方风沙灾害区总面积的 89.0%（图 1.10），它们都是易于发生风蚀的土壤，为风沙灾害提供了丰富的沙尘颗粒物。

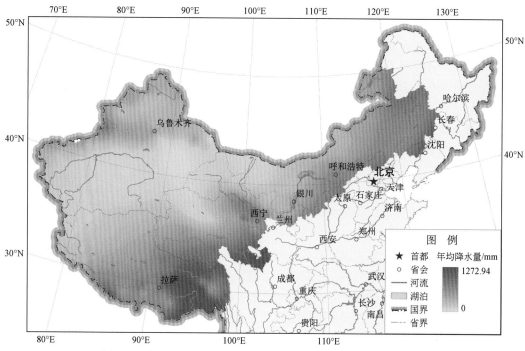

图 1.9　中国北方和青藏高原风沙灾害区多年平均降水量分布图

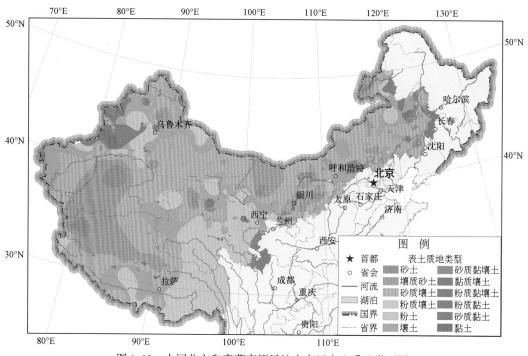

图 1.10　中国北方和青藏高原风沙灾害区表土质地类型图

青藏高原风沙灾害区的降水量受西南季风影响明显，来自印度洋的水汽受喜马拉雅山脉阻隔不能直接进入高原地区，而是经高原东南部近南北向谷地逐渐深入，形成了降水量自东南向西北逐渐减少的空间分布特点。多年平均降水量自东南至西北由约 600mm 逐渐减少到不足 50mm（图 1.9）。而蒸发量与降水量总体上呈相反趋势，多年平均蒸发量由东向西逐渐增加。但受高原地形影响，多年平均蒸发量的垂直地带性分异明显，空间分布复杂，但总体上在低海拔的河谷和盆地蒸发量较高，一般达 2700 ~ 3230mm，高海拔山区受气温低影响，蒸发量较小，一般小于 1400mm（张存桂，2013）。青藏高原多年平均气温约 4℃（秦小静等，2015），但在纬度影响的背景下，巨大的地形起伏重新塑造了气温的空间分布格局，使气温分布沿雅鲁藏布江谷地、横断山区谷地、湟河谷地、柴达木盆地等低海拔地带，呈现出半椭圆形的高值带，多年平均气温可达 10℃ 以上；由此向西，多年平均气温逐渐降低，局部高海拔地区甚至低于 –5℃（张存桂，2013）。受气候要素的影响，自东南向西北逐渐发育了森林、灌木林、高寒草甸、高寒草原、高寒荒漠草原、高寒荒漠等植被类型，植被覆盖度也随之降低（图 1.6）。在风沙灾害高发期（每年 1 ~ 5 月和 10 ~ 12 月），多年平均 ≥5m/s 风速累积时间高值区主要分布在措勤—班戈—柴达木一带，以及改则县及其邻近区域（图 1.3），最高可达 2500h 以上，该高值区也是沙尘暴高发区（苟诗薇等，2012）。青藏高原的高寒和干旱气候，使得物理风化作用强烈，易于形成风沙灾害的松散碎屑物分布广泛（图 1.11）。在为风沙灾害形成提供沙尘颗粒物的松散沉积物中，主要分布于山间盆地、山前冲洪积扇、河流谷地、湖盆区的裸露沙砾地和半裸露沙砾

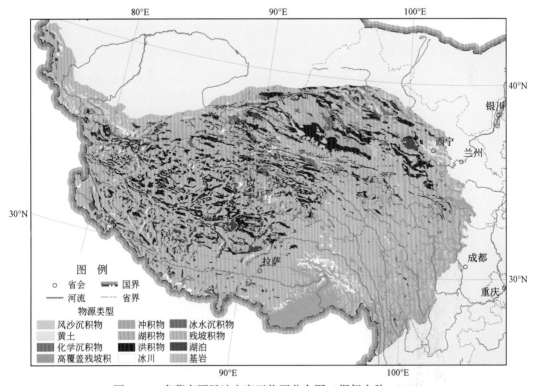

图 1.11　青藏高原风沙灾害区物源分布图（据伍永秋，2018）

地面积分别约占青藏高原总面积的 8.0% 和 4.0%，主要分布于滨湖平原、冲积平原、河流谷地和山麓前缘等地貌部位的沙质地（包括流动沙地、半流动沙地、半固定沙地和固定沙地）约占 2.4%，集中分布于柴达木盆地中西部的风蚀残丘约占 0.8%。以上述松散沉积物为母质形成的土壤，其表土层中的粉砂—粗砂颗粒含量大多在 65% 以上，这些易于风蚀的沙物质成为风沙灾害的直接物质来源。

2. 风沙环境人文要素

发生风沙灾害的地区都是易于受损的生态环境脆弱区，资源人口承载力低。中国北方干旱区的资源人口承载力约 7 人/km²，半干旱区约 20 人/km²（许成安和杨青，2003）；位于青藏高原的青海省青南高原区资源人口承载力约 0.29 人/km²，柴达木盆地区域约 0.98 人/km²（杨晓鹏和张志良，1994），而西藏自治区平均约 1.75 人/km²（曾加芹，2007）。城镇化的突出特点是人口聚集，并产生由城镇核心区向外围逐渐降低的人口密度分布特征，使城镇周边地区的人口密度远远大于资源人口承载力的极限值。由此带来的环境问题是，一方面投入巨资修复城镇周边地区生态系统和治理环境污染，另一方面城镇化和人口增加导致城镇周边生态环境不断恶化。因此，城市边缘区是城镇化发展的热点地区，也是城镇化与生态环境保护之间的矛盾和冲突最激烈的地区之一（杜英，2005；吕国君，2007）。在气候干旱的风沙灾害区，城镇化在城镇周边地区极易造成水资源污染和清洁水资源短缺（杜英，2005；汪洋，2007），城镇扩张和砂石等建筑材料开采，导致植被和土壤表层结构被破坏。高寒干旱地区的城镇大多分布在河流宽谷和山间盆地内，城镇化引起的城镇周边地区生态环境问题十分突出，孕育风沙环境的风险极高（李胜功，1994）。

城镇建设规模的迅速扩大和配套基础设施的不断完善，不可避免地提高了对砂石和水泥等建筑材料的需求量。为了节约建筑成本，砂石材料大都就地取材，尤其是地处河谷盆地和河流沿岸的城镇，在城镇周边和河道两岸开采砂石的现象十分普遍。例如，在青藏铁路拉萨站建设过程中，仅拉萨市柳吾新区就有 78.3hm² 的采砂场（常春平等，2006）。这些采砂场主要分布在拉萨河的低级阶地面上和河道两侧，成为暂时性的风沙源地（图 1.12）。为了满足日益增长的城镇居民物质和文化需求，城镇扩建和旧城区改造，以及城镇周边配套基础设施建设，正在以前所未有的规模和速度推进，大量城市生活垃圾和建筑固体废弃物被存放于城镇周边地区（杜英，2005；杨永春和刘治国，2007），

图 1.12　拉萨市柳吾新区（青藏铁路拉萨站）建设过程中的采砂场和风沙灾害

成为更加有毒有害的沙尘源（金炯等，1991；杨迪，2002）。特别是城市垃圾中的相当大部分为生活垃圾和市区绿化植物枯落物，填埋后在微生物发酵分解时，释放出大量的热量，导致填埋场地表难以生长植物（魏立强，2003）。

在广阔的中国风沙灾害区，植被以典型草原和荒漠草原、高山草原和高寒荒漠草原为主，与风沙灾害关系最为密切的人文要素是牧业生产和草地资源利用。尽管近年来越来越强调在维持草畜平衡前提下科学发展畜牧业，草原植被退化速度得到有效遏制，但短期内仍难以全面恢复退化草地。根据冷季可食牧草储量及适宜载畜量，内蒙古自治区的草甸草原、典型草原、荒漠草原和草原化荒漠地区的合理载畜量分别为 1.590 只羊单位/hm^2、0.765 只羊单位/hm^2、0.240 只羊单位/hm^2 和 0.165 只羊单位/hm^2，据此计算，除草原化荒漠地区基本维持草畜平衡以外，草甸草原略有超载，典型草原和荒漠草原的牲畜超载150% 以上（张娜，2017）。由草地退化等因素引起的各类荒漠化土地面积60.92 万 km^2（国家林业局，2015），约占内蒙古自治区总面积的近 51.5%。宁夏回族自治区自 20 世纪80 年代至 21 世纪初，牲畜超载 79.8%（郭亮华等，2010）。尽管自 2005 年开始加大饲草料生产加工，大力开展人工种植饲草、充分利用秸秆饲料、增加豆粕等蛋白饲料措施（王微和周蕾，2015；周蕾等，2015），但目前仍有各类荒漠化土地面积 2.79 万 km^2（国家林业局，2015），约占宁夏回族自治区总面积的近 42.0%。新疆维吾尔自治区至今仍具有一定的粗放型传统草地牧业特征，同样存在不同程度的草场超载现象，平均超载率近26.9%，并导致草地生态功能和生产力衰退，引发水土流失加剧、沙尘暴频发等一系列环境问题（蓝晓宁和陈丽丽，2005）。自 1985 年以来，80% 以上草地面积出现不同程度退化，其中严重退化面积超过 50%。近年来，尽管草地牧业产出的规模报酬递增，存栏牲畜数量趋于相对稳定，畜牧业经济正逐步由粗放型向集约型转变。但这种粗放型牧业经济不可能在短时间内完全转变（刘新平和董智新，2014）。由草地退化等因素引起的各类荒漠化土地面积 107.06 万 km^2（国家林业局，2015），约占新疆维吾尔自治区总面积的近64.5%。青海省全境草地几乎都处于重度超载状态，平均超载率约 87.8%，其中农业区超载率达 148.0%，牧区超载率近 80.5%（辛有俊等，2011）。天然草地的退化面积约占总面积的 74.7%，其中，温性草原类、温性荒漠草原类、高寒草甸草原类、高寒草原类、温性荒漠类、高寒荒漠类、低地草甸类、山地草甸类和高寒草甸类共 9 种类型天然草地的退化面积，分别约占该类型草地总面积的 70.9%、66.8%、84.8%、72.1%、57.3%、64.0%、70.7%、76.4% 和 78.4%（李旭谦和杜铁瑛，2015）。由草地退化等因素引起的各类荒漠化土地面积近 19.04 万 km^2（国家林业局，2015），约占青海省总面积的近26.4%。西藏自治区的天然草地面积仅次于内蒙古自治区，总面积近 81.12 万 km^2，其中可利用草地面积约 70.85 万 km^2。草地退化主要是超载过牧和气候变化异常导致的（梁存利，2017）。由于西藏自治区人口密度小，草地超载现象普遍，但并不严重，2011 年草地平均超载率约 36.2%，退化草地面积占草地总面积的近 43.2%，如果除去无人区草地和不能利用的草地面积，退化草地面积超过 50%。地处西藏西部的阿里和北部的那曲两个地区的草地退化较为严重，退化面积分别占草地总面积的近 43.2% 和 51.3%（杨汝荣，2003），局部区域草场退化比例达 80% 以上（中国科学院学部，2003；Harris，2010）。到2014 年，西藏自治区的草地平均超载率下降到 8.8%，部分地区出现"中度盈余"和"丰富盈余"（李祥妹等，2016）。由气候变化和草地退化等因素引起的各类荒漠化土地面积约43.26万 km² （国家林业局，2015），约占西藏自治区总面积的近35.2%。中国风沙灾害区的退化草地和各类荒漠化土地，在失去植被有效保护的状态下，松散的土壤极易成为沙尘来源，一旦有强风天气，风沙灾害就会形成，并危害区域内的城镇。

　　3. 成灾要素综合分析

　　风沙灾害成灾要素中的自然要素和人文要素的区域差异，导致城镇风沙灾害类型及危害程度亦有差异。中国北方风沙灾害区，大致以贺兰山为界分为东部和西部两个区域。贺兰山以西区域，风沙灾害的自然要素以气候干燥和多大风，植被稀疏且低矮，沙漠和戈壁广布为基本特征；人文要素以人口高度集中在绿洲的农业活动，以及绿洲外围的牧业生产为突出特点。风沙灾害类型复杂多样，包括不同类型和程度的土地荒漠化（国家林业局，2015），流沙摧毁人工和天然植被、入侵绿洲（毛东雷等，2014；Zou et al.，2016），以及频繁发生的沙尘暴（Qian et al.，2004；Wang et al.，2004），风沙灾害的强度远高于东部沙区。贺兰山以东区域大部属于半干旱气候区，以典型草原和农牧交错带为主体，生态系统脆弱。风沙灾害的自然要素以降水变率大和多大风（冉津江等，2014），低矮草本植被、旱作农田与草原镶嵌分布，以及类似疏林草原沙地景观为基本特征（高廷等，2011；李飞等，2011）；人文要素以广泛的农牧业生产活动为突出特点，人类活动的足迹几乎遍布整个区域，对风沙环境的影响从历史时期以来就非常深刻（武弘麟，1999），风沙灾害往往具有明显的人类活动烙印。由于人口密度较贺兰山以西区域大，风沙灾害造成的环境影响和经济社会影响更恶劣。风沙灾害类型主要有不同类型和程度的土地荒漠化（国家林业局，2015），以及频繁发生的沙尘暴（王存忠等，2010），少数处于沙漠（沙地）腹地或边缘的城镇，有流沙直接入侵现象。作为风沙灾害的沙尘源地，土地荒漠化固然有气候暖干或冷干化的重要影响（花婷等，2012），但不合理人类活动的作用越来越突出，甚至是部分区域土地荒漠化的决定性因素（许端阳，2009）。除此之外，城镇与沙尘源地之间的空间关系，也是影响城镇风沙灾害类型及程度的重要因素。在仅限于沙尘暴和外来沙丘入侵的情形下，根据城镇与沙尘源地的上下风向（或平行风向）关系和距离、有无山地或河流阻隔等因素，城镇与沙尘源地之间的空间关系分为三个基本类型和八种分布模式（图1.13）。其中，沙尘源地处于城镇上风向、距离小于10km的分布模式，城镇风沙灾害危险性最高；沙尘源地处于城镇下风向、距离较远（大于20km）、城镇上风向有河流分布的空间模式，城镇风沙灾害危险性最小（岳耀杰等，2008）。

　　青藏高原风沙灾害区面积广阔，自然和人文孕灾环境存在显著空间分异。根据沙尘源地、气象因子、人类活动的空间组合特征，风沙灾害可划分为五个区域（图1.14）。① 柴达木盆地极端干旱风沙灾害区，大部分呈荒漠或荒漠草原景观，属高原大陆性气候，年降水量自东南部的200mm递减到西北部的15mm。多年平均气温约4.3℃，气温日较差大。风力强盛，多年平均大风日数45.1天，最大瞬时风速达40.0m/s，多年平均沙尘暴日数16.0天（张占峰等，2014；李万志，2017），风力蚀积过程强烈。该区是中国西部重要的矿产资源基地，城镇的形成和发展与矿产资源开发密不可分，人类活动强度大，但主要集中在城镇及其周边工矿区。恶劣的自然环境和重要的区域经济社会地位，使得该区成为青藏高原风沙灾害影响最广、危害最严重的区域（苟日多杰，2003）。② 藏北青南高寒干旱

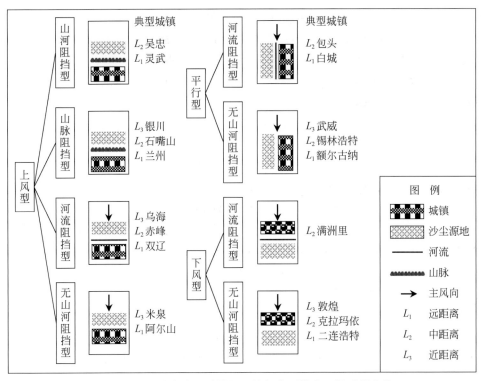

图 1.13　中国北方风沙灾害区城镇局地特征典型模式（据岳耀杰等，2008）

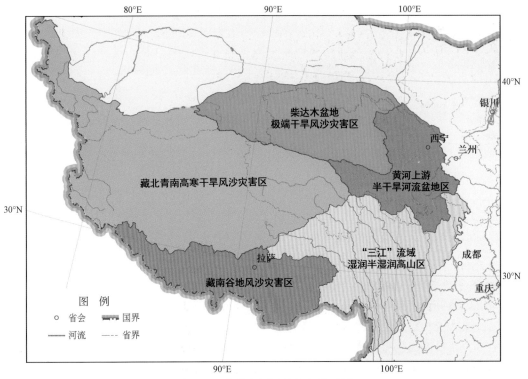

图 1.14　青藏高原风沙灾害分区图

风沙灾害区，位于青藏高原中西部，绝大部分地区的海拔在 4500m 以上。由于深居高原腹地，气候干燥，呈草原和荒漠草原景观。分布于河流谷地、湖盆边缘、山前冲洪积扇和山前平原等地貌部位的沙尘源地，占该区土地总面积的 20.9%（李庆，2016）。该区域人口稀少，主要集中在城镇。恶劣的自然环境和极易受损的脆弱生态系统，导致沙尘源地围绕城镇广泛分布（金炯等，1991）。加之多年平均大风日数高达 125 天以上，常年处于强风环境，地表风蚀粗化严重，临界起动风速显著高于其他区域。但因空气稀薄，对沙尘颗粒的阻力显著减小，在强风条件下往往形成风沙流高度大的强沙尘暴（白虎志等，2006），狮泉河盆地风沙灾害就是该区域的典型代表（Zhang et al.，2007）。③ 黄河上游半干旱河流盆地区，位于青藏高原东北部，水热条件相对较好，农牧业发达，是青藏高原人口密度较大的区域。近年来随着经济发展，人口数量急剧增加，干旱和降水变率大等自然因素，以及过度放牧和农田土壤风蚀等人为因素，使土地荒漠化问题日益突出。共和盆地、青海湖盆地、黄河源区和若尔盖地区是最主要的沙尘源地分布区，多年平均大风日数分别达43.2 天、47.3 天和 21.6 天（李庆，2016），成为青藏高原以沙尘暴为主要形式的风沙灾害重点区之一（赵强和周余萍，2002；苟诗薇等，2012）。④ 藏南谷地风沙灾害区，位于青藏高原南部，大部分属于半干旱气候，仅东南部尼洋河流域属半湿润气候。该区自然条件较好，经济相对发达，是青藏高原人口的聚集区，农牧业生产活动对土地压力较大。自然和人为因素共同作用形成的沙尘源地，主要分布于雅鲁藏布江中上游宽谷区、朋曲谷地、拉萨河谷地、年楚河谷地及藏南各内流湖泊周边（李庆，2016）。因河谷走向与西风急流大致平行，使得河谷常年盛行偏西风，而河谷地带与两侧高大山体的热力差异常常形成较强的山谷风（Li et al.，1999），导致以沙尘暴、扬沙和局部地段流沙入侵为主要形式的风沙灾害频繁发生。⑤ "三江"流域湿润半湿润高山区，位于青藏高原东南部，是青藏高原水热条件最好的区域，大部分地区属于温带湿润半湿润气候，呈灌丛草甸或森林景观。该区内的沙尘源地面积小、分布零星，风沙灾害强度低、范围小。

1.2.3　城镇风沙灾害现状

在面积广阔的中国风沙灾害区，城镇规模大小不一，所处区域自然环境复杂多样，人为经济活动形式和强度差异显著。因而，各地风沙灾害的形成过程、危害形式和程度、造成的损失等也存在多样性。分析城镇风沙灾害现状，一是能够全面掌握不同区域的城镇防沙难易程度和急迫性，分清轻重缓急，有利于逐步推进城镇防沙理论和技术研究；二是有利于针对不同风沙灾害类型的城镇开展典型案例研究，用成功的案例带动区域性城镇防沙，促进中国城镇防沙工程的全面展开。

1. 风沙灾害表现形式

城镇风沙灾害主要有风沙流入侵、浮尘、扬沙和沙尘暴四种表现形式。

风沙流入侵一般发生在位于沙漠或者戈壁内部的城镇。由于城镇周边缺乏完善的生态缓冲地带，城镇建成区与外围的沙漠或者戈壁直接相连，当发生灾害性风沙天气时，大风挟带沙尘直接进入城镇，风沙流在建筑物阻挡下迫使沙尘沉积于建成区，造成街道积沙和房屋被沙埋等灾难性后果，其中西藏自治区狮泉河镇、甘肃省清源镇、新疆维吾尔自治区东湾镇等城镇曾经历过的风沙流入侵是典型代表（程幸福，2001；刘多庆，2003；Zhang et al.，2007）。

浮尘是一种常见的风沙灾害类型，主要发生在沙尘源地特别是沙尘源地的边缘地带。沙尘暴过程末期，风速逐渐减弱，空气中飘浮的高浓度细粒沙尘仍在向下风向区域移动，由于细粒沙尘沉降速度缓慢，停留在空气中的时间较长，往往形成数小时至数天的灾害性浮尘天气。根据世界气象组织（World Meteorological Organization，WMO）发布的 2016 年度 Airborne Dust Bulletin，全球每年估计有大约 20 亿 t 的沙尘进入到大气中，中国北方及蒙古国的干旱和半干旱区域是沙尘的主要来源之一。在中国北方风沙灾害区，浮尘发生频率自西北向东南有逐渐减少趋势。塔里木盆地是浮尘高发区，多年平均浮尘日数达 94.4 天（王式功等，2003），莎车县城年均浮尘日数高达 137.4 天（江远安等，2007），浮尘期间的日均 PM_{10} 浓度约 $400\mu g/m^3$（刘新春等，2011）。河西走廊地区多年平均浮尘日数 21.0 天，民勤至吉兰泰地区可达 70.0 天（王式功等，2003），浮尘期间的日均 PM_{10} 和 $PM_{2.5}$ 浓度分别约 $311.8\mu g/m^3$ 和 $78.6\mu g/m^3$（康富贵等，2010）；东北和青藏高原地区仅约 1.3 天（王式功等，2003）。但是，浮尘影响范围最广，可达长江中下游甚至珠江下游地区，上海市浮尘期间的多年日均 PM_{10} 和 $PM_{2.5}$ 浓度分别达 $136.0\sim1005.4\mu g/m^3$ 和 $44.0\sim172.3\mu g/m^3$（李贵玲，2014），广州市浮尘期间的日均 PM_{10} 和 $PM_{2.5}$ 浓度分别达 $170.0\mu g/m^3$ 和 $52.7\mu g/m^3$（刘文彬等，2013）。

扬沙和沙尘暴作为最常见的风沙灾害类型，在中国风沙灾害区广泛发生，其最显著特点是大风挟带高浓度沙尘，对城镇空气造成严重污染，并经常引发次生灾害。扬沙主要发生在沙尘源地内部及其边缘地带，以局部区域为主。沙尘暴则可以在沙尘源地内部及其外围更广泛的区域发生，受沙尘暴危害的城镇距离沙尘源地可近可远，远者可达数十甚至数百千米。扬沙发生频率在河西走廊地区最高，多年平均扬沙日数 47.1 天，最高可达 97.0 天（王式功等，2003），扬沙期间的日均 PM_{10} 和 $PM_{2.5}$ 浓度分别达 $1234.1\mu g/m^3$ 和 $324.2\mu g/m^3$（康富贵和李耀辉，2010）。其次是塔里木盆地区域，多年平均扬沙日数 41.4 天，最高可达 81.0 天（王式功等，2003），扬沙期间的日均 PM_{10} 浓度可达 $2693.2\mu g/m^3$（刘新春等，2011）。新疆北部地区多年平均扬沙日数约 5.1 天，其他地区更少（王式功等，2003）。沙尘暴的高发区位于塔里木盆地，多年平均沙尘暴日数 13.6 天，最高可达 36.0 天（王式功等，2003），沙尘暴期间的日均 PM_{10} 浓度可达 $4614.5\mu g/m^3$（刘新春等，2011）。其次是河西走廊地区，多年平均沙尘暴日数 12.8 天，最高可达 28.0 天（王式功等，2003），沙尘暴期间的日均 PM_{10} 和 $PM_{2.5}$ 浓度分别可达约 $2469.1\mu g/m^3$ 和 $460.3\mu g/m^3$（康富贵和李耀辉，2010）。东北地区和其他区域多年平均沙尘暴日数 1.6 天或 1.6 天以下。

2. 风沙灾害危害路径

对中国北方风沙灾害区 1981~2016 年各气象站记录的逐时风速风向进行统计和计算，根据《第一次全国水利普查——风力侵蚀普查成果报告》提供的地表空气动力学粗糙度，计算出 2m 高度处 ≥5m/s 风速和风向。以能够综合反映宏观地貌格局与大气环流的多年平均合成输沙风向（Fryberger，1979）为指标，结果表明准噶尔盆地所在的新疆北部合成输沙风向约为西北风向，主要受西风环流所控制。塔里木盆地所在的新疆南部的合成输沙风向较为复杂，影响该区域的主要有三支：一支来自西北，风向顺盆地边缘进行不断切变；一支来自北部，顺天山一些小山口进入；另一支来自东北，源于蒙古高压，风向也顺着盆地边缘进行不断切变，在和田、于田附近与其他方向气流辐合，形成气流辐合中心，这也是该地区成为沙尘暴、扬尘中心的重要原因。青海西部的合成输沙风向为近西风向，主要受高原北支西风带及青藏高原上的冷高压中心影响。其他区域的合成输沙风向为西北风向和近西风向，其主要源自蒙古高压，受地形影响，顺势缓慢切变（图1.15）。

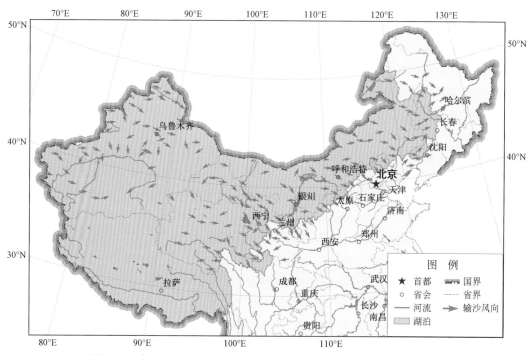

图1.15　中国北方和青藏高原风沙灾害区的多年平均合成输沙风向图

近50年的地面气象站记录和近十余年的卫星监测资料显示，中国北方风沙灾害区的风沙灾害起源和运动路径可分为五种类型和三条途径。风沙灾害起源分别为北部沙源型、西部沙源型、西北沙源型、新疆南部盆地沙源型和局地沙源型（京津风沙源治理工程二期规划思路研究项目组，2013）。风沙灾害的主要路径分别为北路、西路和西北路（史培军等，2000；张志刚等，2007）。北路路径的风沙灾害起源于蒙古国、中国内蒙古中东部和东北地区西部，受蒙古-西伯利亚高压向南辐射气流影响，自北向南危害中国北方风沙灾害区的整个东部地区。西路路径的风沙灾害主要起源于新疆南部和东部、内蒙古西部和甘肃北部，受偏西气流引导，自西向偏东方向危害中国北方风沙灾害区的中西部广大地区，甚至东部地区。西北路径的风沙灾害起源于蒙古国，以及中国内蒙古西部、甘肃北部和新疆东部的中蒙边境一带，受地形和蒙古-西伯利亚高压向南辐射气流影响，在马鬃山东西两侧分为两支，由马鬃山以西星星峡附近进入塔里木盆地的西支路径，主要受山地地形控制向西南方向移动，危害新疆东部和南部地区；马鬃山以东的东支路径进入河西走廊和空旷的内蒙古高原，在偏西气流引导下，向偏东方向移动，对中国北方风沙灾害区的中西部广大地区产生严重危害。西路路径和西北路径的风沙灾害危害范围，除新疆以外，存在大范围的重叠（图 1.16）。

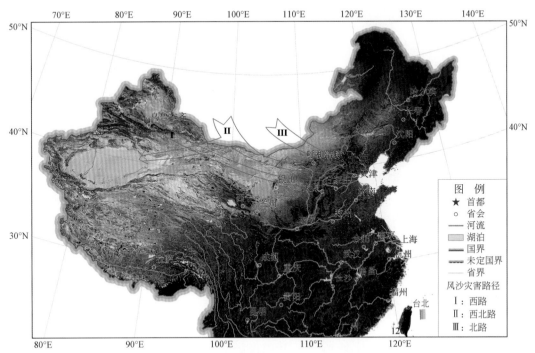

图 1.16　中国北方和青藏高原风沙灾害危害路径图（据史培军等，2000；京津风沙源治理
工程二期规划思路研究项目组，2013）

　　青藏高原风沙灾害区受高大山脉、高空西风急流、大风日数、降水、沙尘源地等自然因素，以及人类各种形式和强度的经济活动影响，在大范围内没有明显的运移路径，主要以局地风沙灾害的形式出现，风沙灾害路径等特征要比中国北方风沙灾害区更复杂（白虎志等，2006）。柴达木盆地、阿里高原、三江源区和雅鲁藏布江中游地区是青藏高原风沙灾害的高发区，并有以羌塘高原为中心向东南逐渐减少的趋势。风沙灾害的发生时间随着季节的推移，中心从藏南的雅鲁藏布江中游河谷地区逐渐向北扩展到羌塘高原南部、羌塘高原及塔里木盆地南部（苟诗薇等，2012）。柴达木盆地属于封闭性山间断陷盆地，面积约 25 万 km²，是青藏高原相对独立的风沙灾害区。风沙灾害路径主要有两条：一是受中国北方风沙灾害区西北路径的影响，当进入塔里木盆地的西支路径冷空气填塞塔里木盆地后，再翻越阿尔金山进入柴达木盆地；二是受中国北方风沙灾害区西路路径的影响，冷空气从帕米尔高原进入塔里木盆地，再翻越阿尔金山进入柴达木盆地。加之，柴达木盆地特殊的地形作用，不但对风有狭管加速效应，而且冷空气自阿尔金山下滑时的势能转变为动能，使地面风速常常大于高空 500hPa 的风速（苟日多杰，2003）。柴达木盆地西部和北部的沙漠和风蚀荒漠化土地为风沙灾害的形成提供了丰富沙尘物质；盆地东部农业区秋收后翻茬，土壤变得疏松，翌年春季解冻后也是重要的沙尘源地。在植被稀疏和气候干旱的自然环境下，为强风沙灾害形成提供了条件。在青藏高原的其他地区，山脉走向大多近似东西方向，而高原整体地形造成的南北两支低空西风急流对高原地区几乎没有直接的影响，

高空西风急流对低层风的牵引起关键作用（白虎志等，2006）。因此，青藏高原局地风沙灾害总体上都是由西向东运移，并逐渐加强。但在河流宽谷地带，受较强山谷风的叠加影响，风沙灾害的危害路径向南北两侧发生偏转，河谷两侧的爬升沙丘就是这样形成的（杨逸畴，1984；Li et al.，1999）。

3. 风沙灾害损失

风沙灾害造成城镇在经济、环境、交通、政治和军事等多方面的严重损失。在经济损失评估方面，使用最广泛的评估方法主要有生产率变化方法、重置成本法、损伤成本法、状态偏好法（如条件价值评估和选择试验）和利益转移法（Nkonya et al.，2011；Requier-Desjardins et al.，2011）。选取的评估指标一般包括：资源危害——可利用土地面积减少的损失（土地资源直接损失、风蚀造成土壤肥力损失等），环境危害——环境污染（增加医疗保健费用、超额死亡损失等），生产危害——农牧业危害（农作物减产损失、畜牧业减产损失等），基础设施危害——城镇、村庄和水利水电设施损失（房屋等建筑物损失、灌溉渠系泥沙淤积损失、水库泥沙淤积库容损失、河道淤积防洪投资增加等），交通运输危害——道路和运输损失（公路运输损失、铁路运输损失、航空运输损失等）（刘拓，2006）。由于不同研究者研究的时段不同和评估方法不同，结果存在较大偏差。对中国北方风沙灾害区 20 世纪七八十年代的评估结果为直接经济损失 783 亿~918 亿元/年（董玉祥，1993），而张玉等（1996）评估为 541 亿元/年。对 20 世纪 90 年代末的评估结果为直接经济损失约 642 亿元/年，其中基础设施损失约 7.32 亿元/年（卢琦和吴波，2002），而刘拓（2006）的评估约为 1281 亿元/年，其中仅房屋等建筑物损失约 35.41 亿元/年，人体健康损失 3.65 亿元/年。考虑到不同研究者选择的部分评估指标存在重复计算，对各种损失没有选择适当的时间尺度和采用更可接受的社会贴现率，以及没有考虑通货膨胀因素等，对这些问题进行修正后，20 世纪七八十年代的直接经济损失由原来的 541 亿元/年（张玉等，1996）调整到 333.1 亿元/年，20 世纪 90 年代的直接经济损失由原来的 642 亿元/年（卢琦和吴波，2002）调整到 969.3 亿元/年，将 21 世纪第一个十年的 1281 亿元/年（刘拓，2006）调整到 683.9 亿元/年（Cheng et al.，2016）。由于风沙灾害造成的经济损失涉及多个方面，因此很难对其进行精确评估。尽管不同研究者的评估结果不同，但根据 Cheng 等（2016）的修正结果，中国北方风沙灾害区的直接经济损失在 700 亿~1000 亿元/年，其中对城镇和村庄等居民点造成的损失为 10 亿~17 亿元/年，对人体健康造成的损失 3 亿元/年以上。由此可见，城镇防沙是一项涉及经济发展和社会稳定的重大任务。

与中国北方风沙灾害区相比，尽管青藏高原地区的人口密度小，城镇数量相对较少、规模小，农牧业生产效率较低，但风沙灾害造成的损失也十分严重。据不完全统计，青海省风沙灾害造成的直接经济损失约 5.24 亿元/年，风沙侵袭城镇和村庄是其中的重要损失之一（韩东，2005）。藏北青南高寒干旱区，城镇风沙灾害以扬沙天气、戈壁风沙流入侵为主要特征。其中，狮泉河镇曾经是青藏高原风沙灾害最严重的城镇，戈壁风沙流入侵造成街道积沙和房屋等建筑被沙埋，沙尘暴毁坏军民电力、通信设备，每年清理积沙和设备维护或重新购置费用在 100 万元以上，导致狮泉河镇一度面临被迫搬迁的困境（金炯等，1991）。藏南谷地城镇风沙灾害主要为局地扬沙和浮尘天气，贡嘎机场、日喀则和平机场、林芝机场因风沙灾害威胁飞机飞行安全，导致飞机停飞或返航而产生直接经济损失。其中，贡嘎机场因风沙灾害造成民航运输直接经济损失约 72 万元/年（董光荣等，1996）；由于缺乏日喀则和平机场、林芝机场飞机起降资料，根据机场规模和用途，估计直接经济损失 18 万元/年。

风沙灾害对资源、工农业生产、基础设施和交通运输等方面的危害是易于测度和有形的，而对环境危害产生的人体健康危害较难准确测度。事实上，即使是风沙灾害造成的城镇和村庄建筑物损失，也只关注了建筑物的直接损毁，若将风沙剥蚀建筑物和构筑物表面、街道积沙造成交通和路面的损失等计算在内，估计全国城镇和村庄因风沙灾害造成的直接经济损失在 20 亿元/年以上。从医学角度研究风沙灾害对人体健康影响正在取得可喜进展。兰州市 PM_{10} 颗粒物污染造成的健康成本多年平均在 10 亿元/年以上（侯青等，2011），考虑到兰州市的 PM_{10} 颗粒污染物主要来自风沙灾害天气，即使按工业和生活产生的颗粒污染物对健康成本的影响占总健康成本的 50% 计算，人均因风沙灾害天气造成的健康成本约 154 元/年。对武威市的不完全统计结果显示，风沙灾害期间的人群患病率比非风沙灾害期间（仅统计呼吸系统和循环系统疾病）高约 19.7%（孟紫强等，2007），按照每人次医疗费用支出 250 元计算（包括住院治疗费），同时参照兰州市的其他疾病和超额死亡成本在总健康成本中的比例（侯青等，2011），人均因风沙灾害造成的健康成本约 350 元/年。仅统计和计算脑血管疾病和呼吸系统疾病，北京市 PM_{10} 颗粒物污染造成的健康成本多年平均在 4.4 亿 ~ 4.8 亿元/年（韩茜，2011）。由于北京市 PM_{10} 颗粒污染物中来自风沙灾害天气的约占 29%，其他来源于市区机动车排放，以及周边地区的冶金和焚烧尘、建筑和煤烟尘（王汝幸，2017），考虑到风沙灾害天气对健康成本的影响不仅限于脑血管和呼吸系统疾病，参照兰州市的其他疾病和超额死亡成本在总健康成本中的比例（侯青等，2011），北京市人均因风沙灾害天气造成的健康成本约 43 元/年。按照上述三座城市人均健康成本平均值粗略估算，全国城镇人口因风沙灾害造成的成本高达 90.5 亿元/年，远超以人员直接伤亡为主要指标的健康成本估算结果。

中国风沙灾害区大多与国境线比邻，设有众多的军事设施，无论是城镇还是独立军事设施，都担负着国防安全使命。例如，西藏的狮泉河镇及其附近的昆莎机场、日喀则和平机场和林芝机场，以及北方风沙灾害区的众多城镇、机场和军事设施，风沙灾害对这些城镇和军事设施都造成不同程度的直接或间接影响，包括风沙损坏军事器材、武器装备和国防交通，影响战机起降等，对官兵健康的长期影响也不容忽视。由于缺乏具体的统计数据，难以对此做出详细评估。

1.2.4　城镇风沙灾害可能发展趋势

城镇风沙灾害不仅与沙尘源地类型和面积、风速、降水、气温等自然因素变化有关，还与城镇扩张和人口增加、城镇周边区域的人类生产活动强度等人为因素有关。城镇风沙灾害的发展趋势，是由自然和人为因素共同作用决定的。

1. 自然因素可能发展趋势

影响风沙灾害的自然因素较多，分析单一因素变化难以准确评估风沙灾害在时间序列上的变化和发展趋势。在基础数据充分的条件下，理想的方法是综合评判自然因素变化对风沙灾害发展趋势的影响。由于风沙灾害是由土壤风蚀引发的（Shi et al.，2004），其强度取决于土壤风蚀强弱；而沙尘暴是风沙灾害的典型表现形式。因此，合理评估影响风沙灾害的自然因素的可能发展趋势，应从影响土壤风蚀强弱的自然因素综合变化规律，以及沙尘暴事件变化过程这两个角度展开。

在修正风蚀方程（Revised Wind Erosion Equation，RWEQ）中，气候因子是一个反映风速、空气密度、空气湿度、降水、蒸发、积雪等自然因素对风蚀强度影响的综合指标（Fryrear et al.，1998）。考虑到中国实际情况，冬季部分区域的表土层常处于冻结状态，土壤风蚀和风沙灾害不可能发生，在 RWEQ 的气候因子中增加表土冻结项进行修正。结果表明，自 1981 年以来，中国北方风沙灾害区的气候因子值发生显著转折（图 1.17）。1981~1996 年，气候因子值从 940.46kg/m 下降到 273.03kg/m，年均变率约为 -37.08kg/m。1997~2016 年，气候因子值相对稳定，变化范围为 139.81 ~ 398.85kg/m，平均值为243.40kg/m。在空间上，新疆北部、甘肃北部和内蒙古西部的气候因子值下降明显，2000年以来甚至不到50kg/m；而东部地区的气候因子值下降较小。

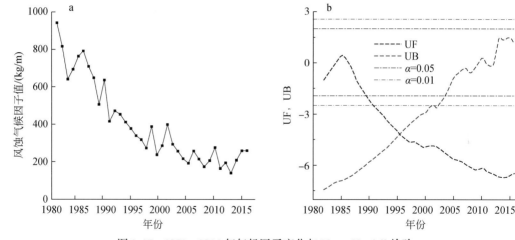

图 1.17　1981~2016 年气候因子变化与 Mann-Kendall 检验

a. 风蚀气候因子逐年变化；b. Mann-Kendall 检验结果（UF 和 UB 分别代表 Mann-Kendall 检验指标）

以往的研究中，一般使用沙尘暴发生频率（DSF），即某一气象站在一年内观测到的沙尘暴出现的天数，来评价沙尘暴在时间序列上的变化（Wang et al.，2005；Indoitu et al.，2012）。使用 DSF 指标简单明了，但它不能准确描述每次沙尘暴的持续时间、影响范围和强度。为了克服这一不足，Wang 等（2017b）引进沙尘暴事件（DSE）概念，它是指从开始到结束的一次完整的沙尘暴天气过程。一次 DSE 可能持续数日和影响很大范围，它更能准确反映沙尘暴带来的风沙灾害的持续时间、影响范围和强度。研究结果表明（Wang et al.，2017b），中国北方风沙灾害区在 1978~2007 年间，DSE 和 DSF 都呈减少趋势（图 1.18）。DSE 发生的平均面积和平均持续时间在 1978~1990 年间，都呈下降趋势，但是自 1991 年以后，DSE 发生的平均面积和平均持续时间都呈显著上升趋势，这是以前没有认识到的。在全球变暖背景下，北半球中纬度大部分地区的降水量有增长趋势，且极端降雨事件增加（Han et al.，2015；Donat et al.，2016）。在降水本来就稀少的中国北方风沙区，即使平均每十年增加 1%~2% 的降水量（Donat et al.，2016），但极端降雨事件明显增加，导致每年无降水期的持续时间延长，加之气温升高导致蒸发增加，中国北方风沙区可能会变得越来越干旱（Held and Soden，2006），强沙尘暴这种极端风沙灾害事件的发生概率有可能增大。

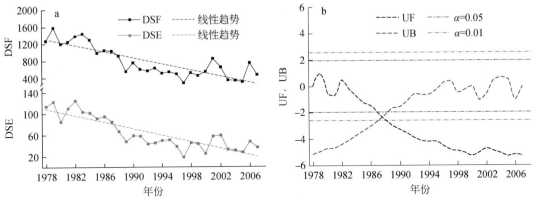

图 1.18　中国北方风沙灾害区沙尘暴和沙尘暴事件发生频度与 Mann-Kendall 检验

a. 沙尘暴和沙尘暴事件的频度变化；b. Mann-Kendall 检验结果（UF 和 UB 分别代表 Mann-Kendall 检验指标）

　　青藏高原风沙灾害区地面气象站数量较少，尤其高原西部地区大面积缺少地面气象站，难以采取与中国北方风沙灾害区相一致的综合评判方法，评估自然因素的时空变化趋势。对青藏高原风沙灾害区地面气象站记录的风速变化研究结果表明，1954~2000 年，春季平均风速总体上无显著变化趋势，每 10 年变率仅 -0.01m/s（王遵娅等，2014）；但在 1983~1997 年，春季平均风速每 10 年变率约 -0.33m/s（姚慧茹和李栋梁，2016）。对 1995~2015 年的风速数据进一步研究结果显示，以 90°E 为界，青藏高原风沙灾害区东、西部地区的春季风速变化存在明显差异，东部日平均风速和最大风速均有明显下降趋势，每 10 年变率分别为 -0.14m/s 和 -0.36m/s；而西部则无显著变化，日平均风速每 10 年变率仅 -0.02m/s，最大风速反而有微弱增大趋势，每 10 年变率约 0.09m/s（赵煜飞等，2017）。秦小静等（2015）对 1974~2013 年的降水和气温研究结果表明，年降水量总体上呈增加趋势，40 年间降水增加约 2.5mm，其中每 10 年的降水量变率分别为 -0.177mm、0.066mm、0.630mm 和 0.069mm；但降水量在空间上的变化趋势并不一致，降水量增加的区域主要在西藏中部，降水量减少的区域主要在西藏拉萨周边和四川西部，并显示出向甘肃西部扩展的趋势。1974~2013 年的年平均气温总体上也呈上升趋势，40 年间升高约 0.8℃，其中每 10 年的气温变率分别为 -0.012℃、0.021℃、0.077℃ 和 0.015℃。年平均气温变化在空间上的表现有明显差异，但是 2004 年以后的气温上升速率的区域间差异显著减小。蒸发量受地形和辐射能量的影响，青藏高原的北部和南部地区以显著下降趋势为主，平均变率 -20.2~-4.0mm/10a，东部地区以显著上升趋势为主，变率 2.8~16.0mm/10a，而中部高原面上变化不显著，变化率一般为 -4.0~2.8mm/10a（张存桂，2013）。从自然因素的综合变化趋势来看，青藏高原东部向有利于风沙灾害发生的趋势发展，而西北部则可能继续维持目前的状态。

2. 人文因素可能发展趋势

对城镇风沙灾害产生深刻影响的人文因素主要是城镇快速扩展、城镇外围区域人口和放牧牲畜数量的增加。城镇快速扩展导致近郊原生植被和土地利用类型发生改变，特别是砂石料开采场极易成为新的风沙源地。根据《2015 年城市建设统计年鉴》数据，青藏高原和中国西北 5 省（自治区）城镇建成区面积，自 2004 年的 2751km²，扩大到 2015 年的 6856km²，扩大了 149.2%（图 1.19）。在短短的 11 年间，城镇建设所需的砂石料就达百亿立方米量级。尽管缺乏砂石料开采场面积的精确统计数据，但可以粗略地估计出新增砂石料开采场面积至少 1200km²。这些新增砂石料开采场一般在城镇近郊区，生产过程中直接成为城镇风沙灾害的沙尘源地。

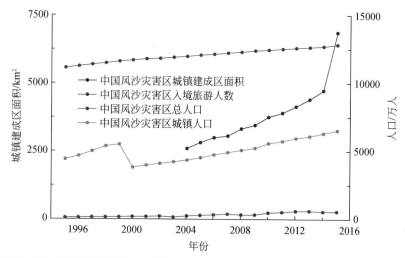

图 1.19　中国北方和青藏高原风沙灾害区的总人口、城镇建成区面积、城镇人口和入境旅游人数变化

中国风沙灾害区人口和放牧牲畜数量的增加，对城镇外围区域的土地产生巨大压力，引起草地退化和农田沙化。中国风沙灾害区的风蚀荒漠化土地面积总体上呈减小趋势（国家林业局，2015），但局部恶化现象仍在发生。根据青藏高原和中国西北 5 省（自治区）统计年鉴数据，总人口由 1995 年的 1.1130 亿人，增加到 2015 年的 1.2840 亿人，增加了约 1710 万人。其中城市人口由 2000 年的 3815.27 万人，增加到 2015 年的 6549.09 万人，增加了约 2733.82 万人。此外，作为流动人口的入境旅游者，从 1995 年的 102.35 万人次，增加到 2015 年的 551.80 人次，且有继续增加的趋势（图 1.19）。入境旅游人数的增加，在带来巨大经济效益的同时，也需要消耗大量生活必需品，增加大量生活垃圾。按全国城市人口的人均固体生活垃圾排放量 1.12～1.26kg/d（孔令强等，2017），估算中国风沙灾害区城镇人口和入境旅游者每年产生的固体生活垃圾约 1190 万 t。由于卫生填埋是城镇固体生活垃圾的主要处理方式，开放式的垃圾填埋场往往成为风沙和多种有害物的源地。

中国牧区主要集中在风沙灾害区，1995～2015 年间，放牧牲畜年末存栏数由 1.1099 亿头（只）增加到 2.4271 亿头（只），增加了约 1.3172 亿头（只）。近 10 余年来，尽管在地方政府支持下，大力发展饲草料生产加工和人工种植饲草，充分利用秸秆饲料、增加豆粕等蛋白饲料措施（王微和周蕾，2015；周蕾等，2015），但是草场过牧仍然是导致草地退化的主要原因（杨汝荣，2003；蓝晓宁和陈丽丽，2005；郭亮华等，2010；辛有俊等，2011；张娜，2017）。

从上述人文因素发展趋势来看，城镇风沙灾害有日益严重的趋势。但是，中央政府和地方各级政府始终重视风沙灾害防治，采取了多项重大措施，投入巨大财力和物力改善生态环境，抑制风沙灾害发生的频率和强度。其中“'三北'防护林工程”、“京津风沙源治理工程”、“退耕还林（草）工程”、“西藏高原国家生态安全屏障保护与建设工程”等都是改善生态环境的国家级战略工程；“塔里木河综合治理工程”、“黑河生态综合治理工程”、“三江源自然保护区生态保护和建设工程”、“青海湖流域生态保护与综合治理工程”等是区域性的重大生态环境建设工程。这些重大生态环境建设工程对抑制风沙灾害已经产生了显著效果，并将持续发挥积极作用。在人文因素的负面和正面综合作用下，风沙灾害正在受到有效控制，但在很长时期内，城镇风沙灾害仍不可能被消除。

3. 风沙灾害可能发展趋势

在全球气候变化和人类活动的双重影响下，中国城镇风沙灾害发展趋势可能呈现区域差异。在中国北方风沙灾害区，贺兰山以西的干旱区，有限的降水量增加不足以抵消气温升高引起的蒸发量增大，且极端降水事件增多使得无降水期更长，区域性的风沙灾害事件难以减少。但是，已经和正在实施的重大生态环境建设工程，将在局部区域对风沙灾害起到显著的抑制作用，特别是围绕城镇周边的生态建设工程，将减轻城镇遭受强风沙灾害的危害。对2000~2013年的非生长季植被覆盖度研究结果表明，干旱区的植被覆盖度发生降低的面积比例约75.0%，增加的仅22.7%，无变化的约2.3%。非生长季植被覆盖度增加的区域主要在生态环境建设工程区和城镇周边地区。贺兰山以东的半干旱和半湿润区，尽管气候变化趋势与干旱区类似，但是在自然条件相对较好，以及重大生态环境建设工程较集中的背景下，植被恢复进入良性发展阶段。2000~2013年非生长季植被覆盖度增加的面积比例约65.5%，降低的约33.1%，无变化的约1.4%。风沙灾害主要发生在植被非生长季，非生长季植被覆盖度高低可以预示风沙灾害发生的可能性大小。综合考虑自然和人文因素的变化趋势，位于贺兰山以西干旱区的城镇所面临的风沙灾害形势依然严峻，而位于东部半干旱和半湿润区的城镇风沙灾害可能趋于减缓。

青藏高原风沙灾害区的年均气温变化幅度较大，2000~2016年的17年间，气温变率为0.45/10a，其中2000~2009年在波动之中显著升高，2009~2012年持续下降，随后又急剧升高，而年降水量呈缓慢增加趋势，气候变化总体上呈“暖湿化”趋势（卓嘎等，2018）。青藏高原内部的巨大山脉和广阔面积，使得自然因素变化明显受地形和西南季风影响。青藏高原降水量增加的区域主要在西藏中部（秦小静等，2015）。90°E以东地区的日平均风速和最大风速减弱趋势明显，而90°E以西地区则无显著变化，最大风速反而有微弱增大趋势（赵煜飞等，2017）。蒸发量在北部和南部地区显著下降，东部地区则显著上升（张存桂，2013）。从自然因素变化趋势的角度看，青藏高原东部地区的风沙灾害可能趋于加剧，而西北部则可能继续维持目前的状态。在青藏高原风沙灾害区，河流宽谷和山间盆地是人口相对集中的区域，也是城镇的集中分布区，人文因素对风沙灾害的影响也主要集中于此；其他区域人口稀少，人文因素变化对风沙灾害的影响十分微弱。已经和正在实施的重大生态环境建设工程主要针对人口相对集中的河流宽谷和山间盆地，对减轻城镇风沙灾害已经产生显著效果（Zhang et al.，2007），人文因素对城镇风沙灾害总体上显现抑制效果。对于整个青藏高原风沙灾害区，自然和人文因素的双重作用，使得植被覆盖度初显提高态势，植被覆盖度基本不变的面积比约 89.4%，有所提高的约 10.5%，轻度下降的约 0.1%（卓嘎等，2018）。对于非生长季植被覆盖度，青藏高原东部地区没有得到明显提高，西部地区基本维持现状。综合考虑自然和人文因素的变化趋势，青藏高原东北部和东部盆地，以及黄河和长江源区等区域的风沙灾害可能趋于严峻，青藏高原西部地区可能维持现状，而南部"一江两河"流域可能持续得到改善。

1.3　风沙灾害治理与区域经济社会发展

根据《环境空气质量标准》（GB 3095-2012）（中华人民共和国环境保护部和质量监督检验检疫总局，2012），城市空气质量不仅包括总悬浮颗粒物（TSP）、PM_{10} 和 $PM_{2.5}$，还包括重金属铅（Pb）、氮氧化物（NO_x）、SO_2、CO 和 O_3。对中国北方风沙灾害区的长时间序列统计结果表明，风沙灾害发生日数和发生时间与空气重度污染发生日数和发生时间高度吻合（Wang et al.，2017a）。影响中国风沙灾害区城镇空气质量的首要污染物是 TSP、PM_{10} 和 $PM_{2.5}$（Qian et al.，2004；Ramachandran and Srivastava，2016；Wang et al.，2017）。风沙灾害期间 TSP 日均浓度一般超过 2500$\mu g/m^3$（吴海等，2005；沈建国等，2006；包英霞等，2008），瞬时浓度甚至超过 25000$\mu g/m^3$（吴海等，2005），远超国家标准规定的一级限值 120$\mu g/m^3$ 和二级限值 300$\mu g/m^3$。PM_{10} 的日均浓度一般超过 1000$\mu g/m^3$（吴海等，2005；郑捷等，2016），瞬时浓度甚至超过 90000$\mu g/m^3$（周旭等，2017），远超国家标准规定的一级限值 50$\mu g/m^3$ 和二级限值 250$\mu g/m^3$。$PM_{2.5}$ 的日均浓度一般在 100$\mu g/m^3$ 以上，瞬时浓度甚至超过 300$\mu g/m^3$（陈晓燕等，2007），远超国家标准规定的一级限值 35$\mu g/m^3$ 和二级限值 75$\mu g/m^3$。

2015 年全国 337 个实行《环境空气质量标准》（GB 3095-2012）的城市中，年均 $PM_{2.5}$ 浓度符合二级限值标准的仅有 60 个（沈双全等，2017），达标率约 17.8%，其中北方风沙区为 $PM_{2.5}$ 的高值区。中华人民共和国环境保护部发布的《2016 年中国环境状况公报》显示，2016 年全国 338 个监测城市中仅有 84 个城市环境空气质量达标，达标率约 24.9%。在重度及以上污染天数中，以 $PM_{2.5}$ 为首要污染物的天数占 80.3%，以 PM_{10} 为首要污染物的占 20.4%，其中有 32 个城市超过 30 天，主要分布在受沙尘影响的新疆等地。

然而，随着中国城镇化水平的提高和居民生活质量的改善，对城镇空气质量的要求越来越高。从城镇化发展的国家战略高度，在《国家新型城镇化规划（2014—2020 年）》中明确提出实施大气污染防治行动计划，开展区域联防联控联治，改善城市空气质量，到 2020 年地级以上城市空气质量达到国家标准的比例不低于 60%；同时改善城乡接合部环境，规范建设行为，加强环境整治，形成有利于改善城市生态环境质量的生态缓冲地带（中华人民共和国国务院，2014）。从改善中国风沙灾害区城镇空气质量的角度，风沙灾害防治成为未来主要而又艰巨的任务之一。"为了给我们的子孙留下天更蓝、地更绿、水更清的家园"，国家专门制定了《全国主体功能区规划——构建高效、协调、可持续的国土空间开发格局》（中华人民共和国国务院，2011），将国家重点生态功能区分为水源涵养型、水土保持型、防风固沙型和生物多样性维护型四种类型，提出的五个规划目标中，第一个目标就是"生态服务功能增强，生态环境质量改善"，其中明确要求水土流失和荒漠化得到有效控制，水土保持型生态功能区的水质达到Ⅱ类，空气质量达到二级；防风固沙型生态功能区的水质达到Ⅱ类，空气质量得到改善。在重点生态功能区的四个发展方向中，有两个方向分别是水土保持型和防风固沙型，对沙尘源区和沙尘暴频发区的生态环境恢复和治理做出了严格规定。防风固沙型生态功能区包括了塔里木河荒漠化防治生态功能区、阿尔金草原荒漠化防治生态功能区、呼伦贝尔草原草甸生态功能区、科尔沁草原生态功能区、浑善达克沙漠化防治生态功能区和阴山北麓草原生态功能区，这六个生态功能区涵盖了中国北方风沙灾害区沙尘源地的主体。在十八个国家层面的重点开发区域中，不仅包括中国北方风沙灾害区的呼包鄂榆地区、宁夏沿黄经济区和天山北坡地区，也包括青藏高原风沙灾害区中最值得重视的藏中南地区。根据国家对区域发展的战略布局，无论从新型城镇化，还是从区域生态环境建设的角度，城镇防沙都是战略任务之一。城镇防沙不仅关系到新型城镇化和区域生态环境建设目标能否顺利实现，更直接决定了广大中国风沙灾害区的经济社会能否进入健康和快速发展的良性轨道，以及能否推进区域协调发展，缩小地区间基本公共服务和人民生活水平的差距，构建全中国人民美好家园的国家战略目标。

第 2 章 城镇防沙理论基础

城镇是其所在区域的经济、政治和文化中心,是区域经济发展的增长极。城镇规模扩大和区域中心地位提高,需要适宜的人居环境、和谐的社会环境、优良的生态环境、优越的发展环境。城镇一旦遭受风沙危害,这些环境都将被破坏,城镇发展将受阻。风沙危害城镇的形式多样、产生危害的原因复杂,城镇防沙不仅要消除风沙对城镇的侵袭,更要改善城镇周边生态环境,提高土地资源利用率,提升城镇的可持续发展能力。城镇防沙工程涉及多学科理论和技术的综合应用,研究历史短,缺乏理论和技术支撑,工程实践难度大。所幸的是,国际上开展风沙灾害防治的实践活动已有百年历史,尽管还缺乏针对城镇防沙的理论成果和技术应用,但相关领域的理论和技术成果,可为建立城镇防沙理论、研发实用技术和工程实践提供有益的借鉴。

2.1 城镇防沙研究历史

就单纯的风沙灾害防治工程而言,早在 1880 年修建里海东岸铁路时就已开展一些工程实践,包括紧靠路基部位采用芦苇和旧枕木阻挡流沙侵袭和防止路基吹蚀,在沙丘表面用碎石和黏土覆盖,或喷洒石油、海水进行固结;在铁路两侧沙地上栽种植物。尽管这项工程设计目前看来不尽合理,防沙效果也不能令人满意,但它揭开了现代风沙灾害防治工程的序幕。随后,中亚地区国家、澳大利亚、印度、美国和中国等许多国家修筑穿越荒漠地带的铁路和公路时,都根据具体情况采取了多种防沙工程措施。然而,风沙灾害防治工程作为一门新兴学科的发展则要滞后得多,直至 *The Physics of Blown Sand and Desert Dunes* 一书的出版(Bagnold,1941),才标志着风沙物理学的诞生,同时也为风沙灾害防治工程奠定了理论基础。20 世纪后半叶,随着在荒漠地区铁路建设和农业开发的规模迅速扩大,结合实际需要诞生了一系列有关风沙灾害防治工程的理论和技术著作(雅库波夫,1956;彼得普梁多夫,1958;吴正和彭世古,1981;刘贤万,1995;朱震达等,1998;吴正等,2003)。但是,这些成果大多是针对具体的铁路、公路和新垦农田风沙灾害特点而提出的技术措施,针对城镇防沙的理论和技术研究尚处于萌芽阶段。

2.1.1 历史上的城镇风沙灾害

城镇风沙灾害自古有之,它虽不像地震、火山、海啸、洪水那样凶猛,但持续性的风沙灾害足以使城镇被掩埋在沙海之中。在中国干旱和半干旱区的沙漠中,现存不少历史古城遗址。对塔里木盆地南缘气候环境演化与古城镇废弃事件关系的研究表明(钟巍和熊黑钢,1999),孔雀河下游、塔里木河下游、米兰河的中下游及若羌河中游的楼兰、海头、伊循及迂泥等古城相继废弃于公元 5 ~ 6 世纪初(中国科学院新疆资源开发综合考察队,

1994），与气候持续转干的记录相吻合；另一具有划时代意义的气候转干事件是 960±70 a B. P. 之后，使得塔克拉玛干沙漠南缘的沙漠化进程又一次空前加剧，米兰（七屯城）、达乌兹勒克、阿可科修克希（唐怖仙镇）、皮山县阿塞胡加（唐勃加夷城）等相继废弃，丹丹乌里克（老策勒城）也废弃于此时（钟巍和熊黑钢，1999）。此后，同样原因导致达木沟以北的吴六麻提麻扎、阿克斯皮尔、巴尔马斯，以及叶城县的可汗城、安迪尔等相继废弃。甘肃和内蒙古境内的黑城、龙勒、寿昌、骆驼城等现已成为古城遗迹，它们大多是古丝绸之路上往来商贾的重要集散地。2013 年又在塔克拉玛干沙漠腹地发现喀拉沁古城遗址，其年代在汉代前后（朱景朝和宁义杰，2013）。在半干旱区有鄂尔多斯草原南部红柳河北岸的统万城，在毛乌素沙漠区内也有不少汉、唐、宋等诸朝代的遗址，如汉代的奢延和高望，唐代的宥州（城川）、大石砭、白城台、古城界等。这些古城主要因风沙灾害而被废弃，成为当今人类文化遗址。历史上遭受风沙灾害并延续至今，且有据可考的城镇仅有榆林市。自 1437 年始筑榆林城堡到清末四百多年间，历史文献多次记载了榆林城遭受流沙侵袭事件，到 1863 年流沙完全埋没了榆林城的北城垣，迫使北城墙南移（顾琳，2003）。

事实上，城镇风沙灾害从来就没有停止，目前仍然有数百座城镇（包括建制镇）遭受不同程度的风沙危害。经历严重风沙灾害，曾经面临毁城弃城窘境的西藏自治区狮泉河镇就是典型的案例。狮泉河镇所在的狮泉河盆地在 1964 年前还是一片茂密的秀丽水柏枝灌丛林，随着阿里地区行政公署和噶尔县政府分别于 1966 年和 1968 年迁到此地，人口数量快速增加。为了解决生活燃料，灌木林被砍伐殆尽，最终使狮泉河盆地在 20 世纪 80 年代初变成荒芜的沙砾质戈壁滩。每到冬春季节，风沙肆虐，遮天蔽日，每年冬春季节狮泉河镇街道积沙厚度达到 0.1～0.2m，房前屋后积沙多在 0.5～1.0m，最厚可达 2.0m 以上，狮泉河镇面临被风沙掩埋的尴尬局面。到 20 世纪 80 年代中期，当地政府不得不向中央政府请求搬迁狮泉河镇。但是考虑到狮泉河镇所处的重要战略位置，以及搬迁带来的巨大经济损失，中央政府果断决策，不搬迁狮泉河镇，实施狮泉河盆地风沙灾害治理工程以稳固边疆。现代城镇因风沙灾害而数度搬迁的例证很多，其中西藏自治区仲巴县县城数度搬迁是最典型的例子，1960 年县城所在地是岗久，1964 年迁到扎东，1986 年经国务院批准迁至刮那古塘，1990 年再次经国务院批准迁至托吉，2014 年至今县城设在帕羊镇。新疆维吾尔自治区策勒县的县城因风沙侵袭三次被迫搬迁。甘肃省阿克塞哈萨克族自治县的县城因水质问题和风沙灾害，于 1998 年被迫从博罗转井镇搬迁至目前的红柳湾镇。受风沙危害的居民点特别是自然村一级的居民点更是数量众多，仅京津风沙源治理工程区 2001～2010 年生态移民 18.0 万人，京津风沙源治理工程二期将于 2013～2022 年异地搬迁 37.04 万人。风沙对城镇和村庄等居民点的危害一直在持续，城镇防沙任重而道远。

2.1.2　城镇防沙技术研究的兴起

城镇化是在工业化过程中完成的，不同国家的城镇化发展模式亦不相同。欧洲和北美发达国家的城镇化是在工业化发展过程中，通过市场化手段完成的，大、中、小城镇协调推进，属于城镇化同步型。拉美国家在第二次世界大战后实施"进口替代"战略，在政府保护下资本密集型企业迅速发展，人口也由农村向城镇大量迁移，短时间内城镇化水平迅速提高，属于城镇化超前型。亚洲和非洲国家总体上属于城镇化滞后型，特别在中国，无论是城镇化过程还是城镇的设置和扩大，都具有明显的政府主导性，城镇之间不仅有大、中、小之分，还有行政级别之分，从城镇利益需求的角度推行城镇化，造成城乡差距扩大，中小城市财力不足，出现大、中、小城市发展失衡现象（李圣军，2013）。虽然世界各国的城镇化模式不同，但在城镇化过程中都存在城市剥夺农村、城市病与农村病并存、城乡综合治理和城乡一体化四个阶段。在城镇化同步型的国家中，欧洲城镇不存在风沙灾害问题；以美国为代表的北美国家，虽然很多城镇也经历了严重风沙灾害，但城镇化过程中对沙尘源区自然环境的及时治理，间接地减轻了城镇风沙灾害。例如，美国中西部大平原地区于20世纪30年代至60年代，经历了罕见的风沙灾害，在罗斯福新政的推动下实施了工程浩大的Dalhart土壤风蚀治理项目（王石英等，2004），间接地减轻甚至局部消除了位于中西部大平原地区城镇的风沙灾害。在城镇化超前型的拉美国家中，因城镇极少受风沙危害，防沙技术研究一直没有得到政府和科学家的重视。在城镇化滞后型的亚洲和非洲国家，受风沙危害的城镇数量众多，但是绝大多数非洲和亚洲国家长期的经济或者科技落后局面至今没有得到根本改变，没有经济或者科技力量开展城镇风沙灾害研究和治理，只有中国自20世纪50年代以来，长期坚持开展区域性和针对重大工程设施的风沙灾害研究工作和治理工程。

早期研究工作和治理工程主要针对区域性或者重大基础设施的风沙灾害。区域性风沙灾害防治的主要任务是减少沙尘源区地表起沙起尘，甚至消除局部区域的地表起沙起尘，以降低和削弱区域性风沙灾害发生的频率和强度，对城镇防沙没有明确的针对性。例如，美国中西部大平原风沙灾害治理的主要对象是开垦农田和严重退化草地，治理工程始于20世纪30年代中后期，采取栽植乔灌木防护林，辅以种草或其他土壤改良措施，使逐渐恢复的耕地和草地得到保护；修建梯田和排水沟，并在梯田、排水沟和路旁种草；规划土地，实行沿等高线耕作和带状耕作。然而，到20世纪70年代，原先栽植的防护林因干旱、病虫害和再次扩大耕地面积而明显退化，乔灌木林逐渐减少。到20世纪90年代中期，保存下来的防护林面积已很小。主要原因是农田耕作管理技术和农田生态管理技术的发展，比单纯造林工程更有效率、更经济。此外，美国特别重视对天然植被的保护以及破坏后的土地复垦与管理，采取了许多生态恢复和生态重建的措施，实行开放式经营、封闭式管理，将自然规律和市场规律有机结合，发展荒漠旅游，建设荒漠区新型城市。

中国在区域性风沙灾害防治方面成就卓著，在干旱、半干旱和半湿润地区开展了长期科学研究和治理工程。这些治理工程客观上对城镇防沙效果显著，后来被总结为多种治理模式（中国可持续发展林业战略研究项目组，2002）。以呼伦贝尔地区为代表的半湿润区模式，主要采取建立封禁保护区，退耕还林还草，营造牧场防护林，造林固定沙丘和沙地，繁育优良草种和改良草场，划区轮牧和建立刈割草场及越冬草场，发展绿色畜产品及其深加工，发展草原旅游业，建设抵御雪灾的基本设施等，对沙尘源地进行有效治理，对呼伦贝尔地区城镇防沙发挥了重要作用。以赤峰和榆林两地区为代表的半干旱区城镇防沙，根据区域自然条件和经济社会条件，以及风沙灾害发生的具体特点，发展出两种不同的模式。赤峰模式针对区域内大面积缓坡沙地和较小面积低湿草甸和丘间低地、耕地和草地交错分布，以及人类经济活动导致植被严重退化的特点，主要采取适度发展水浇地和逐渐压缩雨养旱地,退耕还林还草,在低湿草甸和丘间低地营造防护林网,沙地封沙育草、栽植固沙植物和飞播种草造林,在低湿草甸和丘间低地建设适宜分散牧户经营的"小生物圈"等技术,提高林草覆盖率,形成多层次的绿色生态屏障,达到治理沙尘源地和减轻风沙灾害的目的。榆林模式针对区域内耕地和草地交错分布,北部以沙丘与湖盆滩地相间分布,中部以沙丘与覆沙的黄土丘陵相间分布,东南部以沙黄土梁峁丘陵分布的自然条件,以及人类经济活动导致植被退化和风蚀荒漠化土地扩展的特点,采取以滩地为中心,按照"三圈模式"退耕和建立防风固沙林体系。主要措施包括:在流动沙丘密集区,采取飞机播种和封育相结合;在沙丘与滩地交错分布区,丘间地恢复和重建灌木林,沙丘上设置沙障并于障间栽植固沙植物;湖盆滩地和河谷湿地,建立网、带、片相结合的防风固沙林体系;水资源较为丰富的局地区域,采用引水拉沙和洪淤压沙,恢复被沙丘埋压的平坦良田等,形成了对中国北方半干旱区沙地和农牧交错带都有示范推广价值的新模式。以和田为代表的干旱区模式,针对位于流动沙漠边缘绿洲的独特自然条件,以合理利用有限的水资源为原则,建立绿洲防护林体系,主要采取兴修水利和发展节水灌溉,建立完整的绿洲内部多道窄带护田林网和环绕绿洲边缘防风固(阻)沙基干林带,固定和平整零星沙丘,引洪淤灌沙地和建设林草植被,实行林农间作发展名优经济作物等,形成了适宜于干旱区绿洲风沙灾害防治推广应用的模式。

新中国成立后,在发展经济和改善民生的驱动下,建设了多条穿越风沙灾害区的铁路和公路,开展了大量针对道路风沙灾害防治的科学研究和工程实践,其中包兰铁路沙坡头段防沙工程和塔里木沙漠石油公路防沙工程最具代表性。包兰铁路于1958年正式通车运营,宁夏回族自治区中卫市境内的沙坡头段风沙灾害对铁路的威胁最大。经多部门的科技人员多年努力,创造性地试验成功"以固为主、固阻结合,兼有输导作用"的四带一体的防护体系,保证了包兰铁路的畅通。沙坡头段风沙灾害防治技术体系的基本构架为前沿阻沙带,无灌溉条件下的草方格沙障与植物措施固沙带,灌溉条件下的乔灌木林带,砾石平台缓冲输沙带。在包兰铁路沙坡头段风沙灾害防治技术体系的长期研究过程中,出版了大批研究成果,积累了丰富的经验,对干旱区铁路和其他重大基础设施风沙灾害防治具有重要的指导和借鉴价值。塔里木沙漠石油公路全长522km,其中穿越流动性沙漠地区447km,于1995年全线通车。为了防止风沙侵袭而阻断公路,自上风向最前缘至公路分别采取了高立式阻沙沙障,半隐蔽式沙障和化学固沙、人工固(阻)沙林带,路基断面输沙等措施(夏训诚等,1995;韩致文等,2000),形成"阻、固、输、导"相结合的技术体系,保障了公路畅通。目前,针对道路风沙灾害防治的技术措施,主要集中在流动沙漠为沙尘源地的区域,针对沙砾质沙尘源地的道路防沙仍然不多。

针对区域性和道路的风沙灾害防治理论和技术研究,为城镇防沙研究奠定了一定的理论基础,并提供了有益的参考。中国自"十五"后期和"十一五"期间,已在国家科技支撑计划项目中正式立项开展城镇防沙研究,近年来与此相关的文献也开始零星地出现在国内和国际学术刊物上。虽然以城镇为防护目标的风沙灾害防治工程研究刚刚开始,始于20世纪90年代初的狮泉河镇风沙灾害防治技术体系研究,在中国乃至国际上尚属首例,但经过20余年的努力,形成了适用于高寒干旱地区的"沙障+林带+草地+灌溉系统"四位一体的城镇防沙技术模式。随着世界上干旱、半干旱和部分半湿润区城镇化水平的提高，城镇防沙理论和技术研究方兴未艾。

2.2 城镇防沙的核心思想和理论框架

城镇防沙的核心思想是以城镇为中心，在深入研究风沙灾害成因和区域风沙流场特征的基础上，优化城镇周边土地利用空间格局，建立最优化的防沙工程体系，达到防止风沙入侵和改善环境空气质量，维持城镇经济社会和资源环境协调与可持续发展的目的。风沙灾害成因和区域风沙流场特征包括以城镇为核心的区域风沙流场分析计算，风沙灾害形成过程中土壤、植被和水资源等自然影响因子和人类活动影响因子的分析与评价，贴地层沙尘颗粒物的质量流量、地表释尘量（特别是 PM_{10} 和 $PM_{2.5}$）及其质量通量和传输距离评估等。城镇周边土地利用空间格局优化不同于以道路和点状孤立建筑物为防护对象的防沙工程，它所针对的是一个面域。在综合考虑未来城镇规模扩张和人口数量增加，可利用资源数量和质量的前提下，兼顾城镇边缘和近郊景观美化，在宏观层面上对城镇周边土地利用空间格局进行优化，形成不同立地条件下实施防沙工程技术配置的空间约束框架，使城镇周边地区的农、牧、林业生产与防沙工程相协调，实现区域可持续发展。防沙工程技术体系优化配置是城镇防沙的核心，是基于各种单项防沙治沙技术的工作原理，多项技术不同配置方式和综合防护效能，防沙材料的环境适应性、性能和使用寿命，以及确定合理的技术参数而获得的优化工程体系，其中寻求最佳性价比是防沙工程体系优化配置的关键。根据理论研究而设计的城镇防沙工程，在实施之前必须进行防沙效能评估，评估的依据是环境保护部门设定的大气沙尘颗粒污染物浓度标准；同时对防沙工程采取的各项技术的可持续性进行评价。

城镇防沙是一个涉及理学、工学和农学三大门类中相关学科理论和技术的综合性领域，它之所以具有高度综合的特征，是由城镇风沙灾害的形成和沙尘颗粒污染物传输过程所涉及的环境、动力因子等众多因素决定的（邹学勇等，2010）。构成城镇防沙的核心理论和技术主要包括风沙物理学、恢复生态学、土壤学、土地管理学、水文与水资源学、材料学等学科的理论和技术（图2.1）。支撑城镇防沙的恢复生态学理论和技术主要包括人工促进植被恢复技术和人工重建植被技术两类。在实施植被恢复和（或）重建过程中，必须顺次考虑植物种特性、植株密度与配置（李鸣冈，1980；张铜会和赵哈林，2000；王继和等，2006）。植物种的选择须同时参考所选植物对当地气候和风沙环境的适应性，植株的空间结构适宜性（分枝多、冠幅大、根系特征）（张奎壁和邹受益，1989），以及在植被演替中的功能与作用（甘肃省科技厅，2001）。植株密度与植物种配置是植物防沙技术的核心，合理的植株密度与植物种配置是实现可持续的植物防沙的关键（吴正，2009；石莎，2013）。影响植株密度的主要环境因子包括降水、土壤持水能力、植物蒸散、土壤蒸腾、地形起伏等；植株密度对防沙效能的影响，主要表现在不同的植株密度改变近地层风场的能力不同。合理的植物种配置能够充分利用干旱地区有限的水资源，提高植被覆盖度和防沙效能，并有利于植被生态系统持续发挥良好的功能。植物种配置技术主要依据植被地带性规律模拟天然植被结构，建立乔、灌、草复层混交植被（张继义等，2005；吴波等，2006），尽量降低不同植物种之间对水、光、热的竞争。

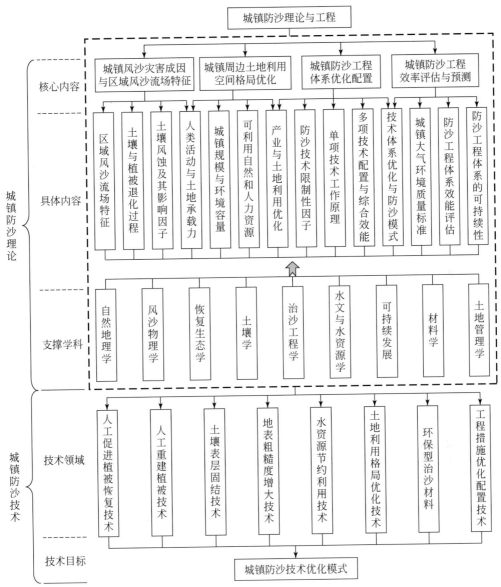

图 2.1　城镇防沙的理论框架与技术领域（据邹学勇等，2010）

土地管理学在城镇防沙中的作用主要是优化土地利用数量结构和空间结构（岳耀杰，2008）。目前应用较多的有景观格局分析与模拟、元胞自动机（CA）等技术（周成虎等，1999；张惠远和王仰麟，2000；Ralf and Alexey，2003；Wu，2005）。CA 方法在模拟空间现象时具有时间和空间动态变化上的直观、生动、简洁、高效、实时性等其他模型所不具备的优越性，其鲜明的时空耦合特征，特别适于复杂地理空间系统的动态研究（杨国清等，2007）。土地利用结构空间优化是把土地资源优化方案真正落实到地块的关键步骤，以 "3S"（RS、GIS、GPS）技术为核心，将景观格局模拟、CA 和其他模拟与优化技术综合地加以应用已成为研究趋势。

土壤学在城镇防沙中的作用，主要是根据不同土壤理化性质采取相应技术措施，通过增强土壤表层颗粒间的内聚力，阻止沙尘颗粒脱离地表进入大气。植被恢复和（或）重建能够利用植物根系固结土壤（Normile，2007），也是一种经济、环保和有效的技术。国际上土壤表层固结技术大多使用化学材料（丁庆军等，2003），但是人工合成高分子材料和化工副产品材料都不同程度地存在功能上的缺陷（程道远，1980），例如二次污染、固结后的土壤通透性极差、抑制植物生长或种子萌发等。未来对于土壤表层固结技术的研究仍将集中在新型环保材料方面。增大地表粗糙度是从另一个角度实现抑制地表颗粒进入大气的技术，它主要是通过增加地表粗糙元（各种沙障、植物、地表微地形等）密度和高度，降低贴地层风速，增加地表空气动力学粗糙度，间接地隔离风力与地表颗粒物的接触。在实际应用中，从材料来源、环保性能和工程造价等方面考虑，高立式沙障、半隐蔽式沙障、砾石和黏土沙障等是主要应用技术。

水文与水资源学中的水资源节约利用理论和技术是城镇防沙不可或缺的重要支撑。水资源节约利用大体上分为两类，一类是环保型保水剂（董立国等，2006），主要应用于大面积的植被恢复和（或）重建，但目前因价格高，难以推广，研发低价环保型保水、保肥材料势在必行。另一类是渗灌、滴灌、微喷等节水灌溉技术（穆罕默德等，2001），主要应用于城镇周边的高效农牧业生产。城镇防沙的特殊性之一是在城镇周边建立一定规模的蔬菜、水果、肉食等副食品生产基地，使有限的水资源产生最大的经济和环境效益。

环保型治沙材料不仅包括固结土壤表层和保水保肥材料，还包括治沙应急技术中经常使用的各种沙障材料。目前使用的沙障材料主要是农作物秸秆和乔、灌木枝条，使用寿命较短，而且与节约资源和保护植被的治沙原则相悖。人工合成材料一般具有抗风沙强度大、寿命长、施工简便的优点，但现有材料大都不能自动降解（张克存等，2005），对环境易造成二次污染，研制和应用环保型新材料是必然趋势。

技术措施优化配置是城镇防沙工程的核心，是各种单项技术的总集成。城镇防沙的区域范围主要在土地资源珍贵的城镇周边地区，追求经济产出和环境效益最大化是技术措施优化配置的目标。尽管土地利用格局优化技术、人工促进植被恢复和（或）重建技术、辅助性机械治沙技术、化学固沙技术、节水和水利工程技术等单项技术取得了长足进步（程道远，1980；李鸣冈，1980；孙保平，2000；Wu，2005；张克存等，2005；吴波等，2006；Zhang et al.，2007；岳耀杰，2008；吴正，2009），但是不同甚至相同单项技术之间的组合，其发挥的防沙效能并非简单的算术加减运算。一个应用多项技术的完整防沙工程体系，其防沙效能一定存在最佳技术配置方案，风沙物理学理论在其中发挥核心作用。为了达到多种技术优化配置的目标，需要充分考虑并依次解决以下技术问题：准确计算城镇所在区域的风沙流场；制定土地利用调整方向和空间格局优化方案；分析应用各种单项技术的关键限制因子和可持续性；确定单项技术的合理参数和不同技术组合的参数优化；防沙体系功能模拟（模型模拟和数值模拟）和多方案比较；不同方案的防沙体系技术参数修正；选择最佳技术配置方案。

2.3　城镇防沙的相关理论

就城镇这一具体防护对象而言，城镇防沙的目标是防止沙尘颗粒物入侵和掩埋城镇，以及减轻甚至消除城镇上空大气中的土壤粉尘污染，着眼点在于"防"。对于城镇所处的区域而言，则是"防"和"治"并举。其中的"防"重在防止潜在沙尘源地演变为现实沙尘源地，"治"是对现实沙尘源地实施有效治理，使其转变为非沙尘源地，并可以被适度利用。城镇防沙在狭义上可以理解为有限的面域（甚至点状）风沙灾害防治，在广义上可以理解为区域风沙灾害防治。一般而言，城镇防沙工程作为一类工程技术体系，既有"防"的含义也有"治"的含义，更多地被看作是以城镇为核心的区域风沙灾害防治工程。因此，城镇防沙不仅离不开风沙物理学、治沙工程学、荒漠化防治理论的指导，还涉及恢复生态学、景观生态学和可持续发展理论。

2.3.1　城镇防沙涉及的主要相关理论

1. 风沙物理学理论

风沙物理学是以风和沙尘颗粒的相互作用为对象，研究有关地表风蚀、沙尘物质风力搬运、沉积和因之形成的各种地貌形态的过程和物理机制，以及风沙危害防治工程设计的物理学原理等内容。它是介于风沙地貌学与物理学之间的边缘学科，在解决风沙地貌学与风沙危害防治工程的重大理论和实践中起着关键作用（邹学勇和董光荣，1993）。沙尘是风沙流形成和运动的物质基础，风是风沙活动的根本动力。近地层的风具有明显的阵性和紊动特征，且在垂向上具有显著的切变特性，这些特性均能直接或间接地影响沙尘的起动、搬运和堆积过程。在环境条件相同的情况下，沙尘颗粒的临界起动风速随颗粒粒径增大而增大。当风对土壤表面产生的剪应力超过土壤抗剥离能力时，土壤风蚀就会发生（Skidmore，1986；Zou et al.，2015），被风蚀的土壤颗粒脱离地表并引起风沙活动。大范围的土壤风蚀和风沙活动，造成土地荒漠化和风沙危害加剧。根据风沙物理学理论，降低近地层风速或提高沙尘临界起动风速都可以有效地减轻风沙灾害程度，甚至防止风沙灾害的发生。在风沙灾害治理中，各种机械、生物措施的主要作用就是提高地表粗糙度，降低近地层风速，削弱风对地面的直接作用或阻止风沙活动，从而达到固沙阻沙和防治风沙灾害的目的。

2. 治沙工程学理论

作为一门学科或者一个专门研究领域，治沙工程学还处在发展初期，距成熟的学科还有相当长的历程。从治沙工程学的概念可以看出，不同研究者从不同视角进行的定义并不一致。刘贤万（1995）认为风沙工程学是以物理学和力学理论研究风沙运动及其动力过程，风沙危害的形成、发展及防治原理和防治工程设计原则等的一门应用和基础理论学科。朱震达等（1998）认为风沙危害防治研究是治沙工程学的核心，阐述风沙流及沙丘形成发育及其防治工程措施是治沙工程学的基本任务，主要包括：研究风沙环境的特点，查明沙物质来源、风沙流及沙丘的形成发展和运动规律，并分析其发展趋势；探讨植物、工程、化学各种方法综合治理沙害的措施；治理后对环境变化的预测及其预防的途径及方法。吴正等（2003）认为风（治）沙工程是风沙地貌学的应用基础部分，其基本研究任务是阐述地表风蚀、风沙流及沙丘移动所造成的对农田、牧场、交通和工矿居民点的危害性质，沙害防治工程的作用原理和设计原则及其防治的效果。韩致文等（2004）综合了上述定义，把治沙工程学界定为：风沙危害防治研究也称为治沙工程学，是以物理学和力学观点研究风沙运动及其动力过程、风沙危害的形成机制，探索减少风沙流输沙量、削弱近地表风速、延缓或阻止沙丘前移，防治风沙危害的有效措施及其防治原理。尽管治沙工程学的理论体系仍不成熟，但一致认同其核心是风沙灾害的成因和过程、防治技术原理和应用技术。城镇防沙作为治沙工程学的内容之一，在充分考虑其特殊性的前提下，总体上也应接受治沙工程学理论的指导。

3. 荒漠化防治理论

荒漠化是指包括气候变化和人类活动在内的种种因素造成的干旱、半干旱和半湿润区的土地退化（UNCCD，1994），是一个自然−人为干预综合体，包括风蚀荒漠化、水蚀荒漠化、冻融荒漠化和盐渍化。土地荒漠化导致地表形态变化、景观特征改变、物质空间分异、生态系统结构与功能退化等一系列地表过程发生。风蚀荒漠化的发生依赖于足够大的风速、松散的地表物质、稀疏的植被等条件，荒漠化防治的关键在于能否消除这些引起荒漠化的必要条件。形成风沙灾害的沙尘源地主要是风蚀荒漠化土地，在风蚀荒漠化防治过程中，松散的地表物质和风力因素是难以被人为消除的，而恢复或者重建植被，增加植被覆盖度，隔绝或削弱风对地表松散物质的直接作用，从而固定表土、改善土壤结构和理化性质、提高土地生产力则是完全可行的。恢复和重建植被是荒漠化防治最常用和有效的技术措施，主要包括退耕还林还草重建植被，严重荒漠化土地人工重建植被，控制草地放牧压力和封育保护恢复植被等。恢复植被是以人类活动不超过生态系统的自我恢复阈值为前提，随着天然植被的逐步恢复与自然更新，生物生产力提高，土地荒漠化程度会相应降低甚至完全逆转。

4. 恢复生态学理论

恢复生态学主要针对受到自然灾变和人类活动干扰的受损生态系统，研究其发生原因、恢复和重建技术、生态学过程和机理等（章家恩和徐琪，1999），其理论核心是通过一定的生物、生态以及工程的技术措施，人为地改变和切断生态系统退化的主导因子或过程，调整、配置和优化生态系统内部及其与外界的物质、能量和信息的流动过程及其时空秩序，使生态系统的结构、功能和生态学潜力尽快地恢复到原有的乃至更高的水平（彭少麟，1996）。由于这个过程有极大的人为促进因素，并且以可持续发展为目标，因此是在"自然−社会−经济"这一综合和复杂的复合生态系统层次上进行的（盛连喜等，2005）。城镇防沙也具有"自然−社会−经济"复合生态系统恢复或者重建的特征，主要应用恢复生态学理论、方法和技术，从生物多样性的恢复和生态系统合理结构重建入手，在植被恢复和土地利用服从于自然规律和社会需求的前提下，以群落演替理论为指导，通过物理、化学、生物的技术手段，控制城镇周边生态系统的演替过程和发展方向，恢复或重建生态系统的结构和功能，实现荒漠化逆转过程，削弱地表沙尘颗粒进入城镇上空大气的目标（邹学勇等，2010）。

5. 景观生态学理论

景观生态学是以生态学和地理学理论为基础的新兴交叉学科，它的显著特点在于强调系统的等级结构、空间异质性、时间和空间尺度效应、干扰作用、人类对景观的影响以及景观管理，重点研究景观结构和功能、景观动态变化和机理，以及景观的美化格局、优化结构、合理利用和保护。景观生态学中提出的基本概念（邬建国，2000），大多与城镇防沙的理论基础相吻合。沙尘源地生态系统退化的原因是气候变化和不合理人类活动，特别在生态系统脆弱的干旱地区，农牧业生产、樵采、采矿、城镇扩展等人类活动是导致生态系统退化的主要原因，在时空尺度上对景观结构有很大影响（李建英等，2008）。城镇防沙在宏观上要求对更大范围沙尘源地的生态、经济和社会进行综合研究，分析沙尘源地形成和发展的自然和社会原因，认识沙尘源地的空间格局和过程，以及缀块-廊道-基底模式。在微观上要求深入研究沙尘源地生态系统的物种多样性、结构和功能，认识生物与环境之间的竞争和协同机制，以及沙尘源地空间异质性对治理工程区起沙起尘强度和沙尘传输的影响。在工程设计时必须考虑斑块面积的大小、形状以及数目，以及其对生物多样性和各种植物防沙工程的生态学过程的影响；复合种群和景观尺度的关系；景观结构连接度和功能连接度；城镇边缘地带的景观美化；等等。

6. 区域可持续发展理论

可持续发展理论的核心是不以牺牲资源和环境为代价获得经济社会的发展，以公平性、持续性、共同性为基本原则，实现共同、协调、公平、高效和多维的发展。可持续发展的特征是以经济增长为前提，为国家富强和满足民众基本需求提供永续的经济支撑；以保护自然为基础，与资源和环境的承载能力相协调；以改善和提高人民生活质量为目的，与社会进步相适应。城镇防沙是永久性的生态环境重建、恢复和完善的重要工程，既是实现区域可持续发展的具体行动，也必须接受可持续发展理论的指导。在实施城镇防沙工程时，以区域经济社会可持续发展为前提，从总体布局到各项工程措施都与城镇发展规划紧密结合和相互衔接，合理利用水土资源，采取因地制宜，机械、生物和水利工程等多种措施合理布局、综合治理的技术体系。防沙工程实施后，能够改善当代和未来的人居环境和投资环境，保证自然资源的可持续利用和防沙工程生态系统功能的可持续发挥，促进经济社会与自然环境的协调和可持续发展。

2.3.2　城镇防沙与相关科学领域的关系

在理论研究和工程实践中，城镇防沙与荒漠化防治之间存在着千丝万缕的联系。自然地理学、恢复生态学、风沙物理学、治沙工程学是两者共同的理论支撑学科，均强调植被恢复和（或）重建、节约利用水资源、多种措施相结合等技术在工程实践中的重要性，都是以抑制地表沙尘进入大气、恢复和（或）重建可持续的生态系统、使土地资源能够或部分能够被重新利用为目标。但两者之间的差异也是十分明显的，城镇防沙研究领域更接近于工学，而荒漠化防治属于农学。城镇防沙的基础理论涉及面相对较广，其中空气动力学、风工程学、运筹学等是发展城镇防沙理论必须依赖的相关学科。在技术使用方面，荒漠化防治一般着眼于更大的范围，无需有明确的防护对象，不强调在小尺度上实施多种技术措施的优化配置，不重视区域风沙流场特征以及小尺度和微尺度地貌单元对技术使用的影响，而这些正是城镇防沙重点关注的。

　　土地利用空间结构优化与土地规划的部分目的相同，就是实现土地资源利用价值的最大化，不同之处在于前者将经济、环境和社会效益三者综合结果作为最终目标，后者将经济效益放在首位。对于城镇防沙研究而言，土地利用空间结构优化的理论基础不仅包括土地资源学、运筹学、景观生态学、遥感与地理信息系统等学科，风沙物理学、环境工程学等也是其十分重要的基础学科。研究内容方面，土地规划关注的首要问题是不同土地利用类型的数量结构，将空间结构放在次要的位置；而城镇防沙中的土地利用空间结构优化恰恰相反，不仅关注不同土地利用类型的数量，更注重斑块在空间上的相互转化。技术发展方面，土地利用空间结构优化特别强调不同类型斑块面积、形状、彼此之间在空间上的衔接关系，各斑块与风沙流场、地形等环境要素的耦合关系，以及优化方案实施后对抑制地表起沙尘效果的预测。

　　风沙物理学、治沙工程学和风工程学是与城镇防沙工程关系最密切的学科，也是建立城镇防沙理论与技术体系的基石。风沙物理学的研究焦点在于风和沙尘之间的动力耦合过程和运动学特征，注重风力作用下沙尘颗粒物脱离地表、空中传输、沉降等过程研究；治沙工程学侧重于研究区域风沙灾害成因、各种技术措施对地表起沙起尘的抑制效果和工作原理，以及治沙工程实施后对区域环境影响的评估；风工程学属于典型的工学学科，它关注的焦点是风灾成因与预防技术、材料力学与建筑物结构力学等。从城镇防沙的理论框架与技术领域可以看出（图2.1），城镇防沙理论主要包括城镇风沙灾害成因与区域风沙流场特征、城镇周边土地利用空间格局优化、城镇防沙工程体系优化配置、城镇防沙工程效能评估与预测四个分支领域，其中风沙灾害成因、防沙工程效能评估与预测是直接借鉴治沙工程学理论，区域风沙流场特征、防沙工程体系优化配置是以风沙物理学和风工程学理论为基础，结合城镇防沙的特殊要求而延伸出的基础理论。在研究方法和技术领域方面，城镇防沙强调野外实地观测、风洞模拟与技术中试相结合，因城镇防沙工程体系和环境因子的复杂性而难以实现准确的数值模拟，受现阶段技术手段和研究方法的限制，研究结果的精确性介于治沙工程学与风工程学之间，与风沙物理学较接近。城镇防沙的技术研究，在注重单项技术措施参数优化的前提下，追求多种措施的综合防沙功能、经济产出效益、防沙体系的可持续性。

第3章 城镇防沙技术的分类与功能

风沙灾害区居民在长期与风沙灾害斗争的实践中，发明了多种防沙技术。机械防沙中的高立式沙障、半隐蔽式沙障和隐蔽式沙障等是应用最广泛的防沙技术（赵性存和潘必文，1965；李鸣冈，1980；吴正，1987）。为了使防沙工程长期发挥功能，在科技人员的支持下，植被恢复和重建技术获得长足发展，例如人工促进植被恢复、植被重建、封沙育林育草、防护林带（网）、"前挡后拉"、沙丘植树等，都是风沙灾害区常用的防沙工程技术。这些技术不仅形式多样，作用原理和功能效果各有不同，而且在多种技术合理配置情况下具有更好的防沙功能。就技术本身而言，城镇防沙技术与普遍意义上的防沙治沙技术并无不同之处，所不同的是城镇防沙具有明确的防护对象——建成区以及城镇上空大气环境改善，并要求达到规定的防护指标。在城镇防沙工程体系中，实行多种技术组合，经过合理配置的工程体系不仅显著提高防沙效能，而且能够达到美化城镇周边景观的效果。由于不同的单项技术具有不同的防沙原理和功能，在实行技术组合和优化配置时，首先需要掌握单项防沙技术的类型、工作原理和防护功能。

3.1 工程技术分类

防治风沙灾害的关键是控制地表风蚀过程的发展，削弱风力挟带沙尘的能力。基于这一认识，防沙工程技术被划分为降低风速、削弱风沙流强度技术，以及固结地表控制表土风蚀过程技术（朱震达等，1980；吴正，1987），前者包括植物防沙措施和工程防沙措施，后者主要是化学固沙措施（图3.1）。工程防沙措施（也称机械防沙技术）专指利用杂草、树枝和其他植物材料，在沙尘源地上设置沙障或覆盖地表。化学固沙措施是在沙尘源地上喷洒化学胶结物质，使其在地表形成一层具有一定强度的防护壳，切断风对土壤表面的直接作用，达到固定沙尘源地的目的。植物防沙措施是控制和固定沙尘源地表土最经济和最具长效性的防沙技术，包括建立人工植被或人工促进退化植被自然恢复。

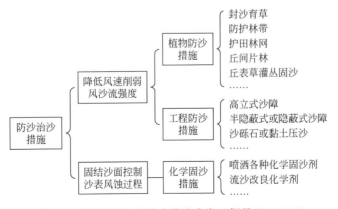

图3.1 防沙治沙工程技术措施分类（据吴正，1987）

依据防沙技术的作用原理和性质，各单项技术可被划分为固、阻、输、导四种类型（吴正和彭世古，1981；赵性存，1985）。这一分类方法形象而简明，最先应用于我国早期的铁路防沙工程的技术分类。其中"固沙"主要指对路基两侧一定范围内的沙尘源地，通过平铺石子、黏土、炉渣等覆盖物，隔绝土壤表面与风的直接接触，或者喷洒沥青乳剂固结表层土壤，保持沙面稳定；或者设置半隐蔽式沙障和重建植被，降低贴地层风速，阻止地表起沙起尘。"阻沙"是指在铁路两侧适当距离设置各种阻沙工程，阻挡风沙前移，一般设置高立式沙障。"输沙"是指为减小下垫面粗糙度和增大局部风速的一种技术，如路基砾石平台、下导风板、输沙桥等。"导沙"是指迫使风向转变，引导风挟带的沙尘脱离路基地段，转向无害方向沉积下来，如导沙堤、羽毛排等。固、阻、输、导工程技术各有其使用条件和范围，实际应用时需要根据工程区的自然条件和风沙运动特点，采取综合措施，相互配合。

依据防沙工程的力学作用原理，将防沙工程技术进一步细分为封闭、固定、阻拦、输导、改向和消散六类（表 3.1），各类技术的主要作用在于改变地表性质和通过工程控制，加速或阻滞风沙运动及改变风沙运动方向（刘贤万，1995）。

表 3.1　风沙工程的力学分类（据刘贤万，1995）

类型	作用原理	用途	举例
封闭技术	切断风与表土直接接触	封闭土壤表面，改变土壤表面性质	泥土抹、砾石覆盖、喷洒沥青乳剂
固定技术	阻滞风与表土的相干作用	固定土壤表面，变动床为定床	喷洒原油、盐水、平铺草、封沙育草、草方格、黏土沙障
阻拦技术	增大风沙运动阻力，迫使沙尘沉积	阻滞和拦截过境沙尘	栅栏、高立式沙障、林带、半隐蔽式沙障、挡沙墙
输导技术	减小风沙运动阻力，阻止流体分离	加速风沙顺利通过保护区	下导风、输沙桥、不积沙断面
改向技术	增大迎面阻力，迫使风沙运动发生侧向绕流	迫使风沙运动改变方向	一字排、羽毛排
消散技术	减小地形阻力，增大沙尘输移强度	变沙丘整体前移为风沙流输移	扬沙堤、下导风、风力拉沙

上述三种防沙工程技术分类方案各有优点。第一种分类方案（图 3.1）体现"防"和"治"相结合的防沙工程思想，而且涵盖了目前技术水平内的所有防沙技术类型，但分类过于笼统，没有体现各类技术的作用方式和功能，对指导防沙工程中具体技术应用的作用不强。例如，植被恢复和重建技术，既可以作为区域防沙技术（如封沙育草、人工促进植被恢复和植被重建、植物方格等），也可以作为局部防沙技术（如林带林网、植物沙障等），甚至可以通过合理配置起到疏导风沙的作用，而这些常用技术具有迥然不同的功能和应用环境。第二种分类方案（固、阻、输、导）主要是从干旱区道路防沙工程中总结而来，对公路、铁路防沙工程具有鲜明的指导意义，突出非生物措施"防"的功能，对"治"的功能重视不足。第三种分类方案（表 3.1）实际上是第二种方案的细化，突出了各项技术的防沙原理和应用目的。在防沙工程实践中，上述三种分类方案都有重要的参考

价值。但是，由于防沙工程区自然条件、风沙环境特点、风沙危害形式、防护对象、防护目标的不同，需要合理应用各项防沙技术。

3.2　工程技术功能

各种类型的单项防沙技术具有其独特的作用原理和功能效果，施工的难易程度、发挥功能的可持续性和改善生态环境效果各不相同。对于一个完善的防沙工程技术体系而言，为了满足具体防护指标，必须依据各种单项技术的功能，对所用单项技术实行科学配置。

3.2.1　"固、阻、输、导"防沙技术

防沙工程的功能属性，取决于工程的气动力学性质和工程导致的风与沙尘流场结构改变。半隐蔽式草方格沙障是使用最广泛的固沙技术；封沙育林育草、人工促进恢复和重建植被、砾石或黏土覆盖、喷洒化学固沙剂等，都是有效的固沙技术。从气动力学的角度，这些固沙技术可分为两类：第一类是使风和土壤表面完全隔绝，或固结土壤表面以保持地表沙尘颗粒稳定，如砾石或黏土覆盖、喷洒沥青乳剂等化学材料。这类技术的力学原理，是通过在土壤表面制造隔离层而把风与疏松土壤表面隔离开，使二者不发生接触和相干，达到控制起沙起尘的目的；或通过喷洒黏度较小而渗透能力较强的有机或无机溶液，将疏松的表层土壤完全固结起来，变动床面为定床面。第二类是降低贴地层风速，削弱风挟带沙尘的能力，改变松散土壤表面的性质，如半隐蔽式草方格沙障、封沙育林育草、人工促进恢复和重建植被等。这类技术的力学原理，一是以阻挡风对部分表土颗粒的直接作用，分散贴地层风的动量，截留空气中的部分沙尘等形式发挥着保护地表的作用；二是通过增大地表空气动力学粗糙度（z_0），减弱风对地表的剪切作用。例如草方格沙障，新扎设的草方格沙障规格 1m×1m，沙障出露地面以上高度 20cm 时，z_0 值约为 1.65cm，比流沙地表 z_0 值（约 0.0029cm），增大 500 多倍（吴正，1987）。z_0 值的显著增大意味着在相同风速条件下，贴地层风速将大幅降低，从而有效削弱起沙起尘强度。

阻沙技术也称阻滞和拦截技术，包括各种机械沙障（半隐蔽式沙障、高立式沙障、黏土沙障等）和林带。它们的防沙原理基本相同，都是通过改变贴地层风和沙尘流场结构和湍流状况，降低阻沙工程前后一定范围内的风速，从而对风及其挟带沙尘起到阻滞和消能作用，促使风挟带的沙尘在阻沙工程的上、下风向一定范围内沉积下来。阻沙技术措施的高度、空隙度、材料弹性等方面的差异会影响到阻沙效率和防护距离。一般而言，阻沙技术措施的阻滞效果与其高度成正比，疏透结构的沙障防风阻沙效果高于实体结构和通风结构，弹性较好的沙障对风的消能作用好于弹性较差的沙障。

输沙技术主要是利用机械防沙技术措施，在局部地段创造出处于非蚀非积状态的沙尘输移断面。此类技术的空气动力学原理是通过铺设砾石平台，切断沙尘补给，促使风挟带的沙尘以非饱和状态通过保护区而不发生沉积。例如，在易发生路基积沙的铁路段建造输沙桥，促使受保护路段的过境风沙流顺利通过而不发生沙尘沉积。风沙灾害区铁路、公路两侧的砾石输沙平台是最常应用的输沙技术，在包兰铁路沙坡头段和塔克拉玛干沙漠石油

公路防沙体系中，路基两侧的砾石整平带均对避免路基积沙发挥了重要作用。下导风技术是通过把导板迎面风能转化为加强导板下端风能，在导板下端与地面之间的下导风口形成高风速区，风挟带沙尘能力迅速增大，促使风挟带的沙尘以非饱和状态通过受保护地段。

导沙技术按照引导风向改变分为一字排和羽毛排技术，它们是通过加强导板（墙）末端风的能量，促使沙尘随风偏离原来的运行方向而指向导板末端方向。此类技术要求导板（墙）方向与风向斜交；若与风向垂直，技术性质则发生改变，成为典型的挡沙技术。羽毛排工程又可分为封闭式羽毛排和开放式羽毛排，前者是指风沙的主流从一个整体羽毛排前通过，而后者是由一组羽毛排组成，风沙的主流从每个羽毛排之间通过。

3.2.2　生物、机械、化学防沙技术

生物防沙技术主要是植物防沙技术，它具有以下主要功能和优点（朱震达等，1998）：沙尘源地上的人工促进恢复和重建植被，可覆盖地表，削弱贴地层风速，使土壤表面不再经受风蚀和起沙起尘而得以永久固定；同时，植被可以改良贫瘠土壤的理化性质，促进土壤形成发育，改善生态环境，利于生物多样性恢复。植物有自行繁殖和自我更新能力，通过自然演替，能形成自行调节、种群丰富、适应性强的稳定生态系统。大面积植被恢复和重建后，形成的乔、灌和草本植物混生植被，不仅可以适度放牧，还能提供薪柴和用材。在植被恢复和重建区，沙尘源地得以治理，土壤质量得到提高，局部区域可以开发利用，开辟为农田、果园及饲草基地等，提高土地利用率。总体上，生物防沙技术最具有长效性，具有机械和化学防沙技术无法比拟的效果，在改善生态环境、提高土地利用效率等方面也有巨大优势，是风沙灾害治理的主流技术。

机械防沙技术"固、阻、输、导"功能类型齐全，针对不同防护对象，以及不同风沙灾害成因、危害方式和特征，可设计不同功能的防沙工程技术体系。机械防沙技术受气候条件限制相对较小，工程材料类型多样，替代材料丰富，农作物秸秆、树枝、黏土、砾石等都可以作为良好的工程材料加以利用。化学防沙技术根据所用材料与表土颗粒之间的作用关系，可分为地表覆盖、黏结作用、水化作用、沉淀作用和聚合作用（朱震达等，1998）。除地表覆盖技术在地面形成封闭层以外，其他几种技术都是化学材料与表土颗粒之间强力黏结而形成固结层。封闭层或固结层通过提高土壤表面抗风蚀能力，控制地表起沙起尘。固结层形成后，土壤表层发生硬化，风挟带沙尘以非堆积方式过境受保护区，具有固定表土和输运沙尘两方面功能。

3.3　各类技术的应用条件

3.3.1　不同功能技术的应用条件

从防沙技术的功能角度，防沙工程区的风沙环境、风沙灾害形式、防护对象和具体防护指标是决定应用哪些技术的前提条件。在"固、阻、输、导"防沙技术类型中，"固"

沙技术是从源头上根治风沙灾害的最有效技术类型，它能够将原来的沙尘源地转变为非沙尘源地，消除风沙灾害的沙尘来源。因此，"固"沙技术适用于城镇、工矿、农田、草地等面状防护对象，以及铁路、公路、渠道等线状防护对象，也适用于防止沙丘前移和流沙侵袭，以及消减大气沙尘颗粒物等具体防护指标，它因此常常被视为彻底治理风沙灾害的最重要技术类型而得以广泛应用。在干旱气候区，受风沙危害的城镇大多处于沙漠或戈壁边缘地带，对广阔的沙尘源地全面实施"固"沙技术并不现实，使用"固"沙技术的工程区范围仅占沙尘源地面积的小部分，呈环状分布于城镇周边或呈带状分布于重要交通线两侧。例如，干旱气候区绿洲型城镇周边的固沙带，以及穿越沙漠地区的公路或铁路沿线的固沙带。在半干旱和部分半湿润气候区，受风沙危害的城镇周边和重要交通线沿线的防沙工程也是如此。对地处沙尘源地以外，但仍受风沙危害严重的重要城市，只有在城市上风向采取大范围的"固"沙技术，固定上风向的沙尘源地才能消除风沙灾害。例如，京津风沙源治理工程涉及北京、天津、河北、山西、内蒙古、陕西 6 个省（自治区、直辖市），共 138 个县（旗、市、区），总面积达 70.6 万 km^2。事实上，京津风沙源治理工程主要应用了"固"沙技术。在青藏高原风沙灾害区，沙尘源地以沙质荒漠化土地为主，城镇风沙灾害类型有别，有些城镇主要受沙尘天气危害，有些城镇兼受沙尘天气和流沙侵袭危害。对于受沙尘天气危害的城镇，"固"沙技术是防沙工程中的首选技术类型，即通过消除沙尘源地的沙尘释放达到治理城镇风沙灾害的目的。对于兼受沙尘天气和流沙侵袭危害的城镇，防沙工程的"阻"沙技术是必不可少的，尤其在"固"沙技术尚未完全发挥功能的初期阶段，"阻"沙技术在保护植物幼苗和暂时阻止流沙侵袭方面具有不可替代的特殊作用，局部甚至需要结合"输"沙技术或"导"沙技术，形成多种技术组合，以保护刚建立的防沙工程和需要防护的对象免遭沙埋。

　　"阻"沙技术主要用于阻止流沙蔓延和沙丘前移，或阻挡处于非饱和状态的风沙流，常应用于防护带前缘。干旱气候区的风沙活动强烈，众多城镇、大型工矿和重要交通线面临流沙侵袭或强烈风沙流威胁，防沙工程中普遍存在"阻"沙技术的应用。"阻"沙技术的优点是阻止流沙侵袭和拦截非饱和风沙流的效果好、见效快；但它容易被沙埋而很快失去阻沙功能，只能应用于应急工程。在防沙工程中极少使用单纯的"阻"沙技术，而是将其与"固"沙技术结合使用，并作为防护体系防止流沙侵袭的暂时性屏障，为其下风向的"固"沙技术提供短期保护。戈壁区由于侵扰防护对象的风沙流大多来源于上风向较远距离的流动沙地（丘），沙尘源地距离防护对象较远，在缺乏完整的防沙工程体系情况下，则需慎用"阻"沙技术。倘若使用不当，在使用"阻"沙技术的地段将会很快形成积沙，并成为下风向城镇或交通线等防护对象的二次沙源，造成更大的潜在威胁。将"固"沙与"阻"沙技术实行优化配置，建立综合防护技术体系则会避免出现此类情况。在半干旱和部分半湿润气候区，城镇风沙灾害类型以沙尘天气为主，防沙工程以"固"沙技术为主，"阻"沙技术仅在防沙工程体系建立初期阶段应用。在青藏高原风沙灾害区，道路防沙工程体系建立初期阶段，"阻"沙技术是主要技术成分。随着防沙工程技术体系整体功能的显现，"阻"沙技术在工程体系中的作用越来越小，甚至完全消失，而以"固"沙技术为主的工程技术作用越来越大。对于兼受沙尘天气和风沙流侵袭的城镇（如格尔木、狮泉河镇），风沙流运移路径上的"阻"沙技术应用就显得非常关键，但必须与"固"沙技术科学配置。

"输"沙技术和"导"沙技术的工作原理和功能完全不同于"固"沙和"阻"沙技术。"输"、"导"技术一般应用于防止道路的路基和路面积沙,尤以戈壁地区道路防沙工程应用最多。干旱气候区广泛分布的戈壁是天然的输沙场,穿越其中的道路是风沙流行进路径上人为制造的障碍物。由于道路的路基改变了地表的空气动力学特性,使原来处于非饱和状态的风沙流被干扰而发生沙尘沉降,产生路面积沙现象,威胁道路运营的安全。一般地,"输"、"导"技术主要应用在坚实地面或者有保护措施的地面,适用于道路等线状防护对象,特别是在干旱和极端干旱气候区或者高寒干旱区,水资源严重匮乏或者气温极低,难以实施植被恢复和重建的区域。下导风板技术是一种典型的输沙技术,它在不改变风沙运动方向的情况下,通过设置与地面呈一定倾角、距离地面一定高度的下导工程板(下导工程板由立柱支撑),将工程板面所在高度范围内的风动能和位能,转化为加强工程板下端风的动能,迫使工程板下端风速剧增,从而克服路基引起的气流分离而产生的涡旋阻力,使饱和风沙流变为非饱和风沙流顺利通过受保护的路段而不发生沙尘沉降(刘贤万,1982)。下导风板技术在主害风向较单一且与道路走向呈垂直或者近于垂直的条件下效果最好,主害风向与道路走向夹角小于45°的路段不适于应用下导风板技术。在应用下导风板技术时,依据当地的风况(风向、风速变化),设置下导风板的尺寸、离地高度和倾角(程建军等,2017)。对于范围较小的"点状"防护对象,以及主害风向较单一且与道路走向夹角小于45°的路段,适合使用"导"沙技术实现侧向引导风沙离开防护对象,避免沙尘在防护对象上堆积。典型的"导"沙技术是一字排、开放式羽毛排和封闭式羽毛排,这三种"导"沙技术的原理是风遇到直立且表面较光滑的障碍物时发生反射,改变风及其挟带沙尘的运动方向,并在不影响防护对象的地段发生沙尘沉降。在风速较大、沙尘源丰富的环境下适宜使用一字排导沙技术;在风速较大、沙尘源中等的环境下适宜使用开放式羽毛排导沙技术;在风速中等、沙尘源丰富的环境下适宜使用封闭式羽毛排导沙技术(辛林桂等,2018)。

3.3.2 不同工程材料的应用条件

按照工程材料分类,防沙工程技术可分为机械防沙技术、生物防沙技术和化学防沙技术三类。工程材料的理化特性和生物学特性在很大程度上决定了它们的防沙性能优势和应用条件。工程材料的选择和应用,取决于工程区的风沙灾害危害形式、气候条件和社会经济条件(表3.2)。

机械防沙技术材料来源广泛、现场施工便利、见效快。基于就地取材和节约成本的原则,工程区内及其周边地区的砾石、黏土、乔灌木枝条、作物秸秆等都可以作为机械防沙技术的工程材料来源。在资金充裕或者当地材料来源不足的情况下,可以使用人造材料,例如尼龙网、易降解的植物纤维网等。机械防沙技术的局限性在于不能根治沙害,大多在应急状态下使用,其功能在于"防"而不在于"治"。受材料老化、沙埋、倒伏等影响,机械防沙技术有一定的寿命限制,不能长期发挥功能,工程实施后需要投入资金和人力资源进行定期维护和更新。通常情况下,机械防沙技术与生物防沙技术配合使用,只有在不具有实施生物防沙技术的条件下，才单纯地使用机械防沙技术。尽管应用机械防沙技术不受自然环境的限制，但从其发挥防沙功能可持续性和工程性价比的角度，在半干旱尤其是半湿润气候区不宜大规模应用，仅作为生物防沙技术的暂时性辅助工程。

表 3.2　生物、机械、化学防沙技术性能和应用条件

类型	生物防沙技术	机械防沙技术	化学防沙技术
功能	固、阻结合，防、治、用结合	固、阻、输、导，以防为主	固、输结合，以防为主
对生态系统的影响	恢复和重建植被生态系统，生态服务价值大	不明显	易造成环境污染；负面影响局地小气候
对水、热资源的依赖	高度依赖	没有依赖	依赖很小
经济效益	直接和间接经济效益显著	无直接经济效益，间接经济效益显著	无直接经济效益，间接经济效益显著
效果及其持续性	见效慢，时效长，标本兼治	见效快，时效短，治标不治本	见效快，时效短，治标不治本
工程造价	低—高	低—高	高
后期维护费用	低	高	高
与其他技术的配置	初期一般需要机械或化学防沙技术配合，干旱地区需配套灌溉设施	常和生物防沙技术配合，作为生物防沙的辅助性、过渡性技术	常和生物防沙技术配合，作为生物防沙的辅助性、过渡性技术
综合应用条件和实际应用范围	水土资源较优越的风沙灾害区，或可以通过人工调配光、热、水、土资源，满足植物生长的风沙灾害区	不受气候条件限制；工程材料廉价、来源广泛。常应用于风沙活动强烈的地段，作为应急防沙工程	不受气候条件限制；可以承受二次污染地段。应用于无灌溉条件的干旱气候区，常作为应急防沙工程

　　生物防沙技术最具有长效性和生态服务价值，后期维护成本低。在年均降水量大于350mm 的风沙灾害区，人工促进恢复植被和重建植被是生物防沙技术的主流技术，通过建立具有复合冠层结构的乔灌草或者灌草植被达到防沙目的。机械防沙技术仅在风沙活动强烈的流动沙地（丘）上使用，作为植被恢复初期阶段的临时性保护工程。在年均降水量250～350mm 的风沙灾害区，尽管光热资源充足，但水分条件相对较差，是限制植被恢复和重建的关键因子。在有灌溉条件或者土壤水分条件好（植物能够有效利用地下水和降水）的局部区域，仍然可以充分应用植被恢复和重建这一生物防沙技术；在土壤水分相对较好，但无灌溉条件的局部区域，采用植被恢复和重建技术与机械防沙技术组合配置。在年均降水量 150～250mm 的风沙灾害区，除有灌溉条件或者土壤水分条件好的局部区域以外，应用植被恢复和重建技术只能建立稀疏的植被，难以有效控制地表起沙起尘。而在年均降水量小于 100mm 的风沙灾害区，在没有灌溉的条件下无法建立人工植被（李鸣冈，1980）。随着与防沙工程相关技术的进步，在极端干旱气候区也能够应用地下苦咸水灌溉重建人工植被，例如塔克拉玛干沙漠石油公路防护体系（Han et al.，2003），就是在年均降水量不足 100mm 条件下，完全依赖抽取地下水进行滴灌而建立人工植被的成功案例（杜虎林等，2010，2012；Zhou et al.，2016）。观测结果显示，塔克拉玛干沙漠石油公路

防护体系内的土壤氨化作用、固氮作用、纤维素分解和呼吸作用随植被定植年限延长而明显增强，其中氨化作用和呼吸作用变化尤为明显，表明咸水滴灌条件下土壤生化作用强度有不断提高的趋势（靳正忠等，2017）。对人工重建植被进行科学管理（例如平茬）能够保持植株更好地萌蘖生长（李宇等，2014）。在年均降水量小于450mm的风沙灾害区，特别是在难以实施植被重建的干旱气候区，生物土壤结皮是控制地表起沙起尘的另一类重要生物防沙技术（Zhang et al.，2006；Wang et al.，2009；Bu et al.，2015a）。生物土壤结皮是由蓝藻、绿藻、地衣、藓类和微生物，以及其他生物体通过菌丝体、假根和分泌物等与表层土壤颗粒胶结形成的十分复杂的地表覆盖体（李新荣等，2018）。在人工重建植被和实施机械防沙技术（草方格等）的初期阶段，细粒沙尘累积再经雨滴的打击，在地表形成一层黏粒和粉粒含量较高的物理结皮，随之细菌、真菌、放线菌和蓝藻的拓殖使沙面形成藻类生物结皮，而后出现地衣生物结皮和地衣-蓝藻-绿藻的混生生物结皮，随着表层土壤肥力和持水能力的提高，最终形成了以藓类为优势种的生物土壤结皮（Hu et al.，2004）。生物土壤结皮相当于土壤表层的一层保护壳，极大地提高了临界起沙起尘的风速，增强了土壤的抗风蚀能力（Zhang et al.，2006；Wang et al.，2009；Bu et al.，2015b）。在1993年5月5日席卷新疆西部、甘肃北部、宁夏南部和内蒙古西部的特大风沙灾害事件中，生物土壤结皮都能有效抵御挟带沙尘的狂风侵袭（杨根生等，1993）。为了克服生物土壤结皮自然形成过程所需时间较长的不足，在库布齐沙漠已经成功分离、培养了具鞘微鞘藻和爪哇伪枝藻（Chen et al.，2006；Wang et al.，2008；Lan et al.，2014；Lan et al.，2015），建立了工厂化生产流程和沙面接种技术体系（Rossi et al.，2017）；在腾格里沙漠从当地生物土壤结皮中分离、培养了3种蓝藻，同时配合使用固沙剂和高吸水性聚合物在流沙地进行接种，1年后土壤硬度明显增加，新生生物土壤结皮碳水化合物含量、蓝藻生物量、微生物生物量、土壤呼吸、碳固定等指标达到20年自然形成的生物土壤结皮的50%~100%（Park et al.，2017）。所筛选的藓类植物芽、茎、叶碎片无性繁殖能力证明了人工培养藓结皮的可行性（Xu et al.，2008；Bu et al.，2015c），并分别确定了古尔班通古特沙漠刺叶墙藓（Xu et al.，2008）、腾格里沙漠和毛乌素沙地真藓（李新荣等，2016；Bu et al.，2015c）、黄土高原土生对齿藓（Bu C et al.，2017；Bu C F et al.，2018）人工培养的最佳温湿度、营养液及浓度、基质和野外接种方法。但是，生物土壤结皮中的生物高度矮小，对土壤风蚀、沙埋、火烧和放牧踩踏等干扰十分敏感，在生物土壤结皮形成后必须严格加以保护。在无灌溉条件下，人工促进恢复和重建稀疏植被与生物土壤结皮共同防止地表起沙起尘是一项重要的生物防沙技术组合。

喷洒乳剂型材料的化学防沙技术的应用几乎不受地域和环境条件的限制，其优点在于现场施工便利，沙尘源地的地表被迅速固结，防沙效果见效最快。但化学防沙技术也有其自身功能和环境影响的局限性。化学防沙技术只能通过形成土壤表面封闭层和固结层达到良好的防沙效果，由于化学固结层坚硬且结构密实，阻止了降水入渗而不利于土壤理化性质改善，植物种子难以着地萌发，原有的植物生长受到抑制。环境友好型的化学防沙材料极少，采用化学防沙技术对土壤产生二次污染，而且工程造价相对高昂。总体上，应用化学防沙技术无益于工程区生态环境的改善，仅可以作为一种应急性防沙工程，应用于风沙危害可能造成重大经济损失的局部地段，例如机场、交通线、军事设施和重要工矿区，而且需要与生物防沙技术和机械防沙技术组合使用。另一类化学防沙技术是应用人工合成材料，使防沙材料与土壤颗粒结合以后形成多孔状、具有一定透水性的固结层，降水能够下渗进入下部土壤，同时又能切断水分蒸发的毛细管，从而减弱下部沙层水分的蒸发。此类化学材料利于土壤层水分的保护和维持，但对植物生长的影响尚不确定。当前正在推广试验的具有保水、固肥等作用的无公害化学材料促进植被恢复技术，是从改良土壤、促进植被恢复的角度进行综合防沙，其作用完全不同于喷洒乳剂型材料的化学防沙技术，本质上不属于化学治沙范畴。

第4章 城镇防沙工程技术原理

生物防沙技术和机械防沙技术都是通过改变贴地层平均风速和湍流结构而具有防沙功能，其原理在于以下三个方面：一是同时改变风速（u）和表土颗粒起动风速（u_t），工程实施后的沙尘输移量与覆盖度（v）成负指数函数减少（Wolfe et al.，1993；Fryrear et al.，1998；巩国丽等，2014；刘辰琛，2017）；二是在没有改变表土颗粒临界起动风速（u_t）的情况下降低风速（u）（Wasson and Nanninga，1986；Buckley，1987；黄富祥和高琼，2001）；三是在没有改变风速（u）的情况下，增大表土颗粒临界起动风速（u_t）（Wasson and Nanninga，1986；Raupach et al.，1993）。总之，各类防沙技术的工作原理都涉及表土颗粒起动风速和贴地层风速。

4.1 土壤颗粒起动风速

土壤表面颗粒从风中获得能量而脱离地面，并进入大气形成风沙灾害。关于颗粒的起动风速，Bagnold（1941）提出了流体起动风速和冲击起动风速的概念。所谓流体起动风速，是指净风对颗粒的直接推动作用，使颗粒脱离地面的临界风速；若颗粒的运动主要是由挟沙风中跃移颗粒的冲击作用引起，其起动的临界风速称为冲击起动风速。颗粒起动风速在理论上与实践上都具有十分重要的意义，它直接决定沙尘输移量的大小，而沙尘输移量是度量风沙危害强度的一个重要指标。因此，有关颗粒起动的物理机制，一直是风沙物理与防沙工程领域研究的焦点之一。

4.1.1 粒径对起动风速的影响

根据颗粒受力分析，颗粒的重力是影响其起动的重要因素，对于同一密度的土壤颗粒，粒径是决定重力大小的唯一因素，量纲分析结果表明，松散的土壤表面颗粒的起动风速主要取决于粒度组成（Gregory et al.，1993）。Bagnold（1941）根据流体起动条件，考虑了作用在颗粒上的迎面阻力和重力作用，从理论上推导出流体起动摩阻风速（也称流体起动临界摩阻风速）与粒径的关系：

$$u_{*t} = A[(\rho_s - \rho)gd/\rho]^{0.5} \tag{4.1}$$

式中，u_{*t} 为流体起动临界摩阻速度；ρ_s 为沙粒密度；ρ 为空气密度；d 为沙粒粒径；g 为重力加速度；A 为常数，对于大于 0.25mm 的均匀沙粒，$A=0.1$。

理论分析和实验研究均证明，土壤表面颗粒确实存在上升力的作用，尽管 Bagnold（1941）没有考虑上升力，但式（4.1）中的常数 A 最终是由实验确定的，因而上升力的作用将自动地被考虑进去。$u_{*t} \propto \sqrt{d}$ 的关系，已经得到了反复的证实（Chepil，1945；Zingg，1953；Beach Erosion Board Corps of Engineers，1960；Belly，1964；吴正和凌裕泉，

1965；Lyles and Krauss，1971），只不过这种关系仅在一定粒径范围内成立（吴正等，1965）。不同研究者得到的常数 A 的值差别较大，例如，Bagnold（1941）认为 $A=0.1$，Chepil（1946）认为 A 为 $0.09\sim0.11$，Zingg（1953）认为 $A=0.12$，Lyles 和 Krauss（1971）认为 A 为 $0.17\sim0.20$，Li 等（2014）认为 A 为 $0.12\sim0.18$，Cheng 等（2015）认为 $A=0.15$。刘贤万（1993）认为 u_{*t} 对应于颗粒脱离地表的瞬间风速，并运用机械能守恒原理，得到了 u_{*t} 与 d 的关系：

$$u_{*t}^2=[4\rho_s gd\tan(\alpha/4)/(3C_E\rho)]^{0.5} \tag{4.2}$$

式中，α 为土壤颗粒间的夹角；C_E 为颗粒形状系数。

至于颗粒冲击起动摩阻风速（u_{*it}），Bagnold（1941）曾假定它与 u_{*t} 一样，也遵循式（4.1）的关系，只不过系数 A 要小一些。陈东等（1999）从理论上证明，式（4.1）中的 A 不仅取决于气流的流态，还与外界干扰的强度有关。但是野外观测与风洞实验表明，对于粒径大于 0.25mm 的粗颗粒，上述结论成立；对于较小的颗粒，u_{*it} 与 u_{*t} 的 A 值接近，当达到某个临界粒径时，u_{*t} 为最小，u_{*it} 也许就不再单独存在。

4.1.2 水分对起动风速的影响

水分对土壤表面颗粒起动风速影响显著，并导致沙尘输移通量计算结果发生变化。表土颗粒起动风速随土壤水分增加而增大的原因，是颗粒间水分产生的水膜吸附力。Belly（1964）在考虑土壤水分情况下，通过实验建立了颗粒的临界起动摩阻风速 u_{*tw} 计算公式：

$$u_{*tw}=A(1.8+0.6\lg W)[(\rho_s-\rho)gd/\rho]^{0.5} \tag{4.3}$$

式中，W 为含水量（%）。当 $W>1\%$ 时，u_{*tw} 就开始受到较大的影响（Johnson，1965）。

Hotta 等（1985）对海岸沙滩沙 u_{*tw} 进行详细的野外研究，提出了一个类似的关系式：

$$u_{*tw}=A[(\rho_s-\rho)gd/\rho]^{0.5}+0.075W \tag{4.4}$$

McKenna-Neuman 和 Nickling（1989）从理论上研究了颗粒含有水分时颗粒间毛管水吸引力对 u_{*tw} 的影响：

$$u_{*tw}=A[(\rho_s-\rho)/\rho]^{0.5}\{6F_c\sin2\alpha/[\pi D^3(\rho_s-\rho)g\sin\alpha]+1\}^{0.5} \tag{4.5}$$

式中，F_c 为毛管吸引力；A 为系数；α 为休止角（°）。

考虑到水分对改变颗粒的黏滞性与团聚作用的影响，包为民（1996）基于重力、拖曳力与颗粒间凝聚力之间的力矩平衡关系，建立了水分含量（W）和起动风速（u_{*tw}）之间的关系：

$$u_{*tw}=[4(\rho_s-\rho)gd/(3C_D\rho)+8k_0\alpha e^{k_1W/W_{max}}/(C_D\rho)]^{0.5} \tag{4.6}$$

式中，k_0 为沙土含水率为零时的单位面积凝聚力；W_{max} 为沙土饱和含水率；W 为实际含水率；k_1 为系数；C_D 为阻力系数。

刘小平和董治宝（2002）通过风洞实验研究，建立了起动风速与土壤含水量之间的简单关系：

$$u_{*tr}=(1+kW)^{0.5} \tag{4.7}$$

式中，u_{*tr} 为相对起动摩阻速度；k 为系数；W 为含水率，一般为 $1.5\sim3.0$。

所有野外和风洞实验都证明了水分对起动风速有显著的影响。但是有关起动风速的研究基本都是基于 Bagnold（1941）的流体起动风速公式修正而来，属于经验性的结果，普遍适用性较差。

4.1.3　地表性质对起动风速的影响

地表性质主要是指粗糙度、坡度和表土紧实程度等。地表性质对起动风速的影响主要表现在地表粗糙元、坡度等使风对地表的总摩擦阻力增大。地表性质难以定量综合描述，因此有关地表性质对于起动风速影响的研究还比较少。Greeley 等（1974）初步建立了空气动力学粗糙度（z_0）对 u_{*t} 影响的计算公式：

$$u_{*t}^2 = 0.139 \rho_s dg / \rho \{1 + 0.776 [\ln(1 + d/z_0)]\}^2 \tag{4.8}$$

式中，ρ_s 为颗粒密度；g 为重力加速度；d 为颗粒直径；ρ 为空气密度。

坡度对起动风速影响的研究开展得较多，其中 Howard 等（1978）通过理论分析，得到 u_{*t} 与床面坡度的关系：

$$u_{*t} = B_0 [(\rho_s - \rho) gd / \rho]^{0.5} [(\tan^2 \alpha \cos^2 \theta - \sin^2 \chi \sin^2 \theta)^{0.5} - \cos \chi \sin \theta]^{0.5} \tag{4.9}$$

式中，B_0 为系数；α 为内摩擦角；χ 为风向与床面法线的夹角；θ 为床面坡度。

该理论在撒哈拉的沙丘上利用便携式风洞实测数据被予以证实，而且上坡对 u_{*t} 的增大甚微，而下坡的减速却很大（Pye and Tsoar，1990），这与 Dyer（1986）的理论计算吻合得很好。

Allen（1982）从众多实验分析得到斜坡与平坦地面颗粒起动风速的关系：

$$(u_{*t} / u_{*t0})^2 = 1.743 \sin(\alpha + \theta) \tag{4.10}$$

式中，u_{*t} 为斜坡上的临界起动摩阻风速；u_{*t0} 为平地上的临界起动摩阻风速；α 为内摩擦角；θ 为床面坡度。

4.1.4　盐分对起动风速的影响

土壤颗粒间可溶性盐含量增加会极大地提高起沙风速（Gillette et al.，1980），即使土壤中含有极少的盐分也可以显著地增大起动风速（Pye and Tsoar，1990）。由盐分胶结而形成的土壤结皮，可保护其下层土壤免遭风蚀，而且地表结皮在自然条件下不易被损坏。对土壤中 $NaCl$、KCl、$MgCl_2$、$CaCl_2$ 等可溶性盐分影响起动风速的一系列风洞实验结果表明，即使低浓度的盐分也能有效地黏结颗粒，从而使起动风速随含盐量增加呈自然指数增大（Nickling and Ecclestone，1981）：

$$u_{*ts} = u_{*t} e^{\alpha_s S} \tag{4.11}$$

式中，u_{*ts} 为土壤含有盐分时的临界起动摩阻风速；S 为每克土壤中含盐量（mg/g）；α_s 为经验系数，一般在 0.1 ~ 0.2 之间。

后来的研究得到二价氯化物比一价氯化物对沙粒起动风速的影响更加显著（Nickling，1984）。

4.1.5　植被对起动风速的影响

植被对起动风速的影响是显而易见的，植被增大了地表粗糙度，摩擦阻力随之增大，从而提高了临界起动风速。有植被覆盖的地表粗糙度要比无植被地表增大约 25 倍（吴正，2003）。有植被情况下，沙尘输移通量随植被覆盖度呈指数函数减少（Fryrear，1985；Wasson and Nanninga，1986），当植被覆盖度大于 30% 时，基本上无颗粒运动（Ash and Wasson，1983）。Buckley（1987）利用风洞实验给出了植被覆盖度与临界起动风速 u 之间的关系：

$$u = u_t(1 - k \cdot V_c) \tag{4.12}$$

式中，u_t 为无植被覆盖条件下临界起动风速；V_c 为植被覆盖度（%）；k 为与植被形状有关的系数。

4.1.6　其他因素对起动风速的影响

影响颗粒起动的其他因素主要是指土壤颗粒的形状、分选性、密度等，对于这些因素影响起动风速的研究结果仍然少见。有学者认为棱角形颗粒的流体起动风速比圆形颗粒小，冲击起动风速却比圆形颗粒大（Willetts，1983；Rice，1991）。分选性差的颗粒要比分选性好的颗粒起动风速低，天然混合颗粒的粒径分布在一定范围内往往是连续的，因此应该有一系列起沙风速（Nickling，1988）。不可蚀因子要消耗部分风的剪应力（消耗的程度取决于不可蚀因子的大小、形状以及屏蔽面积）（Gillette and Stockton，1989；Musick and Gillette，1990）。空气密度是影响土壤颗粒起动风速的一个重要因素。从起动风速的影响因素（粒径、水分、地表性质、盐分、植被等）的研究结果可以看出，临界起动摩阻风速（u_{*t}）与空气密度有关。一般地，空气密度（ρ）随海拔（Z）增加而减小。因此相同风速条件下，高海拔地区风对地表的剪切作用和空气对沙尘颗粒的阻力均较小，这意味着高海拔地区颗粒难以起动，但起动后的颗粒运动距离和高度较大，这也是高海拔地区沙尘运动的特殊之处。

4.2　生物防沙技术原理

生物防沙技术主要是指通过人工促进恢复和重建植被技术，其技术原理除植物主茎占据一定的地表面积而成为不可起沙起尘地面以外，主要是通过削弱贴地层风速达到防止地表起沙起尘的效果。植被不仅能够有效地固定沙尘源地、阻截沙尘运移、降低沙尘输移量（Ash and Wasson，1983；Buckley，1987；凌裕泉等，2003），还能够促进土壤形成、改善土壤理化性质，提高沙尘起动风速，特别是能够在工程区内恢复生物多样性和提供植被自然演替条件，形成稳定的生态系统。当植被覆盖度大于某一临界值时，地表就不会发生起沙起尘现象，尽管不同研究者给出的这一临界值不同（Wolfe and Nickling，1993；王翔宇，2010；郭索彦等，2014）。中国风沙灾害区属于干旱、半干旱和半湿润气候，降水稀少和地表水资源匮乏是制约植被恢复和重建的关键因子，建立低覆盖度植被是防沙工程的必然选择（杨文斌等，2015）。从风沙灾害防治的动力学过程角度，当风吹过受植被覆盖的地表时，植被分担了风产生的一部分剪应力，减小了土壤表面所受风的剪应力，使得土壤表面颗粒的起动数量大幅减少，并提高颗粒起动速度（Anderson and Hallet，1986；Anderson and Haff，1988；Cheng et al.，2007）。由于植物的存在，其周围平均风速（$\bar{u}$）、湍流强度（I）和风速廓线等发生深刻变异（Ash and Wasson，1983；Cleugh，1998；Leenders et al.，2007；Torita and Satou，2007；Zhao et al.，2008；Gillies et al.，2014；Mayaud et al.，2016；刘辰琛，2017），并阻截空气中运动颗粒从而迫使颗粒沉降（Buckely，1987；凌裕泉等，2003；吴正，2003），有效减少空气中运动颗粒降落时与土壤表面颗粒发生碰撞的概率和强度，抑制地面起沙起尘。在防沙工程实践中，无论植被覆盖度高低，都可以用风对土壤表面产生的剪应力、不同高度的平均风速（$\bar{u}$）、湍流强度（I）和风速廓线这四个指标表征。

4.2.1　稀疏植被条件下的风速衰减

稀疏植被周围风场可以划分为来流区（approach flow）、移位流区（displaced flow）、渗透流区（bleed flow）、静止区（quiet zone）、混合区（mixing zone）和恢复区（re-equilibration zone）（图4.1）（Judd et al.，1996；Leenders et al.，2007；刘辰琛，2017）。其中，来流区和恢复区距离植株较远，风速不受植株的影响。移位流区是由于植株阻挡作用，风速在从植株顶部和两侧被加速。渗透流区是从植株冠层枝叶间穿过的风。静止区是植株冠层下风向被直接保护的区域，强湍流气流从植株冠层边缘开始与该区域进行混合，最小风速也出现在该区域内（Cleugh，1998）。当植株冠层疏透度很小时，该区域内可能形成涡流（Dong et al.，2008）。混合区紧邻静止区，是植株冠层边缘强湍流气流与其未受干扰区域混合的区域。

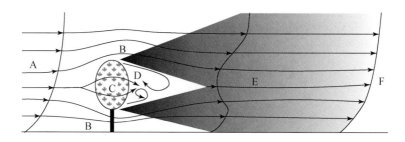

图4.1　稀疏植被周围风场分区（据 Judd et al.，1996；Leenders et al.，2007）

A. 来流区（approach flow）；B. 移位流区（displaced flow）；C. 渗透流区（bleed flow）；D. 静止区（quiet zone）；
E. 混合区（mixing zone）；F. 恢复区（re-equilibration zone）

风洞实验结果显示，植株周围风场呈现出与上述稀疏植被周围类似的分布特征（图4.2）。受植株阻挡作用，在植株上风向和下风向区域风速降低。野外和风洞实验结果都显示植株上风向的减速主要集中在 $-1H \sim 0H$（H 为植株高度，"$-$"表示植株上风向）范围内，下风向风速降低范围则延伸到下风向 $7H$ 处（Leenders et al.，2007；Mayaud et al.，2016；刘辰琛，2017）。在上风向 $-2H \sim -1H$ 范围内和下风向 $7H \sim 15H$ 范围内，植株对风速仍有微弱影响（刘辰琛，2017），但有时在 $7H$ 处已经完全恢复（Leenders et al.，2007；Mayaud et al.，2016；刘辰琛，2017）。事实上，在野外观测过程中，当风向发生变化时，测点有时并不位于植株的正下风向，导致无法观测到植株对较远位置处的风场影响。静止区位于植株下风向约 3H 以内，呈现出接近三角形的形状，最小风速出现在下风向约 0.5H 处。

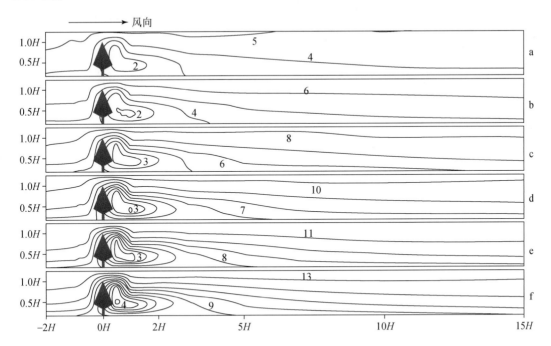

图 4.2　稀疏植被情形下沿来流方向的风速等值线图

a～f. 为来流风速 6m/s、8m/s、10m/s、12m/s、14m/s 和 16m/s

相比植株周围风场分区，垂直地面的不同高度风场分区显得更为重要，特别是贴地层的风速分布，反映了植被对地表防护的空间差异。在风速较大的区域，土壤表面受到风的剪切作用也更强（Allgaier，2008），风沙运动更加剧烈；风速较小的区域，地表受到较好的保护，则成为沙尘的主要沉积区（Suter-Burri et al.，2013）。稀疏植被情形下植株周围不同高度的风速等值线如图 4.3 所示，在植株的两侧有高达 120% 的加速区、背风侧低至 20% 的空穴和逐渐恢复的尾流区（Dong et al.，2008；Sutton and Mckenna-Neuman，2008；Walter et al.，2012a，2012b；Leenders et al.，2007；刘辰琛，2017）。尾流区风速受影响最大，这是防沙工程中关注的核心区域。但目前在尾流区形状（Raupach，1992；Okin，2008；Leenders et al.，2011）、各分区的范围和风速变化程度（Gillies et al.，2014；Mayaud et al.，2016）等方面还没有形成统一认识。譬如尾流区为三角形（Raupach，1992）、渐变的椭圆形（Leenders et al.，2011）以及由近到远效率衰减的矩形（Okin，2008）（图 4.4）。

为了方便研究各分区的形状和范围，按照相对风速可以将植株周围风场划分为显著降低（$u<0.85u_r$）、微弱降低（$0.85u_r<u<0.95u_r$）、增强（$u>1.05u_r$）和基本不变（$0.95u_r<u<1.05u_r$）四个区域（图 4.5），这里的 u 为观测点处的风速，u_r 为来流风速。图 4.5 显示，植株上风向和下风向均形成了椭圆状的风速降低区。不过上风向的风速降低区范围较小，大多在 -1H 范围内，减速幅度为 5%～10%；下风向尾流区的风速降低最为明显，下风向的风

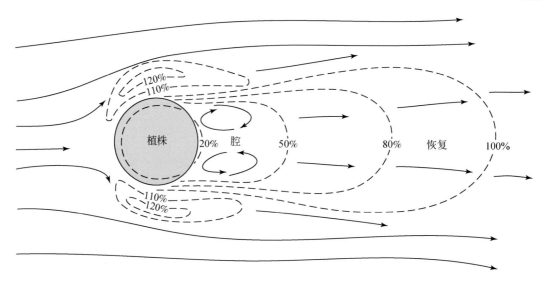

图 4.3　稀疏植被情形下植株周围风速变化平面图（引自 Ash et al.，1983）

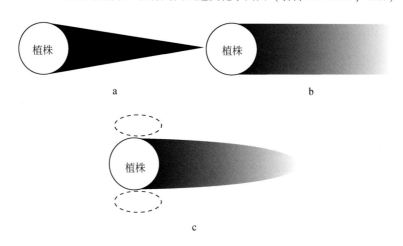

图 4.4　植株尾流区示意图

a. Raupach，1992；b. Okin，2008；c. Leenders et al.，2011

速微弱降低区延深至 15H 以外，在下风向 7H 以内的植被风影区，形成了条状（或三角状）的风速显著降低区（Liu et al.，2018）。受到植株冠层的阻挡压迫，风从植株冠层下方主干两侧通过（Gross，1987；Leenders et al.，2007），导致植株两侧偏下风向的位置出现了风速增强区，加速值为 5%~10%。总体上，风速未受影响区域占总面积的 60% 以上，风速微弱降低区约占总面积的 30% 左右，风速显著降低区占总面积的 5% 左右，而风速增强区占总面积不足 2%（图 4.6）。无论是风速显著降低区和微弱降低区，还是风速增强区的范围，均随风速增强而减小。来流风速从 6m/s 增加到 16m/s，风速显著降低区面积下降了 33%，风速微弱降低区面积下降了 22%。平均来流风速每增加 1m/s，风速降低区面积减少 2.7%。风速显著增强区面积随来流风速增大迅速降低；风速微弱降低区随来流风速递减的关系相对较弱。

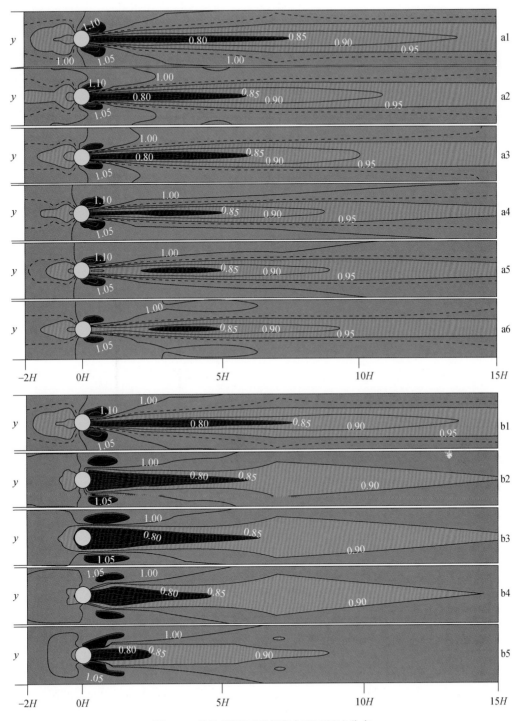

图 4.5　植株周围不同高度水平面风速分布

a1 ~ a6. 对应来流风速 6m/s、8m/s、10m/s、12m/s、14m/s 和 16m/s；b1 ~ b5. 对应高度为 0.15H、0.35H、0.5H、

0.65H 和 0.85H；黄圈为植株最大冠幅垂直投影；深蓝为 $u<0.85u_\mathrm{r}$；浅蓝为 $0.85u_\mathrm{r}<u<0.95u_\mathrm{r}$；

灰色为 $0.95u_\mathrm{r}<u<1.05\ u_\mathrm{r}$；红色为 $u>1.05\ u_\mathrm{r}$

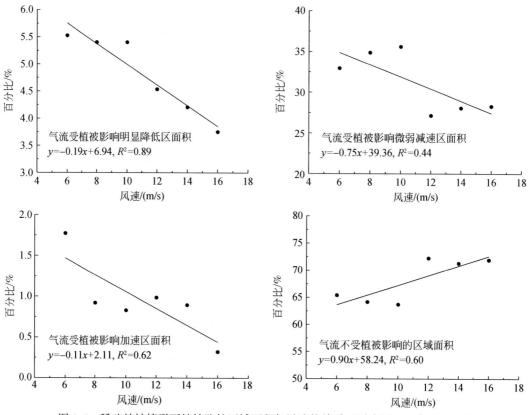

图 4.6　稀疏植被情形下植株防护区域面积与风速的关系（对应图 4.5 中 a1 ~ a6）

　　由于植株冠层宽度在不同高度上有很大差异，不同高度上的风速分布差异非常明显。植被冠层的最大宽度出现在 $0.4H$ 高度处，因此在 $0.35H$（图 4.5 中 b2）和 $0.5H$（图 4.5 中 b3）高度处风速得到了大幅度的削弱，而在 $0.15H$、$0.65H$ 和 $0.85H$ 高度处，由于冠层宽度小，显著减速区的宽度和面积都相对较小。在 $0.35H$ 和 $0.5H$ 高度处，显著减速区呈现三角形状，而在 $0.15H$ 和 $0.85H$ 处，呈椭圆形状，在 $0.65H$ 高度处，则由三角形状向椭圆形状过渡。这种变化是由于在不同高度植株下风向低速的风相互交换，其效果具有一定的空间滞后性。$0.35H$ 和 $0.5H$ 高度处的风速降低，主要依赖植株冠层的直接减速作用，故呈现三角形状；$0.15H$ 和 $0.85H$ 高度处的减速区，多依赖于其他高度下风向低速区风的交换作用，故呈现椭圆状。

　　植株下风向尾流区风速等值线呈椭圆或三角状，由近及远从中心到周围减速程度降低。但尾流区范围争议较大，高函（2010）认为单株柠条锦鸡儿防护区仅至下风向 $2H$，马士龙等（2006）认为白刺灌丛尾流区防护距离大于 $6H$，Leenders 等（2007）和 Mayaud 等（2016）在野外对灌丛观测后认为，单株植株下风向 $7H$ 处风速恢复至来流风速。Gillies 等（2014）对灌丛沙丘观测结果显示，风速恢复距离约 $8H$ ~ $12.5H$。Wu 等（2015）通过风洞实验研究，认为风速完全恢复所需距离大于 $14H$。Borrelli 等（1987）认为栅栏尾流区距离大于 $30H$；Rosenfeld 等（2010）模拟结果表明，这一距离大于 $40H$；Bradley 和 Mulhearn（1983）认为这一距离大于 $50H$。造成如此大差异的原因在于：首先，各人对于尾流区的定义有所不同。由于风速恢复先快后慢,逐渐恢复至来流风速,风速接近来流风速时恢复速度很慢,不同研究者的主观判断差异很大,需要确定风速恢复的统一标准来判断尾流区范围。目前,有的人将 $u \geqslant 1.00u_r$ 的区域定义为恢复区(Leenders et al.,2007;Gillies et al.,2014;Mayaud et al.,2016);有的人将 $u \geqslant 0.95u_r$ 的区域定义为恢复区(Borrelli et al.,1987),有人定义 $u \geqslant 0.80u_r$(Rosenfeld et al.,2010)、$u \geqslant 0.70u_r$(Wu et al.,2012)、$u \geqslant 0.50u_r$(郭学斌等,2011)。其次,不同研究方法获得的结果差异较大。一般地,野外观测得到的尾流区范围比风洞实验和数值模拟的小,这主要是野外观测来流的风向不稳定,导致观测点常常偏离植株正下风向,也可能是风洞实验和数值模拟是在理想条件下进行导致的。

4.2.2　稠密植被条件下的风速衰减

稀疏植被情形下,主要是单株植物影响风沙流场,植株间的相互影响较小。随着植株密度增大,植被变得稠密,植株之间对风沙流场产生相互干涉作用,使风沙流场变得更加复杂。通过对不同植株密度情形下,单株植株周围风场变化、沿风向的风速廓线变化和植被内部风场变化等方面的研究,可以清楚地阐明不同植株密度情形下的风速衰减,以及防沙作用的基本原理。

1. 植株周围风场变化

为了说明稠密植被情形下植株对风场的影响,对"品"字形布设的 6 种不同植株密度情形下的风场进行了研究(刘辰琛,2017;Cheng et al.,2018)。风洞实验时的植株密度分别为 1、5、9、13、25、41 株/m²,植株的形态参数为高度 20cm、冠幅 10cm×10cm、高宽比(H/W)2.0、整体疏透度 74.2%、冠层疏透度 44.3%,来流摩阻风速 $u_* = 0.22$m/s。当植株密度为 1 株/m² 和 5 株/m² 时,植株下风向的风速发生明显变化,植株高度以下的风速明显降低,风速廓线偏离了对数曲线,在植株其他方向上的风速没有明显的变化(图 4.7)。当植株密度为 9 株/m² 和 13 株/m² 时,植株下风向位置的风速发生明显变化,由于被观测植株正上风向有植株存在,被观测植株上风向的风速也有一定程度削弱,其他 6 个方位上的风速变化仍不够明显。当植株密度为 25 株/m² 时,植株周围风场与植株密度为 9 株/m² 和 13 株/m² 的类似,但被观测植株上风向风速削弱更加明显,植株高度以下风速降低到 2m/s 左右,这是由于被观测植株上风向均匀分布有两株植株,它们对被观测植株周围风场的影响很大。当植株密度为 41 株/m² 时,被观测植株上、下风向的风速廓线与植株密度为 25 株/m² 的情况相似,但其他六个方位的风速廓线具有不同程度的变化。说明在此植株密度情况下,植株周围的风场受植株枝叶的不规则分布呈现无规律的变化。植株密度小于 41 株/m² 时,植株上风向和下风向的风速变化明显,而侧向的风速变化不明显。当植株密度增加到 41 株/m² 时,植株侧向的风速廓线有着不同程度变化,同时植株高度以上风速偏大,说明对于密度较大的植被,植被顶部的风发生抬升加速(Wu et al.,2015;Mayaud et al.,2016),而植株尾流区的相互干扰,相干尾流(wake interference flow)转变为顶部掠流(skimming flow)(Wolfe and Nickling,1993;Mayaud et al.,2016)。

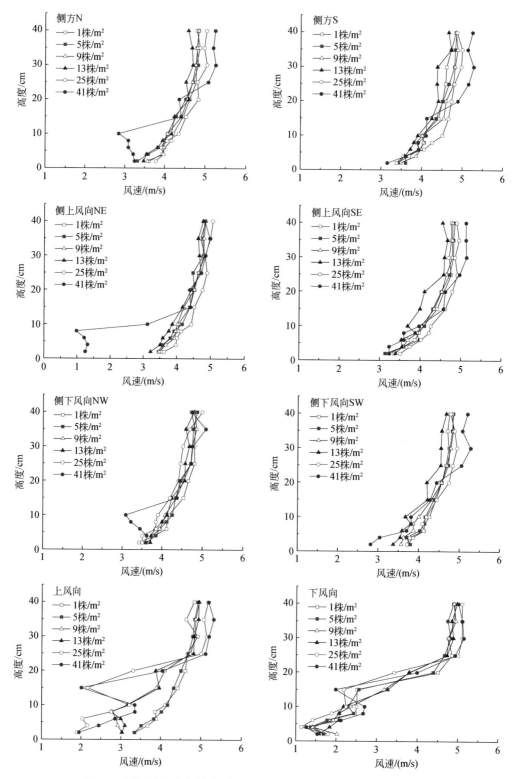

图 4.7　不同植株密度情形下被观测植株周围 8 个方位上的风速廓线

以来流风 5m/s 为例，即 $u_* = 0.22\text{m/s}$，风向为自东向西

不同植株密度情形下，被观测植株周围 8 个方位上的湍流强度（图 4.8）与平均风速

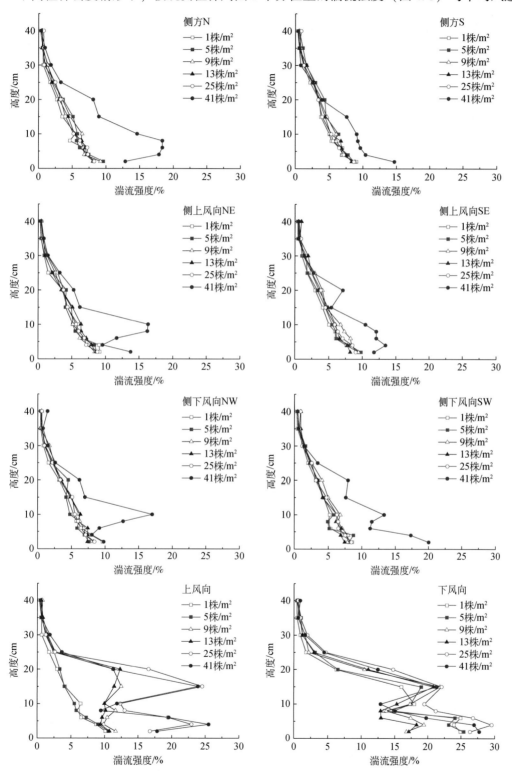

图 4.8　不同植株密度情形下被观测植株周围 8 个方位的湍流强度（风向为自东向西）

呈现很好的对应关系，风速偏小的位置，湍流强度偏大。受植株之间的相互影响，植株下风向位置的湍流强度变化最大，最大湍流强度可达30%。就植株上风向的气流湍流强度而言，植株密度为1株/m²和5株/m²时相似，植株密度为9株/m²和13株/m²时相似，植株密度为25株/m²和41株/m²时相似，这说明被观测植株上风向是否有其他植株存在对湍流强度影响很大。植株密度为9株/m²和13株/m²时，被观测植株位于其上风向一株植株的尾流减速区内，风速明显降低；对于植株密度为25株/m²和41株/m²情况，被观测植株位于其上风向两株植株的尾流减速区内，相对于植株密度为9株/m²和13株/m²情况下，风速有了进一步的降低。这充分说明，随着植株密度的增大，植株周围风场越加复杂，贴地层风速减小幅度越大，湍流强度也随之增大。

风速标准差反映了受植株影响后的风速波动，与湍流强度类似，风速标准差随高度增大而减小（4.9）。在植株下风向，风速标准差增大非常明显，最大值可达0.7m/s。峰值大多出现在植株顶部附近，这是由于植株冠层对风的阻挡和抬升，使冠层背风侧风速较小、冠层上方风速较大。因此在冠层顶部附近风剪切强烈，垂直地面方向上的风速梯度大，气流易发生分离而产生顺时针方向的涡流（Lee et al.，2014）。值得关注的是，风速标准差的峰值几乎不发生在植株高度所在位置，而是在植株高度以下某个位置，其主要原因可能是植株具有一定程度的柔韧性，在风作用下，容易发生弯曲，以降低对风的阻力（Mayaud et al.，2016）。同时，由于植株顶部枝叶比较稀疏，对风的阻力较小，而植株高度以下某个位置，枝叶分布较多，对风的阻挡作用更明显。水平风速标准差（$\overline{u'}$）在一定程度上反映了湍流剪应力（$\rho\overline{u'w'}$）的大小。出现在约0.7H高度处的风速标准差的峰值，是风对植株剪切最强的高度；0.5H高度以下，风速标准差为0.25～0.5m/s。不同植株密度对植株下风向的风速标准差影响不明显，说明风速标准差主要受其上风向最接近的植株影响，而相距较远的植株影响微弱。在植株两侧，风速标准差与湍流强度变化规律一致，除植株密度为41株/m²外，侧方呈现出强弱不一的无规律的影响，其他植株密度情况下植株侧方风速标准差没有明显变化。

2. 植被内部风场变化

植株密度为1株/m²至5株/m²时，植株周围风场受相邻植株的干扰非常微弱，相当于稀疏植被条件下植株周围的风场。但是，大于9株/m²的植株密度，植株之间对风场的相互干涉作用就十分明显（图4.10）。尽管植株形态不规则导致风速变化曲线存在一些波动，但风进入稠密植被上风向边缘的第一株植株后，风速总体上呈持续降低趋势，每经过一株植株风速就有一次明显的衰减。风在经过第一株植株后，风速降低大约25%，经过第二株植株后，风速降低大约15%；经过第三株植株后，风速降低大约10%；经过第四和第五株植株后，风速几乎不再降低，大约为来流风速的40%。这说明在防沙工程实践中，防护林带营造3行即可，因为更宽的林带对下风向风速的削弱并没有明显的作用。风进入稠密植被后，风速与植被宽度可以表征为 $u = -0.102\ln x + 0.545$（图4.11），这里的 x 为植被沿风向的宽度（m）。为了避免野外和风洞实验中，植株的形态和材料力学特性的差异对风速变化产生影响，应用计算流体力学（CFD）方法模拟了风穿越稠密植被后的速度变化。当风穿越第一株植株后，风速降低了39%；穿越第二株植株后，风速降低了14%；

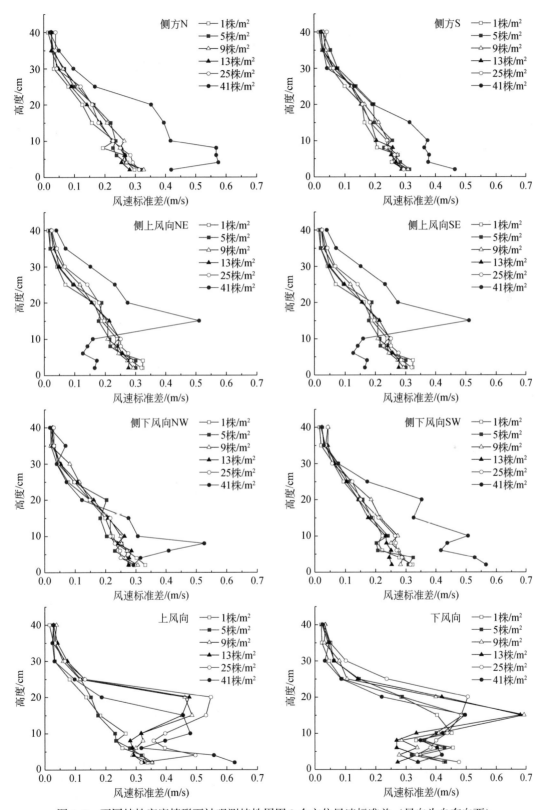

图 4.9　不同植株密度情形下被观测植株周围 8 个方位风速标准差（风向为自东向西）

穿越第三株植株后时，风速仅仅降低了3%（图4.12）。总体来看，随着植株密度的增加，防风作用逐渐增强，但总体防风作用并不是随植株密度增加呈线性增加。增加的植株数能够提供额外防风能力，但额外提供的防风能力不断降低。从这个意义上，稠密植被中的每一株植株的防风效益低于稀疏植被（杨文斌等，2007，2011；冯泽深等，2010；高函，2010）。

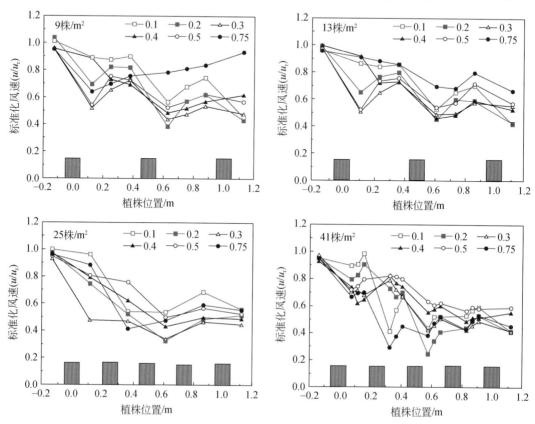

图4.10　不同植株密度情形下植被内部风速沿风向的变化

蓝色矩形代表植株所在位置，0点处为迎风向第一株植株，风向从左向右

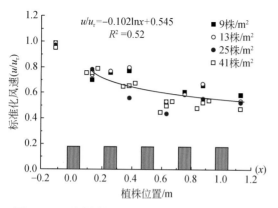

图4.11　不同植株密度情形下植被内部风速衰减

蓝色矩形代表植株所在位置；0点处为迎风向第一株植株；对于9株/m² 和13株/m²，只有0m，0.5m 和1m 处有植株

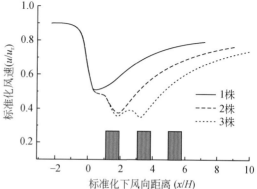

图4.12　风穿过植株后风速衰减

实线：风穿过第一株植株；虚线：风穿过第二株植株；点线：风穿过第三株植株

稠密植被情况下，当风穿越植被时，植被内部的湍流强度明显增强，达到 10% ~ 35%，且湍流强度波动幅度较大，这与植株形态和枝叶的空间分布不均匀有密切关系。植被下风向区域的湍流强度随植株密度的增加而略有增大，随着与植被覆盖区距离的增大，湍流强度迅速降低至 10% 左右（图 4.13）。低风速区往往是高湍流强度区，这与稀疏植被情形下类似，不同之处在于湍流强度的恢复比风速恢复更快，往往在植株下风向 1H ~ 2H 范围内就恢复至 10% 以下，这与 Leenders 等（2007）和 Mayaud 等（2016）野外观测结果一致。在植被覆盖区域的上风向，来流风速标准差为 0.2 ~ 0.4m/s（图 4.14）。接近地面的风速标准差更大，接近植株顶部高度的风速标准差较小，这说明风速波动是由于植株的存在而形成的粗糙地面引起的。当风穿过植被时，风速标准差增大到 0.3 ~ 0.7m/s，但是不同高度上的风速标准差变化趋势并不相同。离地面 0.1H 和 0.2H 高度处，风速标准差没有明显增加，甚至有一定下降（植株密度为 41 株/m²）；0.2H 和 0.5H 高度处，风速标准差呈波动形式增加，但增加不明显；0.75H 和 1H 高度处，风速标准差增加非常明显，这一情况与稀疏植株情形下一致。植株的排列方式也会影响植株周围风速风向变化（Okin，2008；Suter-Burri et al.，2013；刘辰琛，2017）。对于呈矩形排列方式的植株密度为 9 株/m² 和 25 株/m² 的植被，以及呈"品"字形排列方式的植株密度为 5 株/m²、13 株/m² 和 41 株/m² 的植被，在相邻植株间都会形成"通风狭管"。"通风狭管"内的风速风向与沿风向上的风差异明显。事实上，有植被覆盖情形下的沙尘起动主要取决于"通风狭管"的风速（Okin，2008；Suter-Burri et al.，2013），深入理解"通风狭管"内风速变化对于建立有效的防沙工程技术体系更有理论意义。

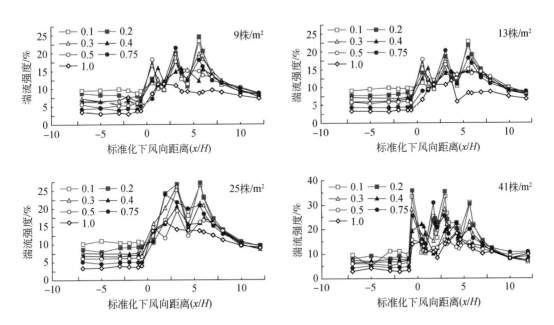

图 4.13　不同植株密度情形下植被内部湍流强度（0 点为迎风向第一株植株所处位置）

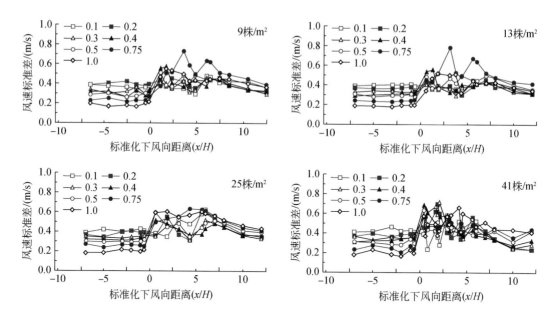

图 4.14　不同植株密度情形下植被内部风速标准差
0 点为迎风向第一株植株所处位置

　　对于植株密度为 9 株/m²、13 株/m² 和 25 株/m²，"通风狭管"内风速并没有被明显削弱，甚至还有所增加。随着植株密度增加，当植株密度达到 41 株/m² 时，在植被覆盖区下风向边缘降至 $0.78u_r$ 处（图 4.15），"通风狭管"内风速持续降低。这与风穿越第一株植株后，沿风向上的风速降低至 $0.75u_r$ 左右存在明显的不同（图 4.11）。在稠密植被情形下，植被内部风速的空间差异很大。总体上，风穿越植株时，植株下风向的风速最小、"通风狭管"内风速最大。以 $z=0.1H$ 高度为例，除了植株密度为 41 株/m² 外，"通风狭管"内风速均高于来流风速，而且随着风穿越植被的距离增加而增大。例如，植株密度分别为 9 株/m²、13 株/m² 和 25 株/m² 时，"通风狭管"内风速比来流风速分别增大 5%、5% 和 13%。风速的增大，标志着起沙起尘强度逐渐增强，这意味着在防沙工程实践中，应尽量避免"通风狭管"。随着植株密度逐渐增大到 41 株/m²，尽管仍然存在"通风狭管"，但是"通风狭管"内风速并没有超过来流风速，可能的原因是植株冠层的"摩阻效应"的减速效果比"移位流"引起的加速效果更明显。因此，植株密度（或植株间的距离）是决定"通风狭管"内风速是否被放大的主要因素。

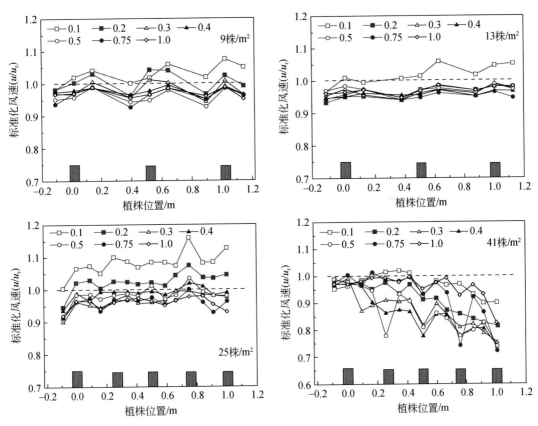

图 4.15　不同植株密度情形下植株间风速沿"通风狭管"的变化

3. 植被覆盖区下风向区域的风场变化

不同植株密度情形下，植被覆盖区下风向的风速均有明显减小，最小风速均出现在距离植被下风向边缘 $0.63H$ 处，且最小风速值没有显著变化（图 4.16）。对于植株密度为 1 株/m²、5 株/m²、9 株/m²、13 株/m²、25 株/m² 和 41 株/m²，最小风速分别为 $0.40u_r$、$0.38u_r$、$0.43u_r$、$042u_r$、$0.45u_r$ 和 $0.41u_r$。但是，植被覆盖区下风向的风速恢复速度随植株密度增加明显变慢，这意味着植被覆盖区下风向尾流减速区的范围随着植株密度增加而增大，也就是防沙效果明显增强。对于植株密度为 1 株/m²、5 株/m²、9 株/m²、13 株/m²、25 株/m² 和 41 株/m²，在 $z=1H$ 高度处，植被覆盖区下风向 $7H$ 距离处的风速分别恢复到 $1.00u_r$、$0.95u_r$、$0.89u_r$、$0.91u_r$、$0.87u_r$ 和 $0.85u_r$；在 $z=0.5H$ 高度处，下风向 $7H$ 距离处的风速分别恢复到 $0.89u_r$、$0.87u_r$、$0.85u_r$、$0.84u_r$、$0.84u_r$ 和 $0.72u_r$（图 4.17）。用植株下风向的风速恢复到来流风速的 63% 所需的距离作为风速恢复特征长度。植株密度为 1 株/m² 和 5 株/m² 的情形基本一致，它们的风速恢复特征长度分别为 $3.39H$ 和 $3.49H$；植株密度为 9 株/m²、13 株/m² 和 25 株/m² 时的风速变化曲线基本重合，不过它们的风速恢复特征长度有些差别，分别为 $5.04H$、$5.02H$ 和 $4.29H$；植株密度为 41 株/m² 时，风速恢复速度要慢得多，其风速恢复特征长度为 $9.6H$。

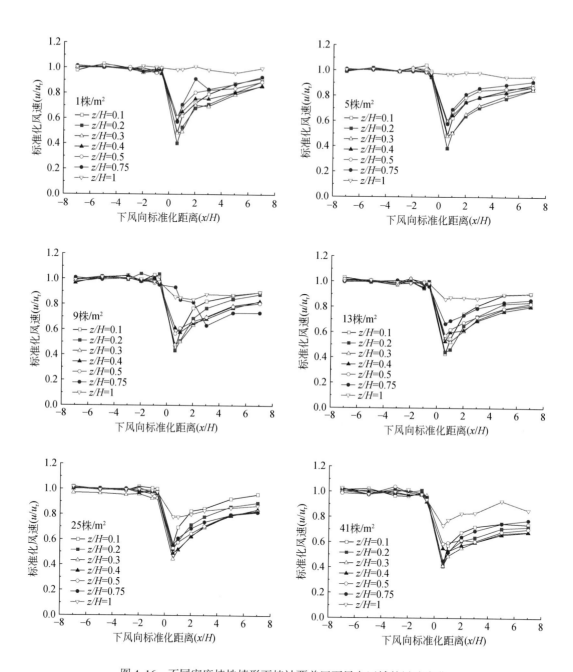

图 4.16　不同密度植株情形下植被覆盖区下风向区域的风速变化

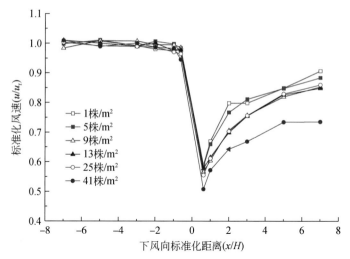

图 4.17　不同植株密度情形下植被覆盖区下风向区域的风速恢复（$z=0.5H$）

4.2.3　林带对削弱风速的作用

1. 单行林带对风速的衰减作用

林带疏透度显著影响其上下风向的风速。除林带的单株植株结构以外，株距也是改变林带疏透度的主要因素。单行林带的株距为 1.25H、1.0H、0.75H、0.5H 和 0.38H 时，沿风向方向上的风速变化显著不同（图 4.18）。总体上，单行林带背风侧风速降低明显，大约是上风向来流风速的 40%，之后风速逐渐恢复，与稀疏植被情形下单株植株下风向风速恢复曲线类似，但是单行林带背风侧风速恢复比单株植株要慢得多，也就是说单行林带下风向防护距离大于单株植株。特别是当株距很小（0.38H）时，下风向 30H 处的风速仍未恢复。单行林带情形下，在不同高度上的风速差别很大（图 4.18）。在 1.15H 和 0.15H 高度处，树冠上方和树冠下方主干两侧气流受到阻力小，移位流导致风速有一定程度的加速；在 0.35H、0.5H、0.6H 和 0.85H 高度处，植株的枝条和叶片对风速降低作用明显。由于离地面 0.5H 高度处位于植株中部，沿风向上的风速变化受顶部和底部移位流的影响较少，0.5H 高度处的风速变化对描述林带削弱风速的作用最具有代表性。当株距较大（1.25H 和 1.0H）时，单行林带下风向的风速变化与单株植株没有明显差异，说明单行林带的植株尾流为孤立尾流（isolated wake），植株彼此间几乎无影响。当株距减少到 0.5H，甚至 0.38H 时，单行林带下风向的风速明显低于单株植株下风向的风速，表明植株彼此间的尾流相互干扰叠加（图 4.19）。单行林带的株距越小，疏透度越低，对风速的削弱效果就越明显，单行林带的防护距离也越大。以风速恢复到来流风速的 80% 所需的距离作为指标（Rosenfeld et al.，2010），当株距为 0.38H 时，该距离为 15H ~ 20H；当株距为 0.5H 时，该距离为 10H ~ 15H；当株距大于 0.75H 时，该距离仅为 3H ~ 5H；当株距为 0.38H 和 0.5H 时，风速恢复曲线在下风向 20H ~ 25H 处出现交叉。这反映了植株排布非常紧密时，靠近林带的区域风速削减效果好，而远离林带的区域风速消减效果反而有所减弱。这可能是由于植株排布过密时，抑制了渗透流的强度，容易在下风向形成反向涡流，使植株高度以上高速气流反而更易与植株尾流发生交换（金文等，2003；Cornelis and Gabriëls，2005；Dong et al.，2007）。

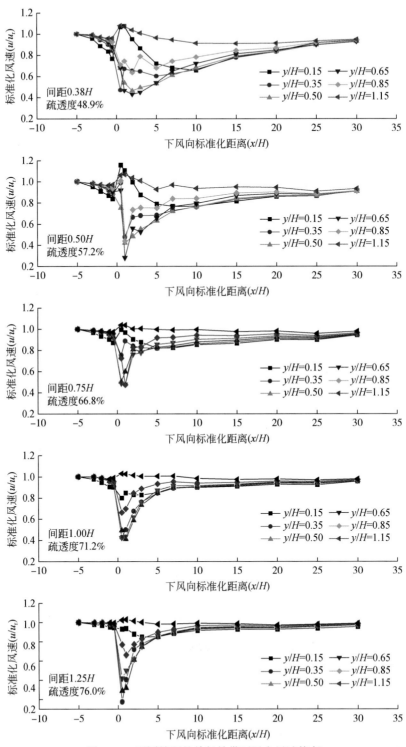

图 4.18　不同株距的单行林带下风向风速恢复

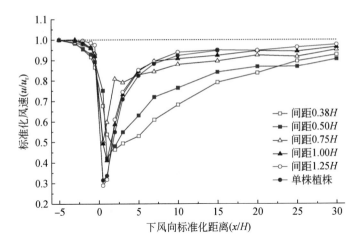

图 4.19　不同株距的单行林带下风向风速恢复对比　（$z = 0.5H$）

2. 多行林带对风速的衰减作用

在多行林带情形下，林带下风向的风速恢复速度变慢，防护距离增加（图 4.20）。单行林带顶部（$1.15H$）移位流导致的加速现象随着林带行数和宽度的增大而消失，贴地层（$0.15H$）风速移位流导致的加速现象也逐渐消失。植株间尾流的充分混合，使多行林带下风向 $5H$ 以内的风速变化比单行林带平滑和有规律。尽管不同高度上的风速削弱程度仍有不同，但随着林带行数和宽度增加，不同高度间风速的差异明显减小，植株个体特征对风速的影响逐渐弱化，导致尾流在经过林带后充分混合，多行林带的整体效应更加明显。以离地面高度 $0.5H$ 处的风速变化为判断指标，对比分析不同行数林带的下风向风速恢复的差异。显而易见的是，单行林带下风向风速变化与单株植株差别不明显；林带超过两行时，尽管林带下风向最小风速（u_{min}）变化不大，但风速恢复速度明显变慢。对于 1 行、2行、3 行、4 行和 5 行林带，风速恢复至 $0.80u_r$ 所需距离分别为 $4H$、$9H$、$14H$、$16H$ 和 $17H$；在林带下风向 $30H$ 处，1 行、2 行、3 行、4 行和 5 行林带，风速分别恢复至 $0.97u_r$、$0.93u_r$、$0.89u_r$、$0.91u_r$ 和 $0.87u_r$（图 4.21）。这充分说明随着林带行数的增加，其防风的效果也会随之增强（Gao，2002；高函等，2010；Cui et al.，2012；Rosenfeld et al.，2010；Wu et al.，2015），但防风效果随行数的增加是非线性的。从单行林带到多行林带，防护距离增加了 10% 左右（Rosenfeld et al.，2010），林带宽度大于 5 倍植株高度后，防风效应变化不大（周军莉等，2005）。林带断面形状也会影响其下风向的风速。矩形断面或梯形断面优于其他断面形状（Woodruff and Zingg，1953；Carborn，1957），因此乔灌混交林带和多种不同株形组成的复合林带通过改变林带断面形状，具有更好的防风效果（Wu et al.，2013；付亚星等，2014；Thuyet et al.，2014；Wu et al.，2015）。3 行和 4 行林带风速恢复曲线的形状较平直，而 1 行、2 行和 5 行带状植被风速恢复曲线较弯曲（图 4.21），这主要是由于林带下风向的风速受最后一排植株影响最大，3 行和 4 行林带最后一行是偶数株，观测点位于最后一排两株植株之间；1 行、2 行和 5 行植株最后一行是奇数株，观测点位于植株的正下方。这主要是观测点与最后一排植株的位置不同导致了这种差异。

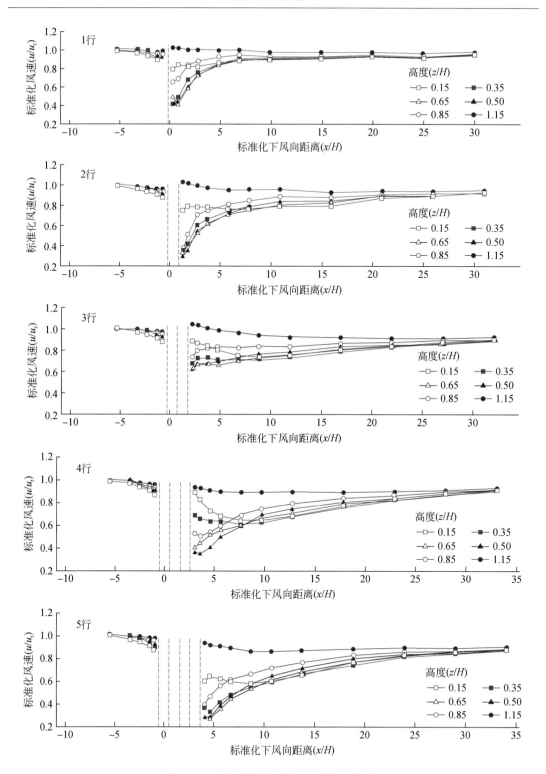

图 4.20　多行林带的下风向区域风速恢复

株行距均为 1H，绿色虚线示意林带

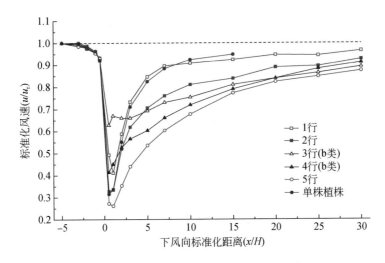

图 4.21　多行林带的下风向区域风速恢复

3. 植株排列方式对风速的衰减作用

植株排列方式对林带上、下风向上的风速也有显著影响。一般地，多行林带的植株排列方式分为矩形和"品"字形。无论何种排列方式，对于任何一株植株而言，其下风向均形成近似于窄长的椭圆状的低速区，植株两侧均形成了加速区，这与单株植株周围风速分布一致。但是，林带内相邻植株的影响，导致林带内植株周围风速的加速区和减速区的形状都出现了一定程度的变形（图 4.22）。在植株呈矩形排列的多行林带中，下风向末行的植株位于其上风向植株的正下风向的低速区，而且多个植株下风向的低速区相互覆盖重叠，形成了三个大的减速区（图 4.22a），相邻植株间也形成"通风狭管"（Okin and Gillette，2001；Burri et al.，2011；Dupont et al.，2015；刘辰琛，2017）。对于"品"字形排列的林带，第二行植株正好位于"通风狭管"处，使"通风狭管"的风速有明显降低，而且加速区被分割成几个小型的微弱加速区（图 4.22b）（高函，2010；刘辰琛，2017），下风向 $5H$ 以外的风速在垂直于风向方向上的差异性基本消失。

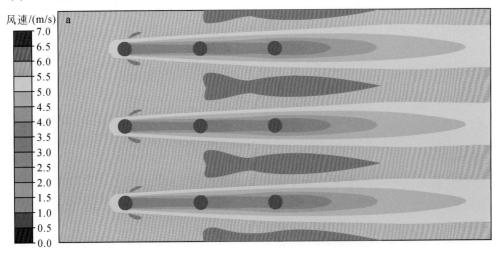

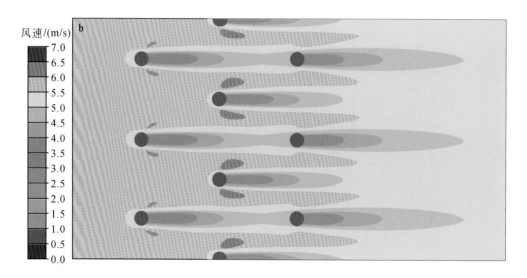

图 4.22　不同植株分布形式与植株周围流场
a. 矩形分布；b. 呈"品"字形交错分布。风向从左向右；蓝色圆圈代表植株

　　两行呈"品"字形排列的林带防风效果优于两行呈矩形排布的林带和单行林带（高函等，2010；Bitog et al.，2012）。以风速削弱到来流风速 80%（即 $0.8u_r$）以下的区域面积作为指标，植株呈矩形排列和"品"字形排列的林带下风向减速区面积占总面积的比例分别为 43% 和 61%；以加速 $5\%u_r$ 的面积为指标，矩形排列和"品"字形排列的林带植株两侧加速区面积占总面积的比例分别为 8% 和 3%。由此可见，矩形排列的多行林带防风效果较差，"品"字形排列的林带防风效果较好。植株呈矩形排列的林带，沿风向上的植株相互遮挡，尽管风连续穿越多株植株使风速明显降低，但是整体防风效果较差，植株相互阻挡产生大面积不受植株保护的地表。植株"品"字形排列的林带，下风向一行的植株位于其上风向一行的两个植株之间形成的"通风狭管"处，对"通风狭管"起到了阻塞作用，邻近两行的植株对"通风狭管"形成了相互阻塞的作用，使得防风效果明显好于植株呈矩形排列的林带。在植株呈"品"字形排列的多行林带中，每一植株都不位于其上风向植株的风影区，理论上具有高效率的防风功能，同时还具有以下三方面的优点：首先是"品"字形排列的多行林带稳定性较好，并可以使用不同的植物种，使林带形成复合冠层结构；其次是避免植株过于密集，保障每株植株生长空间；最后是林带具有一定宽度，内部形成的小气候环境有利于植株生长。因此，在防沙工程实践中，应优先选择植株呈"品"字形排列的多行林带。

4.2.4　植被对削弱地表剪应力和起沙起尘的作用

1. 植被覆盖情形下地表剪应力及其空间分布特征

　　在风作用下，植被覆盖的土壤表面受到的剪应力（τ_s）在空间上分布不均匀（Walter et al.，2012a；Kang et al.，2018）。植株上风向风速降低和下风向气流分离，导致植株前后土壤表面受到的剪应力较小；植株周围风向的横向偏移使得植株两侧出现高风速区，土壤表面受到的剪应力也增大；植株的形状不规则和柔韧特性，导致土壤表面剪应力沿风向和垂直于风向两个方向均非对称。相同风速和植株高度情形下，随着植株密度增加，土壤表面最大剪应力和平均剪应力都有减小趋势（图 4.23）。

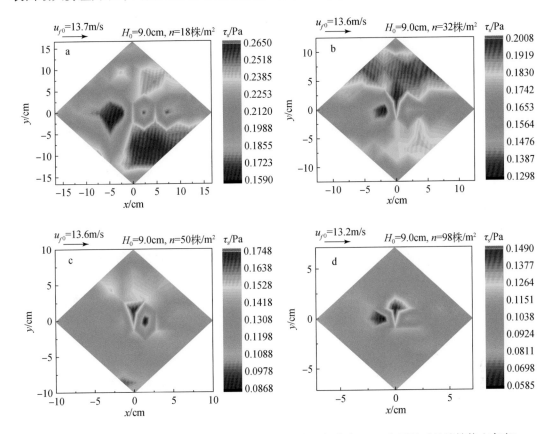

图 4.23　不同植株密度情形下土壤表面受到的剪应力空间分布（H_0 为无风时的植株静止高度）

为了定量表征土壤表面受到剪应力分布的不均匀性，引入最大剪应力和平均剪应力两个度量指标（Raupach et al.，1993）。前者是衡量土壤颗粒能否起动的关键指标，后者通常用于估算被起动的沙尘颗粒的总质量流量，它们在考察土壤表面沙尘颗粒发生起动和输移过程，以及评估植物防沙效果等方面具有重要的指示意义。在植被稀疏的情况下，土壤表面受到的最大剪应力的区域呈现带状分布；在植被稠密的情况下，土壤表面受到的最大剪应力仅限于植物两侧的小区域（Kang et al.，2018）。土壤表面受到的最大剪应力和平均剪应力，与植株密度（η）、植株侧影盖度（λ）、植株阻力系数与土壤表面阻力系数之比（β）、植株高度（H_0）、植株冠幅（w）、疏透度（ξ）和柔韧性（ζ）、植株垂直投影面积与迎风面积之比（σ）、植株排列方式等密切相关，且这种关系十分复杂。目前还不能做到包含上述所有参数的最大剪应力和平均剪应力的定量描述，通常使用植株侧影盖度（λ）、植株阻力系数与土壤表面阻力系数之比（β）、植株垂直投影面积与迎风面积之比（σ）来表征土壤表面最大剪应力（τ_s''）和平均剪应力（τ_s'）（Raupach et al.，1993；Wolfe and Nickling，1993；Sutton and Mckenna- Neuman，2008；Walter et al.，2012a，2012b；Kang et al.，2018）。无论是植株高度，还是植株密度，抑或是不同风速，研究者们得出的土壤表面最大剪应力（τ_s''）和平均剪应力（τ_s'）随植株侧影盖度（λ）变化都呈现很好的一致性（图4.24，图4.25）（Kang et al.，2018），而且土壤表面最大剪应力（τ_s''）和平均剪应力（τ_s'）之间也存在很好的线性关系（图4.26）（Walter et al.，2012a，2012b；Kang et al.，2018）。

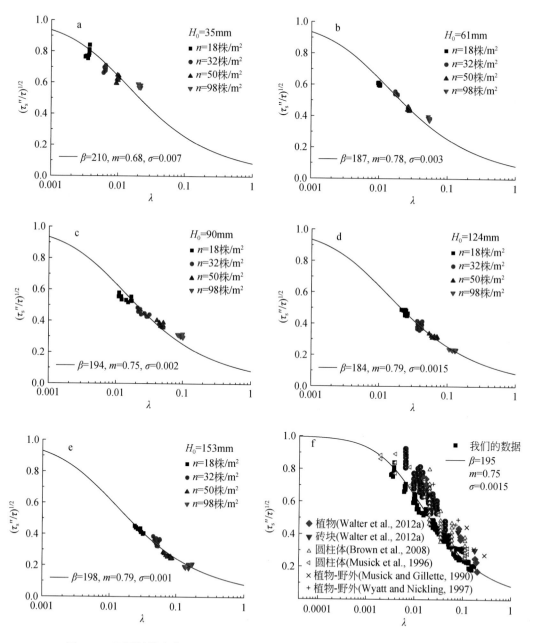

图 4.24　不同植株高度和植株密度情形下，土壤表面受到的最大剪应力（τ_s''）
与总剪应力（τ）之比随植株侧影盖度（λ）的变化

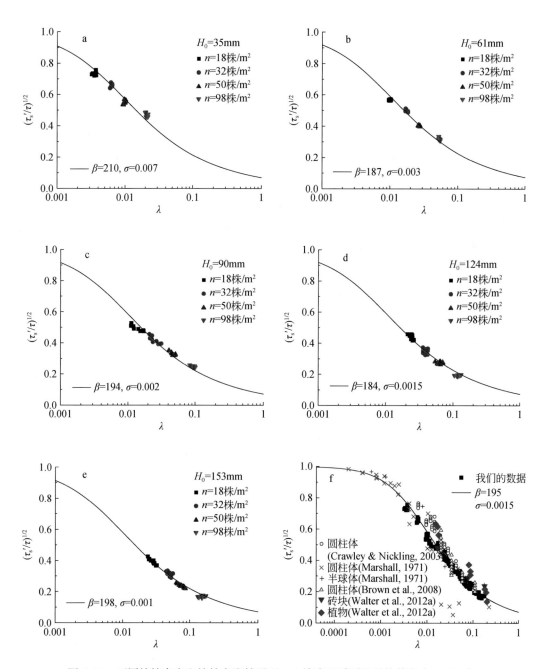

图 4.25　不同植株高度和植株密度情形下，土壤表面受到的平均剪应力（τ_s'）与
总剪应力（τ）之比随植株侧影盖度（λ）的变化

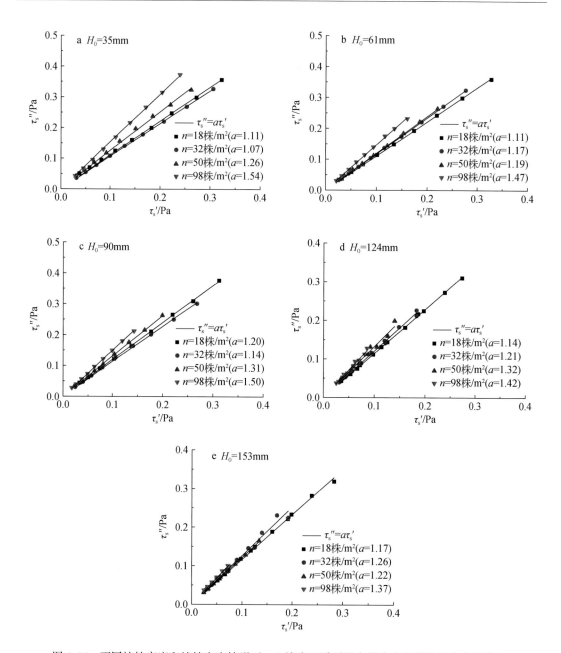

图 4.26　不同植株高度和植株密度情形下，土壤表面受到最大剪应力和平均剪应力的关系

在植株高度（H_0）和密度（n）相同条件下，土壤表面受到的平均剪应力随摩阻风速的增大而增大（图 4.27），这种关系与土壤表面受到的剪应力和风速之间的关系，存在一个表征平均剪应力随风速变化速率的比例系数（α）。在相同植株高度情形下，比例系数（α）随植株密度的增加而减小；在相同植株密度情形下，比例系数（α）随植株高度的增加而减小（表 4.1）。植株密度和来流风速（u_{f1}）相同条件下，土壤表面受到的平均剪应力随植株高度增大而呈负线性关系减小（图 4.28），其斜率（a）和截距（b）均随来流风

速（u_{f1}）的增大而增大（表4.2），这说明土壤表面受到的平均剪应力随植株高度增大，衰减速率增大。当来流风速相同时，截距（b）随植株密度的增加而减小。这说明随植株密度增加，土壤表面受到的平均剪应力随植株高度增大，衰减速率增大。在植株高度和来流风速相同条件下，土壤表面受到的平均剪应力随植株密度的增大而减小，二者之间呈现明显的幂函数关系（图4.29）。

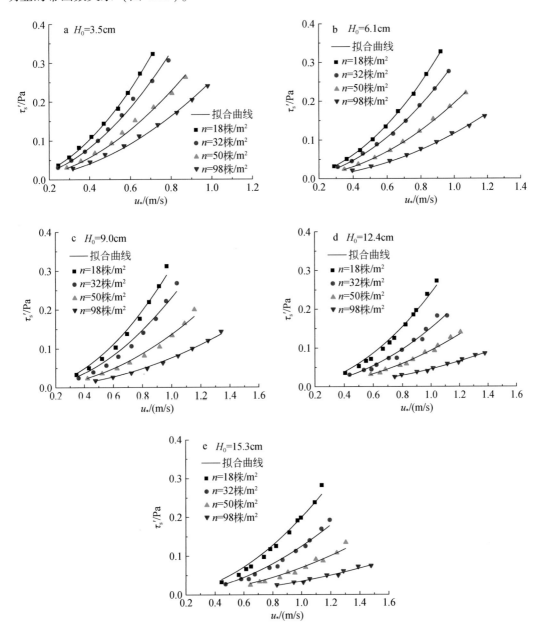

图 4.27　土壤表面受到的平均剪应力（τ_s'）随摩阻风速（u_*）的变化

表 4.1　土壤表面受到的平均剪应力（τ_s'）与摩阻风速（u_*）的拟合参数（$\tau_s'=\alpha u_*^2$）

H_0/cm	$n/(\text{株}/\text{m}^2)$	α	R^2
3.5	18	0.535	1.00
	32	0.426	0.99
	50	0.295	0.99
	98	0.211	1.00
6.1	18	0.322	1.00
	32	0.247	1.00
	50	0.162	1.00
	98	0.097	1.00
9.0	18	0.257	0.98
	32	0.192	0.98
	50	0.114	0.98
	98	0.064	0.99
12.4	18	0.201	0.99
	32	0.126	0.97
	50	0.078	0.99
	98	0.038	0.99
15.3	18	0.166	0.98
	32	0.104	0.98
	50	0.058	0.96
	98	0.029	0.97

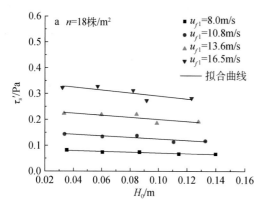
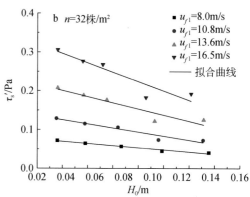

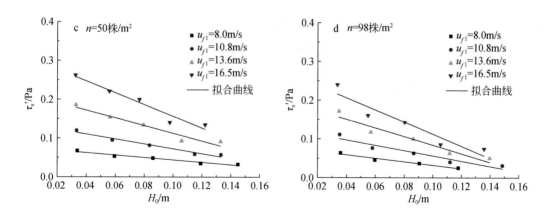

图 4.28　土壤表面受到的平均剪应力（τ_s'）随植株高度（H_0）的变化

表 4.2　土壤表面受到的平均剪应力（τ_s'）与植株高度（H_0）关系的拟合参数（$\tau_s'=a+bH_0$）

$n/(\text{株}/\text{m}^2)$	$u_{f1}/(\text{m/s})$	b	a	R^2
18	8.0	0.086	0.148	0.88
	10.8	0.155	0.297	0.79
	13.6	0.240	0.399	0.66
	16.5	0.347	0.570	0.65
32	8.0	0.081	0.276	0.97
	10.8	0.146	0.528	0.93
	13.6	0.232	0.793	0.89
	16.5	0.345	1.214	0.86
50	8.0	0.075	0.312	0.96
	10.8	0.135	0.632	0.96
	13.6	0.212	0.998	0.94
	16.5	0.308	1.519	0.95
98	8.0	0.077	0.448	0.96
	10.8	0.124	0.681	0.92
	13.6	0.195	1.110	0.93
	16.5	0.269	1.564	0.90

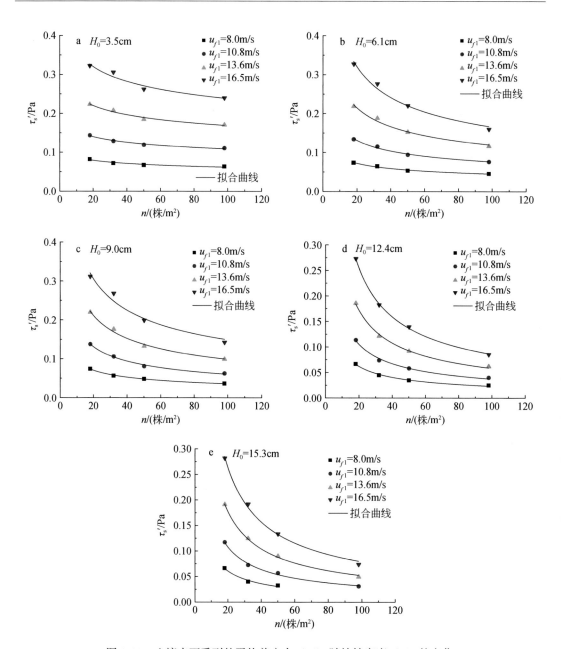

图 4.29　土壤表面受到的平均剪应力（τ'_s）随植株密度（n）的变化

2. 植被覆盖情形下地表起沙起尘强度

地表之所以发生起沙起尘现象，其实质是风对土壤表面颗粒产生剪切作用的结果。植被通过覆盖土壤表面、消耗风能和截获已经起动的沙尘颗粒三种方式来抑制起沙起尘（Wolfe and Nickling，1993），特别是植被显著地削弱了土壤表面分担的风剪应力，使起沙起尘强度显著降低（Raupach，1992）。近 20 余年来，已有部分研究者从不同的视角，研究了植被或者其他粗糙元对分担风剪应力的作用（Raupach，1992；Crawley and Nickling，

2003；Burri et al.，2011；Walter et al.，2012a，2012b），以及植被对沙尘输移通量的影响（Lancaster et al.，1998；Burri et al.，2011），提出了预测植被和土壤表面的剪应力分割理论模型（Raupach，1992；Raupach et al.，1993；Marticorena et al.，1997；Okin，2008），并通过野外观测（Lancaster and Baas，1998；Gillies and Lancaster，2013）、风洞实验（Gillies et al.，2002；Brown et al.，2008）以及数值模拟（King et al.，2005；Li et al.，2013；Webb et al.，2014），对理论模型进行验证和修正。这些研究建立了植被或者其他粗糙元，在不同的形状、密度和空间分布情形下所分担的风剪应力公式。由于植被会消耗风的能量，运动颗粒也会消耗风的动能来维持自身运动（Shao，2008），运动颗粒与植被之间还存在着复杂的动力学过程（Dupont et al.，2013），因此，从沙尘输移通量与土壤表面分担的风剪应力的理论关系角度，目前还没有很好地将植被、沙尘传输和风剪应力三者联系起来，但地表起沙起尘量 $q \propto (\tau_{\rm s} - \tau_{\rm t})$ 是被一致认可的（Anderson and Hallet，1986；Anderson and Haff，1988；Kok et al.，2012），这里的 $\tau_{\rm s}$ 为土壤表面分担的风剪应力，$\tau_{\rm t}$ 为颗粒临界起动剪应力。

在有植被覆盖情形下，风对地表产生的剪应力可表达为 $\tau = \tau_{\rm s} + \tau_{\rm r}$，这里的 τ 为风对地表产生的总剪应力，$\tau_{\rm s}$ 为土壤表面分担的风剪应力，$\tau_{\rm r}$ 为植被承担的风剪应力。在计算土壤表面起沙起尘量时，一般用土壤表面分担的风剪应力的平均值（$\tau_{\rm s}'$）作为参量，通过实验获得 τ 后，利用 $\sqrt{\tau_{\rm s}'/\tau} = \sqrt{1/[(1-\sigma\lambda)(1+\beta\lambda)]}$ 计算 $\tau_{\rm s}'$（Raupach，1992；Raupach et al.，1993）。在有植被覆盖情形下土壤起沙起尘的模拟实验中，特制植株茎叶的形状和材料力学特性与真实植株相似，植株平均高度 20.3cm，平均冠幅 89.1cm^2，平均垂向投影面积 23.8cm^2，平均迎风面积 29.2cm^2。土壤为经过处理的松散状土壤，平均粒径 246μm，土壤颗粒密度 $\rho_{\rm s} = 1635{\rm kg/m}^3$，临界起沙起尘摩阻风速 $u_{*{\rm t}} = 0.235{\rm m/s}$。在气象站观测高度为 10m 的风速分别为 7.5、10.0、12.5、15.0、17.5、20.0m/s 情形下，无植被覆盖时土壤起沙起尘量分别达到 0.0001、0.0124、0.0362、0.0757、0.1378、0.2413kg/（m^2·s）。

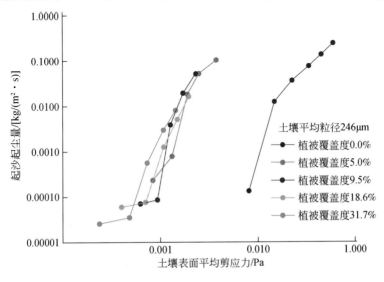

图 4.30　不同植被覆盖度情形下土壤表面所受风的平均剪应力与起沙起尘量的关系

当植被覆盖度为 9.5% 时，只有大于 7.5m/s 的风速才能起沙起尘，在 12.5、15.0、17.5、20.0m/s 情形下，土壤表面受到的平均剪应力 τ'_s 仅为无植被覆盖时的 5.5% ~ 6.7%，起沙起尘量仅分别为无植被覆盖时的约 0.4%、5.1%、13.8%、21.0%；当植被覆盖度达到 31.7% 时，土壤表面受到的平均剪应力 τ'_s 仅为无植被覆盖时的 1.0% ~ 2.4%，起沙起尘量仅分别为无植被覆盖时的约 0.1%、0.7%、2.1%、3.3%（图 4.30）。随着植被覆盖度的增加，土壤表面受到风的平均剪应力迅速减小，起沙起尘量也随之快速降低。这也证明了在防沙工程实践中，将人工促进恢复和重建的预期植被覆盖度确定为 30% ~ 40% 是合理的。

4.3　机械防沙技术原理

机械防沙技术主要包括各类沙障和砾石覆盖等，其中砾石（黏土）沙障、半隐蔽式草方格沙障和高立式沙障是应用最广泛的技术，砾石覆盖在干旱气候区也有应用，但其技术原理简单。在应用生物防沙技术的初期阶段，为了使幼苗免遭风沙打击而死亡，机械防沙技术是必不可少的辅助性技术。

4.3.1　砾石（黏土）沙障

砾石（黏土）沙障属于密实型阻沙技术，其横截面一般为等腰三角形，根据材料不同（块石、沙石、沙砾石混合物、黏土等），两个底角一般在 35° ~ 60° 之间。砾石（黏土）沙障的防沙原理主要体现在其上、下风向两侧贴地层分别存在的阻滞回流低速区和反向回流低速区（图 4.31）。在这两个低速区，风的能量减弱，挟沙能力降低，沙尘得以沉降堆积。总体上，砾石（黏土）沙障前后和上方的风场结构可划分为 5 个功能区：迎风坡脚风速减弱区、迎风坡风速抬升区、顶部风速加速区、背风侧风速减速区和风速恢复区（Bofah and Al-Hinai，1986；张克存等，2010）。砾石沙障与黏土沙障的形状和防沙原理相同，具有相似的流场结构。

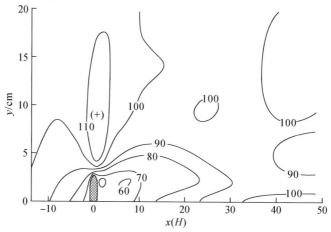

图 4.31　单行砾石（黏土）沙障的风场（据刘贤万，1995）

由于单行砾石（黏土）沙障的防护距离有限，工程实践中一般采用与主风向垂直的多行砾石（黏土）沙障平行排列的方式，达到持续降低风速和连续阻滞沙尘运移，避免沙障间地表起沙起尘目的。在砾石（黏土）沙障间距较大的情况下，砾石（黏土）沙障周围的风场可划分为以上 5 个功能区。但在间距较小的情况下，由于下风向砾石（黏土）沙障处于其上风向砾石（黏土）沙障的尾流区，在上风向砾石（黏土）沙障尚未形成风速恢复区，就已经与下风向砾石（黏土）沙障的迎风坡脚风速减弱区相接，所以不存在风速恢复区（图 4.32）。第一行沙障对其下风向沙障贴地层风场的影响最为明显。不同间距情形下第一行砾石（黏土）沙障前的风速具有相似的变化规律，即风速在沙障 $-5H$（"$-$"表示沙障上风向）以外的距离处就开始受到阻滞减速，沿风向至沙障 $-1H$ 处气流阻滞逐渐加剧，风速减弱；随后沿沙障迎风坡爬升，风速增大；沙障顶部垂直方向 $1H \sim 2H$ 高度内的风速梯度最大；障后气流迅速扩散、下沉，风速等值线变得稀疏，形成明显的减速区。第一行砾石（黏土）沙障的迎风坡脚减速区、沙障顶部风速加速区的范围随风速变化而变化。在气象站观测高度 10m 处的风速由 10m/s 逐渐增加到 20m/s 的过程中，沙障迎风坡脚风速减速区由 $-5H$ 逐渐延伸到 $-10H$；沙障顶部风速加速区的范围由 $1H \sim 4H$ 逐渐扩大到 $1H \sim 8H$。砾石（黏土）障后 0.75H 高度以下的贴地层减速区，尤其是风速小于 1m/s 的极弱风速区范围，既与风速大小有关，更受沙障间距影响。气象站观测高度 10m 处的风速为 15m/s，沙障间距分别为 5H 和 10H 时，第一行沙障与第二行沙障间 0.75H 高度以下的区域全部处于风速减速区和极弱风速区；沙障间距为 15H 时，极弱风速区处于沙障下风向 $0H \sim 9H$ 范围内，减速区范围约为沙障后 7H 处，$7H \sim 12H$ 范围内的风速有所增大，$12H \sim 15H$ 范围进入下一行沙障的迎风坡脚风速减弱区。砾石（黏土）沙障间距为 20H 时，极弱风速区在沙障下风向 $0H \sim 8H$ 范围内，减速区范围不变（7H），$7H \sim 16H$ 范围内的风速逐渐回升，$16H \sim 20H$ 范围进入下一行沙障的迎风坡脚风速减弱区。砾石（黏土）沙障间距增加到 25H 时，极弱风速区缩小至沙障下风向 $0H \sim 7H$ 处，与减速区范围相同，$7H \sim 20H$ 范围内的风速逐渐回升，$20H \sim 25H$ 外进入下一行沙障的迎风坡脚风速减弱区。由此可见，砾石（黏土）沙障间距较小时，贴地层风速普遍较低。随沙障间距的增大，第一行与第二行沙障之间逐渐出现风速恢复区。同时也说明，砾石（黏土）沙障间距小于 10H 条件下，障间贴地层风速即可达到足够小的程度，既可以促使来自上风向的沙尘沉降在沙障两侧和障间地面，也可以控制障间地表的起沙起尘。砾石（黏土）沙障间距为 15H 条件下，沙障间存在风速恢复区，有起沙起尘的可能，因而砾石（黏土）沙障的合理间距应为 $10H \sim 15H$。

在防沙工程实践中，戈壁地区的砾石沙障设置 7 年后，上风向第一行砾石沙障前后的积沙情况很好地反映了砾石沙障周围的风场结构（图 4.33），即沙障迎风侧积沙体限于 $-1H \sim 0H$ 内。由于砾石沙障截面呈等腰三角形，沙障前积沙直接覆盖于沙障迎风坡；沙障背风侧积沙范围较大，上风向第一与第二行沙障之间（间距 12H）的戈壁地表全部为积沙覆盖，平均积沙厚度达 $0.3 \sim 0.5$m，显示了砾石沙障卓越的阻沙功能。砾石沙障不仅具备阻滞和迫使沙尘沉降的突出功能，而且在其背风侧近 10H 范围内的风速降低幅度大于 30%，表明砾石沙障具备良好的防风功能。利用这一特点，砾石沙障在防沙工程实践中不仅作为阻沙技术加以利用，同时还被视为能够有效削弱贴地层风速和保护生物工程的防沙技术。

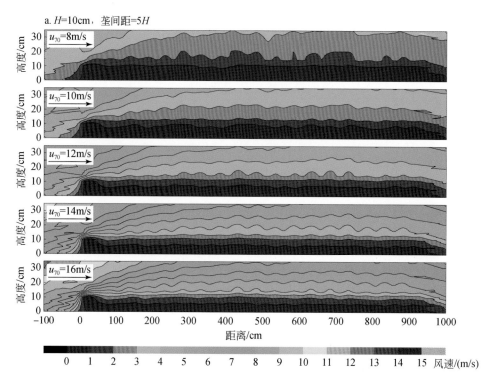

a. H=10cm，垄间距=5H

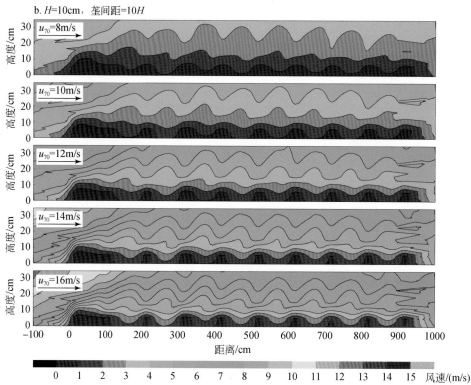

b. H=10cm，垄间距=10H

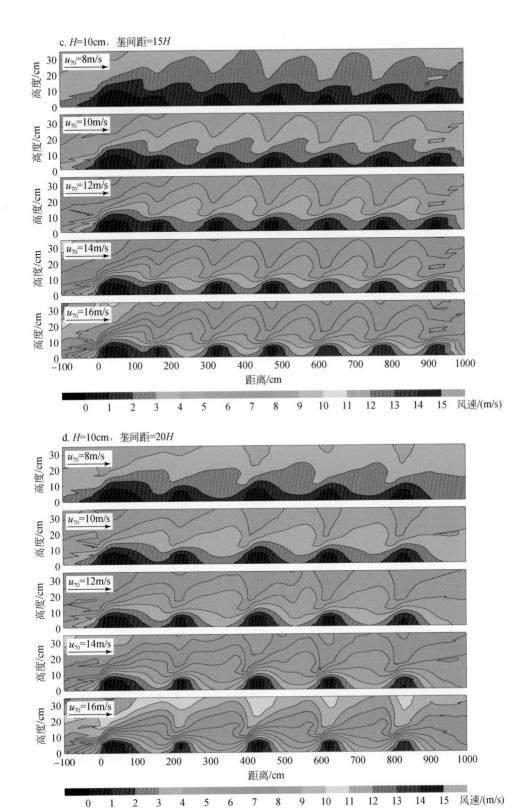

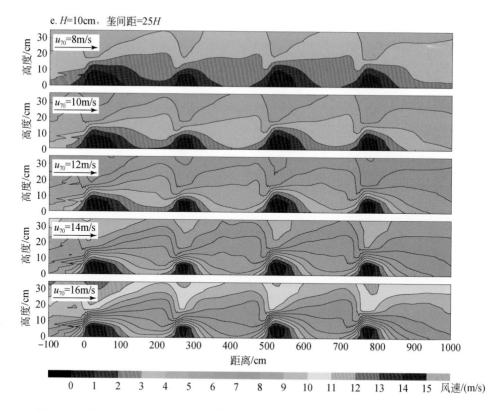

图 4.32　不同砾石（黏土）沙障间距和风速情形下的贴地层风场（以 $H=10\text{cm}$ 为例）

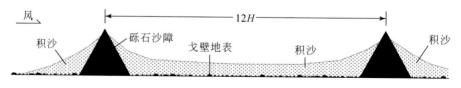

图 4.33　狮泉河盆地戈壁地区城镇防沙工程区前沿砾石沙障阻沙效果（2002~2009 年）

4.3.2　疏透式机械沙障

1. 半隐蔽式草方格沙障

半隐蔽式草方格沙障是由与主风向垂直和平行的两组草带组成，与主风向垂直的草带起削弱贴地层风速和阻滞沙尘运动的作用，与主风向平行的草带起稳定草方格结构、削弱其他风向的贴地层风速和阻滞沙尘运动的作用。由于半隐蔽式草方格的材料一般为小麦等作物秸秆，沙障上部出露在地面以上（高度一般 20cm 左右），沙障下部埋藏于地面之下（约 15cm）作为其固定的"根基"，因此这种沙障被称为半隐蔽式草方格沙障，或者简称为草方格沙障。

草方格沙障的防沙原理主要体现在两个方面。一是显著增大地表空气动力学粗糙度

（z_0），迅速降低贴地层风速，抑制地表起沙起尘。z_0是表征地表空气动力学特征最重要的参数，z_0值越大，贴地层风速降低越迅速，越有利于控制地表起沙起尘。在平坦地形条件下，根据有、无草方格覆盖情形下近地层风速廓线观测结果（图 4.34），当草方格沙障规格为 1m×1m、沙障高度为 15～20cm 时，z_0值达到 2.0～3.5cm，比无草方格覆盖地表的 z_0值约 0.0025cm，增大了 3 个数量级。当草方格沙障规格为 2m×2m 时，z_0值为 0.1cm 左右，比无草方格覆盖地表的 z_0值增大约 40 倍。二是草方格沙障由具有一定高度和疏透度、垂直交叉的两组草带组成，不仅增大了 z_0值，而且还具有多排和多列相组合的沙障作用，越往下风向，草方格沙障对地面的防护效果越明显。风洞内 1∶1 的实物模型流场测定结果显示（图 4.35），草方格沙障覆盖区的风场具有明显的分区特征。草方格沙障前、后可分为 4 个风速区，分别为障前风速减速区、障内风速加速区、障后风速衰减区和沙障中部（草带之间）风速恢复区（周娜等，2014）。由于草方格沙障上部疏透度大于下部，风在穿越沙障 0.5H 高度附近时，类似于林带植株之间的"通风狭管"，在沙障内部形成加速区，而在疏透度小的沙障基部发生气流阻滞，导致沙障顶部的风速发生微弱加速。障后风速衰减区主要分布在水平距离 0.5H～1.5H 内，随风速增大，其分布范围先增后减。这是由于低风速情况下，风相对平稳地穿过沙障，风能消耗相对较少，沙障背风侧低速区范围小；随风速增大，由于沙障下部疏透度小，气流被迫抬升至 0.5H 高度以上，使得沙障背风侧该高度以下开始形成回流，风速衰减区有所扩大；风速进一步增大，沙障背风侧湍流加强，垂直方向上的气流交换作用增强，导致风速衰减区缩小。沙障后 1.5H 以远、1H 高度以下的风速逐渐增大并在水平距离约 3H 处达到最大。风速为 6m/s 时，1m×1m 的草方格沙障中心 1m/s 风速等值线位于距地表 0.5H 高度；当风速增至 9m/s 时，1m/s 风速等值

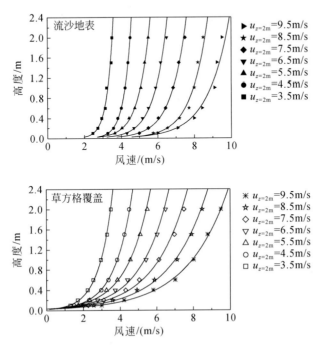

图 4.34　平坦地形条件下，无草方格覆盖与有 1m×1m 草方格覆盖地表的风速廓线

线分布高度下降至 0.2H；当风速为 12m/s 时，1m/s 风速等值线位于贴近地面约 1cm 以下高度。Qiu 等（2004）野外观测结果表明，沙漠地区贴近地面 1mm 高度的临界起沙风速为 1m/s。由此判断，当风速在 9m/s 及其以下时，1m×1m 草方格沙障内贴地层风速小于临界起沙风速，不会发生起沙起尘现象；当风速增至 12m/s 时，草方格沙障中心部位开始有起沙起尘现象发生。

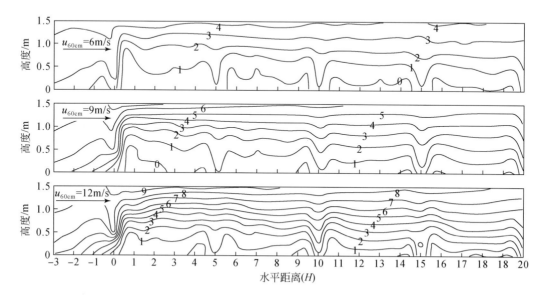

图 4.35　草方格沙障风场

草带分别位于 0H、5H、10H、15H、20H 处，H=20cm；风速等值线单位为 m/s

　　风场分布特征揭示了草方格沙障对 1H 高度以下贴地层和 1H～1.5H 高度近地层风速产生的截然不同的影响机制。贴地层风在沙障前受阻滞而减速，穿越沙障时受"通风狭管"效应而加速，沙障下风向一侧受回流影响而再次减速，草方格沙障中部气流受沙障影响最小，风速略有回升，但又受下风向沙障的影响而再度受到阻滞，风速难以恢复到来流风速。这一现象能很好地解释草方格内部凹曲面的形成，沙障前、后 0.5H～1.5H 范围内的减速区是最易积沙并迅速被掩埋的部位，草方格中心区域的风速回升区，对应草方格内凹曲面最低点。而在 1H～1.5H 高度范围内的近地层，草方格沙障以空气动力学粗糙因子的形式影响风速。由于草方格是大致均匀分布的粗糙因子，近地面气流在通过草方格覆盖区域时，风能普遍受到削弱，风速总体表现为下降趋势，维持土壤表面稳定。1H 高度以下贴地层风速大小对土壤风蚀和起沙起尘强度具有决定性作用，但对于经过草方格区域的风沙流而言，沙尘沉降分布并不完全取决于贴地层风速分布格局。仅从贴地层流场分布来看，沙障所处位置的贴地层风速明显高于上、下风向区域，意味着沙障处于易风蚀部位，这似乎与野外观测到的现象相矛盾。产生这一现象的原因在于，纯净风在沙障内的运行与挟带沙尘物质的风在沙障内的运动不同。沙障由交错分布的作物秸秆组成，一旦低层沙尘物质进入沙障，就会受到沙障阻挡而被动沉积，但气流则可以绕过沙障并加速通过。因此，沙障所处位置的风被加速并不影响沙障内部沙尘沉积的发生。对于草方格中心附近的区域，即便存在沙尘输移现象，由上、下风向沙障至草方格中心部位贴地层风速增大这一变化趋势也不会改变，反而可能会由于风挟带的沙尘在沙障区域卸载，使防沙效果得到加强。草方格沙障覆盖区 z_0 值普遍增大，同时具备沙障属性，使得草方格兼具固定地表和阻截沙尘的功能。

2. 高立式沙障

高立式沙障是一种疏透型沙障，主要由乔灌木枝条、木条等材料制作而成，地面以上高度一般在 0.5m 以上。高立式沙障与同属于沙障类的砾石沙障和林带具有相似的防沙功能，风场结构也有具有相似性，但高立式沙障具有通体大致相同的疏透度，这一特性使其具有独特的防沙效果。高立式沙障的风场结构与单行乔灌复合冠层结构的林带类似，只是高立式沙障的高度相对较低，有效防护距离较小。但高立式沙障具有林带所不具备的优势，使其在防沙工程实践中具有不可替代的作用。首先，高立式沙障的工程材料多样，几乎不受自然条件的限制。其次，高立式沙障施工便捷，见效快，后期维护方便，既可以作为重要防护对象外围的应急技术独立使用，也可以作为生物防沙技术的辅助技术加以应用。因此，在防沙工程中高立式沙障是关键技术之一。

与生物（植物）防沙技术和砾石（黏土）沙障防沙技术一样，高立式沙障周围的风场结构是评估其防沙原理和防沙效能的主要依据。无论是单行还是两行，当每行高立式沙障的疏透度为 15% 时，对沙障上、下风向的风速就产生显著影响（Fang et al.，2018）。沙障对迎面而来的风产生阻力，迫使风在沙障前、后减弱，并在沙障顶部的位置加速。沙障上、下风向的风场结构分为 6 个区域：沙障上风向未受干扰区、沙障顶部上方加速区、沙障背风侧涡流减速区（Plate，1971；Perera，1981）、沙障下风向静风区（Raine and Stevenson，1977）、沙障下风向风速过渡区和远距离风速恢复区（Judd et al.，1996）。在防沙工程实践中，一般使用疏透度较低的单行高立式沙障，这主要是为了减少工程量和资金投入。单纯就防沙功能而言，使用疏透度较高的两行沙障效果更好。从两行高立式沙障的风场结构来看，风在穿越沙障时，第一行沙障上、下风向气流的流态几乎与单行沙障相同；而接近第二行沙障的风速在第一行沙障的作用下已经减小，导致风速进一步衰减，第二行沙障下风向的涡流减速区比单行的范围更大（Fang et al.，2018）。

疏透度是影响高立式沙障防沙效果的重要参数。在地表临界起沙起尘风速为 5m/s 的情形下，根据沙障的风速减小率（在沙障作用下减小后风速与来流风速的百分比），应用三维计算流体力学方法获得的结果显示（Fang et al.，2018），风在穿越沙障后速度迅速下降，然后在较远的下风向处逐渐恢复，风速减小率随沙障疏透度增加而增加。对于疏透度小的沙障，最小的风速减小率可以达到 55%，这意味着在沙障下风向有强烈的反向涡流，容易造成沙障损害和沙尘堆积而被掩埋（Guan et al.，2003；Dong et al.，2007）。对疏透度分别为 0%、15%、25%、35%、45%、55% 的高立式沙障研究结果表明（Fang et al.，2018），沙障的有效防护距离随来流风速的增加而减小，但无论来流风速如何变化，疏透度为 35% 时会出现明显的峰值。这表明疏透度为 35% 的高立式沙障可以达到最大的防护距离，提供最高的防护效率（图 4.36）。

在防沙工程实践中，通常设置多行高立式沙障以提高地面粗糙度并降低平均风速（Judd et al.，1996），以最优化的沙障行数和沙障间距，达到最低工程造价和提供所需防护效率的目的。使用沙障防护指数 $\psi = \theta[\text{Ds} - \min(\text{Ds})] / [\max(\text{Ds}) - \min(\text{Ds})] - (1-\theta)[C-$

min(C)]/[max(C)−min(C)]作为衡量沙障防护效果和工程经济成本的综合指标，这里的 θ 为沙障遮蔽度，$\theta = 1 - u_z(z,x)/u_t(z,x)$，$u_z(z,x)$ 为高度 z 处的风速，$u_t(z,x)$ 为高度 z 处的临界起沙起尘风速；Ds、max(Ds) 和 min(Ds) 分别为沙障能够提供的防护距离、沙障的最大和最小防护距离；C 为沙障的工程经济成本，$C = m[(n-1)Rin + Bin]/(m\,n)$，$m$ 和 n 分别为第几行沙障数和沙障总行数；max(C) 和 min(C) 分别为沙障的最大和最小工程经济成本；Rin 和 Bin 分别为沙障的行间距和带间距。对疏透度为35%，沙障行间距分别为 $2H$、$4H$、$6H$、$8H$ 的两行一带和三行一带的高立式沙障的风场计算结果表明，多行一带的紧密型沙障可以稍微改善防护效果，但经济成本较高；多行一带的稀疏型沙障则可能失去其防护功能。综合防护效果和经济成本，高立式沙障的行间距 $6H$ 为最优。在两行一带，行间距为 $6H$，带间距分别为 $10H$、$12H$、$15H$ 情形下的风场计算结果表明，不同风速条件下的高立式沙障以两行一带、行间距 $6H$、带间距 $15H$ 为最优（Fang et al.，2018）。

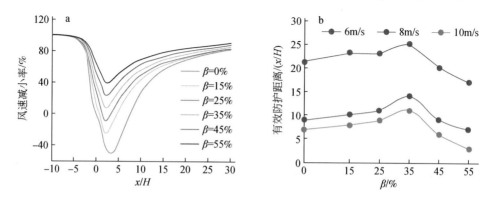

图 4.36　不同疏透度的单行高立式沙障防护效果（据 Fang et al.，2018）
a. 沿风向不同距离处（x/H）的速度减小率；b. 不同风速情形下疏透度（β）与有效防护距离（x/H）

4.4　工程技术配置与优化

任何单项防沙技术都有功能单一，受自然环境、风沙灾害形式和强度限制等局限性。例如，草方格沙障是流沙区首选的机械防沙技术，但也有寿命短、易被沙埋等缺陷。砾石沙障、高立式沙障的阻沙功能显著，但固定沙尘源地的能力弱。总体上，机械防沙技术和化学防沙技术大多具有良好的短期效果，但缺乏长效性，且不能从根本上消除风沙灾害。乔、灌、草植物防沙技术的防沙效能突出，且具有长效性，是防沙工程中最重要的技术；但工程初期往往离不开机械防沙技术的配合和保护，尤其是在风沙活动强烈的流沙和戈壁地区，单纯采用植被恢复和重建技术难以避免风沙打击幼苗，导致植物防沙技术失败。因此，在工程实践中极少以某一单项工程技术进行风沙灾害防治。因地制宜地将不同类型和功能的技术有机结合起来，进行优化配置，则可以取长补短，发挥体系化的防沙工程优势，达到固、阻、输相结合，短期应急与长效治理相结合的防治目的。

4.4.1　林（灌）草间植技术配置

虽然同属植物防治技术，但林（带）和草在防沙原理、功能和效果等方面均具有很大差别。林（带）主要起削弱近地层风速作用，生态功能主要体现在改善林中及林（带）后小气候等方面。但是，在林下缺乏灌木和草本植被的情形下，林（带）植株主干之间形成的"通风狭管"，反而容易发生起沙起尘。恢复和重建草本植被是典型的固定沙尘源地技术，生态功能主要体现在固定地表、俘获大气降尘、改良土壤理化性质等方面，是退化植被生态系统恢复和重建的主要内容。但是，在缺乏林（带）的情况下，近地层风速得不到有效削弱，草本植被将面临风沙打击、植株水分强烈散失等一系列问题，难以实现草本植被恢复和重建。因此，合理的林（灌）草间植配置，可以实现林（带）的防风作用与林下保护草本植被的有机结合，弥补林（带）和草地单一技术的不足，体现兼顾防沙与植被生态系统重建、美化周边环境的城镇防沙思路。"林带+草地"或"片状林+林下种草"是应用最广泛的林（灌）草间植技术配置。

"林带+草地"配置即在平行排列的多行林带之间，人工促进恢复或者重建草本植被。在林带有效防护距离内，地表可以在大多数风力环境下不发生起沙起尘现象；小间距（带间距小于林带有效防护距离）多行林带条件下，带间地表以接受沙尘沉积为主。只有大风或者其他风向的风力环境下，林带间的地表才会发生起沙起尘，这种情况下林带间的草地植被是防止起沙起尘的重要技术措施。林（灌）草植被覆盖度达到60%以上时，即使是松散的沙质土壤，在大风条件下也很难起沙起尘（董治宝等，1996）。裸露沙砾质地表（戈壁）的起沙风速远高于沙质地表，相同植被覆盖条件下的戈壁地表起沙风速也高于沙质地表，况且无论何种风向，林带都可以为地表提供不同程度的防风保护；而草本植被覆盖度在30%～40%时就能够有效防止地表起沙起尘。"林带+草地"技术配置的优点在于：一是在林带防风作用和草本植被保护地面的双重作用下，防止林（带）间沙尘源地起沙起尘的效果远大于单一的林带和草本植被；二是既达到防沙效果和植被恢复或者重建目的，又避免大量消耗水资源。在干旱地区大面积营造片状防护林，特别是乔木林，极易造成过量消耗水资源甚至导致生态灾难。"林带+草地"技术配置的不足之处在于，在冬春季风沙灾害活跃期，草本植物枯萎和林带乔（灌）木落叶后，植被覆盖度下降，降低了"林带+草地"的防沙功能。因此，在应用"林带+草地"技术时，应充分考虑冬春季和夏季乔、灌、草植被的覆盖度变化，并尽量减小草本植被的人为破坏。在防沙工程实践中，在工程区具有灌溉条件下，林带间的草本植被覆盖度可以设计得更高，保证冬春季的植被覆盖度足够防止地表起沙起尘，同时快速增加植被生产力，促进土壤成土过程。

大多数情况下，城镇防沙工程的有利条件之一是具有一定的灌溉条件，"片状林+林下种草"技术配置是城镇周边非宜农土地植被生态系统恢复和重建的理想技术，特别是可以选择具有较高利用价值、适应能力强、成土作用显著的豆科牧草。"片状林+林下种草"技术配置的优点在于，在"片状林+林下种草"技术应用区域内，近地层风速普遍被削弱，避免了林下"通风狭管"区的起沙起尘，对沙尘源地起到整体固定作用，并且工程后期维护成本低，防沙功能具有长效性。考虑到风沙灾害区在总体上水分亏缺，尽量选择耗水少的耐旱植物种。在不具有灌溉条件，且土壤水分差的区域，适当降低乔（灌）木密度，增加草本密度，以不降低防沙效果为前提而减小植被耗水总量。片状林植物种主要选择耐旱灌木，减少甚至不使用耗水较大的乔木；草本植物种的选择原则是以生态适应性和防沙功能强作为主要指标，以经济价值为次要指标，注重选择耐旱、耐贫瘠的乡土物种。

4.4.2　砾石（黏土）沙障+林带技术配置

1. 砾石（黏土）沙障设置

"砾石（黏土）沙障+防护林带"技术配置可以实现两类技术在功能上的优势互补，充分体现机械防沙技术与生物防沙技术相结合，应急防沙与长久治理相结合，防沙与绿化相结合的城镇防沙思路。理论上，砾石（黏土）沙障走向与主害风向垂直时防沙效果最佳。当砾石（黏土）沙障的走向与主害风向斜交时，假设沙障与主害风向垂直情况下的有效防护距离为 L，则交角为 α 时的有效防护距离 $L'=L\sin\alpha$。在防沙工程实践中，砾石（黏土）沙障的高度和间距取决于工程区内沙尘的运移高度和浓度。野外观测结果证明，沙砾质地表（戈壁）的沙尘运移高度较沙质地表的高，在沙砾质地表 1m 高处的风速为 7.8m/s时，88% 的沙尘集中在 0～0.2m 高度范围内，97% 的沙尘集中在 0～0.5m 高度范围内，0.8m 以上高度的沙尘不足总量的 1%（图 4.37）。尽管在强风天气情形下沙尘运移高度更大，但仍有约 90% 的沙尘集中在 1m 以下，由此确定砾石（黏土）沙障高度应不低于 1m。

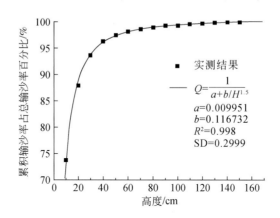

图 4.37　沙砾质地表沙尘输移累积量随高度的变化

与高立式沙障类似，多行砾石（黏土）沙障可以提高地面粗糙度并降低平均风速，沙障间距是多行沙障设计的关键参数之一。为了确定沙障的合理间距，开展了一系列风洞模拟实验（图 4.38a）。实验中的三条砾石沙障模型（$H=0.2m$）平行设置，间距为 14H（2.8m），并与风洞轴线方向垂直；沙障之间以及第一条沙障上风向均铺设采自野外的沙砾石土壤样品。在风洞实验段轴心风速分别为 10m/s 和 15m/s 条件下，分别吹风 5min 和2min。结果显示，沙障前后两侧贴地层阻滞回流低速区和反向回流低速区内，由于风速被极大地削弱，风的挟沙能力迅速降低，沙尘发生沉降和堆积（图 4.38b，图 4.38c）。其中第一条沙障前后沉积的沙物质最多，第二条次之，第三条最少。这一现象表明，第一条沙障阻沙任务最重，单行沙障不足以阻截全部沙尘，只有连续分布的多行沙障才能次第将沙尘全部截留下来（Zhang et al.，2007）。

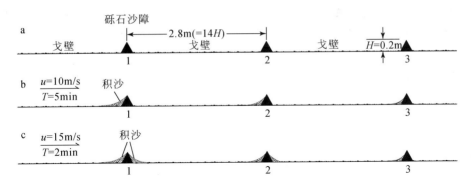

图 4.38　砾石沙障阻沙效果的风洞模拟实验

a. 砾石沙障风洞模拟实验布置情况；b. 10m/s 风速吹风 5min 后的积沙情况；c. 15m/s 风速吹风 2min 后的积沙情况

以狮泉河盆地为例，根据现场观测，沙砾质地表 1m 高处的起沙风速为 6.4～8.0m/s，现代冲积、风积区地表起沙风速约为 6.0m/s。狮泉河镇气象站的风速统计结果表明，狮泉河盆地>15.0m/s 的强风年均累积时间很少，6.0～15.0m/s 的风速年均累积时间则多达 1468.9h。以气象站观测的 15.0m/s 风速作为防沙工程设计的参考值，利用沙砾质地表的风速廓线和空气动力学粗糙度（z_0），将气象站观测风速换算为近地层风速。根据多点自记风速仪对狮泉河盆地戈壁地表的风速观测结果，戈壁表面的风速廓线满足对数关系：

$$u = a + b \ln z \tag{4.13}$$

式中，u 为高度 z（m）处的风速（m/s），a、b 为回归系数。根据空气动力学粗糙度（z_0）的定义，z_0 的值为

$$z_0 = \exp(-a/b) \tag{4.14}$$

z_0 并非定值。当 1m 高度的风速（$u_{z=1m}$）为 7.43～11.45m/s 时，沙砾质地表的空气动力学粗糙度为 0.001～0.004m（表 4.3）。按照式（4.13）和式（4.14），z_0 分别取值 0.001m 和 0.004m，气象站观测风速（$u_{z=10m}$）取 15m/s 时，1m 高度的风速（$u_{z=1m}$）分别为 11.3m/s 和 10.6m/s。这一风速就是狮泉河盆地防沙工程中砾石沙障间距设计的贴地层参考风速值。风洞实验结果显示，沙障下风向 12H 处贴地层风速降低 27.5%。按此计算，旷野 1m 高度处风速分别为 11.3m/s 和 10.6m/s 时，沙障下风向 12H、1m 高度处风速分别为 8.2m/s 和 7.7m/s。若沙障间距为 12H，第二条沙障下风向 12H、1m 高度处风速分别降低到 5.9m/s 和 5.6m/s，低于工程区地表的临界起沙风速。可见在多条沙障平行设置、沙障间距 12H 的情况下，第二条沙障下风向贴地层风速即被控制在起沙风速之下，地表不再会有起沙起尘现象发生。也就是说，设置多条砾石沙障时，沙障间距至少可以在 12H。

表 4.3　不同风速下沙砾质地表的空气动力学粗糙度（z_0）

$u_{z=1\mathrm{m}}/(\mathrm{m/s})$	$a^{\#}$	b	R^2	z_0^*/m
7.43	7.43	1.0964	0.96	0.00116
8.81	8.81	1.5999	0.95	0.00407
9.75	9.75	1.7037	0.97	0.00327
10.33	10.33	1.6992	0.94	0.00229
11.05	11.05	1.8399	0.96	0.00246
11.36	11.36	1.9989	0.96	0.00339
11.45	11.45	1.8762	0.93	0.00223

\# $u = a + b\ln z$；* $z_0 = \mathrm{e}^{(-a/b)}$

2. 防护林带设置

根据风速风向设计林带的研究成果丰硕（周士威等，1987；Mohammed et al.，1996；Yang et al.，2018），但这些研究几乎都是关于林带本身的最佳疏透度、走向、宽度和结构等。当林带结合其他防护技术进行优化配置时，为了发挥多项技术组合形成的整体防护体系的最大防护功能，林带的各项参数有可能发生变化。理想情况下，林带走向与主害风向垂直，有时考虑到林带的灌溉问题，林带走向必须参考工程区地形。例如，狮泉河镇防沙工程中，为了保证自流灌溉系统发挥作用，且与砾石沙障平行，林带走向被设置为与主害风向呈 77° 的夹角。一般地，林带疏透度为 30%～50% 时防风效果最佳（周士威等，1987）。尽管紧密型林带的防风蚀和阻沙效果非常显著，但紧密型林带下风向形成的湍流强度较大，不利于林带下风向地表的保护（Stiger et al.，1989），且工程造价和需水量较大，而水资源正是应用生物防沙技术的最大限制性因素。林带和高度≥1m 的砾石沙障在布局上的恰当配置可以有效克服上述矛盾，二者有机结合形成的防沙效能显著高于其中的单项技术。在此情况下，单行林带疏透度可以更大一些，冬春季落叶期间的疏透度甚至可以达到 50%～80%，以便尽可能地减少水资源消耗量。林带宽度主要取决于工程区可利用的水资源状况，在有效防止地表起沙起尘、促使来自工程区上风向沙尘沉降的前提下，将林带宽度控制在最低限度。以狮泉河镇防沙工程中最适宜种植的班公柳为例，根据树形特征，为获得上述单行林带最低疏透度要求（50%～80%），每条林带至少由 3 行组成，株行距按 1m×1m，林带宽度约为 3m。

3. 砾石（黏土）沙障+林带的优化配置

合理的林带间距取决于工程区的风力环境和地表起沙起尘难易程度，以及林带的高度和疏透度。疏透度大于 50% 的林带有效防护距离小于 16H（周士威等，1987）。正常情况下，乔木林带成林后的高度可以达到 5～7m。但考虑到土壤水分和沙尘源地土壤瘠薄等限制条件，以及防沙工程中常用乔灌混交林带，林带成林后的平均高度将会有所降低。在冬春季林带疏透度大于 50% 情况下，单行林带的有效防护距离低于 16H。考虑到林带与砾石（黏土）沙障的合理配置，在砾石（黏土）沙障间距为 12H 情形下，若每隔 3 条砾石（黏土）沙障设置 1 条林带，则林带间距约为 14H（即 14 倍林带高度），能够满足林带间距不大于 16H 的要求。据此，防护林带和砾石（黏土）沙障的优化配置见图 4.39a。在防沙工程区上风向最前缘，砾石（黏土）沙障和林带都首当其冲面临风沙入侵，必须减小林带间距才能阻止风沙对整个防沙工程体系的侵害。在工程区上风向最前沿，一般在第 1 和第 2 条砾石（黏土）沙障间设置 2 条林带，在第 2 条至第 4 条砾石（黏土）沙障间分别设置 1 条林带（图 4.39b），第 4 条砾石（黏土）沙障下风向按约 14H（即 14 倍林带高度）的标准设置防护林带。在工程实践中，可根据风力环境和输沙强度的具体情况，对林带设置做出调整。

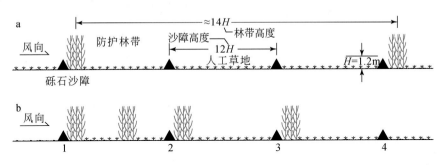

图 4.39　砾石（黏土）沙障+林带的优化配置
a. 砾石沙障、防护林带和人工草地标准配置；b. 防沙工程区前沿配置

　　这种砾石（黏土）沙障+林带配置关系可以保证防沙工程区内的风速被有效控制在临界起沙起尘风速以下。对单条砾石（黏土）沙障开展的风洞模拟实验表明，当风洞实验段轴心风速为 10m/s 时，砾石（黏土）沙障下风向 3H、5H、9H、10H、13H、15H 处，距地面 0.1m 高度的风速分别为 4.8、4.2、5.7、6.3、7.7、8.6m/s，分别比轴心风速降低了 52%、58%、43%、37%、23% 和 14%，28H 以远处恢复到原来风速。在应用砾石（黏土）沙障或者林带单一技术情况下，尽管也可以达到明显降低近地层风速的目的，但其防护效能远不及应用砾石（黏土）沙障+林带标准配置降低近地层风速显著（图 4.40）。

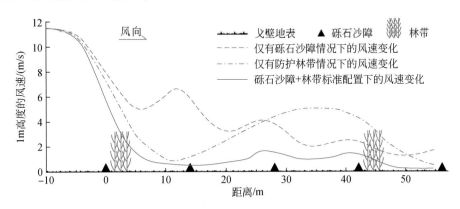

图 4.40　单一的砾石沙障和防护林带，以及砾石沙障+林带标准配置下的近地层风速变化

4.4.3　半隐蔽式沙障+林+草技术配置

　　半隐蔽式机械沙障是一种重要防沙技术，在土壤松散的沙尘源地被广泛应用。根据半

隐蔽式机械沙障固定沙尘源地表土能力强，但寿命较短的特点，一般将其与人工重建林草植被相配置，形成"半隐蔽式沙障+林+草"技术配置。其中，半隐蔽式沙障大多为草方格沙障；"林"为低覆盖度的林带或片状林；"草"为林带间或片状林下的人工植草。实践证明，"半隐蔽式沙障+林+草"是风沙灾害防沙工程中成功的技术配置之一。在沙障材料来源不足，或者土壤水分条件极差且无灌溉条件，或者沙砾质土壤，或者季节性出露水面的沙尘源地不能使用这种技术配置。理论上，半隐蔽式沙障规格越小，防护效果越好。但从工程造价的角度，半隐蔽式沙障的规格越小，工程成本越高。半隐蔽式沙障的规格大小应根据工程区的风力状况、地貌部位、工程材料价格等具体情况而定。"林"一般为耐旱、耐贫瘠、根系发达的乔木林、乔灌混交木林和灌木林。在地下水位较高的高河漫滩，选择水分要求略高、树形高大、水土保持能力强的柳树、杨树、沙棘等作为造林树种。低阶地或洪积扇前缘地带地下水位较高，选择中生和旱生树种，例如刺槐、榆树、柠条、锦鸡儿、柽柳等作为造林树种。地下水位低的高阶地、洪积扇中上部，选择适应能力更强、更加耐旱的造林树种。"草"一般选择耐旱和耐贫瘠的旱生草本植物作为植被重建期的先锋植物，例如油蒿、籽蒿、藏沙蒿、固沙草等植物。在应用"半隐蔽式沙障+林+草"技术配置，沙尘源地得以初步治理，达到消减地表起沙起尘强度目标后，可以再循序渐进地建植具有经济价值的多年生优良牧草。

4.4.4 高立式沙障+林+草技术配置

高立式沙障具有良好的防风和阻沙功能，一般设置于防护体系最前沿，以防止沙流对防护对象的侵袭。但高立式沙障使用不当，会导致更严重的风沙危害，沙障前后的积沙最终会埋没沙障，形成人造积沙体，成为防护体系面临的新问题。为了克服高立式沙障在这方面的不足，一般采用"高立式沙障+林+草"技术配置。其中，高立式沙障设置于防护工程的前沿，主要发挥其防风和阻沙功能。根据工程材料属性，可分为尼龙网沙障、植物枝条栅栏、活体植物绿篱等。"林"为林带或片状林，一般为乔灌混交林或者灌木林，主要发挥削弱近地层风速和固定沙尘源地表土功能。"草"为林带间或片状林下的人工草地，除固定沙尘源地表土功能外，还具备加速成土过程的功能。在沙尘源地面积广阔的区域，因城镇防沙工程区面积相对有限，为了防止来自防沙工程区以外的沙尘损坏防沙工程体系，在防沙工程区上风向外围一定距离内设置高立式沙障，以阻滞风沙侵袭。设置高立式沙障后，主要采取两种方式进一步削弱来自防沙工程区以外的沙尘。一是及时固定高立式沙障前后的积沙体；二是在高立式沙障被积沙体掩埋前，不断拔高或者重新设置高立式沙障，使积沙体不断增大，根据积沙体越大、移动速度越慢的规律，通过计算集沙量，确定积沙体移动速度，保证积沙体在相当长的时间内不会损坏防沙工程体系。

应用"高立式沙障+林+草"技术配置时，根据工程区地形、沙尘源地分布、风沙运移路径等具体情况，可以在"高立式沙障+林+草"技术配置的基础上，增加其他单项防沙技术，提高工程技术体系的整体防沙功能。对来自防护对象上风向平坦或缓起伏沙尘源地的风沙灾害，可采取"高立式沙障+林+草+绿篱"技术配置，在提高工程技术体系的整体防沙功能基础上，增强绿化美化效果。在土壤水分条件较好的防沙工程区，"林"采取乔灌混交的片状林，"草"采取林下片状草地。在地势较高、土壤水分条件较差的防沙工程区，"林"采取片状灌木林，在高立式沙障下风向，营造带状绿篱，进一步削弱风速、消减沙尘进入城镇（图 4.41a）。高立式沙障在林、草植被恢复之前起主要防护作用，随着植被逐渐恢复并足以控制地表起沙起尘以后，高立式沙障的作用越来越小，直至失去作用。

　　对来自城镇上风向坡地覆沙的风沙灾害，可采取"高立式沙障+半隐蔽式草方格沙障+绿篱+林+草"技术配置（图 4.41b）。草方格沙障在缺乏植被恢复或重建技术的情况下，很容易被沙埋；加之受坡地地形影响，被沙埋的速度更快。而且随着沙障材料腐烂，草方格沙障会逐渐丧失防护作用。在青藏高原的河流宽谷地带，两侧高大山体和谷地的海拔差异导致空气热力差，形成强烈的山谷风。夜间发生山风时，山坡覆沙随风顺坡而下。此时，坡脚附近设置的高立式沙障及其下风向的绿篱可以有效拦截风沙，使其沉积于坡脚附近。白天发生谷风时，高立式沙障上风向一侧的林草植被可以有效控制地表起沙起尘，即便有少量沙尘起动，也会在绿篱附近沉积下来，不会成为下风向山坡覆沙的补充沙源，从而切断山坡覆沙的沙源补给。高立式沙障是防沙工程初期应用的重要技术，对隔断高立式沙障两侧的沙尘物质交换，特别是减少山坡覆沙的沙尘补给具有重要作用。一旦草方格沙障设置完毕、林草植被得以恢复或重建，山谷风产生的沙尘输移量会迅速减少，高立式沙障的作用也会越来越小。

　　对来自农田上风向坡地覆沙的风沙灾害，可采取"高立式沙障+半隐蔽式草方格沙障+绿篱+防护林（网）"技术配置。在城镇周边经常有成片农田分布，农田不仅是城镇沙尘源地之一，其本身也深受来自上风向的风沙危害。在防沙工程区内，当农田与坡地覆沙相邻时，在农田边缘设置高立式沙障，并充分利用农田灌溉系统，在高立式沙障农田一侧营造带状植物绿篱，农田周边和内部营造防护林（网），形成"高立式沙障+半隐蔽式草方格沙障+绿篱+防护林（网）"技术配置（图 4.41c）。发生山风时，高立式沙障和绿篱可以阻止风沙入侵农田或损坏农业设施。发生谷风时，农田防护林（网）可以有效降低近地层风速，减少农田起沙起尘。农田防护林（网）的疏透度一般为 30%～50%，林带宽度主要取决于风力和可利用水资源状况。就单一林带而言，乔灌结合的复合冠层结构防护林的防护效果明显好于单一乔木防护林。防护林网主林带一般由 2 行乔木和 2 行灌木组成，副林带由 2 行乔木和 1 行灌木组成，并与主林带走向垂直。理论上，防护林（网）主林带走向与主害风向垂直时防护效果最佳，但在工程实践中需要兼顾景观格局与土地利用结构调整的需要，在保证防护体系完整性和防护效率的前提下，实现防沙工程、土地利用和景观格局优化的统一。一般而言，主林带间距以 120～150m 为宜，副林带间距为 150～200m。

a. "高立式沙障+林+草+绿篱"技术配置

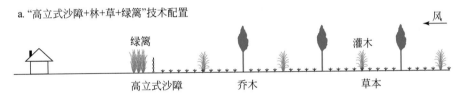

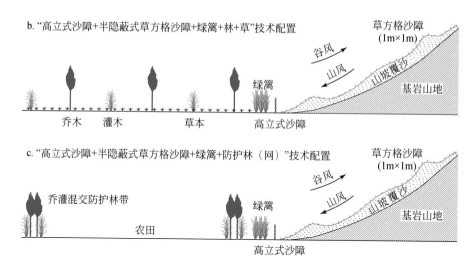

图4.41　防沙工程中的"高立式沙障+林+草"技术配置

4.4.5　河道整治+沿江防护林技术配置

在城镇形成和发展过程中，城镇最初选址一般紧邻河流，以便利用水资源和河流冲积形成的地形平坦的土地资源。对于紧邻河流的城镇，季节性出露水面的心滩、边滩和漫滩往往成为威胁城镇的重要沙尘源地，应用常规防沙技术难以治理这类沙尘源地，必须采取"河道整治+沿江防护林"技术配置。根据河流水文资料，利用河道整治与防沙技术相结合的技术途径，通过河道疏浚，清除部分季节性出露的沙尘源地，使之成为河床，被永久性地淹没在水面以下；对另一部分难以清除的季节性出露水面的沙尘源地，通过营造喜水性的乔木或者乔灌混交片状林加以固定。对季节性出露水面的沙尘源地实施造林后，在丰水期可能被短时间淹没。但是，此时水流受片状林阻滞而流速降低，河流带来的大量泥沙加速沉降在片状林内。在年复一年的泥沙沉降作用下，这类沙尘源地的地势逐渐抬高，最终永久性地出露河流水面，成为被彻底固定的沙尘源地。为了治理河流边滩和高漫滩这类沙尘源地，并配合城镇防洪工程（中华人民共和国水利部，2014），根据不同规模的城镇设计相应的护岸堤。修筑护岸堤后，河流过水断面适当减小，丰水期的水流速度增大，一方面提高河道泄洪能力和水流的输沙能力，另一方面减少泥沙沉积，从根本上消除季节性出露水面的沙尘源地。对河流两岸阶地上的沙尘源地，通过建造乔木或乔灌混交防护林加以固定。

4.4.6　其他辅助工程的技术配置

防沙工程的辅助技术是指配合林、草工程的其他技术。城镇防沙工程主要通过人工促进恢复和重建植被抑制地表起沙起尘。对于年降水量不足250mm的干旱气候区，在缺乏灌溉的情况下，主要应用机械防沙技术，并通过恢复和重建稀疏植被，促进表土层的物理性结皮和生物性结皮形成，达到控制地表起沙起尘目的。对于有灌溉条件的区域，恢复和重建较高覆盖度的植被，修建灌溉系统等辅助工程。为了降低防沙工程后期维护成本，引水自流灌溉系统为最佳。在必须提灌的情况下，需要准确计算林草植被的最小需水量，尽量降低防沙工程后期维护成本。风沙灾害区总体上是水资源匮乏区，必须兼顾防沙工程需水量和城镇居民生产生活需水量的平衡。根据城镇发展规划，在保证城镇居民生产生活需水量的长期目标前提下，考虑到防沙工程随着时间的推移，需水量可能逐渐降低，对防沙工程需水量和城镇居民生产生活需水量进行协调，保障作为区域经济、政治和文化中心的城镇实现可持续发展。

第5章 城镇防沙工程技术模式

5.1 城镇防沙目标

城镇防沙的目标是针对不同风沙灾害特征和城镇规模，通过现有和创新性防沙治沙技术集成，形成城镇防沙技术优化模式，消除城镇风沙灾害，改善城镇及其周边居民的生活和生产环境，促进区域经济社会可持续发展。为了实现这一目标，首先，对城镇所处的区域性风沙环境特征和自然资源状况进行深入研究，掌握风沙灾害形成的环境背景和具体原因，使城镇防沙工程的各项技术措施达到有的放矢，并与自然环境特征和自然资源状况相匹配，保证防沙工程得以持续发挥功能。其次，坚持因地制宜、因害设防、就地取材、节约开支的原则，应用机械工程、生物工程和必要的辅助工程，全面控制工程区土壤风蚀、风沙流、沙丘前移等一系列风沙活动过程，以建立寓防、治、用于一体的防沙体系为工程目标。再次，在准确计算城镇所在区域的风沙流场、土地利用调整方向和空间格局优化、单项技术参数和不同技术组合参数优化、工程体系防沙效能等基础上，提出多套经过优化的防沙技术体系方案。最后，考虑城镇远郊沙尘源地释放的沙尘对城镇防沙工程效果的影响，以及植被恢复和工程措施的环境美化效果，及其与农牧业生产之间的协调关系；通过对不同方案的技术参数修正，选择最佳技术配置方案，确定城镇防沙优化技术体系。

5.1.1 重要城镇防护目标

重要城镇是指城区常住人口 50 万以上的城市或者地级市。在中国风沙灾害区，由于城镇发展历史原因，部分地级市的城区常住人口没有达到 50 万人，但是这些城市在区域经济社会发展过程中所起的作用十分重要。从城镇防沙的角度，有必要将这些城市归为重要城镇。位于不同生物气候区的重要城镇，因其周边地带性植被覆盖度和植被自我恢复能力、沙尘源地类型和特征、土地利用状况、经济社会发展水平等不同，防护目标所包括的各项指标有所差异。

消除风沙流和沙丘前移入侵城镇是城镇防沙的基本目标，实现这一目标需要有一定的防护范围。位于中国北方半湿润区，且处于沙尘源地外缘的重要城镇，以城镇为中心的防护范围一般占城镇行政区（不含远郊县）的 65% 以上；处于沙尘源地内部的重要城镇，防护范围一般占城镇行政区（不含远郊县）的 75% 以上。位于中国北方半干旱区的重要城镇，防护范围一般占城镇行政区（不含远郊县）的 75% 以上。位于中国北方干旱区的重要城镇，以绿洲建设为主体，城镇上风向的防护范围不小于 10km。位于中国青藏高原山间盆地内的重要城镇，城镇上风向的防护范围 10～15km。位于中国青藏高原河流宽谷地带的城镇，根据河道走向，城镇上风向的防护范围不小于 10km。

　　降低城镇上空的沙尘颗粒污染物浓度是城镇防沙的主要目标。根据环境空气功能区分类和环境空气功能区质量要求（中华人民共和国环境保护部和质量监督检验检疫总局，2012），城镇环境空气质量适用于二级浓度限值，即：TSP 年平均和 24 小时浓度限值分别为 $200\mu g/m^3$ 和 $300\mu g/m^3$，PM_{10} 年平均和 24 小时浓度限值分别为 $70\mu g/m^3$ 和 $150\mu g/m^3$，$PM_{2.5}$ 年平均和 24 小时浓度限值分别为 $35\mu g/m^3$ 和 $75\mu g/m^3$。事实上，对于中国风沙灾害区的城镇，即使在实施防沙工程后，风沙天气过程中的 TSP、PM_{10} 和 $PM_{2.5}$ 也不可能达到 24 小时二级浓度限值。城镇防沙工程对降低沙尘颗粒污染物浓度的作用，可行的评价标准初步确定为：城镇防沙工程实施后与实施前相比，因风沙天气造成的重度及以上污染天数减少 50% 以上；风沙天气过程中 TSP、PM_{10} 和 $PM_{2.5}$ 的年平均和 24 小时浓度分别在国家规定的二级浓度限值的 2 倍以下。

　　在可利用淡水资源约束下，土地利用效率的优化是城镇防沙重要目标之一。位于中国北方半湿润区，且处于沙尘源地外缘的重要城镇，防沙工程区内用于农牧业生产的土地面积约占 70% 为宜，而处于沙尘源地内部的重要城镇，约占 60% 为宜。位于中国北方半干旱区的重要城镇，防沙工程区内用于农牧业生产的土地面积约占 50% 为宜。位于中国北方干旱区的重要城镇，则应加强绿洲建设，绿洲以外的土地均应属于生态保护区。位于中国青藏高原山间盆地内的重要城镇，防沙工程区内用于农牧业生产的土地面积约占 30% 为宜；位于高原河流宽谷地带的重要城镇，防沙工程区内用于农牧业生产的土地面积不超过 40% 为宜。城镇防沙工程区内用于农牧业生产以外的土地，均应严格按照生态保护区管理，或者在当地政府指导下进行适度利用。

　　城镇防沙工程的目标之一是兼顾城镇边缘绿化美化，解除河流沿岸城镇受洪水和地质灾害威胁（邹学勇等，2010）。城镇边缘绿化美化带是指防沙工程区与建成区之间过渡地带的绿化美化，绿化美化带与"城市美化"的共同之处，在于城镇快速扩展过程中，应适当建造公园和绿化环境、减少空气污染、提供休闲场所等（孙群郎，2011）。不同之处在于"城市美化"要求对城市内部的道路、广场和建筑等进行改造，以追求建筑物高低错落、疏密有致、相映成趣的效果（俞孔坚和吉庆萍，2000a，2000b；孙群郎，2011），而城镇防沙工程重点关注城镇边缘地带的绿化美化，并利用其对外来沙尘的滞留作用，降低城镇大气颗粒物浓度（邹学勇等，2010；廖莉团等，2014）。位于河岸特别是上游河岸的城镇，丰、枯水期的水位落差大，丰水期形成的河流漫滩在枯水期常常成为沙尘源地（常春平等，2006），防沙工程应依据国家防洪 I、II 级标准（中华人民共和国水利部，2014），对河道和水土流失等自然灾害进行整治，以消除部分沙尘源地和保证防沙工程持续发挥功能。

5.1.2　一般城镇防护目标

　　一般城镇是指城区常住人口 50 万以下的城市或者建制镇。一般城镇在区域经济社会发展中的作用弱于重要城镇，但在中国风沙灾害区数量众多。开展一般城镇的防沙工程，对中国整体经济社会和自然环境的协调和可持续发展十分重要。与重要城镇的防沙目标相比，一般城镇的防护目标在具体指标上有所不同。

对于地处不同生物气候区的一般城镇，实现消除风沙流和沙丘前移入侵城镇这一目标的防护范围分别为：位于中国北方半湿润区沙尘源地外缘的城镇，以城镇为中心的防护范围一般占城镇行政区（不含郊县）的55%以上；沙尘源地内部的城镇，防护范围一般占城镇行政区（不含郊县）的60%以上。位于中国北方半干旱区的城镇，防护范围一般占城镇行政区（不含郊县）的65%以上。位于中国北方干旱区的城镇，以绿洲建设为主体，城镇上风向的防护范围不小于5km。位于中国青藏高原山间盆地内的城镇，城镇上风向的防护范围2~10km。位于中国青藏高原河流宽谷地带的重要城镇，根据河道走向，城镇上风向的防护范围不小于5km。

参考环境空气质量二级浓度限值标准（中华人民共和国环境保护部和质量监督检验检疫总局，2012），降低一般城镇上空的沙尘颗粒污染物浓度的目标是：城镇防沙工程实施后与实施前相比，因风沙天气造成的重度及以上污染天数减少40%以上；风沙天气过程中TSP、PM_{10}和$PM_{2.5}$的年平均和24小时浓度分别在国家规定的二级浓度限值的2倍以下。

在可利用淡水资源约束下，一般城镇防沙工程区内的土地利用优化目标分别是：位于中国北方半湿润区沙尘源地外缘的一般城镇，防沙工程区内用于农牧业生产的土地面积约占75%为宜，而处于沙尘源地内部的城镇占50%~65%为宜。位于中国北方半干旱区的一般城镇，防沙工程区内用于农牧业生产的土地面积不超过50%为宜。位于中国北方干旱区的一般城镇，主要任务是加强绿洲建设，绿洲以外的土地均应属于生态保护区。位于中国青藏高原山间盆地内的一般城镇，防沙工程区内用于农牧业生产的土地面积占25%~35%为宜；位于高原河流宽谷地带的一般城镇，防沙工程区内用于农牧业生产的土地面积不超过40%为宜。城镇防沙工程区内用于农牧业生产以外的土地，均应严格按照生态保护区管理，或者在当地政府指导下进行适度利用。

根据城区常住人口规模大小，位于半湿润区的一般城镇，边缘绿化美化带宽度为500~800m，半干旱区的城镇为500~2000m，干旱区的城镇为500~2500m；位于青藏高原山间盆地和河流宽谷地带的城镇，城镇上风向边缘绿化美化带宽度为1000~2000m。河流沿岸城镇防洪和地质灾害综合整治，依据国家防洪Ⅲ、Ⅳ级标准（中华人民共和国水利部，2014），对河道和水土流失等自然灾害进行整治，以消除部分沙尘源地和保证防沙工程持续发挥功能。

5.2　工程设计原则

城镇防沙是一类以多学科理论为基础，多种技术有机结合的实用性工程，它既强调工程设计的一般性原则，又需要针对城镇防沙目标而遵循特殊性原则。

5.2.1　工程设计总体原则

1. 因地制宜、因害设防

因地制宜、因害设防原则是城镇防沙工程应遵循的基本原则。所谓的"因地"和"因害"就是全面考虑不同区域的自然环境、自然资源和社会经济条件，不同的治理对象，以及不同的风沙活动危害方式、危害类型和危害程度。所谓的"制宜"和"设防"就是根据具体情况，采取有针对性的风沙灾害防治措施和优化技术体系。

2. 严格遵循工程设计程序

实施任何工程项目，从项目的决策到竣工验收，并交付使用，都应经过项目建议书、可行性研究、工程初步设计、施工设计、施工准备、工程实施、竣工验收、后期评估等程序。城镇防沙工程虽有其特殊性，但也不例外，上述程序是必不可少的环节。

3. 技术务实，降低造价

为了达到良好的防沙效果，城镇防沙工程既要充分利用现有的成熟技术，也要有创新性技术；既要就地取材，也要合理使用科技含量高的新材料；既要使用新的施工工艺，也要适当降低施工难度。总体上体现技术务实，降低工程造价和后期维护成本，节约能源的原则。

4. 多种技术科学配置，确保工程体系的综合防护效益

为了确保工程实施之后，工程区内不发生起沙起尘现象，城镇免遭风沙危害，达到防护效益永久发挥作用的目的，采用机械、生物和水利工程等多种措施合理布局、综合治理，使各种防护措施之间形成完整的防护体系，从而发挥最大效益。

5. 以防沙治沙为主，防治用结合

城镇防沙工程不仅要达到治理风沙危害、改善生态环境的目的，还要尽可能地充分和合理地利用工程区内的水土和生物资源，实现防沙工程和自然资源利用并举。根据自然系统是否合理、经济系统是否有利和社会系统是否有效，评估工程设计的合理性和防治用结合的可行性。

6. 治沙工程合理衔接

当城镇防沙范围和工程量大，不能一次性全面实施，需要分期设计和施工时，为确保防沙工程总体布局的完整性，需要兼顾每期工程之间的合理衔接。上一期工程施工结束，到下一期工程开始实施，经常会有一段间隔的时间。这就要求上一期工程设计和施工时，在工程区上风向需要预留被风沙损毁的必要工程措施，用于保护已经实施的主体工程，并与下一期工程相衔接。城镇防沙工程与其外围的其他防沙治沙工程之间也需要相互衔接，两者的衔接不仅体现在削弱地表起沙起尘的功能方面，还体现在景观设计方面。

5.2.2　技术应用原则

在工程设计总体原则指导下，城镇防沙的特殊性要求在工程的技术应用方面须遵循以下原则。

1. 工程体系的功能具有长效性

由于城镇存在的时间很长甚至是永久性的，不同于其他防护对象（水库、工矿、道路等）有一定的预期寿命，这就要求城镇防沙工程的功能必须具有长效性。由多项技术组合和优化形成的城镇防沙工程体系，往往既有短寿命和中等寿命的临时工程措施，也有持久

发挥防沙功能的长效性工程措施，不同寿命的工程措施必须有效衔接，最终实现整个工程体系长期发挥防沙功能。城镇防沙的特殊性，在于工程实施后，既要收到立竿见影的效果，又要保证工程体系长期发挥功能。因此，在技术应用时，根据具体情况可以使用临时性工程措施，例如各类机械沙障、化学固沙材料等，使工程体系尽快显现防沙效果，并保障植被恢复或重建初期的幼苗免遭沙割，但应准确计算临时性工程措施的寿命，保证其与植被等长效性工程措施发挥正常功能所需时间的无缝衔接。

2. **工程体系的生态功能和经济社会功能具有融合性**

城镇防沙工程的首要目标是防止城镇遭受风沙危害，同时在工程区范围内追求生态功能和经济社会功能的最大化，使城镇防沙与工程区生态环境改善、区域经济社会发展达到高度融合。技术应用时，主要体现在对土地利用类型和结构的优化，包括数量和空间格局的优化。在城镇防沙工程区内，既要保证各项防沙工程措施在技术上可行、在空间布局上合理、在防沙效果上达到预期目标；又要保证生态环境得到根本性改善，并保持人工促进恢复或重建的生态系统具有自我维持能力；同时也要保证水、土、生物等自然资源得到充分和合理利用，实现经济效益最大化，促进以城镇为中心的区域经济社会可持续发展。

3. **集成技术的空间配置具有方向性**

沙丘前移和沙尘运移的方向和速度均取决于大于起沙风的风向和风速。根据大于起沙风风速的风向玫瑰图和各方向上风速分布，可以确定城镇防沙工程区和城镇所在区域的主害风向、次主害风向等不同风向引起的风沙灾害频率和强度。城镇防沙工程采取的单项技术和集成技术及其空间配置，应依据不同风向引起的风沙灾害频率和强度，以城镇为中心在不同方向上合理布局。这种空间配置的方向性主要体现在两个方面：一是依据主害风向、次主害风向等，依次确定工程区内各方向上的防沙重要性。主害风向是城镇防沙工程的重点方向，采取集成技术，加强土壤风蚀控制，消除风沙流和沙丘前移等对城镇产生的危害，降低工程区上空大气沙尘浓度；次主害风向和其他风向上的区域也不可忽视，在准确计算各单项技术和集成技术防沙效率的前提下，科学布局，达到城镇防沙的防护目标。二是城镇防沙工程和其外围其他防沙治沙工程，根据距离城镇远近和位置关系，按照"远近不同"原则（岳耀杰，2008），自城镇向外合理划分距离圈层，对距离城镇越近、产生风沙危害越强的方向上的区域，防沙工程的技术参数越趋于保守，目的是在空间上逐层强化对城镇的防护。

4. **技术模式具有可复制性**

风沙灾害是在特定的自然和人为因素影响下形成的，其中自然因素中的地带性规律始终对风沙灾害形成和发展起控制性作用，人为因素主要表现为破坏原生植被和表层土壤结构，以及水资源不合理利用。因此，城镇风沙灾害具有一定的规律性，针对某一风沙灾害类型而采取的城镇防沙单项技术和技术体系也相应地具有规律性。城镇防沙工程中，植被恢复或重建技术的主要理论依据是根据地带性植被选择植物种，并预判人工恢复或重建植被是否能够逐渐演替为结构稳定、生物量丰富、利用环境最充分的顶级群落。为此，尽可能按照原生植被的物种组成及多样性水平建植植被；或者采用物种框架方法，建立一个或一群物种，作为恢复生态系统的基本框架，这些物种通常是植物群落演替早期阶段的植物种；或者将先锋植物与中期植物互相配置（Prach et al.，1997，1999；孙书存和包维楷，2005）。机械措施、水利设施等其他防沙工程措施的应用，在自然因素和人文因素相近的同一生物气候区内也具有相似性。因此，无论是建立城镇防沙技术模式的客观因素，还是成熟模式的实际推广应用，都决定了城镇防沙技术模式应具有可复制性。

5.3　工程布局与技术模式

5.3.1　工程布局

根据中国风沙灾害区城镇与沙尘源地的空间分布，以及城镇防沙工程设计原则，城镇防沙工程布局分为四种类型：沙尘源地边缘城镇防沙工程布局模式、沙尘源地内部城镇防沙工程布局模式、青藏高原山间盆地城镇防沙工程布局模式、青藏高原河流宽谷城镇防沙工程布局模式。

1. 总体布局

位于地形较平坦的沙尘源地边缘和内部的城镇，防沙工程总体布局采取圈层模式：第一圈层是以城镇建成区为核心的绿化景观带；第二圈层为农牧业生产区，或者农牧业生产与沙尘源地封禁区，或者节水灌溉农业区；第三圈层为生态涵养区，或者封禁保护区，或者外围防护区；第四圈层为封禁保护区。对位于沙尘源地边缘的城镇，以沙尘源地一侧为防护重点，根据不同城镇规模、防护目标、风速、沙尘搬运距离设置圈层宽度；加强沙尘源地一侧防护，非沙尘源地一侧适当防护。对位于沙尘源地内部的城镇，根据起沙风的风向玫瑰图和各风向的风速分布，在准确计算沙尘搬运距离的基础上，设置各方向的圈层宽度。第二和第三圈层采用的具体技术措施是决定工程布局成败的关键，在不同生物气候区有所不同。在半湿润、半干旱和干旱区，第二圈层分别为农牧业生产区、农牧业生产与沙尘源地封禁区、节水灌溉农业区；第三圈层分别为生态涵养区、封禁保护区、外围防护带区。

位于青藏高原山间盆地的城镇，沙尘源地的地形相对平坦、面积较大；同时在盆地两侧高大山体影响下，风沙运动路径的方向较单一。工程总体布局采取由城镇边缘向上风向逐步推进的环状模式：城镇近郊的第一环状工程以景观绿化为主，兼顾防沙功能；第二环状工程为"防护林带+人工草地+灌溉系统"，其中防护林带的植物种宜选择高大灌木或乔木，植株密度大；第三环状工程为"沙障+防护林带+人工草地+灌溉系统"，其中沙障间距向上风向逐渐增大到 $15H$（H 为沙障高度）左右；最外层的环状工程为"防护林带+草地改良+封禁保护"。青藏高原山间盆地的城镇防沙工程布局，最关键的是第二和第三环状工程，它们的宽度取决于山间盆地的风速风向、沙尘搬运距离和不同城镇规模的防护目标。位于青藏高原河流宽谷的城镇，沙尘源地分布于河流两岸，特别是丰、枯水期水位落差大，冬春季节风沙活跃期与枯水期在时间上一致，漫滩和心滩大面积出露而成为重要的沙尘源地（常春平等，2006）。河流两岸高大山体是引导风沙运动方向的主导因素，防沙工程总体布局根据河道走向由城镇边缘向上风向逐步推进的河段综合治理模式：在城镇所在河段，采取河道整治与防洪、沙尘源地治理与绿化美化相结合的工程措施；在城镇上风向河段的第二段，采取沙尘源地治理与河道整治、水土流失和地质灾害治理相结合的工程措施；在城镇上风向河段的第三段，采取沙尘源地治理与河道整治相结合的工程措施。治理河段的长度取决于风速、沙尘源地分布和面积、沙尘搬运距离和不同城镇规模的防护目标。

2. 阶段性布局

城镇防沙工程对风沙灾害防治的标准要求高，技术难度和资金投入大，往往难以一次性实施完整的防沙工程，需要进行阶段性布局和实施。阶段性布局是在城镇防沙总体可行性论证基础上进行的，具体分为几个阶段，要视工程规模、工程造价和投资力度、技术成熟度和技术难度而定。对于工程造价高和技术成熟度不足的城镇防沙工程，一般为三至五个阶段，其他城镇防沙工程一般在三个阶段以内。分阶段实施的城镇防沙工程应以城镇为核心区，逐步向外（或上风向）推进。每个阶段的防沙工程布局，需要根据风沙灾害的路径和强度确定阶段性工程区位置和范围，其中的关键是计算沙尘在当地风力状况下被搬运的方向和距离，预估各阶段防沙工程实施后达到的防沙目标。

对于重要城镇，在工程造价高和技术成熟度不足的情况下，防沙工程一般为三至五个阶段。第一阶段的防沙工程规模较小，布局在城镇边缘（或上风向）地带，为试验性工程。第二阶段的防沙工程，布局在第一阶段工程区的外侧（或上风向），具有一定的工程规模，工程实施后实现防护目标的各项指标的三分之一至二分之一，显著减轻城镇风沙灾害。第三和第四阶段的防沙工程，布局在第二阶段工程区的外侧（或上风向），技术逐渐成熟，工程规模大，是城镇防沙工程的主体，工程实施后基本达到防护目标的各项指标要求。第五和其他阶段的防沙工程，布局在第四阶段工程区的外侧（或上风向），主要作用是在沙尘源地外围地带保护和增强前四期防沙工程功能，完善城镇防沙工程体系，实现整个工程体系的防沙功能持久发挥。在资金投入充足和技术成熟度较高的情况下，重要城镇的防沙工程可以减少阶段性的工程，将前述第二至第四阶段的防沙工程作为一个阶段的工程布局予以实施，即仅有第一至第三阶段性工程。

对于一般城镇，在工程造价高和技术成熟度不足的情况下，防沙工程一般为二至三个阶段，极端情况下可分三个以上阶段。第一阶段的防沙工程规模较小，布局在城镇边缘（或上风向）地带，为试验性工程。第二阶段的防沙工程，布局在第一阶段工程区的外侧（或上风向），工程规模约占整个工程区面积的70%，是城镇防沙工程的主体，工程实施后基本达到防护目标的各项指标要求。第三阶段的防沙工程，布局在第二阶段工程区的外侧（或上风向），主要作用是在沙尘源地外围地带保护和增强前两期防沙工程功能，完善城镇防沙工程体系，实现整个工程体系的防沙功能持久发挥。在资金投入充足和技术成熟度较高的情况下，可以省略第一阶段的试验性工程，按两个阶段性工程实施。

5.3.2　工程技术模式

不同生物气候区的气候特点、原生植被、土壤类型、水资源状况、农牧业生产方式等都存在显著差异，城镇周边地区土地利用方式和强度也不相同，城镇防沙技术模式也必须根据区域自然环境和经济发展方向进行必要的调整（邹学勇等，2010）。

1. 中国北方半湿润区城镇防沙技术模式

分布在中国北方半湿润区的城镇，根据它们所处的自然环境，可分为两类。一类是位于沙尘源地边缘的城镇，区域自然环境相对较好，水资源基本满足生产和生活需要，城镇下风向没有明显的土地荒漠化现象，主要由上风向沙尘源区输入的沙尘颗粒污染物引发风沙灾害。另一类是位于沙尘源区内部的城镇，区域自然环境相对较差，水资源较匮乏，城镇周边土地荒漠化严重，由土壤风蚀而直接产生城镇风沙灾害。这两类城镇所处的区域自然环境差异，决定其防沙技术模式不同。

对于地处沙尘源地边缘的城镇，建立防沙工程体系的原则是：①确保城镇周边地区生态环境良好，以植被恢复为主体的防沙工程体系能够持续发挥功能，彻底消除本地沙尘来源；②追求土地利用效益最大化，兼顾生态效益、经济效益和景观美化效果；③保持资源、环境和经济社会协调、可持续发展。防沙工程技术模式为"四圈模式"（图 5.1a）：第一圈层是以城镇建成区为核心的绿化景观带，位于城郊接合部，以公园、环路两侧的林带和草地（坪）等市政绿化为主，发挥美化城镇、提供居民休闲场所、阻止沙尘颗粒污染物进入城镇区等功能。根据中国土地资源有限的现状，不能过分追求环境美化和大型户外休闲场所，绿化景观带的宽度视城镇规模而定（Yokohari et al.，2000；Kühn，2003；Sun et al.，2006；张永仲，2007）。常住居民在 10 万人以下的城镇，绿化景观带宽度可为 200～300m；10 万～20 万人的城镇，宽度可为 300～500m；20 万～50 万人的城市，宽度可为 500～800m；50 万～100 万人的城市，宽度可为 800～1000m；100 万人以上的城市，宽度可为 1000m 以上。第二圈层为高效农牧业生产区，是城镇居民日常消费的农副产品的生产基地，范围的大小根据城镇的产业辐射范围和农副产品需求量而定。一般地，农牧业生产区面积占城镇行政区域范围的 60% 以上。为了防止农田在冬春季节发生土壤风蚀，成为城镇上空沙尘颗粒污染物的供给源，必须对该区域进行土地利用空间格局优化，合理配置水资源，健全防护林体系（Thomas，2006），在相应的地块采取保护性耕作措施、合理配置农作物类型、节水技术等（刘薇，2001）。第三圈层为生态涵养圈，是城镇外围对来

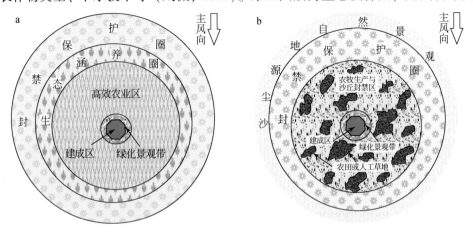

图 5.1　中国北方半湿润区城镇防沙模式

a. 沙尘源地外缘城镇；b. 沙尘源地内部城镇

源于上风向沙尘最强大的防护屏障，尤其注重植被恢复建设。参考城镇规模的大小，圈层的总体宽度为 1~5km 为宜。一些对大气环境质量有特殊要求的大型城市，总体宽度可以增加到 5km 以上。根据中国北方冬春季节沙尘天气多发期以偏北风为主的特点，适当加大城镇偏北方向的圈层宽度，缩小偏南方向的圈层宽度，前后两者的宽度比可以为 2:1~3:1。第四圈层为封禁保护圈，它处于城镇防沙体系的最外围，采取封禁保护措施促进植被自然恢复。对于不同城镇，该圈层的宽度有很大的差别，主要由城镇周边地形、植被状况、土壤类型、风力等因素综合决定。

对于地处沙尘源地内部的城镇，建立防沙工程体系的原则是：①确保城镇周边地区生态环境良好，以植被恢复为主体的防沙工程体系能够持续发挥功能；②城镇行政区范围内输送到城镇上空大气中的沙尘颗粒物，占城镇上空大气中全部沙尘颗粒物的 15% 以下；③以生态效益为核心，以经济效益为参考指标，追求水、土资源利用效益最大化，保持资源、环境和经济社会协调、可持续发展。防沙工程技术模式可概括为"三圈模式"（图5.1b）：第一圈层是以城镇建成区为核心的绿化景观带，位于城郊接合部，以防风固沙生态林、公园、环路两侧林带等市政绿化为主，发挥阻止沙尘颗粒污染物进入城镇区，同时美化城镇、提供居民休闲场所等功能。同等城镇规模情况下，绿化景观带的宽度可以参照位于风沙区外缘城镇的 1.5~2.0 倍。第二圈层为农牧业生产与沙丘封禁区，是城镇和周边居民日常消费的农副产品的生产基地，也是城镇行政管辖区内的农牧民生产和生活场所，其范围占城镇行政区面积的 70% 以上，防沙技术措施的关键是水、土资源的合理配置和利用。根据中国的实际情况，这类城镇尽管处于风沙区内部，但半湿润气候条件下的荒漠化土地具有植被自然恢复能力，人工重建植被也较容易，局部地段的水、土资源组合理想。在土地利用方面，水土条件较好的未荒漠化土地和开阔丘间地适宜发展种植业和人工高产牧草，对固定和半固定沙地（丘）实行围封，对流动沙地（丘）采取人工重建植被措施，形成农田、人工草地、固定沙地（丘）等镶嵌分布的总体格局，其中农田和人工草地面积应控制在该圈层总面积的 30% 以内。技术应用方面，健全以灌木为主的农田和人工草地防护林，采取保护性耕作措施、节水技术等；对流动和半流动沙地（丘），采取前期设立辅助性沙障，随后人工种植或飞播具有利用价值的沙生灌、草植物等。第三圈层为封禁保护圈。该圈层距城镇较远，是城镇外围对来源于上风向沙尘的第一道防护屏障，属于典型的防风固（阻）沙生态林，重点进行乔、灌、草复合生态林建设，禁止人为破坏和利用。圈层宽度 2~8km 为宜，适当加大城镇偏北方向的圈层宽度，缩小偏南方向的圈层宽度，前后两者的宽度比可以为 2:1~3:1。封禁保护圈以外是沙地（丘）自然景观，一般为两个城镇所属行政区的交界地带。

2. 中国北方半干旱区城镇防沙技术模式

分布在中国北方半干旱区的城镇，建立防沙工程体系的原则是：①确保城镇近郊生态环境良好，以植被恢复和（或）重建为主体的防沙工程体系能够持续发挥功能；②沙丘封禁与农牧生产区的内圈（近郊区）不发生或发生轻度土壤风蚀；③以生态效益为核心，重点在近郊发展设施农业，保持资源、环境和经济社会协调、可持续发展。防沙工程技术模式可概括为"三圈模式"（图5.2）：第一圈层是以城镇建成区为核心的绿化景观带，位于城郊接合部，以防风固沙生态林、公园等市政绿化为主，发挥阻止沙尘颗粒污染物进入城镇区，同时美化城镇、提供居民休闲场所等功能。同等城镇规模情况下，绿化景观带的宽度约为位于半湿润风沙区外缘城镇的 2.0～3.0 倍。绿化植物种以旱生灌木为主，耐旱乔木和草本植物为辅。第二圈层为农牧业生产与沙地（丘）封禁圈，分为近郊设施农业、远郊沙地（丘）封禁与农牧户独立生产圈两个次级圈层。设施农业次级圈层是当地居民日常消费的农副产品生产基地，为节水型高效农业。按城镇常住人口 5 万人以下、5 万～10 万人、10 万～20 万人、20 万～50 万人、50 万～100 万人、100 万人以上六级划分标准，设施农业次级圈层的合理宽度分别约 1km、2.5km、3.5km、5km、10km、15km。远郊沙地（丘）封禁与农牧户独立生产次级圈层的范围较大，其面积一般占城镇行政区域总面积的 70% 以上。这一次级圈层的显著特点是大面积用于生态环境建设和保护，小面积用于农牧业生产，两者的面积分别约占该次级圈层总面积的 70%～80% 和 10%～15%（史培军等，2002；Ralf and Alexey，2003；Tang and Zhang，2003）；农牧业生产主要以户为基本单元，空间上散布于水土条件相对较好的低洼、平坦地段，形成小型的"三圈模式"（郑元润，2000）。第三圈层为沙地（丘）封禁保护圈。该圈层距城镇较远，是对来源于上风向沙尘的第一道防护屏障，属于典型的防风固（阻）沙生态林，重点建设灌–草复合生态林，禁止人为破坏，一般为两个城镇所属行政区的交界地带。圈层的平均宽度在 5km 以上，适当加大城镇偏北方向的圈层宽度，缩小偏南方向的圈层宽度，前后两者的宽度比可以为 2:1～3:1。

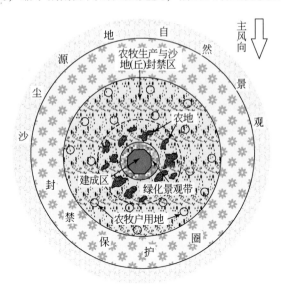

图 5.2　中国北方半干旱区城镇防沙模式

3. 中国北方干旱区城镇防沙技术模式

北方干旱区主要指贺兰山以西的西北地区，降水稀少，气候干旱。城镇分布在内陆河流中下游或者巨型洪积扇前缘的绿洲内部，绿洲一般被广袤的沙漠或戈壁包围。建立干旱区城镇防沙工程体系的原则是：①以水资源合理分配为前提，确保防沙工程中的植被恢复和（或）重建生态用水，维持防沙工程体系持续发挥功能；②绿洲农牧业生产用地在冬春季节的土壤风蚀强度为微度；③以生态效益为核心，重点在近郊发展节水农业，保持资源、环境和经济社会协调、可持续发展。由于干旱区城镇防沙难度大，为保证城镇大气环境质量良好，防沙工程技术模式可概括为"四圈模式"（图5.3）：第一圈层是以城镇建成区为核心的绿化景观带，位于城郊接合部，以防风固沙生态林、公园等市政绿化为主，发挥阻止沙尘颗粒污染物进入城镇区、美化城镇、提供居民休闲场所等功能。按常住居民5万人以下、5万~10万人、10万~20万人、20万~50万人、50万~100万人、100万人以上规模划分，绿化带宽度的参考值分别约500m、1000m、1500m、2500m、3000m、3000m以上。绿化植物种以旱生灌木和乔木为主，草本植物为辅，具有灌、乔、草复合结构的植被特征。第二圈层为节水灌溉农业区，是农牧业生产基地，突出防护林（网）、经济林、节水农牧业生产的合理配置，防治地表风蚀起沙起尘和拦截来自外缘的沙尘（程致力等，1989）。防护林体系以"窄林带、小网格"为宜，林网内实行农林混作，在小片夹荒地、盐碱地和河滩地等地块，建立小片经济林、用材林和大片薪炭养畜林，构成网、片、带，乔、灌、草相结合的防护林体系（刘钰华和王树清，1994），提高防沙效能和经济效益（李文胜等，1995；曾文彬，1996）。除大力发展节水农业技术以外，还需要采取多种措施防御风沙对农业的危害，推广苜蓿、棉花、冬麦、玉米、大豆、瓜菜间作，以及秋季留茬、翻耕覆盖等农田耕作管理技术（赖先齐等，2002）。第三圈层为外围防护带，以人工促进恢复和（或）重建的乔灌结合为特征，适宜选择耐旱、耐贫瘠的乡土树种。城镇规模按上述六级划分，根据外围防护带对来自外缘沙尘的拦截效率，宽度的参考值分别为约1000m、2000m、2500m、3000m、4000m、4500m以上。第四圈层为封禁保护带，以自然形成的植被为主，一般被称为荒漠–绿洲过渡带（赵成义等，2001；张远东，2002），人为的影响体现在严格保护与合理调控生态用水两方面（王玉朝和赵成义，2001）。该圈层内的植被盖度自外围防护带向荒漠区逐渐变得稀疏，植被结构没有人工植被合理，但它是自然选择的结果，在保证生态用水的情况下具有很强的稳定性，是防止荒漠区风沙侵袭绿洲和城镇的第一道有效屏障，其宽度在主害风向一侧不小于5000m。

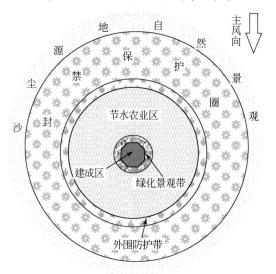

图5.3　中国北方干旱区城镇防沙模式

4. 青藏高原山间盆地内城镇防沙技术模式

位于青藏高原山间盆地内的城镇，高大山体对低层风场特别是近地层风沙流场的改造作用强烈，单项防沙技术使用和工程体系配置都必须根据每座城镇具体情况确定。高原气候的特殊性也增加了植被恢复或重建的难度，尤其是治沙植物种的选择受到限制，往往难以建立乔、灌、草复合植被结构。由于受青藏高原区自然环境、经济社会条件和居民文化传统的影响，城镇防沙在工程体系建立原则和技术模式方面，都与其他区域存在明显差异。一般地，建立城镇防沙工程体系的原则是：①以风沙灾害防治为核心，突出城镇及周边地区的生态环境改善效果，扩大和提高居民户外活动场所范围和环境质量；②在可能的情况下考虑土地资源的高效利用，突出农田和草地的风蚀防治；③应充分关注地表和地下水资源平衡，以及防沙工程中生物措施防沙功能的可持续性。与中国北方风沙灾害区地形相对平坦、面积广袤，难以实施全面治理不同，位于青藏高原山间盆地的城镇周边沙尘源地面积相对较小，面积一般仅数百至数千平方千米，可以实施全面治理。因此，防沙工程技术模式通常采取"沙障+防护林带+人工草地+灌溉系统"的"四位一体"工程体系，无明显的圈层结构，关键是突出多种防沙工程技术在区域范围内的合理配置，以达到最佳防护效果（图5.4）。根据城镇规模和山间盆地面积的大小，在防沙技术配置上，距离城镇远近表现出一定的差异性。城镇近郊1~2km范围内较少采用机械沙障，以"防护林带+人工草地+灌溉系统"为主体，形成类似于环城绿化带的防护体系。在2~10km或2~15km范围内往往采用较密集的机械沙障，以阻截风沙流，有效保护恢复或重建初期的植被，是典型的"沙障+防护林带+人工草地+灌溉系统"四位一体工程体系。外围区域主要通过人工促进植被恢复措施，尽可能地增加植被覆盖度，包括"防护林带+人工草地+灌溉系统"或者"防护林带+草地改良+封禁保护"等（张胜邦和董旭，1997；Zhang et al.，2007）。

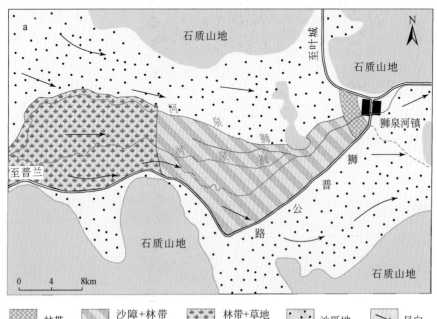

图例：

⬛林带　　沙障+林带+草地+灌溉　　林带+草地+封禁　　沙砾地　　风向

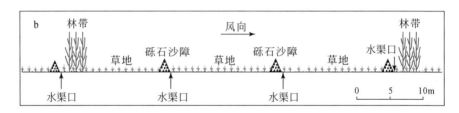

图 5.4　青藏高原山间盆地内城镇防沙模式（以西藏狮泉河镇为例）

5. 青藏高原河流宽谷内城镇防沙技术模式

位于青藏高原河流宽谷地带城镇的风沙灾害，起因于河谷地带的沙质松散冲、洪积物被风蚀、风力搬运和沉降。冬春季节的中、高空气流为单一的西风，近地层风沙流场受沙尘源地分布的地貌位置、河谷走向和河道两侧地形的控制。天然河道总体上呈弯曲状，仅在局部河段是顺直的，必须充分考虑河道走向、沙尘源地与枯水位和洪水位关系、主害风向等关键因素。建立城镇防沙工程体系的原则是：①以风沙灾害防治为核心，突出城镇及周边地区的生态环境改善效果，扩大和提高居民户外活动场所范围和环境质量；②在防治城镇风沙灾害的同时，兼顾河道整治、水土流失和地质灾害治理；③充分考虑土地资源的高效利用，以及农田和草地的风蚀防治；④准确计算区域水资源平衡，以及防沙工程中生物措施的可持续性。位于河流宽谷地带的城镇防沙工程技术模式，在宏观上根据河道走向布局，局部充分考虑防沙工程与河道整治、水土流失和地质灾害治理有机结合，细节上依据沙尘源地类型和分布地貌位置选择防沙技术。自城镇所在河段至上风向，一般可分为三个治理区段（图 5.5）[1][2]：第一区段是在城镇所在河段，重点城市的河段长度不超过10km，一般城镇的河段长度不超过 5km，以"河道整治+沙尘源地治理+绿化美化"为主体，主要采取防洪护岸堤、护坡墙、高立式沙障和半隐蔽式沙障、乔灌混交造林和人工草地、封育保护等技术措施。第二区段是城镇上风向河段，重点城市的河段长度不超过15km，一般城镇的河段长度不超过 10km，以"河道整治+沙尘源地治理+水土流失和地质灾害治理"为主体，主要采取防洪护岸堤、农田防护林（网）、乔灌混交林或者灌木林和人工草地、护坡墙、封育保护等技术措施。第三区段是城镇上风向的远距离河段，重点城市的河段长度不超过 15km，一般城镇的河段长度不超过 10km，以"沙尘源地治理+河道整治"为主体，主要采取标准较低的防洪护岸堤、农田防护林（网）、乔灌混交林或者灌木林和人工草地等技术措施。

① 邹学勇等.2007.西藏拉萨市柳吾新区及其周边地区治沙工程可行性研究（内部报告）.1-164.
② 邹学勇等.2008.藏东南防沙治沙工程作业设计（林芝地区）（2008～2010 年）（内部报告）.1-176.

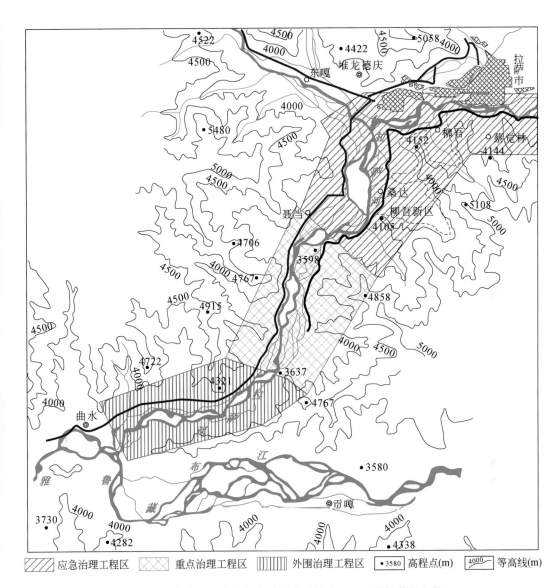

图 5.5　青藏高原河流宽谷内城镇防沙模式（以西藏拉萨市为例）

第 6 章　青藏高原极端高寒干旱气候区山间盆地城镇防沙工程

青藏高原上高大山脉之间分布众多的山间盆地，发育于高大山脉的河流穿越盆地，在河流冲洪积作用下盆地内的地形较平坦，形成气候、土壤和植被等自然条件相对较好的局部环境（邹学勇和董光荣，1992）。这些山间盆地是人类聚居的主要场所，并逐渐形成不同规模的城镇（赵彤彤等，2017）。然而，青藏高原的总体生态环境脆弱，极易受人为干扰而遭到损坏。在植被和表层土壤结构被破坏的情况下，松散的第四纪沉积物成为形成风沙灾害的沙尘源地（金炯等，1991；张爱林等，2006）。西藏自治区的狮泉河镇在位于青藏高原山间盆地内城镇防沙工程中最具代表性。

6.1　工程区概况

阿里狮泉河盆地位于西藏高原西部（图6.1），属狮泉河（又称森格藏布）中下游河谷盆地，呈东西向展布。狮泉河镇位于盆地东北部，东经80°05′，北纬32°30′，海拔4275m，是西藏自治区阿里行政公署、阿里军分区和噶尔县城所在地，中国西部边陲的政治、经济、军事重镇，其战略地位十分重要。

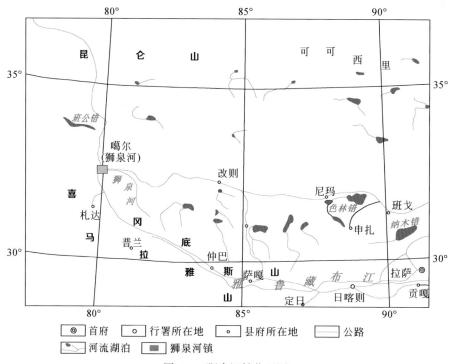

图 6.1　狮泉河镇位置图

6.1.1　自然条件与经济社会条件

印度河上游在中国境内被称为狮泉河，它穿越狮泉河盆地，年径流量约 3 亿 m³，狮泉河镇因此得名。狮泉河盆地东西长 30 余 km，南北宽 5~10km，面积约 129km²。狮泉河盆地内的沉积物也具有同心环带状分布的总体特征，但因断裂发育，差异性升降运动显著，加之风沙活动剧烈，沉积物的分布和地貌表现方面亦有所不同。按沉积物特点和地貌形态，划分为四大类和十四个小类（图 6.2）。

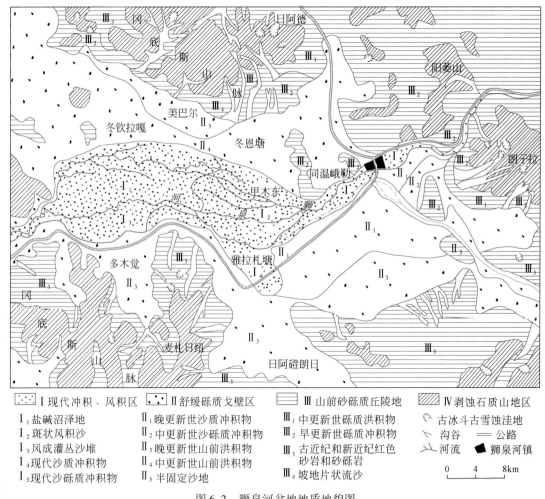

图 6.2　狮泉河盆地地质地貌图

狮泉河盆地属极端高寒干旱气候，日照充足，空气稀薄，年温差和日温差大，霜冻期长，冬春季多大风。多年平均日照时数在 3153.2~3489.5h 之间，太阳年总辐射量达 7.808×10⁹J/m²，比素有"日光城"之称的拉萨还高出 2.4×10⁷J/m²。但是巨大的海拔导致多年平均气温仅约 0.4℃，多年一月平均气温 −12.4℃，七月平均气温 14.0℃，极端最

低气温 - 36.6℃，极端最高气温 27.6℃。日均气温≥0℃的持续日数 170.2 天，积温 1536.7℃；日均气温≥5℃的持续日数为 122.6 天，积温 1396.4℃；日均气温≥10℃的持续日数为 80.3 天，积温 1044.4℃；多年平均无霜期日数仅 98.8 天。多年平均降水量仅 69.7mm，主要集中在 6～9 月，其降水量占全年总降水量的 84.5%，尤其 7～8 两个月更为集中，占 68.8%。降水年际变化大，最多年 138.2mm，最小年 21.2mm。多年平均蒸发量 2538.5mm，湿润系数约 0.08。狮泉河盆地全年盛行偏西风，以 WSW 风为主，多年平均风速 3.1m/s，极端最大风速 23m/s，多年平均大风日数为 113 天，沙尘暴和扬沙日数 72.1 天。狮泉河盆地恶劣的气候条件极大地增加了城镇防沙工程的难度。

狮泉河盆地的土壤发育程度低，原始性状明显。土壤以荒漠性土壤为主，石质化、荒漠化现象严重，主要土类有寒漠土、莎嘎土、冷漠土、灰冷漠土、沼泽草甸土、草甸土、灌丛草甸土、盐化草甸土、荒漠化草甸土等。受水文、植被、地形和成土母质的影响，土壤的分布具有以狮泉河河谷为轴对称分布的特征（图 6.3）。狮泉河盆地的自然条件决定了原生植被以高山荒漠植被为主，周围山地则分布高山荒漠草原植被。在狮泉河两岸一级阶地或季节性河流两侧，水分条件较好，分布以蒿草和薹草为建群种的草甸植被，伴生水麦冬、海乳草、灰绿藜、蕨麻委陵菜、浅裂毛茛、西伯利亚蓼、独行菜、藏虫实等。在狮泉河二级阶地和部分三级阶地上，20 世纪 60 年代以前曾分布茂密的秀丽水柏枝灌丛林，后来由于人为砍伐已十分稀少，在防沙工程实施前呈现类似戈壁的裸露沙砾质地表。在盆地边缘冲洪积缓坡上，分布变色锦鸡儿、驼绒藜、灌木亚菊等旱生植物，伴生棘豆、黄芪、蒿草、固沙草等。总体上，原生植被沿狮泉河两岸到南北山地呈有规律的分布：狮泉河—蒿草薹草—稀疏秀丽水柏枝—变色锦鸡儿、灌木亚菊、驼绒藜—变色锦鸡儿、沙生针茅—基岩山地。

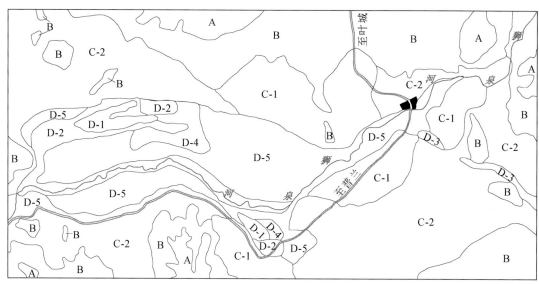

A 寒漠土　B 莎嘎土　C-1 冷漠土　C-2 灰冷漠土　D-1 沼泽草甸土　D-2 草甸土　D-3 灌丛草甸土
D-4 盐化草甸土　D-5 荒漠化草甸土　ㄡ 河流　⌒ 公路　◆ 狮泉河镇　0　2　4km

图 6.3　狮泉河盆地土壤分布图

　　在降水量极少的情况下，流经狮泉河盆地的狮泉河地表水资源更显宝贵。盆地内河段的平均比降 0.733‰，多年平均径流量 2.989 亿 m^3/a，其中 7～9 月径流量约占全年的 51.8%（表 6.1）。狮泉河汛期较短，一般仅一个多月，且大都出现在 8 月。每年 10 月下旬至翌年 4 月下旬为冰冻期，其中 11 月下旬至翌年 3 月下旬河流封冰，其余时间为岸冰或流水冰花，此间不宜实施防沙工程区的灌溉。但是，盆地内的地表水和地下水矿化度较低，分别为 0.25～0.33g/L 和 0.23～0.24g/L，pH 为 7.0～8.1，且地下水赋存相对较丰富，防沙工程区的地下水位相对较浅，有利于植被利用。

表 6.1　狮泉河多年平均逐月径流量

月份	1	2	3	4	5	6	7	8	9	10	11	12	全年
径流量/$10^7 m^3$	1.41	1.27	1.59	2.18	2.12	1.45	2.61	8.54	4.32	1.83	1.29	1.28	29.89

　　狮泉河镇 2010 年总人口约 20000 人，常住人口 10507 人，流动人口数量大。建成区面积超过 2.5km²，初具西藏边陲重镇规模，已逐步形成以旅游、运输、商贸、建材、电力、维修、印刷为主的城镇经济。2016 年，阿里地区国民生产总值 43.2 亿元，地方财政收入 2.9 亿元。第一、第二和第三产业总产值分别为 6.26 亿元、13.52 亿元和 23.42 亿元，其中第三产业中的旅游收入达 6.75 亿元。由此可见，改善当地生态环境和发展旅游业对经济社会发展的重要性。

6.1.2　风沙危害的成因

　　狮泉河镇风沙灾害是自然因素和人为因素共同作用而引发的典型案例。就自然因素而言，狮泉河镇全年以偏西风为主，≥6.0m/s 风速的多年平均累积时间达 1470h（图 6.4）。盆地内第四纪沉积物的质地松散，内聚力弱，沙和粉沙含量丰富（表 6.2），为风沙灾害提供了充足的沙尘物源。风成沙物质的粒度和重矿物分析表明，风沙灾害主要是盆地内就地起沙形成的（金炯等，1991；邹学勇和董光荣，1992）。极端干旱的气候、贫瘠的土壤

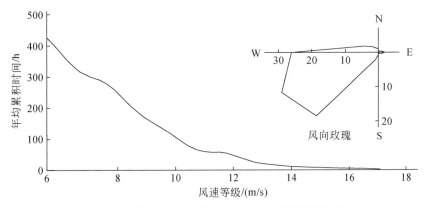

图 6.4　狮泉河盆地≥6.0m/s 风速的多年平均累积时间和风向玫瑰

据狮泉河气象站 1962～2016 年资料

等生境，导致盆地内广大沙质和砾质以及山坡基岩风化物地表植被十分稀疏（李胜功，1994），即使在狮泉河沿岸和地下水位较高的局部地段，也只是散布或片状分布稀疏的变色锦鸡儿、藏沙蒿等灌丛，以及针茅和其他禾草植被。防沙工程实施前，绝大部分地表处于裸露或半裸露状态。对盆地西部风蚀灌丛沙丘剖面的风成沙和枯枝落叶互层调查发现，盆地内的风沙活动在20世纪30年代初之前就已经发生（邹学勇和董光荣，1992）。说明在狮泉河镇建镇以前很少有人活动的时代，这里就已经存在较强烈的风沙活动。干旱的气候、强劲和频繁的大风、富含丰富沙物质的松散沉积物和稀疏的植被，为狮泉河盆地风沙灾害的形成提供了充分的自然条件。

表 6.2　狮泉河盆地不同沉积类型区的下伏沉积物和现代风成沙的粒度组成

沉积类型区	下伏沉积物粒度组成/%								现代风成沙粒度组成/%				
	砾石	极粗沙	粗沙	中沙	细沙	极细沙	粉沙	黏粒	粗沙	中沙	细沙	极细沙	粉沙
I_3	0.00	0.00	0.00	1.67	42.47	50.20	5.66	0.00	0.00	13.67	64.07	21.9	0.36
I_5	25.90	2.94	4.24	17.46	37.93	10.77	0.76	0.00	0.93	17.17	52.53	29.13	0.24
I_5	17.33	8.76	3.27	8.57	15.77	13.63	31.9	0.77	1.33	6.50	32.26	54.87	5.04
II_1	40.58	3.44	8.44	13.62	15.32	16.10	2.50	0.00	1.67	69.97	17.13	10.80	0.43
II_3	2.60	7.44	11.99	24.99	37.10	15.11	0.77	0.00	0.00	18.96	80.21	0.83	0.00
III_1	10.36	1.36	2.04	16.10	38.76	26.28	5.10	0.00	0.00	20.27	52.81	26.67	0.25
III_2	10.16	7.40	10.71	12.57	27.60	28.80	2.56	0.20	0.67	20.77	48.36	29.93	0.27
IV	7.36	1.44	3.60	24.30	35.32	17.30	9.52	1.16	0.00	36.94	50.27	12.47	0.32

尽管狮泉河盆地风沙灾害具有必要的自然条件，但人类活动是促使风沙灾害发生和加剧的重要诱发因素。据狮泉河气象站资料，1976 年以前多数年份降水偏少，且大风日数高于多年平均值，但风沙天气日数却明显低于多年平均值（图 6.5）。此后，年降水量和大风日数都低于平均值，而沙尘日数大大超过平均值。这种反常现象印证了不合理的人类活动对风沙活动的加剧作用。事实上，自 20 世纪 60 年代中期以来，有详细的历史资料记录了狮泉河盆地内的不合理人类活动，主要包括：①20 世纪 60 年代至 80 年代，因运输不便，能源严重短缺而破坏天然植被，之前生长于盆地内的秀丽水柏枝和变色锦鸡儿天然灌木林被砍伐殆尽，甚至用炸药、推土机连根刨起，这是在不得已情况下人为破坏植被的最主要方式，最终导致原先灌丛植被覆盖的地表，变成裸露的沙砾质地表，呈现出荒漠景观。②过度放牧是导致植被退化的主要原因之一。防沙工程实施前，过度放牧是狮泉河盆地无所不在的牧业生产活动，不仅使自我恢复能力很弱的草地植被严重退化，牲畜践踏也破坏了原始表土结构。风洞模拟实验结果表明，这种破坏作用能够导致表土风蚀破口出现，并迅速增强土壤风蚀（Dong et al.，1987）。③在城镇发展和居民住房改善过程中，沙石建筑材料挖取对局部地表破坏极为严重。在城镇上风向沙砾质冲积物沉积区，挖取沙石材料，以及运输车辆来回行驶，使原始地表结构松动，原本不易风蚀的地表成为新的沙尘源地。在恶劣的自然环境和不合理的人类活动驱动下（图 6.6），狮泉河盆地风沙灾害无论在时间和空间上，还是在强度上都愈演愈烈。至 20 世纪 80 年代，已经给狮泉河镇居民的生活和生产、边防军事设施等造成严重危害，甚至面临城镇被风沙掩埋的窘境。

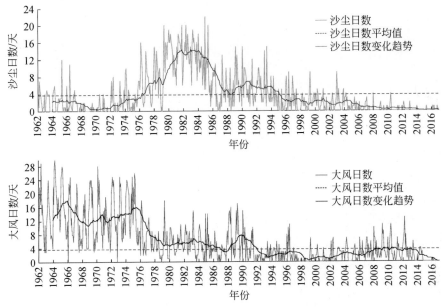

图 6.5　狮泉河盆地沙尘和大风日数及其变化趋势

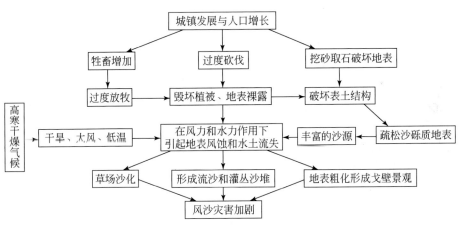

图 6.6　狮泉河盆地风沙灾害发生机制

6.1.3　风沙危害程度

类似戈壁的沙砾质地表上的风沙流高度大且聚集的能量高（Zou et al.，2001），对建（构）筑物和植物具有极强的破坏力（Momber，2000；于云江等，2003；王彦平，2016）。狮泉河镇位于风沙灾害运移路径的下风向（图 5.4a），首当其冲受到过境风沙流的强烈侵袭。防沙工程实施前，草地荒漠化、沙埋房屋、毁坏水渠、阻塞交通等问题极为严重（图 6.7），风沙灾害使当地居民难以生存。

图 6.7　防沙工程实施前的风沙灾害景象

a. 土地荒漠化；b. 沙埋房屋；c. 毁坏水渠；d. 阻塞交通

　　据不完全统计，20 世纪 70 年代至 90 年代初，被流沙埋压而废弃的房屋约 146 间。这种现象在狮泉河两岸均不同程度地存在，但南岸最为严重。位于狮泉河南岸的地区运输公司，建于 1978 年的 60 余间房屋由于积沙严重，仅 5 年就全部弃用；位于狮泉河北岸的军分区雷达站 52 间房屋建于 1969 年，在不到 15 年的时间内，房前和屋内就形成 1m 以上积沙而被迫弃用；类似情况在狮泉河中学、群艺馆、噶尔县银行、军分区兵站等单位均有发生。更为严重的是狮泉河镇在每年冬春季节发生街道积沙，积沙厚度 0.2 ~ 0.4m，房前屋后积沙 0.5 ~ 2.0m，行人和车辆通行困难，甚至常常堵塞窗户。为了治理风沙灾害，1983 年阿里行署耗资 44 万元，修渠引用狮泉河水在城镇西侧的上风向营造 500 亩（1 亩 ≈ 666.67m²）防护林，在三年时间内防护林和水渠就全部被风沙吞没。在狮泉河镇通往拉萨、普兰和边境的公路上，多个路段形成片状和舌状积沙而影响车辆正常行驶，严重阻碍了边防公路交通运输功能的发挥。

　　风沙造成狮泉河镇大气环境污染更是触目惊心，20 世纪 70 年代末至 80 年代初，每年平均沙尘日数达 147.7 天，最多达 174 天（图 6.5）。沙尘天气过程中，狮泉河镇上空黄沙漫漫，隐天蔽日。尽管当时没有 PST 和 PM_{10} 等大气颗粒污染物浓度监测资料，但根据中国北方风沙灾害区监测资料的对比可以粗略地判断，狮泉河镇在沙尘天气过程中的日均 PM_{10} 和 $PM_{2.5}$ 浓度应分别在 1000.0μg/m³ 和 300.0μg/m³ 以上，远超《环境空气质量标准》（GB 3095-2012）。虽然风沙灾害没有洪水、泥石流和地震那样凶猛，在顷刻之间毁灭大量设施，造成人员伤亡，但风沙灾害在时间上爆发的经常性、持久性，在空间上影响的广泛性、多样性，以及在经济和人体健康上造成损失的严重性、频繁性，并不亚于后者。

6.2　风沙灾害特征与单项工程技术选择

深入研究城镇防沙工程区及其外围的风沙流场特征，是合理选择单项技术以及技术集成优化的前提，是构建城镇防沙技术体系的理论基础。土壤、植被和地形等下垫面状况的差异，导致以风蚀或者堆积为主要过程，以及沙尘颗粒流量和运移高度的空间分异。对于以风蚀为主要过程的地段，需要采取风蚀控制技术；对于以堆积为主要过程的地段，需要采取防止沙尘堆积的控制技术；对于不同的沙尘颗粒流量和运移高度，所采取的防沙技术参数亦不同。整个城镇防沙工程技术体系，就是由这些有针对性的技术措施集成优化而建立的。

6.2.1　风沙灾害形成过程中的空间分异特征

狮泉河盆地内分布的是第四纪松散沉积物，由风力引起的土壤侵蚀、风沙流、沙尘沉积、沙丘前移和粉尘吹扬等风沙活动过程十分强烈。在盆地西部的盐碱地和沼泽地（I_1），由于盐分风化作用，土壤颗粒细而松散，加之地表平坦，且无植被阻挡，当通过戈壁区的偏西风形成的风沙流进入该区时，风沙流处于不饱和状态，故以土壤风蚀和风沙流为主。盆地的中部和东部斑状风积区（I_2）、风积灌丛沙堆区（I_3）、沙质草甸区（I_4），地表沙物质丰富，地形起伏不平，并生长稀疏的灌木植被。由西部进入的风沙流在此极易被削弱，转变为过饱和风沙流而发生沙尘沉积，并形成零星分布的流动沙丘和灌丛沙丘，故以风沙沉积和沙丘前移为主。在沙砾质戈壁区（Ⅱ），地形平坦，沙尘源供给相对不足，由西部和中部而来的风沙流到达该区后经常处于不饱和状态，形成强烈的土壤风蚀。在山前沙砾质丘陵区（Ⅲ），由于表层土壤含细颗粒成分较少，地貌部位高，风力大，过境风沙流一般处于不饱和状态，以土壤风蚀为主。局部出现的片状流沙（$Ⅲ_4$）或舌状流沙（$Ⅲ_1 \sim Ⅲ_3$），主要是风沙流运行过程中受到地形阻塞、弯道绕流和山嘴背风涡流形成的。在剥蚀石质山地区（Ⅳ），除局部因地形变化和植被阻挡，存在一些风沙沉积和沙丘前移过程外，大部分地区以风蚀和戈壁风沙流过程为主。

下垫面差异不仅引起风沙流饱和度变化，同时对沙尘颗粒的运动高度和输移量也产生决定性的影响。理论分析和风洞实验研究表明，颗粒起跃角的大小决定了沙尘颗粒运动高度（Zou et al., 1999），而颗粒起跃角主要决定于地表被撞颗粒的大小。被撞颗粒越大，平均起跃角就越大，反之则小（邹学勇等，1995）。狮泉河盆地的地表砾石含量多，决定了风沙流的高度远大于沙质地表。用地面以上 $0 \sim 2cm$ 与 $8 \sim 10cm$ 高度的输沙量比值，能够反映戈壁和流沙地表风沙流随高度衰减的趋势（图 6.8），戈壁风沙流随高度衰减的速度显著小于流沙地表。输沙量是城镇防沙工程中一个十分重要的参数，它涉及防沙工程效率是否满足防护目标。对狮泉河盆地内不同下垫面的实地观测和计算表明，流沙地、河滩地、粗戈壁（粗大砾石较多的沙砾质土地）、细戈壁（中小粒径砾石多的沙砾质土地）地区的年平均输沙量分别为 $75.1m^3/m$、$12.8m^3/m$、$65.4m^3/m$、$3.4m^3/m$（图 6.9）。

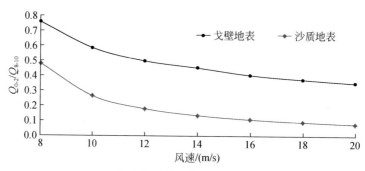

图 6.8　戈壁与流沙地表风沙流随高度衰减

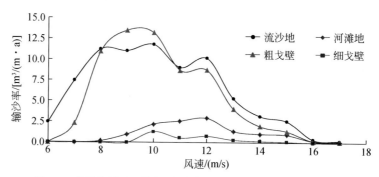

图 6.9　狮泉河盆地不同地表在各风速等级下的年平均输沙率

6.2.2　单项工程技术的选择

1. 机械措施

机械措施是指采用作物秸秆、树枝、砾石、板条、尼龙网等材料，在地面上设置各种形式的障碍物，以此削弱贴地层风速、控制风沙流动方向、速度和结构，改变地表蚀积状态，达到防风阻（固）沙的目的。狮泉河盆地自然环境恶劣，机械沙障虽然寿命较短，但它在植被重建初期对植物幼苗的保护必不可少。根据狮泉河盆地自然和经济社会条件，以及交通运输困难等实际情况，机械措施以砾石沙障为主。采用砾石沙障作为机械措施主要基于以下原因：①从材料方面看，工程区海拔高，气候干寒，运输困难，缺少作物秸秆和乔灌木等用于设置半隐蔽式或高立式沙障的材料。若选用尼龙网或其他人造材料，因价格和运费高昂而大幅提高工程造价。狮泉河盆地内砾石丰富，用砾石沙障可以就地取材，降低成本。②从施工角度看，狮泉河盆地地形平坦，修筑高大砾石沙障可采用机械施工，能大大提高施工效率。③从使用寿命看，砾石沙障由砂石和块石构成，抗风蚀、雨水冲刷和风化作用能力强，使用寿命至少达 10 年，远高于其他机械措施。④从防护效果看，砾石沙障可以建造得比较高大，适合抑制戈壁风沙流。砾石沙障的作用主要体现在增大地表粗糙度，降低贴地层风速（表 6.3），减小气流挟沙能力，抑制地表起沙起尘，促使来自上风向戈壁区的沙尘颗粒沉降堆积；同时有效保护砾石沙障间种植的林草幼草，免遭风沙流侵袭、沙割及沙埋，为人工重建的林草植被创造良好生长环境。砾石沙障的预期寿命不少于 10 年，能够与人工重建的林草植被发挥正常防护功能的时间相衔接。当防护林带成林后，残存的砾石沙障可以与林带一起构成整个防护体系的空间骨架，增强防护作用[①]。

表 6.3　单行砾石沙障（高 1.2m）对贴地层风速的影响

沙障下风向距离（H）	旷野风速 17m/s 时，地面上 10cm 处风速/（m/s）	旷野风速 20m/s 时，地面上 10cm 处风速/（m/s）	地面上 10cm 处的起沙风速/（m/s）
3	1.63	1.92	
5	1.43	1.68	
9	1.94	2.28	
10	2.14	2.52	3.5~4.8
12	2.45	2.85	
15	2.92	3.34	
>28	17.00	20.00	

　　根据城镇防沙工程设计原则，兼顾地形对引水渠的影响，以及砾石沙障与水渠的位置关系，在计算狮泉河盆地多年平均主害风向、风速和输沙率的基础上，确定砾石沙障的技术参数（表 6.4）。在狮泉河盆地戈壁地表的实地观测结果显示，地表以上 2m 高处的风速为 8.46m/s 时，0.2m 高度以下的输沙量占总输沙量的 88%，0.5m 以下高度的输沙量占总输沙量的 97% 左右，0.8m 以上高度的输沙量不足总输沙量的 1%。即使在强风天气条件下，约占总输沙量的 90% 的沙粒仍集中在 1m 以下。据此，紧邻狮泉河镇的第一期防沙工程，砾石沙障设计为高度（H）1m、底宽 2m 的等腰三角形，间距为 10H。从第二期工程起，将砾石沙障参数修改为高 1.2m、底宽 1.65m 的等腰三角形，这样有利于减少砾石沙障本身的占地面积和土石方工程量；同时，增大砾石沙障的高度和间距、减少砾石沙障的总数量和占地面积，可以提高土地资源的有效利用率，维持工程区可持续发展能力。在建造砾石沙障时，为了节约投资，可以将工程区内的沙砾石和卵石作为砾石沙障内部的材料，其比例可占到 50%~80%，砾石沙障外部特别是迎风面和顶部必须用块石或片石堆砌，块石或片石的比例占 20%~50%。用块石或片石对砾石沙障的表面进行覆盖，是为了使砾石沙障的坡角大于沙砾物质的休止角，并防止极端大风事件摧毁砾石沙障。

表 6.4　砾石沙障技术参数

工程期	高度/m	底宽/m	截面形状	横截面积/m²	走向/（°）	间距 H/m
第一期工程	1.0	2.0	等腰三角形	1.0	325	10H / 10m
第二期工程	1.2	1.65	等腰三角形	0.99	325	10H / 12m
第三期工程	1.2	1.65	等腰三角形	0.99	351	12H / 14.4m
第四期工程	1.2	1.65	等腰三角形	0.99	351	14H / 16.8m

---

① 邹学勇等. 1999. 狮泉河盆地第二期治沙工程施工设计（内部报告）. 1-23.

　　理论上，各类机械沙障走向与主害风向垂直时将取得最大防护效果，但在工程实践中，必须从全局的角度通盘考虑多种因素。狮泉河盆地的气候极端高寒干旱，配置于砾石沙障间的林草工程必须有必要的灌溉才能成活。在灌溉方式的选择上，根据狮泉河镇现有的经济技术条件和自然环境，以及防沙工程的后期维护成本，适宜采用修建引水渠，实行自流灌溉的方式。受周边山体的影响，盆地内不同位置的主害风向有所不同（图5.4a），为205°～270°。为了协调水渠和砾石沙障的走向，根据工程区地形和灌溉系统布局，第一期和第二期工程区的砾石沙障走向为325°，第三期和第四期工程区的砾石沙障走向为351°（图6.10a）。尽管砾石沙障走向与主害风向不垂直，但计算结果表明，这样的角度降低砾石沙障防护效率不足2.6%（图6.10b）。

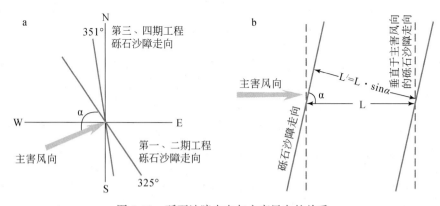

图6.10　砾石沙障走向与主害风向的关系

　　在工程实践中，在风向较单一的地区，需要平行布设多条沙障；在多风向地区，则应将多条沙障布设成格状。狮泉河盆地风向单一，各期工程均平行布设与主害风向接近垂直的砾石沙障。在多条平行砾石沙障的风洞模拟实验中，沙障间距为14H，在来流风速10m/s和15m/s的有限作用时间内，被风力携带的沙物质大多沉积在第一条沙障前后，第二条沙障附近有少量积沙，第三条沙障积沙更少。表明在多条沙障的连续作用下，风的挟沙能力迅速降低。因此，对于平行排列的沙障而言，如果经沙障的连续削弱作用后，来自上风向的近地层沙尘物质完全沉积于工程区内，而且绝大多数风力环境下除前几条沙障之外工程区地表都不会起沙，这样的沙障间距从防护效果的角度讲就是合理的。事实上，沙障的有效防护距离随风速而改变，使得沙障间距并不固定，合理的沙障间距需要综合考虑当地风力环境和地表状况等因素而定，其中风力环境是最主要的因素。狮泉河盆地戈壁地表现场观测表明，以2m高处的风速为标准，戈壁地表起沙风速为6.4～8.0m/s，现代冲积、风积区地表起沙风速约为6.0m/s。野外观测进一步表明，距地表2m高处的风速在绝大多情况下均小于11m/s，按照风洞实验中砾石沙障下风向10H处近地层风速降低37%计算，砾石沙障下风向10H处的风速约为6.9m/s，接近戈壁地表起沙风速。据此，第一期防沙工程将砾石沙障间距设计为10H，即10m；第二期工程砾石沙障间距也为10H，但砾石沙障高度增加了0.2m，间距为12m。在风洞模拟实验中，按砾石沙障下风向12H处贴地层风速降低27.5%计算，12H处的风速约为8.0m/s。在多条沙障组合的情况下，第三条砾石沙障下风向区域风速的实际降低值更大，意味着工程区0.5m高度处的风速值小于

6.0m/s，不再会有起沙起尘现象发生。根据城镇防沙工程的技术应用原则，第三期工程将沙障高度确定为1.2m，间距进一步增大到12H，即14.4m。考虑到第四期工程区紧邻其上风向的退化灌木林地和退化草地（第五期工程区），水土条件较好，灌草植被容易快速恢复，因此将第四期工程区砾石沙障间距进一步调整为14H，即16.8m，以节省工程量。

2. 生物措施

狮泉河镇防沙工程的生物措施主要是人工重建植被和人工促进退化植被恢复。第一期至第四期防沙工程区基本为裸露的沙砾质地表，已经无法通过自我修复的途径恢复植被，重新建植防护林带和林带间人工草地是唯一选择。从防治风沙灾害的角度，植被的作用表现在三个方面（图6.11）：一是覆盖地表，减少地表的可风蚀面积，当植被覆盖度超过60%时，地面就不会产生风蚀而发生起沙起尘现象（高尚玉等，2012）。二是分散贴地层的风动量，减弱到达地面的风力作用。据野外实测结果（司志民等，2016），草本植被覆盖度分别为85%、35%和20%时，地表2cm高度处的风速比64cm高度处的风速分别降低72.4%、67.1%和61.7%；对于1.5m高度的灌木防护林带，在林带下风向2、4、6m处，距离地表2cm高度处的风速比2m高度处的风速分别降低89.8%、87.4%、82.6%。三是植被不仅使冠层内及其下风向的风速大幅降低，显著减弱风的荷载能力，而且空气中沙尘颗粒被植株枝叶拦截后被迫沉降于地表。从改善环境的角度，植被具有的可再生性保证了其防护功能的长期有效性；通过茎叶的呼吸和光合作用，增加空气水分，吸收二氧化碳，增加氧气，改变小气候环境；枯枝落叶能增加土壤腐殖质含量，改良土壤。

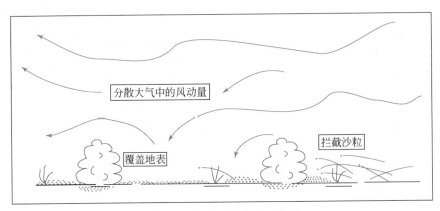

图6.11　植物防沙作用示意图

根据狮泉河盆地自然条件和前期引种试验结果，防沙工程中的生物措施主要包括人工重建防护林带和草地、人工促进片状灌木林和草地恢复。基于以下考虑，将植被建设作为狮泉河镇防沙工程的重点内容：①狮泉河镇防沙工程的最终目标是消除风沙灾害，使盆地内重建和恢复的生态系统进入良性循环，改善狮泉河镇周边的生态环境，变恶劣环境为宜居环境。②林草植被经过自然演替可以成为种群结构稳定、防护功能持久的工程措施，具有机械沙障无法实现的综合效益。③林草植被能够加速成土过程，提高土地生产力，与土地资源利用有效地结合起来，能够产生显著的经济效益，实现区域生态环境与经济社会可持续发展。由于新疆杨、北京杨、沙枣等树种在前期引种试验中未获成功，只有班公柳获得85%以上的成活率。因此，选择班公柳作为人工重建林带和部分片状林的树种。草种选择能够适应当地气候，具有耐寒、耐旱、耐贫瘠特性，且有饲用价值的披碱草。

在各期工程中，林带间距随砾石沙障参数的变化而改变，在计算狮泉河镇未来生产和生活用水与防沙工程灌溉用水合理分配的基础上，依据技术应用原则适当调整林带行数和株行距（表6.5）。综合考虑林带防护效率和营造林带成本，适宜采用双行林带，孔隙度为0.3~0.5防护效果最好（刘贤万，1995；Boldes et al.，2001）。按照每条林带的防护范围为6~15倍树高（周士威等，1987；Wu et al.，2013），班公柳林带在10年内树高达到3m时完全发挥防护效能计算，林带间距在18~45m是合理的。班公柳林带与砾石沙障主要设置在第一期工程区至第三期工程区，以及第四期东部工程区，这里均为平坦的沙砾质地表，地势相对高亢，但是较高的地下水位对成林后的班公柳生长有重要作用。第四期西部工程区，处于河流阶地面的沙砾质地表与第五期工程区以高河漫滩为主的沙砾质盐渍化土地的过渡地段，适宜人工促进恢复片状灌木植被。第五期工程区以退化灌丛和退化草地为主，地势较高的山前坡地局部存在灌丛沙丘。总体上，第五期工程区立地条件明显好于第一至第四期工程区，其中灌丛草地土壤潮湿，造林不需要灌溉，对于干旱缺水的灌丛沙丘地，因不具备渠道灌溉的条件，采取浇水车进行灌溉。

表6.5　班公柳林带技术参数

工程期	林带间距/m	行数	株行距/m	走向/(°)
第一期工程	15.0	2	0.5×0.8	325
第二期工程	24.0	1	1.0×0.5	325
第三期工程	40.2	3	1.0×1.0	351
第四期工程	47.4	3	1.0×1.0	351

在前期引种试验过程中，根据狮泉河镇防沙工程区内土壤、灌溉和气候等条件的特殊性，营造班公柳林带有一定的技术要求。为节省成本，采取扦插法建植。插条从2~3年生枝条上截取，粗2~3cm，长60~80cm，上端切口平滑，涂粘油漆以防蒸腾耗水，下端切斜，以利生根，插条表皮无伤。同时应贯彻"随割、随运、随插"的原则。植苗穴或植苗沟规格为宽0.5m、深0.5m。回填去掉砾石的沙土，在回填土之前，在栽植沟内放置一层地膜，以防灌溉水下渗。回填沙土过程中植入班公柳种条，再灌水压实回填土，然后在植苗穴地表覆盖一层砾石，砾石层略低于地表，利于灌溉和集流地表水（图6.12）。

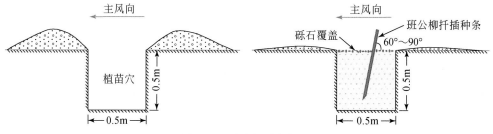

图6.12　班公柳种条扦插

为了提高扦插种条的生根和成活率，采用 75mg/L 生根粉溶液泡 30min，处理后及时扦插。采用生根剂处理后，插条成活率提高，生根速度相当于增加 1 年的生长期，这在自然条件严酷的狮泉河盆地极为重要。建植时间一般为每年的 4 月下旬至 5 月。植后 1 次足量灌水，湿土深度 50cm 以上。其后生长期 15 天灌水 1 次。扦插的班公柳种条，当年可长出 3~4 个枝条，长 30~50cm。由于生长期短，新生枝条木质化程度低，耐寒性差，特别是 4~5 月多大风天气，蒸发强烈，不利于新生枝条的存活。因此，在前 1~2 个冬春季需要采用塑料薄膜或草袋包扎种条的地上部分，次年生长期来临时再打开。生长初期 3~5 年的班公柳为灌木形态，在人工修剪弱势枝条后，保留一根壮枝，使其继续生长为高大乔木。隔株修剪之后，未修剪株继续保持灌木形态，这样就可以形成乔灌木复合结构的林带，有利于实现最佳防护功能。班公柳属于半乔木半灌木植物，因初期建植密度大，进入成熟期后，可能存在生长衰退现象，需要隔株间伐灌木形态的班公柳，恢复班公柳长势，继续保持林带的乔灌木复合结构。

防护林带和牧草带相结合是理想的防沙工程模式。但是，狮泉河盆地不仅植被稀疏，而且植物种类较少，这给防沙工程中的植被重建带来困难。狮泉河盆地典型的草本植物乡土种主要有固沙草、蒿草、薹草等（李胜功，1994），它们可以作为固沙先锋植物。考虑到狮泉河镇防沙工程区的立地条件、利用价值和种质资源，选择引种成功的披碱草作为人工草地的草种。披碱草人工草地分布在砾石沙障之间经过适当整地后的裸露沙砾地。根据前期引种试验，披碱草人工草地的草种用量 15kg/亩，草种质量按 I、II 级标准。播种期 4 月下旬至 5 月，播种前采用变温处理解除草种休眠，将种子放入温水浸泡 1 天捞出，白天在阳光下暴晒，夜晚淋水保持种子湿度，过 2~3 天后使用辛硫磷拌种播种，以防鼠害。采用撒播法播种，播前灌足底水，撒播草种后，耙耕翻土覆盖。为了促进当年幼苗生长，在播种前施用磷二胺和尿素 8kg/亩作底肥，在幼苗期和生长前期追施氮肥增加牧草产量；对于有盐渍化现象的地块施用硫酸铵以中和碱性。出苗期 10 天灌水 1 次，灌后覆盖草袋以减少蒸散。出苗后每月灌水 1 次。充足水量比少量多次灌溉效果要好，湿土深度超过 20cm 为宜。对缺苗或过稀地块，及时补苗，保证牧草覆盖完整。披碱草为多年生牧草，在播种 5~6 年后，如果产草量开始下降，应考虑重播更新；在水土条件较好的地块，披碱草有自我更新能力，一次播种后可长期利用。

草地改良工程在第四期西部工程区和第五期工程区内，主要针对已经发生中度-重度沙质荒漠化的草地。草地改良的目的是增大地表植被覆盖度，控制起沙起尘，消除城镇上风向距离较远处的沙尘来源。首先，在草地改良期间实行封育，禁止牲畜啃食践踏。其次，在不破坏或尽量少破坏原有草地植被的情况下，通过松耙、浅耕翻、补播覆土等农艺措施，补播披碱草种子，草种用量 8~10kg/亩。最后，由于退化草地的土地肥力很低，不利于补播牧草生长和草地植被恢复，需要通过适当施肥提高牧草产量和品质，增加土壤腐殖质以改善草地土壤的理化性质。通过人工补播改良退化草地，其播种方法和程序与人工草地建植相同。

3. 辅助措施

狮泉河镇防沙工程的主体是砾石沙障和林草工程。辅助工程包括水利工程、苗圃和围栏网工程，是整个防沙工程体系必不可少的组成部分，它们各自发挥着十分重要的作用。

狮泉河盆地气候极为干旱，仅靠自然降水无法满足林草正常生长。除狮泉河沿岸地下水埋深较浅外，砾石沙障工程区的地下水位在 1～12m，若没有必要的灌溉措施，在林草植被建植初期难以直接利用地下水，不能保证林草植被的成活和正常生长。因此，建立灌溉体系是保障林草工程获得成功的先决条件。根据对狮泉河镇防沙工程区的地形测量和工程地质条件调查，并考虑整个防沙工程体系建成后的维护成本，采用明渠引用狮泉河河水进行自流灌溉的方案。由于工程区都是松散沙砾质沉积物，内休止角在 32°～35°，不适宜采用矩形或 U 形渠道断面。根据前期试验结果，梯形断面的浆砌块石渠道是最廉价和实用的。尽管盆地内的冬季气温和地温很低，但沙砾质沉积物不易富水，冻融作用相对较弱。冬季将渠道内的水排干，并且在建造水渠时每间隔 10～20m 留 2～3cm 的伸缩缝，渠道即可免受冻融作用的破坏。

　　苗圃建设是植物防沙工程的基础和保障，承担着为各期工程提供种苗的任务，关系着狮泉河盆地防沙工程的成败。根据狮泉河镇防沙工程所需班公柳种条的数量，需要建设苗圃约 543 亩。苗圃内班公柳的种植密度以株行距 0.5m×1.5m 为宜，采用扦插法育苗，其成活率一般可达 85% 以上。扦插班公柳在第二年起根部开始萌蘖并以丛生形式生长，其生长速度较快，扦插后 5 年植株高度可达 2m 左右，每株冠幅 2m 以上，可以提供充足的种条。

　　网围栏广泛使用于保护草场和其他重要工程。狮泉河盆地生态系统极为脆弱，人工重建的植被和改良的草地必须得到充分保护才能获得成功，否则很容易遭受破坏而功亏一篑，对防沙工程区全面实施围栏保护是一项必要的措施。网围栏采用水泥桩立柱或者角钢立柱，间距 10m，可成套购买。

6.3　防沙工程目标与布局

　　狮泉河镇防沙工程是第一次在极端高寒干旱环境下实施的大规模防沙工程，也是一项分期实施的永久性的环境重建、恢复和完善的生态工程，类似的工程在国际上尚未报道。由于狮泉河盆地自然条件恶劣，防沙工程技术难度和工程量都很大，城镇防沙工程体系处于探索阶段。因此，采取由近到远、由小到大，共五期治理工程，分阶段制定工程目标、布局和实施，由城镇向上风向外围逐渐推进、最终治理全部沙尘源地。这样有利于在工程实施过程中及时总结经验教训，不断完善技术，避免因失误而造成巨大损失。

6.3.1　工程目标

1. 总体目标

　　尽管狮泉河镇在规模上属于一般城镇，但考虑到其政治、军事和在区域经济发展中的特殊作用，将狮泉河镇防沙工程的治理目标提高到重要城镇的级别。本着因地制宜、因害设防、就地取材、节约开支的原则，通过机械工程、生物工程和辅助工程，建立具有综合功能、寓防治用于一体的防护体系；全面重建和恢复受损生态系统，控制盆地内的土壤风蚀、风沙流、沙丘前移等一系列风沙灾害，消除狮泉河镇的风沙危害；使盆地内的土地资源得到合理利用，提高生态环境与居民生产生活环境的质量，促进经济社会持续发展。

2. 阶段目标

第一期工程区面积 1350 亩（1 亩 ≈ 666.67 m²），占整个城镇防沙工程区总面积的 1.8%，是应急和试验性工程，目标主要是切断风沙流对城镇的直接入侵，试验砾石沙障的防护效果和班公柳等植物的引种，为后续工程争取时间，积累经验，奠定技术基础。

第二期工程在第一期工程各项技术试验的基础上，初步构建"砾石沙障+防护林带+人工草地+灌溉系统"四位一体防护技术体系，切断风沙对狮泉河镇的侵袭路径。第二期工程区位于第一期工程区西部，是狮泉河镇主体防沙工程之一，总面积 11553 亩，占整个城镇防沙工程区总面积的 15.7%，其中：砾石沙障占地面积 1454 亩，林带面积 1397 亩，草地面积 7580 亩，苗圃 100 亩，人工湖面积 876 亩，其他设施占地面积 146 亩。工程实施后与实施前相比，因风沙天气造成的重度及以上污染天数减少 30% 以上，风沙天气过程中 TSP、PM_{10} 和 $PM_{2.5}$ 的年平均和 24 小时浓度分别在国家规定的二级浓度限值的 3 倍以下。

第三期工程区位于第二期工程区的南侧，汲取以前的成功经验，改善"砾石沙障+防护林带+人工草地+灌溉系统"四位一体防护技术体系，切断风沙对狮泉河南岸噶尔县城的侵袭路径，使之与第一和第二期工程共同组成狮泉河盆地东部地区的防护屏障。第三期工程是狮泉河镇主体防沙工程之一，总面积 10130 亩，占治理工程区总面积的 13.8%，其中：砾石沙障占地面积 1192 亩，林带面积 552 亩，草地面积 8386 亩。第三期工程通过减少班公柳林带数量，降低地表水资源的消耗量；增加人工草地面积，进一步提高土地有效使用率，同时达到降低工程造价、提升投入产出比的目的。工程实施后与实施前相比，因风沙天气造成的重度及以上污染天数减少 45% 以上，风沙天气过程中 TSP、PM_{10} 和 $PM_{2.5}$ 的年平均和 24 小时浓度分别在国家规定的二级浓度限值的 2.5 倍以下。

第四期工程区位于第二和第三期工程区的西部，处在承上启下的位置，工程区面积 23689 亩，占治理工程区总面积的 32.3%。针对工程区内的多种立地条件采取相应的技术措施，在尽量控制林草工程灌溉用水量的前提下，建立人工植被生态系统，提高土地资源生产力，进一步改善盆地的生态环境，促进工程区脆弱生态系统向良性循环方向发展。第四期工程包括：砾石沙障占地面积 819 亩，林带面积 519 亩，片状林面积 5977 亩，人工草地 12143 亩，人工改良草地面积 4231 亩。工程实施后，将固定工程区内的沙尘源地，消除风沙对狮泉河镇的危害，与前三期工程共同组成狮泉河镇上风向的防护屏障。工程实施后与实施前相比，因风沙天气造成的重度及以上污染天数减少 60% 以上；风沙天气过程中 TSP、PM_{10} 和 $PM_{2.5}$ 的年平均和 24 小时浓度分别在国家规定的二级浓度限值的 2 倍以下，达到重点城市的防护目标。

第五期工程区位于狮泉河镇防沙工程区上风向的最外围，工程区总面积 26709 亩，占整个治理工程区总面积的 36.4%。第五期工程造林总面积 15701 亩，补种草地面积 11640 亩（造林地和补种草地有部分重叠）。其中，在原有灌丛沙地（丘）上以补栽灌木为主的造林面积 3576 亩；在原灌丛草地上补植造林面积 12125 亩，林间植草、补植和改良草地面积 11640 亩。工程实施后，将固定工程区内最后的沙尘源地，消除风沙对狮泉河镇的危害，与前四期工程共同组成完善的狮泉河镇防沙工程体系，实现工程区生态系统的良性循环，达到永久性地消除狮泉河镇风沙灾害的目标。工程实施后与实施前相比，因风沙天气造成的重度及以上污染天数减少 70% 以上；风沙天气过程中 TSP、PM_{10} 和 $PM_{2.5}$ 的年平均和 24 小时浓度分别在国家规定的二级浓度限值的 1 倍以下，超过重点城市的防护目标。

6.3.2　工程布局

1. 总体布局

根据狮泉河镇防沙工程的总体目标和阶段性目标，工程区布局在狮泉河南岸的沙砾质冲积沉积区，范围从狮泉河镇以西到盆地西部出口，总面积 48.85km²，共分 5 期工程实施（表 6.6，图 6.13）。在空间布局上，作为狮泉河镇防沙工程主体技术的"砾石沙障+防护林带+人工草地+灌溉系统"防护体系，布置在狮泉河镇上风向，狮泉河南岸地下水位较低、距离狮泉河镇较近的沙砾质地表区，增强对城镇的防护功能；人工建植片状林、人工恢复退化草地和灌木林地植被的技术，主要布置在距离狮泉河镇较远的上风向外围区域，消除经过较长距离输移到城镇上空的沙尘颗粒。在防护技术上，用砾石沙障削弱贴地层风速，降低气流的挟沙能力，保护林草植被幼苗，迫使空气中的沙尘颗粒沉降；以班公柳林带作为削弱低层风速、阻截沙尘输运的长期防护措施；以人工种植披碱草和恢复退化草地植被，长期固定和保护地表，防止起沙起尘，恢复土地生产力；用灌溉系统保证林草植被正常成活和生长（图 6.14）。

表 6.6　狮泉河镇各期防沙工程区范围与面积

工程分期	东界	南界	西界	北界	总面积/亩	占工程区总面积比/%
第一期	狮泉河镇西侧	军分区发讯台	距东端 500m	狮泉河	1350	1.8
第二期	发讯台以西	狮普公路	草原站	狮泉河	11553	15.7
第三期	一期西端	距北界 1.5km	草原站	二期南界	10130	13.8
第四期	二三期西端	狮普公路南	五期东端	狮泉河	23689	32.3
第五期	四期西端	狮普公路南	盆地西端	狮泉河	26709	36.4
合计					73431	100.00

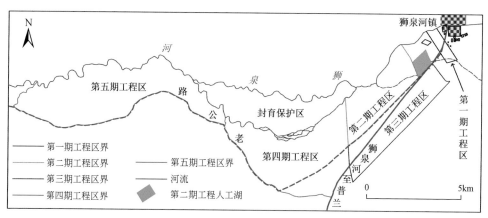

图 6.13　狮泉河镇各期防沙工程区位置

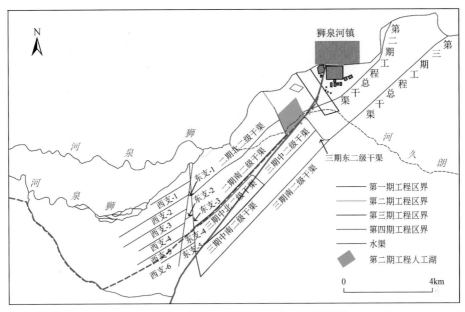

图 6.14　狮泉河镇防沙工程的灌溉系统布局

2. 阶段布局

第一期工程区以狮泉河镇西南 20m 为起点，向西南延伸 500m。北起狮泉河，南至军分区发讯台，长 1800m、宽 500m（图 6.15）。以工程区西南为起点，向东北 200m，布置 20 条高 1m、底宽 2m 的砾石沙障，间距 10m。从最后一条砾石沙障向东北 300m，布置 20 条防护林带，带间距 15m。东北部修建引水渠，灌渠配置在林带间。

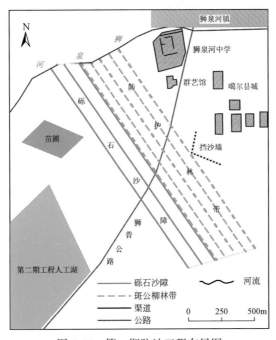

图 6.15　第一期防沙工程布局图

　　第二期工程区位于狮泉河以南、狮泉河镇至普兰县公路以北、发讯台以西、草原站以东的沙砾质地表区域，总面积11553亩（图6.16），是狮泉河镇风沙灾害的关键通道。以独立山包为界，将整个工程区划分为东、西两段。东段为人工湖876亩，苗圃100亩，以及城镇边缘绿化美化带；西段为砾石沙障与林草工程区，共设置砾石沙障416条，总长度58.76万m；班公柳林带216行，总长度31.04万m；牧草带面积7580亩。从狮泉河上游距狮泉河镇约2km处至人工湖修建一条总干渠，经人工湖蓄水、调节后由横贯西段工程区的南、北两条二级干渠提供林草工程的灌溉用水。其中总干渠长4640m，二级干渠总长9709m（南二级干渠长4711m，北二级干渠长4998m），林草地毛渠总长585790m。

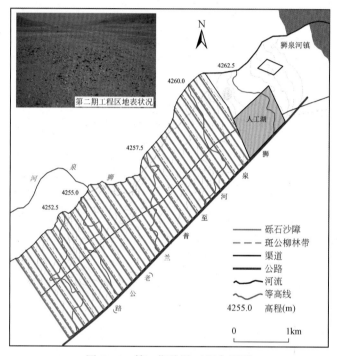

图6.16　第二期防沙工程布局图

　　第三期工程区位于噶尔县城以西、狮泉河镇至普兰县公路以南，东西长6000m，平均宽1200m，总面积10130亩（图6.17），是狮泉河镇南部建成区（以噶尔县城为主）风沙灾害的关键通道。第三期工程与第一、二期工程相衔接，共同组成狮泉河盆地东部地区的防护体系，切断盆地西部风沙向东运移的路径。同时，将防沙工程和土地资源利用有机地结合起来，提高土地利用效率和经济价值。第三期工程共设置砾石沙障366条，总长47.97万m；班公柳林带146条，总长度15.97万m；牧草带面积8386亩。距第三期防沙工程区东端5608m处狮泉河左岸选择引水口，修建一条长5408m的总干渠，将狮泉河水引至第三期工程区。在工程区内修建长1366m的东干渠和长2640m的中干渠，以及长度分别为3160m、2998m和3106m的南二级干渠、中南二级干渠和中北二级干渠。为了方便灌溉，修建总长度达479652m的支渠。

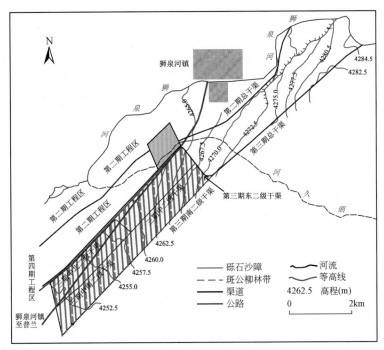

图 6.17　第三期防沙工程布局图

　　总体布局上，第四期工程区东部与第二、三期工程区相衔接，西部与第五期工程区相邻，工程区面积 23689 亩（图 6.18）。与前三期工程区内单一的沙砾质立地类型不同，第四期工程区内土地类型多样，既有裸露的沙砾质土地，也有灌丛沙地（丘）、盐渍化土地，还有退化灌木林地和湿地。对于不同的立地类型，布局不同的技术措施。在东部沙砾质立地类型区，建立"砾石沙障+防护林带+人工草地+灌溉系统"防护体系，共设置砾石沙障 134 条，总长度 33.07 万 m；班公柳林带 46 条，总长度 115230m；砾石沙障之间建植披碱草植被。在高河漫滩、退化灌木林和沙砾质盐渍化土地区，利用地下水埋深浅的有利条件，补栽班公柳，人工建设合理密度的片状灌木植被，作为工程区最重要的绿色屏障。在沙砾质盐渍化土地区，建设人工草地植被覆盖地表。在片状流沙、严重退化草地和灌丛沙地（丘），以封育和补播为主，逐步恢复植被。

　　第五期工程区位于狮泉河盆地第四期防沙工程区以西，北以狮泉河南岸为界，东西长约 9.9km，南北最大宽度 2.8km，总面积 26709 亩（图 6.19）。工程布局上，充分利用工程区宜林和宜草的优势，建立林草结合的防护工程体系。在灌丛沙地（丘），建造片状灌木林；在水分条件好的灌丛草地，建立灌草结合的片状防护区；在退化草地，恢复和重建草地植被。整个第五期工程都以恢复和重建片状灌草植被、片状草地植被为主，与其下风向的第四、第三、第二和第一期工程区相互衔接，组成狮泉河盆地完备的防护体系。

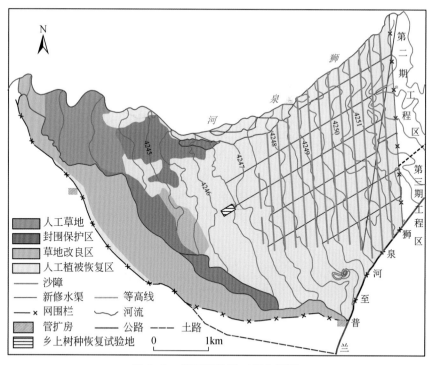

图 6.18　第四期防沙工程布局图

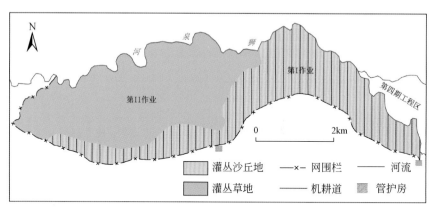

图 6.19　第五期防沙工程布局图

6.4　工程技术体系

　　根据狮泉河镇风沙灾害的成因和危害特征、自然环境和经济社会条件，在合理选择单项技术的基础上，依据防护目标、总体工程布局和各阶段工程布局，首先构建狮泉河镇防沙工程技术体系的总体框架，然后依据城镇防沙工程设计原则，对各单项技术进行集成和技术参数优化，形成科学的工程技术体系。

6.4.1　工程技术体系总体构架

构建狮泉河镇防沙工程技术体系的最大困难，是在极端高寒干旱气候，大面积裸露沙砾质地表，以及强烈戈壁风沙流的环境下，无法直接重建和恢复植被，必须首先建立能够有效抑制风沙流的工程体系。砾石沙障不仅能够有效降低贴地层风速、阻截低层风沙流，为初期重建的植被提供有效保护，而且具有施工简便、寿命较长，就地取材、造价低廉的特点。因此，砾石沙障在狮泉河镇防沙工程技术体系的总体构架中是一项不可或缺的技术措施。在砾石沙障工程体系的保护下，人工重建植被初期的林草幼苗避免了风沙流的强烈打击和沙割等危害，为植被重建和恢复创造良好生境。

城镇防沙不仅要消除风沙流和沙丘前移对城镇的危害，还要削弱甚至消除中低空沙尘颗粒物对城镇上空大气的污染。这就要求在防止工程区土壤风蚀的前提下，降低向城镇输送的中低空沙尘颗粒物浓度。就目前的技术水平，提高草本植被覆盖度是控制土壤风蚀的有效方法（Normile，2007），建立相对高大的乔灌木林带是降低中低空沙尘颗粒物浓度的最佳技术手段。鉴于此，狮泉河镇防沙工程选择适合当地生长的披碱草作为人工重建草本植被的植物种，班公柳作为人工重建林带的植物种，在砾石沙障之间经过适当整理的土地上建植林草植被，使人工草地植被成为保护土壤和吸纳沉降沙尘颗粒的低层覆被，促进成壤过程；林带和砾石沙障共同成为贴地层和中低空沙尘颗粒的拦截屏障，组成狮泉河镇防沙工程的空间骨架。

考虑到狮泉河盆地降水稀少，自然降水无法满足林草植被的正常生长，必须增加灌溉措施。根据流经工程区的狮泉河径流量及其季节变化，在计算城镇未来发展规模情景下的生产和生活用水量的基础上，制定科学的灌溉制度，合理分配防沙工程的用水量。综合考虑防沙工程的造价和后期维护成本，建立引水自流灌溉的渠道系统，为林草植被提供必要的灌溉条件，保证林草植被的正常生长和防护功能发挥。

基于上述思想，狮泉河镇防沙工程的总体构架是"砾石沙障+防护林带+人工草地+灌溉系统"四位一体防护技术体系（图6.20）。

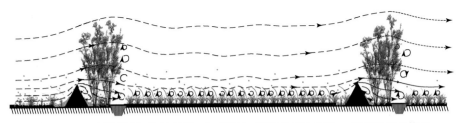

图6.20　"砾石沙障+防护林带+人工草地+灌溉系统"四位一体防护技术体系

6.4.2　砾石沙障工程体系

根据戈壁风沙流结构特征和砾石沙障的防风阻沙原理，考虑到砾石材料的特性，第一期防沙工程将砾石沙障设为高 1m、底宽 2m 的三角形，砾石沙障间距为 10H，共设置 20 条。每条砾石沙障之间可积沙的容积 16200m³；沙障内平均降低风速 37%，风速低于沙砾质地表起沙风速。根据流沙地、河滩地、粗戈壁、细戈壁地表年平均输沙率（图 6.9），以及这四种地表类型所占断面长度计算，第一期工程区平均输沙率 19.7m³/（m·a），在 1800m 宽度内的总输沙量 35382m³/a。5 年内在第一期工程区砾石沙障内的积沙量可达 176911m³，8 年内积沙量达 283058m³。在第一期工程区上风向区域没有实施任何防沙工程情形下，上风向前缘的 3 条砾石沙障一般会被积沙填满，此后的下风向砾石沙障间会被积沙不同程度地充填。如果第一期工程的砾石沙障发挥功能时间按 5 年计算，且上风向前缘 3 条砾石沙障被积沙填满，其他 17 条砾石沙障间的积沙体积平均占砾石沙障之间可积沙容积的约 46.6%；如果按 8 年计算，且上风向前缘 3 条砾石沙障被积沙填满，其他 17 条砾石沙障间的积沙体积平均占砾石沙障之间可积沙容积的约 85.0%。考虑到某些特殊地段输沙量较大或有外部不利因素介入，积沙到达的距离可能更远，积沙量更大。即便如此，设计 20 条砾石沙障也是足够的。

第二期防沙工程尽可能减少砾石沙障占地面积，增加砾石沙障间的人工草地，提高土地资源有效利用率；加大林带间距，降低用于灌溉的狮泉河水引用量，达到全面重建植被的目的。因此，采用平行排列的多行高大稀疏型砾石砂障。砾石砂障高 1.2m，底宽 1.65m，横截面呈等腰三角形，材料为块（砾）石。为了兼顾灌溉系统对地形条件的要求，砾石砂障走向 325°，与主风向之间存在约 77° 夹角，与垂直于主害风向的理论最大防护效率相比减小不足 2.6%。砾石沙障理论有效防护距离为 10H，即 12m，扣除夹角的影响，实际有效防护距离为 11.7m，在多行沙障平行布设时，这种影响可以忽略不计。砾石沙障间距按 10H 计算，第二期工程共设立砾石沙障 416 条，总长度 587600m，占地 1454 亩（图 6.16）。

第三期防沙工程区的立地类型和第一、二期工程区基本相同，在汲取前两期工程经验基础上，第三期工程采取与第二期工程相同的防沙技术体系，但进一步加大了砾石沙障的间距，减小砾石沙障的占地面积。第三期工程的砾石沙障规格和材料结构与第二期的相同。在建造砾石沙障时，为了降低工程造价，将工程区内的砾石和卵石筛选出来，作为沙障内部的材料，其比例约占 50%。沙障外部特别是迎风面和顶部用块石或片石堆砌，块石或片石的比例约占 50%。受盆地周边山体影响，第三期工程区的主害风向与第二期工程区不同（图 5.4a），为了兼顾地形和渠道灌溉，砾石沙障走向 351°，与主害风向呈约 81° 夹角。第三期工程的砾石沙障设计参数做了适当改变，在配置上将砾石沙障间距增加至 12H，即 14.4m，共设置砾石沙障 366 条，总长度 479652m。建造砾石沙障所用砾（卵）石和块（片）石分别取自第三期工程区内、外，石方量各为 237428m³。与第二期工程相比可减少 18.0% 的石方量，不仅节约大量投资，同时也不会降低工程质量。

第四期工程区处于整个狮泉河镇防沙工程区的中间位置，上风向与第五期工程区相接，下风向比邻第二期和第三期工程区（图 6.13），面积约相当于第二期和第三期工程区的总和，具有承上启下的作用。第四期工程区的立地条件呈多样化特点（表 6.7），不同的立地类型所采取的工程措施有所不同（图 6.21）。在工程区东北部的第 I 作业区，立地类型与第二、三期工程区的沙砾质戈壁相同。基于第二、三期工程的成功经验，在第 I 作业区仍采用"砾石沙障+防护林带+人工草地+灌溉系统"的技术体系。砾石沙障采用高大稀疏型，沙障横截面呈高 1.2m，底宽 1.65m 的等腰三角形。在建造砾石沙障时，将工程区内的沙砾石和卵石作为沙障内部的材料，其比例约占 80%。砾石沙障外部特别是迎风面和顶部用块石堆砌，块石的比例占 20%。考虑到地形对修建灌渠的影响，砾石沙障的走向与第三期工程砾石沙障走向一致，为 351°。由于裸露沙砾质戈壁区紧邻稀疏灌木林地下风向，为了减小工程量和砾石沙障占地面积，将砾石沙障的间距进一步扩大为 14H，即 16.8m。共设置砾石沙障 134 条，总长度 330720m，占地 819 亩。

表 6.7　第四期工程区立地类型及其面积

地表类型	裸露沙砾质戈壁	稀疏灌木林地	密灌木林地	高河漫滩	沙质盐渍化地	沙砾质盐渍化地	湿地	退化草地	灌丛沙地	合计
面积/亩	8375	2186	1096	696	1680	3881	1144	4231	247	23536

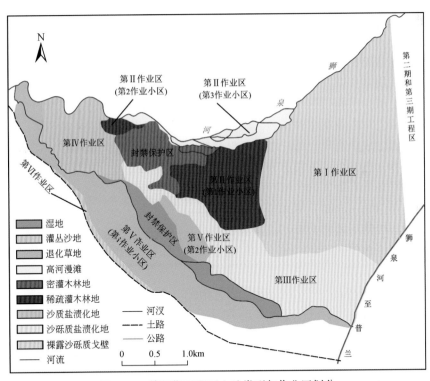

图 6.21　第四期工程区立地类型与作业区划分

第五期工程区位于狮泉河下游，地下水位较高，水土条件较好。主要为灌丛沙地（丘）和灌丛草地，无建立砾石沙障防护体系的必要。

6.4.3　防护林工程体系

在第一期工程的砾石沙障下风向 300m 范围内营造多行疏透结构的班公柳防护林带，

林带走向与砾石沙障平行，带间距离 15m，每带 2 行，株行距 0.5m×0.8m，呈"品"字形种植。狮泉河盆地自然条件严酷，扦插的班公柳若不采取保护措施很难成活，故采取以下两种试验措施：一是包扎法。种条扦插后，生长 3～4 个月，至 9 月中下旬落叶之后，采用塑料薄膜或草袋对地上部分进行包扎，到翌年生长季开始再打开。保护 1～2 个冬季，以便使幼苗适应当地环境。二是埋土法。越冬植株采用沙土掩埋，埋土 0.5m，冬季防冻，春季防旱。这两种方法，虽然实施中需大量人力物力，但在引种种植的试验阶段是必要的。

第二期工程中班公柳林带的主要作用是构建防沙工程的空间框架，提高防沙工程的防护范围。林带采用多行疏透结构，每行株间距 0.5m。林带走向与沙障平行，位于砾石沙障下风向 3m 处。班公柳林带成林后，林带高度可达 3m 以上，有效防护距离不低于 30m。为了与砾石沙障配合，强化防护效果，确定林带间距 24m，即每隔 2 条砾石沙障营造 1 条林带。在工程前沿西端，风力最强，林带加密营造，砾石沙障和林带的配置为：西端前沿第 1、2 条砾石沙障间配置 4 条林带，带间距 3m；第 2、3 条砾石沙障间配置 3 条林带，带间距 4m；第 3、4 条沙障间配置 2 条林带，带间距 6m；第 4 条沙障后 3m 处营造林带 1 条，随后按 24m 间距营造林带。班公柳林带共计 216 条，总长 310422m。

第三期工程的防护林建设重点考虑了以下因素：一是从长远的观点出发，考虑到狮泉河城镇未来发展用水，以及各期防沙工程用水需要，扩大了砾石沙障和林带的间距，增加了林带的宽度，减少了林带的条数，从而达到减少灌溉用水和防沙工程体系更加合理的目的。二是根据班公柳在前期引种试验，以及在第一、二期工程应用中成活率、生长状态和防沙效果等方面的成功表现，第三期工程仍然选择班公柳作为林带树种。由于当地土生树种秀丽水柏枝和变色锦鸡儿等没有育苗和种植成功的先例，且生长缓慢，因此暂不选用。第三期工程的每条林带为 3 行，株行距 1m×1m，林带宽度 3m。在合理修枝情况下，可确保林带孔隙度在 30%～50%，并取得最佳防护效益。林带走向为 351°，与砾石沙障平行。林带营造于砾石沙障下风向 1.5～3.5m 处，防护林带间距被进一步加大，每隔 3 条砾石沙障营造 1 条林带，林带间距 43.2m。第三期工程建设防护林带 146 条，总长度 159660m，占地面积 552 亩。

第四期工程区中的第 I 作业区，每隔 3 条砾石沙障营造 1 条班公柳林带（图 6.22），走向和沙障平行，林带间距进一步加大到 47.4m。林带布置在砾石沙障下风向，距沙障底边 1.5～3.5m，每带三行班公柳，株行距 1m×1m。防护林带共 46 条，总长度 115230m，占地 519 亩。第 II 作业区、第 III 作业区和第 VI 作业区，分别为稀疏灌木林地、高河漫滩地和灌丛沙地（丘），通过人工造林和人工促进恢复技术，形成片状防护林（表 6.8）。其中稀疏灌木林地和灌丛沙地（丘）采用补栽方式造林（图 6.23），在造林过程中对原有灌木和灌丛严加保护。造林树种仍为班公柳，用扦插法建植，选用班公柳 3～4 年生枝条截取插条，长 60cm，粗 1.5cm 以上，上端切口取平并涂沾油漆，防止蒸腾过度，下端切口取斜，以利生根。将插条用 75mg/L 生根粉溶液泡 30min 后及时植入土中 40cm，地上留 20cm，插条与地面基本垂直。对于生长良好的灌木林和现存湿地采取封育保护措施，避免遭受人为破坏。

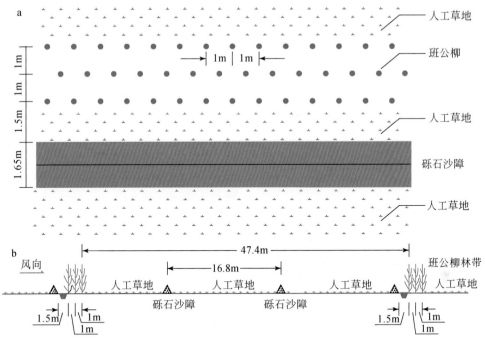

图 6.22　第四期工程砾石沙障与班公柳林带、人工草地配置

表 6.8　第四期工程区造林和植草面积

作业区	I	II		III	IV	V	VI
作业区总面积/亩	8375	2882		3881	1680	4231	247
		696	2186				
造林面积/亩	519	696	1313	3881	0	0	87
人工种植[1]/草地改良[2]面积/亩	7037[1]	0	0	3726[1]	1680[1]	4231[2]	0
造林密度/m	株行距1m×1m，每条林带3行	2m×2m			—		2m×2m
栽植穴规格/m	0.4m×0.4m ×0.4m	0.4m×0.4m×0.4m			—		0.4m×0.4m ×0.4m
立地类型	裸露沙砾质戈壁	高河漫滩	稀疏灌木林地	沙砾质盐渍化土地	沙质盐渍化土地	退化草地	灌丛沙地

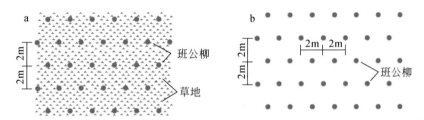

图 6.23　第四期工程区稀疏灌木林地和灌丛沙地（丘）补栽造林平面图

a. 稀疏灌木林和沙砾质盐渍化区片状造林；b. 高河漫滩灌丛沙地（丘）片状造林

　　第五期工程区是狮泉河镇上风向狮泉河南岸的最后一片沙尘源地，地表类型相对单一，主要为灌丛沙地（丘）和灌丛草地两种土地类型（图6.24），原有植被保存相对较好，水土条件也相对优越，应用人工补植造林和人工造林植草技术能够自我恢复。因此，第五期工程区被划分为两个作业区，即：灌丛沙地（丘）作业区（第Ⅰ作业区）和灌丛草地作业区（第Ⅱ作业区），面积分别为11922亩和14787亩（图6.19）。参照《造林技术规程》（GB/T 15776-2006）和《生态公益林建设技术规程》（GB/T 18337.3-2001），结合狮泉河镇防沙工程的实际情况，班公柳的初植密度按2m×2m（图6.25），植苗穴规格为0.4m×0.4m×0.4m。

图6.24　第五期工程区地表类型
a. 灌丛沙地（丘）；b. 灌丛草地

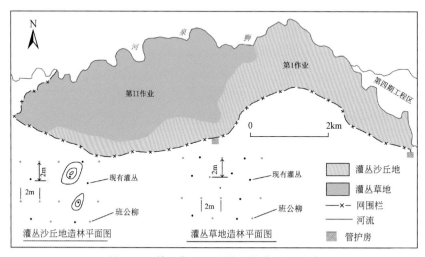

图6.25　第五期工程造林和植草平面设计

6.4.4　草地工程建设体系

　　第一期工程不开展人工植草试验，人工植草试验主要在狮泉河北岸的草原站进行。第二期工程在第一期工程试验结果的基础上，生物防沙工程采取班公柳林带与牧草带相结合的组合技术，人工植草总面积 7580 亩。用人工建植的牧草带填补砾石沙障和班公柳林带留下的空间，增加地表覆盖度，保护地表松散沉积物不受风力侵蚀；增加生物工程多样性，有利于生物工程的生态系统稳定性和有序演化，提高生物防沙工程的成功率；降低工程造价，增加经济效益。

第三期工程的人工草地仍然处于砾石沙障和防护林带之间，占地面积 8386 亩。为了增加草本植物种的多样性，以及尝试引种其他品质更优良的牧草，同时保证不影响人工草地的植被覆盖度，人工植草选用的披碱草种子占 80%，老芒麦、无芒雀麦、甘肃 1 号杂花苜蓿、甘肃红豆草种子共占 20%。这些引种的植物种子从青海海晏试验站采购，因为它们在青海海晏连续 6 年生长良好（表 6.9，表 6.10）。

表 6.9　狮泉河盆地与青海海晏生态条件对照

地点	年降水量/mm	年均温/℃	最低气温/℃	蒸发量/mm
狮泉河	69.5	0.35	−36.6	2484.5
海晏	397	−0.3	−32.5	1538

表 6.10　引种牧草在青海海晏生长状况（1992～1998 年）

草种	返青时间（月/日）	越冬率/%	牧草高度/cm	分蘖数	鲜重/(kg/亩)	干重/(kg/亩)
无芒雀麦	4/20	100	145	23	3250	2211
老芒麦	4/21	100	121	20	3113	2076
甘肃红豆草	4/30	90	121	9	1676	670
甘肃 1 号杂花苜蓿	4/28	95	112	10	1625	738

第四期工程的草地重建和草地恢复，根据不同立地条件采取不同措施。裸露沙砾质戈壁、沙质盐渍化土地和沙砾质盐渍化土地，原生草本植被退化严重，已失去自我恢复能力，采取人工植草技术重建人工草地，草种以披碱草为主，总面积 12443 亩。部分中度和轻度退化草地水土条件较好，采取人工补播技术促进草地恢复，草种以披碱草为主，总面积 4231 亩（表 6.8）。

第五期工程的人工种植披碱草主要在第 Ⅱ 作业区（第四期试种的老芒麦、无芒雀麦、甘肃 1 号杂花苜蓿和甘肃红豆草未获成功），与补栽班公柳和原生灌木形成灌草复合植被，构成有效控制地表起沙起尘的防护体系。第 Ⅱ 作业区总面积 14787 亩，除去现有变色锦鸡儿灌丛和班公柳造林所占面积，人工植草实际面积 11640 亩（图 6.25）。灌丛沙地（丘）（第 Ⅰ 作业区）由沙质地表构成，分布有较密集的灌丛沙丘，水土条件相对较差，不宜进行大范围的土地平整，不考虑人工植草。

6.4.5　灌溉工程体系

灌溉工程的渠道选线原则是：在满足输水量要求的前提下，选择最佳引水口位置，缩短渠道长度，合理设计渠道纵比降，避免深挖和高填，尽量减小工程量，降低工程造价；为适应地形变化和避开现有人工建筑物，渠道需要采用弯道的地段，弯道曲率半径在可能范围内选择较大值；尽量使渠道经过地质基础较稳定的地带。

根据上述渠道选线原则，第一期防沙工程的辅助措施主要是保障林带灌溉的水利工程，由引水口、进水闸和渠道等部分组成。引水口在狮泉河弯道凹岸，利用弯道地形，简化引水构筑物结构。利用河水对凹岸河段冲刷作用，修建防护堤，在堤内设进水闸门。进水闸采用钢筋混凝土结构，手动螺旋杆启闭。进水口宽为 1.5m，闸孔净高 2.5m，进水口闸底板高程 4284.20m。引水渠道长 5.3km，比降为 1‰，渠道断面为梯形断面，底宽 $b=1$m，边坡 $m=1.5$m，正常水深 $h=0.4$m，设计流量 0.243m^3/s。

第二期防沙工程的总干渠从狮泉河至人工湖，经人工湖调节后为林草工程提供灌溉水源。总干渠的渠首选在狮泉河上游距狮泉河镇直线距离约 2km 处废弃干河道与现有河道分叉的位置，向西南延伸至人工湖入水口，全长 4640m（图 6.14）。渠道沿途损失水量合计按 5% 计算，总干渠流量 3.433m^3/s。综合考虑挖方和填方工程量、过水量、渠道流速等因素，确定渠道比降为 1/742，符合不冲不淤条件。为便于挖填施工和应用浆砌块石衬砌，并考虑到渠道边坡的稳定性，采用梯形断面，渠道内侧采用浆砌片（块）石衬砌，以提高渠道耐冲刷性和减少渗漏损失，块石厚度 20~25cm，用 425$^#$ 水泥砂浆；伸缩缝间距为 20m，缝宽为 3cm，以沥青砂浆灌注。渠道横断面尺寸采用水力特征好、衬砌费用较小的水力最佳断面。渠岸以上边坡采用一坡到顶的直线型，坡比 1:1.25。

第二期防沙工程区主要是由浅灰色细、中砂及砾石组成的冲积物，松散至略胶结，砾石分选差，砾径 1~15cm 不等。这种立地条件持水性极差，林草工程沿途灌溉渗漏严重，而工程区地势东南高、西北低，南北宽度大，因此设计两条二级干渠分别提供工程区南、北半部的灌溉用水。北二级干渠自人工湖西堤中部向西延伸至工程区西端，全长 4998m，比降 1/499，控灌区日需水量 141250m^3。南二级干渠自人工湖西南角沿狮普公路（工程区南缘）向西延伸至工程区西南端，全长 4711m，比降 1/497，控灌区日需水量 141250m^3。南、北二级干渠设计流量均为 1.715m^3/s。两条二级干渠的断面结构与总干渠相同（表 6.11）。

表 6.11　第二期防沙工程一、二级干渠设计参数

参数	总干渠	北二级干渠	南二级干渠	备注
渠首位置	狮泉河	人工湖	人工湖	
渠道长度/m	4640	4997.6	4711.3	
设计流量/(m^3/s)	3.433	1.715	1.715	
比降	1/742	1/499	1/497	
断面水深/m	1.34	0.93	0.93	
渠底宽度/m	1.34	0.78	0.78	
加大水深/m	1.42	0.99	0.99	按正常流量加10%计算
渠岸超高/m	0.55	0.45	0.45	
渠顶宽度/m	1.72	1.29	1.29	
谢才系数	36.375	33.38	33.38	

参数	总干渠	北二级干渠	南二级干渠	备注
水力半径/m	0.67	0.47	0.47	
渠道流速/(m/s)	1.093	1.024	1.026	
不淤流速/(m/s)	0.41	0.41	0.41	不冲流速>4
糙率	0.025	0.025	0.025	
边坡系数	0.75	1.00	1.00	
断面宽深比	1.00	0.83	0.83	
渠道外边坡/(°)	30	30	30	

　　第三期工程的灌溉系统主要包括引水口、水渠和水闸三部分，并综合考虑了引水口的可能引水量和安全措施、渠道的选线原则、水闸的安全可靠性和操作维护实用性。根据现场勘测，将总干渠渠首的引水口选择在狮泉河盆地东端的第一个弯道上游，距第三期工程区东端5608m处。为了保证渠道的引水量，在引水闸下方修建拦水坝，用以抬高引水闸口处的河流水位。总干渠向西南延伸至工程区，全长5408m，线路基本平直。根据狮泉河镇防沙工程的总体布局，第三期工程灌溉系统建成后，第二期治沙工程区的生物工程需水由第三期的总干渠提供。为此布置一条东干渠，专门用于向第二期工程区输水。东干渠渠首与总干渠末端衔接，渠尾由第二期工程区东南角汇入人工湖，全长1366m，沿线两个弯道，总体南北走向，与第三期工程区东界一致。根据工程区地形特点和南北宽度大、林带和草地渗漏严重的现状，第三期工程区内部共设计4条输水干渠（图6.14）。其中南二级干渠渠首与总干渠渠尾衔接，然后沿工程区南界向西延伸至工程区西南端，全长3160m。根据沿线地形特点，使渠道比降尽量接近地面比降，同时考虑到和总干渠的衔接，渠道分为AB段和BC段，长度分别为600m和2560m。中干渠渠首选在东干渠中部，由东干渠左岸设闸引水，由此向西延伸。由于工程区内地势变化较大，中干渠设计全长2640m，主要为渠道以北、以西工程区提供灌溉，同时为第四期工程区提供部分灌溉用水。中干渠以西再分两条二级干渠，这样方可满足灌溉要求。中南二级干渠渠首与东干渠渠尾衔接，向西延伸至工程区西界，全长2998m，主要为渠道以南工程区提供灌溉。为尽量减少挖填工程量，根据渠道沿线地形变化及其与中干渠的衔接，中南二级干渠分为DE段和EF段，长度分别为860m和2138m。中北二级干渠渠首与中干渠的渠尾衔接，由此向北延伸至工程区北界，然后转向西至工程区西北端，全长3160m，主要为渠道西南、中南二级干渠以北工程区提供灌溉。总干渠及各二级干渠的断面参数见表6.12。

表6.12　第三期工程干渠设计参数

参数	总干渠	东二级干渠	南二级干渠 AB 段	南二级干渠 BC 段	中二级干渠	中南二级干渠 DE 段	中南二级干渠 EF 段	中北二级干渠
渠首位置	狮泉河弯道处	总干渠 Z5+480	总干渠 Z5+480	N0+600	D0+710	ZH2+640	ZN0+860	ZH2+640
渠道长度/m	5408	1366	600	2560	2640	860	2138	3160

参数	总干渠	东二级干渠	南二级干渠 AB 段	南二级干渠 BC 段	中二级干渠	中南二级干渠 DE 段	中南二级干渠 EF 段	中北二级干渠
设计流量/(m³/s)	3.433	3.433	0.824	0.824	2.446	0.898	0.898	0.772
比降	1/1387	1/181	1/791	1/221	1/305	1/297	1/522	1/511
断面水深/m	1.47	1.00	0.79	0.62	0.99	0.68	0.75	0.71
渠底宽度/m	1.22	0.83	0.65	0.52	0.82	0.56	0.63	0.59
加大水深/m	1.48	1.00	0.80	0.64	1.00	0.68	0.76	0.72
渠岸超高/m	0.57	0.45	0.40	0.36	0.45	0.37	0.39	0.38
渠顶宽度/m	1.50	1.50	1.50	1.50	1.50	1.50	1.50	1.50
谢才系数	37.19	33.94	32.08	30.32	33.86	30.96	31.72	31.29
水力半径/m	0.74	0.35	0.39	0.31	0.50	0.34	0.38	0.36
渠道流速/(m/s)	0.86	1.78	0.72	1.14	1.36	1.05	0.85	0.83
不淤流速/(m/s)	0.43	0.35	0.32	0.28	0.35	0.30	0.31	0.30
糙率	0.025	0.025	0.025	0.025	0.025	0.025	0.025	0.025
边坡系数	1.00	1.00	1.00	1.00	1.00	1.00	1.00	1.00
断面宽深比	0.83	0.83	0.83	0.83	0.83	0.83	0.83	0.83
渠道外边坡/(°)	30	30	30	30	30	30	30	30

第三期工程的支渠与第二期工程相同，每条支渠仅供两道沙障之间的林草灌溉使用，控灌面积较小，不设斗渠。另外，为了减少水分渗漏，采取大流量、短时间灌溉方式。所以，支渠仍然采用简易设计，以便于维修和管理。支渠总长度 479652m，采用梯形断面（图 6.26），内衬防渗薄膜。渠道底宽 50cm，正常水位深 50cm，内侧边坡和外边坡的坡比均为 1∶1.75（坡度≈30°），坡度控制在沙砾石休止角（约 32°）范围内，主要是防止坡面滑塌。渠道正常水位平均高于地面 15cm，便于放水灌溉。

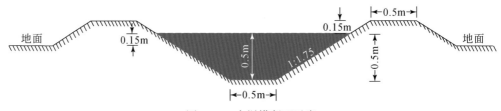

图 6.26　支渠横断面示意

第四期工程的灌溉系统在工程区东部的沙砾质戈壁地区，建设 1 条总干渠，由狮泉河引水，向西南方向延伸。建设支渠 11 条，其中 6 条支渠进水口等间距地设在总干渠沿线右岸，自东向西平行延伸，依次为西支-1、西支-2、西支-3、西支-4、西支-5、西支-6；另 5 条支渠分别是第三期工程的中北二级干渠和中南二级干渠向第四期工程区的延伸及其分支，依次为东支-1、东支-2、东支-3、东支-4、东支-5（表 6.13）。渠道沿线地质条件为沙砾质松散堆积物，所有渠道均采用水力特征好、造价低的梯形水力最佳断面（表 6.14）。考虑到在运行过程中，可能出现设计未能预料到的情况（如扩大灌溉面积、偶遇干旱年份等）和短时期加大输水的要求，加大流量按正常流量的 10% 计算。渠岸不兼作道路，只满足管理运行要求，渠岸宽度设计为 1.5m。第五期工程区位于狮泉河下游，地下水位较高，水土条件好，无需建立灌溉系统。

表 6.13　第四期工程灌渠平面设计参数

干、支渠	渠首位置	走向/(°)	长度/m	控灌面积/亩
总干渠	狮泉河上游距工程区东北角 140m 处	188.5	3636	7969
西支-1	总干渠 0+606	239.4	1676	1411
西支-2	总干渠 1+105	239.4	2926	2000
西支-3	总干渠 1+606	239.4	2648	1574
西支-4	总干渠 2+105	239.4	1921	1327
西支-5	总干渠 2+605	239.4	1894	1099
西支-6	总干渠 3+105	239.4	819	558
东支-1	第三期中北二级干渠渠尾	239.4	114	100
东支-2	第三期中南二级干渠渠尾	239.4	331	316
东支-3	第三期中南二级干渠渠尾	175.9	967	/
东支-4	东支-3 桩号 0+606	239.4	475	316
东支-5	东支-3 桩号 0+606	239.4	601	674
备注	西支-2 和西支-3 渠控灌面积包括部分第 II 作业区			

表 6.14　第四期工程灌渠设计参数

参数	总干渠	西支-1	西支-2	西支-3	西支-4	西支-5	西支-6	东支-1	东支-2	东支-3	东支-4	东支-5
设计流量/(m³/s)	1.422	0.252	0.356	0.281	0.236	0.196	0.100	0.018	0.057	0.22	0.057	0.121
比降	1/1086	1/600	1/535	1/629	1/626	1/633	1/680	1/143	1/704	1/1179	1/485	1/541
断面水深/m	1.01	0.47	0.53	0.50	0.46	0.43	0.34	0.21	0.28	0.53	0.26	0.35
渠底宽度/m	0.83	0.39	0.44	0.41	0.38	0.36	0.28	0.17	0.23	0.44	0.21	0.29
加大水深/m	1.12	0.52	0.58	0.55	0.51	0.48	0.38	0.23	0.31	0.59	0.29	0.39
渠岸超高/m	0.48	0.33	0.35	0.34	0.33	0.32	0.29	0.26	0.28	0.35	0.27	0.30
渠顶宽度/m	3.81	1.99	2.20	2.09	1.96	1.86	1.54	1.11	1.35	2.20	1.27	1.59
谢才系数	34.00	28.40	29.10	28.70	28.30	27.80	26.30	23.30	25.00	29.30	24.60	26.50
水力半径/m	0.50	0.24	0.26	0.25	0.23	0.22	0.17	0.10	0.14	0.27	0.13	0.18
渠道流速/(m/s)	0.733	0.562	0.646	0.570	0.544	0.515	0.415	0.198	0.351	0.440	0.402	0.476
不淤流速/(m/s)	0.355	0.243	0.256	0.249	0.241	0.233	0.206	0.160	0.186	0.258	0.180	0.209
备注	1. 渠道流量均按控灌区实际需水量再加 10% 沿途损失计算。 2. 渠道断面均采取梯形渠道水力最佳断面，边坡系数 $m=1$（$\alpha=45°$）。 3. 渠岸宽度只需满足管理运行要求，全部按 1.5m 计。 4. 渠道开挖段渠岸以上的边坡均采取一坡到顶直线型，坡比 1:1。 5. 渠道半挖半填及填方渠堤段的外边坡采取 1:1.75（坡度≈30°）的坡比。 6. 渠道均采用单层浆砌块石护面（25cm），糙率按 $n=0.025$ 计；渠道临界不冲流速 2.5~4.0m/s											

为了协调第二、三、四期防沙工程的灌溉用水和狮泉河镇的城市用水问题，在第三期工程建设时进行了统筹安排。狮泉河 4 月和 10 月平均流量分别为 $8.40\text{m}^3/\text{s}$ 和 $6.82\text{m}^3/\text{s}$，两条总干渠同时引水显然不可能。因此，将第二期工程区的每 8 天一个灌溉周期，变更为第二、三、四期工程区轮灌，估算结果为每 16 天一个灌溉周期（表 6.15）。这样估算的主要依据是：①第二期防沙工程已于 2001 年建成，植被生长状况良好，在第四期防沙工程建设期间，第二、三期防沙工程的灌溉水量和次数都将减少。人工植被经过约 5 个生长期以后，植物根系发达，可以比较有效地利用土壤水分和地下水资源，环境的适应性基本稳定，对灌溉条件的要求相对较低。同时，为了使引种的班公柳能够长期适应狮泉河盆地的自然环境，在每期工程建成后的管理过程中，也有必要对已成活的植株进行引导驯化，有意识地逐步减少灌溉量。②第三期防沙工程于 2004 年建成，总干渠设计已考虑与第四期工程区共用功能。③第二期和第三期防沙工程的渠系与第四期工程区相连，可进行调节灌溉。④各期工程区的灌溉水量按每次 20m^3/亩计算，以大流量快灌的方式进行。⑤第四期工程区地下水位较高，只要在工程建设期间和建成后三年内保证灌溉，其后的灌溉用水量和灌溉次数会大为减少。

表 6.15　各期治沙工程轮灌制度方案比较

方案	第二期干渠		第三期干渠		第四期干渠		说明
	Q	t_1/t_2	Q	t_1/t_2	Q	t_1/t_2	
方案 I	3.433	8/0	0.000	0/8	1.422	4/4	16 天轮灌一次
	0.000	8/0	3.433	8/0	1.422	4/0	
方案 II	0.000	0/8	3.433	8/0	1.422	4/4	16 天轮灌一次
	3.433	8/0	0.000	0/8	1.422	4/0	
方案 III	2.011	4.7/3.3	0.000	0/8	2.844	8/0	16 天轮灌一次
	1.422	8/0	3.433	8/0	0.000	8/0	
方案 IV	0.000	0/8	2.011	4.7/3.3	2.844	8/0	16 天轮灌一次
	3.433	8/0	1.422	8/0	0.000	8/0	

*注：表中的 Q 为干渠引水量（m^3/s）；t_1 为某工程区灌溉天数，t_2 为某工程区剩余灌溉天数。

6.4.6　其他配套工程

第一期防沙工程建立 1800m^2 试验小区，试验内容包括对扦插后 $1\sim2$ 个冬季的班公柳幼苗进行包扎保护、埋土保护和不采取任何保护三种方法，探索班公柳幼苗安全越冬技术，每种措施的试验面积各为 600m^2。人工植草试验在狮泉河北岸的草原站进行，引种包括披碱草、老芒麦、无芒雀麦、甘肃 1 号杂花苜蓿、甘肃红豆草。

第二期防沙工程区东部修建一座人工湖，面积 876 亩。人工湖湖底东高西低，高差 2.35m。湖底施工前夯实，然后垫衬 40cm 的黏土层，中间铺设隔水薄膜，并夯实。湖堤顶宽 3m，堤坡坡度 30°，湖堤采用沙砾石堆砌，内侧衬浆砌片（块）石，湖堤地基随堤高增大而加宽。堤顶设计高程 4276.26m，设计湖水正常水位线高程 4275.06m。由于人工湖底部是松散沙砾层，空隙度大渗漏严重，采取铺垫红黏土层夹塑料膜解决渗漏问题。人工湖堤建筑材料主要是当地的沙砾石土，结构松散，其休止角在 30°～34°，因此设计堤坝边坡为 30°。为了解决堤坝内侧的渗水、侵蚀和堤坝稳定问题，在堤坝内侧修建浆砌石护面，并在堤坝外侧修建丁字坝。水深设计既考虑了灌溉用水的需求量，也考虑到冬季冻胀破坏作用。建设人工湖的主要目的，一是美化狮泉河镇与防沙工程区衔接地带的景观，为居民提供休闲娱乐场所，改善居民生活环境。二是作为主干渠的过水性湖，既可蓄水，又可调节二级干渠水量的供需平衡，缓解当地水资源季节性不平衡的矛盾。为了保障后续防沙工程的顺利进行，第二期工程建设了 100 亩苗圃，用于培育班公柳种条。苗圃内班公柳种苗的株行距为 0.5m×1.5m。在种植线处开挖深 0.5m、宽 0.7m 的沟槽，回填不含有砾石的沙土，将班公柳种条插入沙土 0.4m，同时在植株根部留浅槽，作为灌溉之用，苗圃所需水源可利用已有的旧水渠。为了保护第二期防沙工程的各种措施和设施，特别是保障生物措施免遭牲畜践踏破坏，在工程区西段周围设置全长 13.5km 的网围栏。网围栏采用水泥桩立柱，间距 10m。

从第三期工程开始，在前期大面积引种披碱草获得成功的情况下，适量试种其他草种和乔灌木树种。人工草地按照 4∶1 比例种植披碱草和其他优质牧草（老芒麦、无芒雀麦、甘肃 1 号杂花苜蓿、甘肃红豆草），如果获得成功，将极大提高草地的经济价值，并为将来推广人工种植牧草增加可选择的草种；即使这样的混播失败，也不会影响人工草地在防沙工程中的防护效果。同时，在第三期工程区东部，分别引种北京杨和沙棘各 500 株。在没有班公柳林带的砾石沙障下风向 1.5m 处单行种植，株距 2m，种植穴规格 0.5m×0.5m×0.5m。由于是引种试验，即使苗木不能成活，也不会对治沙工程体系产生不良影响。为了保护第三期防沙工程的各种措施和设施，沿第三期工程区边界设置高 1.5m 的网围栏共 14.8km。

第四期工程增加 30 亩的乡土树种的育苗试验，树种主要包括秀丽水柏枝和变色锦鸡儿，开展扦插育苗、种子育苗和栽培试验，为未来建立长期和可持续的生态系统提供经验。其中种子育苗区 7.5 亩、扦插育苗区 7.5 亩、栽培试验区 15 亩。扦插育苗的苗床为宽 2m、长 20m 的带状小畦，插条株行距 0.3m×0.5m。扦插种条要求 3 年生枝条，生长健壮，无病虫害，无损伤，长度 15cm，直径不小于 0.6cm。种子育苗的苗床为宽 1.2m、长 20m 的带状小畦，种子采用条播，行距 0.2m。种子要求当年成熟，质量达到 Ⅰ 级，并在播种前进行预处理。栽培试验的幼苗来自狮泉河盆地内的野生苗木，一般为 2～3 年生，株行距 1m×1m。苗木培育试验需要较高的土壤、水肥和热量条件。苗圃建设需首先进行整地、培肥。整地的关键是捡去 0～20cm 土层的砾石。由于当地缺乏有机肥，按 20kg/亩施用硫酸铵培肥土壤。育苗期间保证灌溉周期在 15 日左右 1 次。在工程区周围设置全长 12km 的网围栏，网围栏采用水泥桩立柱，间距 10m。

第五期工程的第 Ⅰ 作业区在种植班公柳初期需要灌溉，但受地形限制无法修建灌渠，只能用浇水车灌溉。根据造林规模和灌溉周期，配备自吸自喷式 10t 水车 10 台。为了方便施工作业和后期管护，修建机耕道总长度 39378m，宽度 4m，路基高出地表 0.5m。修建管护房 3 座，每座建筑面积 100m²。建立高度 1.5m 的网围栏，总长度 13.6km。

6.5　工程技术体系的防沙效果与模式应用

6.5.1　工程技术体系的防沙效果评估

　　第一期工程防护体系由间距 10m 的 20 条砾石沙障和间距 15m 的 30 条班公柳林带组成。其中，在上风向 200m 宽的砾石沙障区，过境风沙流所携带的沙尘基本全部拦截，并沉积在工程区，从而解除风沙流和沙丘前移对狮泉河镇的直接侵袭。但是，第一期工程是试验性工程，存在明显不足，主要体现在：①砾石沙障将沙尘阻拦在城镇外围，沙尘堆积后形成新的沙源，对城镇构成潜在威胁。②仅注重防风阻沙，没有将沙害治理与土地资源有效利用结合起来，没有在砾石沙障间和林带间配置草地工程。③工程区位置过于靠近城镇，距噶尔县城挡沙墙仅 20m，没有给城镇发展留下应有的空间。尽管第一期工程存在上述不足，但当时作为应急工程和试验性工程仍是比较理想的。第二期工程对砾石沙障和班公柳林带的技术参数都进行了改进，突出 "以固为主，固阻结合"，在城镇上风向实施大面积固阻措施，既固定工程区内沙尘源地，又切断其上风向风沙运移路径，从而减轻狮泉河镇风沙危害。砾石沙障高度从 1m 增加到 1.2m，底边从 2m 减少到 1.65m。砾石沙障的间距为 10H，减小砾石沙障的工程量。缩小砾石沙障的占地面积，提高土地资源的有效利用率。生物工程改进为林带和草地复合配置，林带间距 24m，砾石沙障之间种植披碱草，形成多排防风阻沙林带，以及固定地表松散沉积物的草地。砾石沙障、班公柳林带和草地共同组成风沙不可逾越的屏障。工程实施后取得了很好的防护效果。第三期与第二期的工程体系相似，但第三期工程的技术参数进行了进一步优化。砾石沙障的间距从 10H 扩大到 12H。砾石沙障单项措施的防护原理表明，12H 的砾石沙障间距完全可以满足防风固沙的要求。林带的间距从 24m 增加到 40.2m，同时将单行林带改为 3 行林带，草地的面积也有相应增加。成林的班公柳林带高度按 3m 计算，林带间距不足 13.5 倍树高，完全能满足防护要求。根据第三期工程的实际效果，在第四期工程区的沙砾质冲积物区域，对砾石沙障和班公柳林带技术参数进一步优化，砾石沙障间距进一步增大到 14H，班公柳林带间距相应扩大到 47.4m，砾石沙障间全部为人工牧草带。在稀疏灌木林地、沙砾质盐渍化土地、高河漫滩重建高郁闭度灌木群落，在沙质盐渍化土地和退化草地分别实施人工草地建设和草地改良措施。第五期工程作为整个防沙工程区上风向最前端的绿色屏障，其防护体系的基本要素是采用人工促进技术，恢复灌丛沙地（丘）的片状灌木林、灌丛草地植被和草地植被，对全面控制工程区地表起沙起尘，建立完善的防护体系具有重要作用。从风沙灾害防治技术的角度来看，灌木林和草本植被在功能上具有互补性。前者最突出的功能是降低贴地层风速、改变贴地层风场结构；后者主要是切断风与表土之间直接作用。二者在立体空间上形成复合防护结构，使防护功能大大增强。

　　狮泉河镇防沙工程实施后，工程区内的植被覆盖度从以前的不足 5%，提高到现在的 70% 以上。灾害性风沙天气日数，从 20 世纪 80 年代最多的平均每年 113.8 日，降低到 2010 ~ 2016 年间的平均每年 3.3 日（图 6.27），降低幅度达 97.1%。狮泉河镇防沙工程的实际防护效果远高于重要城镇防护目标，在工程实践中建立的"砾石沙障+防护林带+人工草地+灌溉系统"四位一体防护体系，开创了极端高寒干旱环境下城镇防沙工程的国际先例。

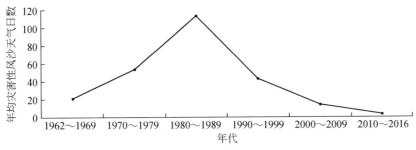

图 6.27　狮泉河镇防沙工程实施前后灾害性风沙天气日数变化

6.5.2　工程技术体系模式及其推广应用前景

狮泉河镇防沙工程主要采用砾石沙障、防护林带、人工草地、灌溉系统和其他配套技术，经过单项技术的优化组合，形成独特的城镇防沙工程技术模式。砾石沙障具有良好的防风阻沙性能。单行砾石沙障的有效防风距离为 $10H$，在 $10H$ 以内平均降低风速 37%，10cm 高度风速降低 75% 以上（表 6.3），使得贴地层风速低于起沙风速。多行砾石沙障的防风效果更佳，有效防护距离达 $15H$ 以上。在狮泉河镇防沙工程中，每期工程都采用多行砾石沙障平行布设，从而保证了砾石沙障的防风效果。从阻沙固沙作用上看，多条砾石沙障的实验结果表明，沙障前后的阻滞回流区沉积了风力携带的大量沙尘物质，第一条砾石沙障前后沉积的沙尘物质最多，其后的沙障依次递减。在多条砾石沙障平行布设的情况下，风沙流中的沙尘物质几乎都沉积在工程区前端，一般不超过 10 条沙障，因而砾石沙障有效切断了风沙运移路径。从工程使用寿命上看，砾石沙障耐风化，抗侵蚀性强，使用寿命至少达 10 年，远高于其他材料的机械沙障。从材料来源上看，当地砾石材料丰富，可就地取材，降低工程造价。从施工角度看，砾石沙障便于在戈壁上机械化施工，而其他材料的机械沙障则难以在沙砾地上施工。在砾石沙障的技术参数上，针对沙砾质地表的风沙流特征，将砾石沙障设计成高大稀疏型，既保证了砾石沙障的防风阻沙效果，又减少了砾石沙障的占地面积，从而扩大了土地有效利用面积，提高了土地利用率，更符合可持续发展原则，充分体现了城镇防沙的特殊要求。

班公柳防护林带和人工草地是可持续利用的再生资源，林带和草地不仅仅具有防风固沙与改善生态环境功能，而且林木成材和草地成牧后，可取得显著经济效益。防护林带的防风功能强大，班公柳兼具乔灌木形态，合理修枝可使林带兼具乔灌复合结构，提高林带防护性能。在林带技术参数上，根据防风固沙的要求和兼顾工程的整体布局，林带走向与砾石沙障平行，孔隙度为 30%～50%，第二期工程每条林带为 1 行，第三、四期工程改进为每条林带 3 行。林带间距以保证林带下风向地表不起沙为最低限度，尽可能增大间距，降低林带条数，减少灌溉用水量。在保证防风阻沙所必需的林带规模的前提下，砾石沙障、林带、道路、渠道等工程用地以外的空地全部种植草本植物，以增加地表覆盖度，切断风与地表直接作用。林草生物工程在组合上，形成林、灌、草相结合的立体防护结构，扩大防护范围，增加防护效果，提高防护效能。林草植被生长初期和砾石沙障寿命在时间上合理衔接，当砾石沙障逐渐失去作用时，林草植被经近 10 年的生长，足以发挥稳定和持续的防沙功能。

灌溉系统是极端干旱地区重建和恢复植被必不可少的辅助措施。为保证狮泉河镇防沙工程中生物措施获得成功，必须引用狮泉河的河水进行灌溉。在狮泉河镇现有条件下，利用明渠引水是节约投资、便于管理和降低后期维护成本的首选方案。在各期防沙工程中，充分利用狮泉河的水资源，建立总干渠、各级干渠和支渠相配套的灌溉系统，保障了林草工程获得成功。狮泉河镇防沙工程中的各项技术参数经过不断的改进和优化，已发展成为成熟的城镇防沙工程技术模式。

狮泉河镇防沙工程因地制宜地采用机械沙障工程、防护林工程、草地工程和灌溉工程相结合的优化集成技术，探索出 "砾石沙障+防护林带+人工草地+灌溉系统" 四位一体的城镇防沙技术模式，并通过工程实践获得巨大成功。在极端高寒干旱的环境条件下，机械工程和生物工程在空间布局上合理配置，功能上实现互补，时间上实现短期与长期结合，有序地发挥防沙作用，实现根治狮泉河镇风沙灾害的目标。砾石沙障是工程初期最重要的防风阻沙措施，其作用在于：一是增大地表粗糙度，降低近地面风速，抑制地表起沙起尘，同时减小气流的挟沙能力，促使来自上风向的沙尘在工程区沉积。二是有效保护砾石沙障间初植的班公柳和草本植物幼苗，避免幼苗遭受风沙流侵袭、沙割和沙埋，为植物生长创造良好生境。班公柳防护林带成林后与砾石沙障相辅相成，共同构成防护体系的空间骨架，成为风沙运移路径上不可逾越的屏障；人工草地切断风对地表松散沉积物的直接作用，吸纳细粒沙尘物质，加快成土过程。灌溉系统为林草植物提供必需的水源保障。"砾石沙障+防护林带+人工草地+灌溉系统" 四位一体共同组成完整的防护技术体系。这种技术体系符合风沙物理学原理，充分利用了狮泉河盆地防治风沙灾害的有利条件和自然资源，遵循了因地制宜、因害设防的防沙工程设计原则。全球范围内，在广阔的戈壁地区，大量的城镇仍在遭受风沙灾害。所幸的是，其中大多数城镇所处的自然条件比狮泉河镇相对优越。狮泉河镇防沙工程取得成功，为戈壁地区的城镇防沙工程提供了有益的借鉴。诚然，不同区域的自然条件和经济社会状况存在差异，在城镇防沙工程中使用的植物种、水源和水质也有所不同，不可能生搬硬套地使用狮泉河镇防沙工程技术。但是，从防沙工程理论角度看，狮泉河镇防沙工程技术模式能够在戈壁地区城镇防沙工程中进行推广和应用。

第7章 青藏高原半干旱气候区河流宽谷城市防沙工程

青藏高原半干旱气候区河流宽谷段是土地沙质荒漠化的典型区，各类沙尘源地分布广泛，风沙灾害类型多样（董光荣等，1996；张登山等，2009）。西藏自治区的仲巴、萨嘎、谢通门、日喀则、曲水、拉萨、贡嘎、扎囊、乃东、桑日，青海省的共和、贵德、玛多、沱沱河，甘肃省的玛曲和四川省的若尔盖等坐落在河流宽谷的城镇，均遭受不同程度的风沙危害（赵强和周余萍，2002）[①]。由于河流宽谷地带的风沙灾害类型、成因及危害方式类似，气候条件相近，故选择青藏高原上最具代表性的重要城市——拉萨市，作为青藏高原半干旱气候区河流宽谷地带的城镇防沙工程的典型案例。

7.1 工程区概况

拉萨市位于西藏自治区东南部、拉萨河下游宽谷区，地理坐标为东经91°06′，北纬29°36′，海拔3650m，是具有1300多年历史的西藏高原明珠城市，西藏自治区首府所在地，中国西南边疆的重要政治、经济和军事重镇（图6.1）。城市建成区面积约59km²，全市总人口近55万人，其中市区常住人口近27万人。根据风沙灾害的成因和风沙运移路径，确定拉萨市防沙工程区范围为东起拉萨大桥、西至曲水县城的拉萨河河谷地带。工程区沿河谷全长64.5km，宽2~7km，涉及土地总面积241.5km²（图7.1）。

7.1.1 自然条件与经济社会条件

拉萨市处于雅鲁藏布江断裂带和麻江–尼木、林周–墨竹工卡断裂带之间，河道走向主要受断裂（带）控制（西藏自治区地质矿产局，1993）。受第四纪以来的强烈构造运动影响，拉萨河下游河谷两侧的山体岩石十分破碎，山势陡峻，最大高差约1500m。工程区两侧的山体岩石主要为花岗岩、闪长岩及正长岩类等，在长期的流水侵蚀、冻融侵蚀和重力侵蚀作用下，山坡中下部以及山前地带堆积厚度不等的第四纪沙砾质沉积物（土登次仁等，2013）。拉萨河河道两侧和河道中间以阶地、高河漫滩、边滩和心滩的形式，堆积大量沙砾质和沙质的松散冲积物（常春平等，2006）。

第四纪沉积物是人类农牧业生产的物质基础，也是发生灾害性风沙天气的物质来源。根据实地勘测和高分辨率遥感影像解译结果[②]，第四纪沉积物主要为冲积物、洪积物、残坡积物和风积物。冲积物主要分布在拉萨河及其支流两岸的阶地、高河漫滩、边滩和心

[①] 董光荣等. 1997. 西藏自治区荒漠化土地防治规划（内部报告）. 1-333.

[②] 邹学勇等. 2007. 拉萨市柳吾新区及周边地区治沙工程可行性研究（内部报告）. 1-164.

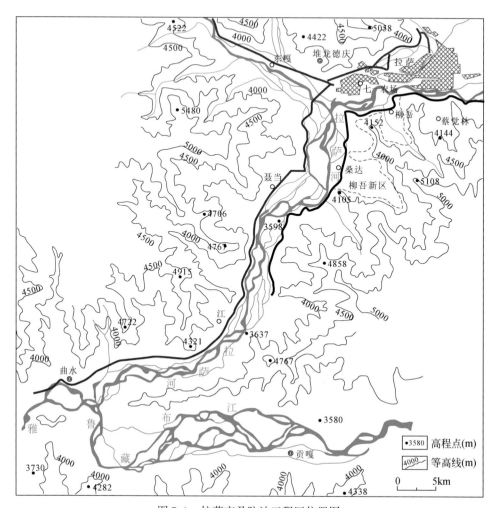

图 7.1　拉萨市及防沙工程区位置图

滩，海拔 3590 ~ 3700m。冲积物下部为厚层沙砾石、上部为沙质，呈明显的二元结构。冲积物沉积区的水土条件相对较好，部分阶地面上残存天然和人工植被，但植被退化严重。高河漫滩、边滩和心滩大都呈裸露或半裸露状态。山麓带洪积物主要分布于山前地带，呈小型洪积扇和洪积台地，地形坡度较大，多为砾石、沙土混杂堆积，海拔 3700 ~ 3900m；土壤层厚度较小，一般不超过 25cm；植被多为稀疏灌丛草地。残坡积物主要分布于山体中下部的山坡之上，以岩体风化的碎屑物为主，海拔 3700 ~ 4100m。风积物呈斑块状分布于河流两岸，局部覆盖山坡中下部，以细砂为主，山坡上的风积物是拉萨河冲积物被长期风蚀和搬运形成的。

　　根据山体和河道走向，工程区的宏观地貌可分为四部分：①拉萨大桥—七一农场段。该宽谷段近于东西走向，河谷长度 11.9km。河谷北侧是拉萨市主城区，河谷南侧在蔡觉林和柳吾两地分别有较大的山前坳地，坳地之间被突出的山嘴隔断，形成两个相对独立的地理单元。柳吾新区包括拉萨火车站和铁路等交通设施都位于此。②七一农场—聂当段。该宽谷段走向 17°，河谷长度 15.6km。河谷西侧没有大的山前坳地，但山体较陡峻，小尺度山嘴较多；河谷东侧在浪吉斯、桑达和达东三地分别有较大的山前坳地，坳地之间被突出的山嘴隔断，形成相对独立的地理单元。这一宽谷段的河道两侧地势较开阔，最宽处约7km，除现有大面积农田外，河流阶地、高河漫滩、边滩、心滩和山坡覆沙的沙源分布面积较广，是危害拉萨市的最主要沙尘源地。③聂当—江段。该宽谷段走向25°，河谷长度17.5km，谷地宽度一般在 2.5km 左右，发育较多的心滩和边滩。河谷东、西两侧分别有三个较小的山前坳地，坳地之间被突出的山嘴隔断，形成相对独立的地理单元。总体上，山体较陡峻，小尺度山嘴较多。心滩、边滩、洪积扇前缘的沙砾地和山坡覆沙是最主要的沙尘源地。④江—曲水段。该宽谷段近于弧形，总体走向为72°，河谷长度19.5km，谷地宽度约3km，发育较多的心滩和边滩。河谷东、西侧均有多个较小的山前坳地，山体较陡峻，多小尺度山嘴，谷地风场十分紊乱。心滩、阶地、洪积扇前缘的沙砾地和山坡覆沙是最主要的沙尘源地。

拉萨市属于高原温带半干旱气候。据拉萨气象站观测资料，多年平均气温 7.7℃，月均最高气温为 6 月份 15.7℃，月均最低气温为 1 月份 -2℃。多年平均无霜期 100～120 天，全年 0℃ 以上积温 3000℃ 左右，10℃ 以上积温 2400℃ 左右。全年日照达 3015h，有"日光城"之称。多年平均太阳总辐射 $7.7 \times 10^9 J/m^2$，全年光合有效辐射 $3.3 \times 10^9 J/m^2$，$\geqslant 0℃$ 光合有效辐射 $2.700 \times 10^9 J/m^2$。多年平均降水量 455mm（尼玛吉等，2014），各月降水变率很大，90% 以上集中在每年的 5～9 月，10 月至次年 4 月降水稀少。植物生长期的光、温、水配合较好。多年平均蒸发量约 2283.5mm。受拉萨河两侧高大山体影响，全年盛行偏东风（次旺和卓玛，2017），但起沙风主风向为 WSW，多年平均大风日数 34.8 天，极端最大风速达 32.3m/s。大风主要集中于 2～6 月，占全年大风日数的 69.5%，其中 3 月最多，达 5.8 天，属典型的"风旱同季"（图 7.2）。

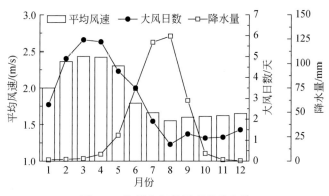

图 7.2　拉萨市气候因素月季变化

拉萨河流域的河谷地带发育以冷棕钙土为主的地带性土壤，土壤母质为冲洪积物和多种岩石风化的残积、坡积物。冷棕钙土是主要的耕地土壤资源，土壤有机质和有效氮含量较低，普遍缺磷。因植被稀疏，降水集中，生态系统脆弱，导致坡地冷棕钙土的水蚀和风蚀现象普遍严重，特别是河谷两侧滩地和冲洪积扇前缘的沙砾地和沙地上发育的草甸风沙土和草原性风沙土，最容易发生风蚀和水蚀。拉萨市防沙工程区主要包括河流阶地和滩地上发育的风沙土和耕作冷棕钙土，冲洪积扇上发育的粗骨土等土壤类型。拉萨河流域植被属于雅鲁藏布江中游谷地灌丛草原，地带性植被为温性草原，局部也有温性落叶灌丛分布。在河流宽谷地带，广泛发育旱生的砂生槐灌丛和由固沙草、针茅、三刺草和蒿属为优势种的温性草原群落。在谷地两侧山坡和山前冲洪积扇的沙砾地上，以及河流阶地和滩地的沙砾质地和沙地上，广泛分布砂生槐灌丛和固沙草草原两类原生植被。根据实地调查，拉萨市防沙工程区范围内的植物群落主要有：①砂生槐灌丛群落。主要分布于河谷、两侧山麓及冲洪积扇上，以及河谷风积沙丘和片状沙地、沙砾质地上，在河谷灌丛群落中最具代表性。砂生槐是耐旱性很强的小灌木，主根发达，须根具沙套和菌根。在沿河干旱山坡下部，伴生三刺草；在河谷和山麓的风积沙丘和片状沙地上，与固沙草、白草等混生。②固沙草群落。为青藏高原所特有，多分布在海拔4600m以下的坡麓洪积扇和覆沙较厚的河流高阶地面上。固沙草为旱生根茎禾草，生命力很强，在群落中占绝对优势，有较稀少的单翅沙蓬、菊叶香藜、二裂委陵菜、沙生针茅等伴生。③白草群落。白草是一种喜暖、旱中生的根茎禾草，是沙生植被演替系列中的一个阶段，很不稳定。④小叶野丁香灌丛群落。主要分布在河谷两侧山地阳坡下部，海拔3800~4000m，生境干燥，土壤粗疏。小叶野丁香灌丛群落伴生喜温耐旱的固沙草、白草、长芒草、喜马拉雅蒿草、蚤缀等。

地表水资源主要是拉萨河及其支流。拉萨河的常流性一级支流自上而下分别有夺底沟、堆龙曲、南木沟、普隆拉曲等大小近十条，这些支流的径流量相对于拉萨河十分微小，而且绝大部分都没有连续的水文观测数据，难以准确计算水资源量。拉萨水文站（拉萨大桥站）提供的数据显示，拉萨河多年平均流量296m³/s，极端最小流量仅3.2m³/s（2007年），最大流量2830m³/s（1998年）。6~9月份为丰水期，占全年径流量的66.6%，其中8月流量最大，达836.5m³/s；最枯流量出现在2月，多年平均仅52.6m³/s。由于拉萨河水源主要依靠降水、冰雪融水和地下水补给，极少受到人为污染，水质好，适于生活和工农业生产使用。拉萨河水pH平均为7.3，矿化度为203mg/L，总硬度约75mg/L。阴离子以HCO_3^-为主，阳离子以Ca^{2+}为主。河水含沙量多年平均值为0.062kg/m³，但随季节变化十分显著。冬半年（10月至翌年3月）月均含沙量不超过0.01kg/m³，而夏半年受流域的水土流失影响，河水含沙量增大到0.017~0.25kg/m³。

拉萨市辖4个市辖区（城关、柳吾、堆龙德庆、达孜）、5个县（林周、当雄、尼木、曲水、墨竹工卡）。2015年，全市实现地区生产总值（地区GDP）376.73亿元，其中，第一产业13.80亿元，第二产业140.95亿元，第三产业221.98亿元。拉萨市作为享誉国际的旅游胜地，2015年旅游总收入达154.90亿元，接待国内外游客1179万人次，其中入境游客11.8万人次。柳吾新区的蓬勃发展，使其成为拉萨市区域客运和货运枢纽、旅游及其配套服务基地、拉萨市副中心。随着铁路和公路等基础设施的不断完善，拉萨市不仅成为西藏自治区的政治、文化和经济中心，而且成为连接内地与日喀则、林芝、山南等地的交通枢纽。

7.1.2　风沙危害的成因

拉萨市防沙工程区内有各类沙尘源地总面积199.42km²（表7.1），根据所处地貌部位和成因，分为以下四种主要类型：①高河漫滩、边滩和心滩季节性沙尘源地（图7.3a）。

集中分布在拉萨河的河道及其两侧，是起沙起尘强度最大的沙尘源区。地表物质为沙质和沙砾质冲积物，呈裸露或半裸露状态。由于高河漫滩、边滩和心滩紧邻拉萨河床，地势起伏很缓，一般不超过1.5m，它们的出露范围取决于拉萨河的水位变化。在春冬季枯水期，拉萨河水位下降，高河漫滩、边滩和心滩大片出露，成为主要沙尘源地之一；在夏季丰水期，拉萨河水位上升，它们被淹没在水下。②阶地型沙尘源地（图7.3b）。是指拉萨河两侧的堆积阶地，是起沙起尘强度较大的沙尘源区，地表物质以沙质为主。由于阶地面地形平坦，灌溉条件好，种植业开发历史悠久，绝大部分阶地已成为耕地，仅存局部退化草地和沙地。③洪积扇型沙尘源地（图7.3c）。主要分布在河谷两侧的山前沟口，地势较高亢，地面由山体一侧向河谷区倾斜，坡度一般8°~25°。地表物质为沙砾质。洪积扇下部（前缘地带）地形相对平缓，有地下水出露，地表物质以沙质或沙砾质为主，恢复或重建植被相对容易；洪积扇中上部坡度较陡，基本由卵石、砾石和粗沙组成，保水性极差，地下水贫乏，恢复或重建植被困难。④山坡覆沙型沙尘源地（图7.3d）。拉萨河两侧山体高大，沿岸突兀的中小尺度山嘴众多。河谷地带近地层风场在大尺度风场的控制下，受中小尺度地形影响显著，山谷风和山嘴附近局部回流十分强盛，形成很多不连续的山坡覆沙体。山坡覆沙现象在西藏河谷两侧山地十分普遍，工程区山坡覆沙分布的海拔为3680~4100m。该类型虽然面积相对较小，但全部为流动沙地（丘），下伏基岩山体。总体上，工程区沙尘源地沿河谷及河谷两侧呈斑块状分布。人类活动对沙尘源地形成和分布的影响，主要表现在天然草地利用不当而退化成沙尘源地，以及耕地在冬春季节释放沙尘等方面。

表7.1　分布在不同地貌部位的沙尘源地面积（不含耕地）

分布地貌部位	洪积扇	边滩和心滩	河谷两侧山坡	阶地面	合计
面积/亩	149745	118575	18870	11940	299130
占沙尘源地总面积百分比/%	50.1	39.6	6.3	4.0	100.0

图 7.3　拉萨市防沙工程区四种主要沙尘源地类型

　　高原地区的半干旱气候容易导致风沙灾害形成。拉萨市多年平均降水量约 455mm，降水量在 300mm 以下的年份约占 3%，300～400mm 的约占 27%，400～500mm 的约占 34%，500～600mm 的约占 33%，600mm 以上的约占 3%（尼玛吉等，2014）。降水量在季节分配上主要集中在 5～9 月。近 30 多年来，年降水量总体上呈增加趋势，但冬季和秋季降水量呈显著下降趋势，夏季和春季呈明显增加趋势，特别是夏季降水量占全年的 70% 左右（杨荣等，2017）。在全球变暖背景下，拉萨市气温也呈上升趋势，上升速率达 0.66℃/10a，最高气温上升速率为 0.49℃/10a，最低气温上升速率为 1.14℃/10a（杨荣等，2017）。气温上升导致蒸发量增大，秋冬季节降水减少，加之大风天气主要集中在冬春季节（图 7.2），使"风旱同季"的特点更加显著。

　　在高原半干旱气候条件下，高河漫滩、阶地以及冲洪积扇等地貌部位发育耐旱植被，且低矮稀疏；山坡基岩和风化物上极少或无植被生长；仅在水分条件相对较好的河漫滩、低阶地、冲洪积扇前缘低洼地带，分布少量天然灌木林和人工林。其中，山前冲洪积扇主要分布以砂生槐灌丛为主的原生植被，植被覆盖度 10%～70%；而退化植被区、处于次生演替早期阶段的劲直黄芪—藏沙蒿群落覆盖度仅为 5%～10%。在地势较高、覆沙较厚的区域，固沙草在群落中占绝对优势，植被覆盖度 10%～60%，水分条件越差，覆盖度越低。山坡覆沙区极少植被生长，覆盖度一般小于 5%。流动沙地和半固定沙地分布毛瓣棘豆等群落，覆盖度小于 30%。河岸低洼地带的沙砾地和沙地上，分布的天然灌木林和白草群落植被的覆盖度相对较高，一般为 30%～40%。上述植被覆盖条件，使得大部分沙尘源地处于裸露或半裸露状态，易于受风力吹蚀而起沙起尘，形成风沙灾害。

7.1.3　风沙危害程度

　　除山坡覆沙外，沙尘源地大多处于拉萨市上风向的拉萨河谷农牧业生产核心区域，受特殊的河谷地形影响，在冬半年干旱季大风吹蚀作用下，地表沙尘被卷起引发风沙危害（图 7.4）。拉萨市多年平均灾害性风沙天气日数 17.9 天（张核真和唐小萍，2002），沙尘颗粒物是环境空气质量最主要的污染源（杨和辰等，2017）。每年 10 月至翌年 5 月为风季，其中 2、3 月份大风天气出现次数最多，约占全年大风日数的 80%。在大风天气条件下，PM_{10} 浓度值随着风速增大而显著上升。根据拉萨市月平均风速与环境空气质量的关系分析结果，不同年份的 1~5 月，在降水量基本相同的情况下，月平均风速越大，环境空气质量越差；冬春季节降水量偏少、大风偏多的年份，日均 PM_{10} 浓度值超过 $300\mu g/m^3$ 的日数明显增多（罗布次仁等，2007），PM_{10} 和 TSP 的小时浓度值甚至超过 $1000\mu g/m^3$（黄琼中，2001）。风沙天气既影响城镇居民身体健康，也损害拉萨市"高原明珠"形象。

图 7.4　拉萨市柳吾新区建设期的风沙灾害

风沙灾害对拉萨市周边的农牧业生产和水利设施造成严重危害。拉萨市为西藏自治区政治、经济和文化的核心城市，可利用土地资源十分宝贵。但工程区裸露、半裸露沙地和沙砾地，以及旱作农田等沙尘源地总面积达 $272.65km^2$，占土地总面积的 37.5%。风沙灾害导致表土颗粒粗化，降低土地质量；大面积草地因沙埋而退化，草地建群种发生明显变化，产草量大幅降低，在局部蚕食可利用土地，造成土地失去利用价值（图 7.5a）。风沙侵袭对水利设施特别是渠道损坏严重，菜纳、协荣等地修建的灌渠普遍遭受风沙危害，冬春季节渠道积沙严重，失去正常的灌溉功能，局部地段只能修建造价高昂的地下渠道（图 7.5b）。

图 7.5　风沙灾害对草地和水利设施的危害

风沙灾害不仅造成能见度降低，严重时的能见度不足 100m，而且造成公路路面积沙，威胁交通安全（图 7.6a）。在柳吾新区建设之前和建设期，拉萨火车站所在地几乎被各类沙尘源地包围，是风沙灾害最严重的区域。风沙灾害对铁路的危害主要表现在：一是铁路沿线分布多处山坡覆沙，有些隧道口甚至被山坡覆沙所包围，面临流沙前移和堆积的直接威胁（图 7.6b）；二是频繁的风沙灾害使沉降到地面的沙尘颗粒在列车运行时对铁轨造成磨损伤害。

图 7.6　风沙灾害对公路的危害和山坡覆沙对铁路隧道的威胁

7.2　风沙活动特征与单项工程技术选择

位于高原地区河流宽谷的城镇，风沙灾害具有独特性，包括沙尘源地形成和类型的复杂性、风沙流场的多变性和工程技术的适应性等。特别是对于重要城镇，不仅要建立有效的风沙灾害防护体系，同时还需要充分考虑城镇防洪、地质灾害治理等因素。因此，深入研究河谷地带的风场特征、风沙活动方式和强度等，是构建集风沙灾害防护、河道整治和地质灾害治理于一体的综合技术体系的前提。

7.2.1　河谷地带风场与风沙活动的特点

1. 河谷地带风场特征与风沙沉积空间分异

在青藏高原大气环流背景下，拉萨河的河谷地带局地风场受河谷走向和两侧山体地形控制。冬半年（11 月至翌年 4 月）的低层大气被强大的冷性高压控制，高空盛行西风，并不断有高、低气压系统通过，气候干旱、多大风。夏半年（5～10 月）高空西风带北移，低层大气被暖性低压控制，高空的暖高压和低层的切变线对天气起着主导作用，西南季风沿雅鲁藏布江谷地和低矮山口伸入高原，气候温暖湿润。

从青藏高原区域性大气环流角度来看，由于高原平均海拔超过 4000m，冬季地面降温比同等高度的大气降温幅度大、速度快，因此形成强盛的低层冷高压。低层下沉气流对高空西风环流起到吸引作用，导致西风带动量下传，加强了低层冷高压，同时也干扰了正常的西风环流，造成拉萨河下游地带上空不断有各种波长的槽、脊东移，有时达到寒潮的强度。近东西走向的河谷，受地形的"狭管效应"影响，使得冬半年偏西风特别强盛（图 7.7a）。夏半年高原地面升温比同等高度的自由大气升温幅度大、速度快，形成一定强度的低层暖低压。此时高空西风带北移，取而代之的是高空暖性高压。由于拉萨河谷地区的地形相对高差达约 1500m，高原内部在一日之内（昼夜之间）同样也会因地面高差而导致温压场变化，从而形成山谷风。高空暖性高压对低层气流起到一定的吸引作用，加强了山谷风的强度，尤其是谷风的强度得到明显加强（图 7.7b）。

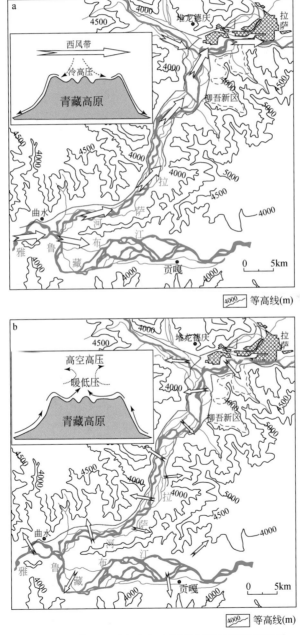

图 7.7 拉萨河下游冬半年和夏半年近地面风场形势

　　在上述全球性行星风系和区域性大气环流控制下，河谷两侧山体地形对近地面局地风场起到显著的改造作用，使河谷地带近地面风场更加复杂，并由此导致河谷两岸不同部位出现不同成因的风沙沉积。当风沿河谷前进时，河流凹岸的风若遇陡峭山体阻挡，则风速锐减，挟沙风荷载力迅速降低，沙尘物质在山脚一带的较小范围内沉积（图7.8，Ⅰ区）。若凹岸下风向一侧存在较大沟谷，风虽然仍受山体阻挡，但沟谷作为前进的缓冲通道，风速降低相对缓慢，沙物质沉降在相对开阔的山麓坡面上，形成面积较大的片状沙地（图7.8，Ⅳ区）。这两个部位产生的积沙都属于挟沙风受阻后的风沙沉积。在凸岸，如果前凸的山嘴高大、陡峭，则风水平绕过山嘴后在背风区形成反向回流，风力由于能量消耗而减弱，风挟带的沙物质在背风区卸载、沉降，从而形成陡峭山嘴背风区的回流沉积（图7.8，Ⅱ区）。这类沉积的沙地面积大小取决于山嘴的高度和坡度。如果前凸山嘴低矮、平缓，则在背风区不会形成反向回流，而是由水平绕流和沿山嘴迎风坡爬升后在背风坡形成的下沉气流构成复合气流，由此产生的积沙属于绕流和下沉气流复合沉积（图7.8，Ⅲ区）。无论凹岸还是凸岸，若山体高大但坡度较缓，则河谷地带因热力差异而形成的谷风会沿山坡爬升。风在爬升过程中，由于地表植被、岩石等粗糙元的干扰，风速逐渐降低。若为挟沙风，在风速、山坡坡度等因素控制下，风挟带的不同粒径沙尘颗粒的爬升能力有很大区别。随爬升风速的降低，较粗的颗粒率先沉积下来，较细的颗粒爬升到更高的部位后随风速的进一步减弱也最终卸载，由此形成河谷地带特殊的风沙沉积体——爬升沙丘。若山体高度略小，挟沙风能够越过山脊线，则在山体背风坡形成落坡沙丘。爬升沙丘和落坡沙丘都表现为山坡覆沙，是青藏高原河流宽谷地带独特而又普遍存在的风沙地貌类型和风沙灾害物源。

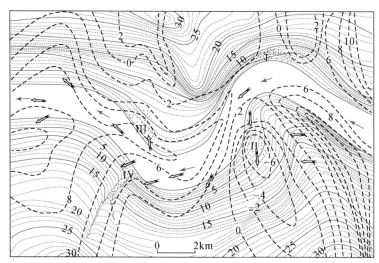

图7.8　拉萨河蔡纳—桑达段河谷风场和风沙沉积位置风洞模拟实验

2. 风沙活动方式与强度

　　在风力作用下各类沙尘源地的起沙起尘，是河谷风沙灾害的首要环节。根据工程区沙尘源地的地表物质组成和土地利用状态，分为四种类型：一是沙砾地，广泛分布于拉萨河心滩、边滩、阶地、洪积扇中部区域。二是流沙地，主要分布于阶地、边滩和基岩山坡。三是退化沙质灌丛草地，大面积分布于阶地、洪积扇前缘地带。四是农田，一般在秋收后经翻耕而成为地表裸露的沙尘源地。以上几种类型表土的风洞模拟吹蚀实验表明，流沙地表的起沙起尘强度最大，其次为翻耕后裸露的农田和退化沙质灌草地，沙砾地起沙起尘强度最小（图 7.9）。

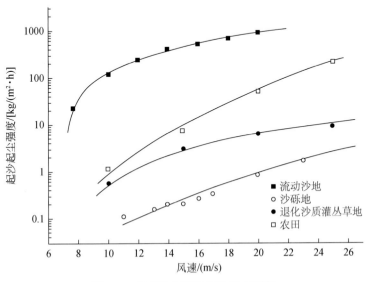

图 7.9　典型沙尘源地起沙起尘强度

地表释尘和大气降尘是风沙灾害影响范围最广的风沙活动方式。地表释尘强度取决于土壤风蚀引起的起沙起尘量，起沙起尘强度越大，粉尘释放的强度越大。由于粉尘被风力携带和输送的高度大、距离远，故而影响范围远远超出沙尘源区。粉尘释放达到一定程度后形成的沙尘天气以及城区大气降尘，是城镇风沙灾害最主要的形式。

河谷地带的不同地貌部位风沙活动方式存在明显差别。面积仅次于冲洪积扇沙尘源地的心滩和边滩沙尘源地，风沙活动方式主要有风蚀起沙和粉尘释放，以及零星的沙丘前移。由于部分滩地在丰水期被淹没、枯水期出露，因而风沙活动具有季节性，不仅表现在风沙活动强度因植被、风力、降水的季节性变化而变化，还表现在沙尘源地面积消长的季节性变化。山坡覆沙区的风沙活动主要表现为沙丘爬升运动或山脊背风侧沙丘落坡运动。由于组成沙丘的物质含有较少的黏粒和粉沙成分，对大气降尘的贡献有限。但在系统性大风天气过程中，因地表裸露，沙尘颗粒很容易被风力扬起，使 TSP 和 PM_{10} 浓度值迅速升高。在较陡峭的基岩山坡以及山坡坡脚，覆沙易受扰动而出现滑塌，对下方工程设施（如途经的铁道及附属设施）造成沙埋威胁。山坡覆沙下伏物质多为基岩，水分维持困难，植被生长差，治理难度大。分布于阶地和冲洪积扇的沙尘源地，除小面积流动沙地（丘）外，大多为植被覆盖相对较好的半固定沙地（丘）或半裸露沙砾地，因而土壤风蚀引起的起沙起尘是最主要的风沙活动方式。这类沙尘源地的表土含有较高的粉沙与黏粒成分，且面积大，沙尘风蚀物对大气粉尘的贡献量较大。

7.2.2　单项工程技术的选择

　　根据拉萨市防沙工程区内的河谷地带风场特征和风沙活动特点，选择适宜的城市防沙技术。地表风蚀导致的粉尘释放和大气降尘作为拉萨市最主要、影响范围最广的城市风沙灾害形式，其防治应置于优先地位。目前国内外土壤风蚀防治技术都是以植被恢复为主的生物防治技术，但对于不同类型和处于不同地貌部位的沙尘源地，风蚀防治技术有所差别（表7.2）。由于局地流动沙地（丘）的存在，沙丘前移和流沙入侵尽管较为分散，但局部危害程度大，阻止流沙蔓延的固沙和阻沙技术成为必然选择。针对心滩和边滩这类季节性沙尘源地，必须与河道整治和城市防洪相结合，根治心滩和边滩的起沙起尘。

表7.2　拉萨市风沙灾害防治的单项技术

沙源地类型	地貌部位	主要风沙活动方式	单项工程技术	作用
流沙	心滩、边滩（季节性片状沙地）	起沙起尘	营造灌木林	控制起沙起尘
			整治河道	减少、消除沙尘源地
	冲洪积扇、阶地（薄层覆沙、片状沙地、流动沙丘）	起沙起尘、沙丘前移、流沙入侵	草方格沙障	固定流沙，控制起沙起尘
			灌草植被恢复	
			高立式阻沙栅栏	阻止流沙蔓延
	基岩山坡（山坡覆沙）	起沙起尘、流沙蔓延、沙体滑塌	草方格沙障、尼龙网方格沙障	固定流沙，控制起沙起尘
			草本植物固沙	
			挡沙墙/护坡墙	防止沙体滑塌，保护下方公路、铁路
			高立式阻沙栅栏、绿篱	阻止流沙入侵草地和农田
退化沙质灌草地	冲洪积扇、阶地（土地沙化）	起沙起尘	灌草植被恢复	控制起沙起尘
沙砾地	冲洪积扇、阶地（裸露或半裸露沙砾地）	起沙起尘	灌草植被恢复	控制起沙起尘
	心滩、边滩（裸露沙砾地）	起沙起尘	灌草植被恢复	控制起沙起尘
农田	冲洪积扇、阶地（土地沙化）	起沙起尘	防护林带（网）	控制起沙起尘

7.3　防沙工程目标与布局

　　拉萨市作为西藏自治区的首府，以其为中心的藏中南地区是国家层面重点开发的18

个区域之一，是中国重要的农林畜产品生产加工、藏药产业、旅游、文化和矿产资源基地（中华人民共和国国务院，2011），其经济、政治和文化地位极为重要。由于拉萨市位于拉萨河下游宽谷，两侧高大山体阻挡了河谷以外的沙尘来源，风沙主要沿河谷运移。因此，防沙工程也必须采取由近到远，由拉萨市向上风向分河段逐渐推进，达到最终治理全部沙尘源地的目标。

7.3.1 工程目标

1. 总体目标

仅从城市常住人口数量来看，拉萨市还未达到重要城市级别，但考虑到其重要的经济、政治和文化地位，防沙工程的治理目标按照重要城镇的级别对待。通过生物工程和机械工程防沙技术，并结合河道整治和地质灾害治理技术，建立具有综合功能、寓防治用于一体的城市防沙体系；全面恢复受损生态系统，控制地表起沙起尘、流沙入侵和沙丘前移，减小心滩和边滩沙尘源地面积，防止地质灾害发生，最终消除拉萨市的风沙灾害；使工程区内的土地资源得到合理利用，提高生态环境与居民生产生活环境质量，促进经济社会持续发展，为建设"高原明珠"城市做出积极贡献。

2. 阶段目标

根据拉萨河宽谷地带的沙尘源地对拉萨市危害程度和风场特征，确定分段治理的优先次序。拉萨市风沙灾害源于宽谷地带的沙尘源地，具有近源特点，沙尘源地与防护对象（拉萨市）之间的距离，是确定分段实施防沙工程优先考虑的因素，并确定拉萨市防沙工程分为应急治理阶段、重点治理阶段和外围治理阶段。与这三个阶段相对应的防沙工程区分别为应急治理区、重点治理区和外围治理区。

应急治理阶段的目标：工程区位于拉萨大桥—聂当区，沿拉萨河长度 27.5km，包含柳吾新区及其附近的沙尘源地，是优先解除柳吾新区和铁路设施受风沙灾害威胁的关键区域。工程区包括各类沙尘源地面积 166267 亩。工程实施后，柳吾新区和铁路沿线得以绿化和美化，拉萨河的河道和威胁铁路线的地质灾害得到彻底治理；与实施前相比，因风沙天气造成的重度及以上污染天数减少 50% 以上，风沙天气过程中 TSP、PM_{10} 和 $PM_{2.5}$ 的年平均和 24 小时浓度分别在国家规定的二级浓度限值的 3 倍以下。

重点治理阶段的目标：工程区位于聂当区—江段，沿拉萨河长度 17.5km，包含柳吾新区和拉萨市老城区上风向的 88939 亩沙尘源地，是进一步消除整个拉萨市风沙灾害发源地的重要区域。工程实施后，整个拉萨市上风向近郊地带得以绿化和美化，拉萨河的河道得到彻底治理；与实施前相比，因风沙天气造成的重度及以上污染天数减少 70% 以上，风沙天气过程中 TSP、PM_{10} 和 $PM_{2.5}$ 的年平均和 24 小时浓度分别在国家规定的二级浓度限值的 2 倍以下。

外围治理阶段的目标：工程区位于江—拉萨河与雅鲁藏布江交汇处，沿拉萨河长度 19.5km，工程区包括各类沙尘源地面积 107045 亩，是一项较长期的风沙灾害防治工程。工程实施后，不仅彻底消除引发拉萨市风沙灾害的最后沙尘源地，同时也为拉萨市发展旅游业创造优美的环境。与实施前相比，因风沙天气造成的重度及以上污染天数减少 85% 以上，风沙天气过程中 TSP、PM_{10} 和 $PM_{2.5}$ 的年平均和 24 小时浓度分别在国家规定的二级浓度限值的 1 倍以下，使拉萨市再现碧水蓝天和人间净土。

7.3.2 工程布局

拉萨河宽谷地带的沙尘源地、风场和风沙活动的类型和强度空间差异大，必须针对具体情况实行科学布局，分清轻重缓急，突出重点、分步实施。在空间布局上，作为拉萨市防沙工程主体技术的"生物防沙+工程防沙+河道整治+地质灾害治理"防护体系，布置在应急治理工程区，加强被防护的核心区域的风沙灾害防治、城市防洪兼限制心滩和边滩沙尘源地范围、坡地覆沙体引起的地质灾害治理，同时绿化和美化城市边缘带；重点治理工程区，以"生物防沙+工程防沙+河道整治"防护体系为主体，通过沙尘源地治理和局部河道整治，消减近郊地带起沙起尘对主城区的危害；外围治理工程区，以"生物防沙+工程防沙"防护体系为主体，集中治理沙尘源地，消减城市外围地带起沙起尘对主城区的危害（图5.5，表7.3）。在防护技术上，利用植被恢复和重建、流沙固定与农田林网建造等技术，使河流阶地、洪积扇、基岩山坡覆沙和农田等沙尘源地得到彻底治理；通过河道整治减小河流心滩、边滩和部分漫滩面积，缩小因河流水位变化产生的沙尘源地范围，并利用植被恢复和重建技术治理这类沙尘源地；对山坡覆沙体滑塌引起的地质灾害进行治理，并利用植被重建技术治理山坡覆沙（表7.4）。

表7.3 拉萨市各期防沙工程区内的沙尘源地类型和面积

编号	沙尘源地类型	地貌部位	沙尘源地面积/亩			合计/亩
			应急治理区	重点治理区	外围治理区	
I	流动沙地	心滩、边滩、阶地、洪积扇、基岩山坡	23313	10985	31644	65942
II	半流动沙地	心滩、边滩、阶地、洪积扇	13046	2813	12248	28107
III	固定沙地	心滩、边滩、阶地	5231	2145	1476	8852
IV	裸露砾质地	心滩、边滩、阶地、洪积扇	15236	11340	8573	35149
V	半裸露砾质地	心滩、边滩、阶地	3519	1562	4518	9599
VI	灌丛沙砾地	边滩、阶地、冲洪积扇	58079	31557	28703	118339
VII	砂石料开采场地	心滩、边滩	1083	92	0	1175
VIII	农田	阶地	46760	28445	19883	95088
合计			166267	88939	107045	362251

表 7.4　拉萨市防沙工程的技术应用

序号	工程措施	应用地点	单位	应急治理区	重点治理区	外围治理区
1	干砌毛条石护岸堤	拉萨河左岸	km	1.04	—	4.12
		拉萨河右岸	km	11.20	2.19	14.09
2	铅丝笼护岸堤	拉萨河心滩周围	km	38.56	22.43	8.0
		拉萨河左岸	km	10.77	13.75	11.84
		拉萨河右岸	km	5.62	4.19	41.54
3	砾石护岸堤	"部队"东南对岸心滩	km	4.22	—	—
4	护坡墙	铁路隧道东侧沿山坡覆沙边缘（山坡坡脚）195m、隧道西侧沿山坡覆沙边缘644m	km	0.84	—	—
5	农田防护林网	拉萨河沿岸阶地大面积连片农田	亩	35521	21840.0	18275
1）	主林带		km	233.77	144.82	122.00
2）	副林带		km	156.74	96.66	80.09
6	草方格	阶地面流动沙地（丘）	亩	1837	68	6.0
		冲洪积扇流动沙地（丘）	亩	1043	2934	3198
		山坡覆沙	亩	3267	1322	10905
7	阻沙栅栏	拉萨火车站西侧山坡覆沙坡脚	m	1800	—	—
8	沙棘造林	心滩、边滩流动沙地	亩	17737	6619	17279
9	乔灌混交造林	心滩、边滩半流动沙地、半裸露砾质地	亩	11181	1754	6313
		心滩、边滩裸露砾质地	亩	8173	8280	4066
10	乔灌混交造林+种草	阶地半流动沙地（丘）、半裸露砾质地	亩	2465	243	288
		阶地裸露砾质地	亩	2906	1055	765
11	砂生槐造林+种草	冲洪积扇半流动沙地（丘）、半裸露灌丛沙砾地	亩	5253	2409	9523
		冲洪积扇裸露沙砾地	亩	3780	2025	3714
12	封育保护	固定沙地、灌丛沙砾地				

　　为便于施工，对各工程区进行作业区划分。划分原则：第一，每个作业区的工程量相对均衡。第二，参考不同立地类型的自然界线或行政界线。由于工程区内的立地类型多样，而且呈斑块状分布，为了均衡各作业区的工程量，尽可能按不同立地类型的自然界线划分作业区。如果同一立地类型有较大面积的连片分布，则按乡级行政界线划分，以便于施工和管理。第三，结合河道整治。沙尘源地沿拉萨河道和谷地两侧分布，尤其是（高）心滩和边滩沙尘源地不仅面积大，而且直接受拉萨河水位的季节变化控制。在目前无法控制水位变化这一强大自然因素的前提下，彻底治理风沙灾害的唯一途径就是将沙尘源地治理与河道整治充分结合起来。第四，施工方便。既包括作业区内部及其与外部的材料、机械和人员运输方便，也包括施工内容尽量一致或类似。按照以上原则，应急治理区划分为 5 个治理小区，重点治理区划分为 2 个治理小区，外围治理区划分为 3 个治理小区（图 7.10）。

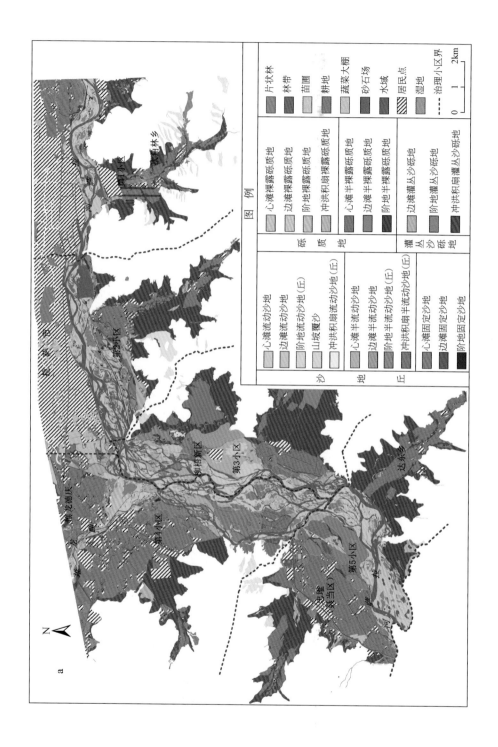

图 例

沙地	心滩流动沙地	砾质地	心滩裸露砾质地
	边滩流动沙地		边滩裸露砾质地
	阶地流动沙地（丘）		阶地裸露砾质地
	山坡覆沙		冲洪积隔裸露砾质地
	冲洪积隔流动沙地		心滩半裸露砾质地
	心滩半流动沙地		边滩半裸露砾质地
	边滩半流动沙地		阶地半裸露砾质地
	阶地半流动沙地（丘）	灌丛砾砾地	边滩灌丛沙砾地
	冲洪积隔半流动沙地（丘）		阶地灌丛沙砾地
	心滩固定沙地		冲洪积隔灌丛沙砾地
	边滩固定沙地		片状林
	阶地固定沙地		林带

片状林	苗圃
林带	耕地
苗圃	蔬菜大棚
耕地	砂石场
蔬菜大棚	水域
砂石场	居民点
水域	湿地
居民点	治理小区界

0 1 2km

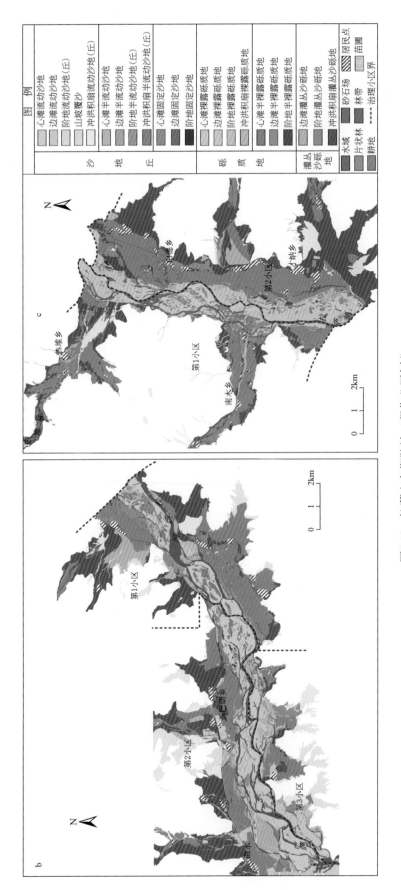

图7.10 拉萨市各期防沙工程作业区划分

a. 应急治理工程区；b. 外围治理工程区；c. 重点治理工程区

7.4　工程技术体系

7.4.1　工程技术体系总体构架

根据拉萨河宽谷地带风沙灾害的类型、特点和沙尘源地类型，采取工程措施与生物措施相结合的防护技术体系，包括河道整治工程、机械防沙工程和生物防沙工程、地质灾害治理工程。根据河床摆动规律和沙尘源地分布特征，通过分段建设干砌毛条石护岸堤、铅丝笼护岸堤或砾石护岸堤，消除心滩和边滩沙尘源地随季节变化对风沙灾害防治造成的不利影响。考虑到河道泄洪和城市防洪，所采取的工程措施不能对排洪产生影响，在保证河道泄洪能力的前提下有效改变沙尘源地属性，为永久治理沙尘源地创造条件。机械防沙工程主要是半隐蔽式草方格沙障、高立式阻沙栅栏，以及防止山坡覆沙体形成地质灾害的挡沙护坡墙。生物防沙工程包括人工营造片状林、农田防护林（网）和人工植草三大类，各类工程针对不同的防护要求和立地条件，因地制宜地布局和实施。

总体上，按照河道整治要求，心滩和边滩沙尘源地治理以河道整治与造林相结合，达到防止起沙起尘与泄洪防洪相兼顾的目的。阶地和洪积扇流沙治理以设置草方格沙障、恢复或重建植被为主，其他类型的沙尘源地（半流动沙地、半裸露沙砾地、裸露沙砾地）采取种草和造林相结合的方法人工促进植被恢复。山坡覆沙以设置草方格和植被重建为主。对于目前植被覆盖较好的潜在沙尘源地，如固定沙地和灌丛沙砾地，加强封育保护。防止农田起沙起尘的技术，除营造防护林（网）外，同时积极推广保护性耕作管理措施，例如留茬免耕、作物秸秆覆盖等。

7.4.2　河道整治工程

河道整治工程的目的是固定心滩、边滩和部分高河漫滩沙尘源地的范围，消除拉萨河在丰水期大量泥沙沉积而形成新的沙尘源地，同时兼顾拉萨市的城市防洪需要。根据城市防洪标准和针对沙尘源地类型的不同，河道整治工程主要包括干砌毛条石护岸堤、铅丝笼护岸堤、砾石护岸堤等（表 7.5）。

表 7.5　河道整治工程的应用对象和规模

河道整治工程类型	应用对象	应急治理工程区	重点治理工程区	外围治理工程区
干砌毛条石护岸堤/km	心滩和边滩沙尘源地	12.24	2.19	18.21
铅丝笼护岸堤/km	心滩和边滩沙尘源地	54.95	40.37	61.38
砾石护岸堤/km	心滩和边滩沙尘源地	4.22	—	—
合计/km	—	71.41	42.52	79.59

1. 护岸堤的防洪级别、设计标准与洪水位设计

按照现行国家标准《防洪标准》确定护岸堤的防洪标准和级别。防洪标准按 30 年一遇洪水确定，洪水位参考西藏自治区拉萨水文水资源勘测大队于 1999 年提供的《拉萨河桑竹林卡至拉萨大桥段防洪水位论证》报告中的相关数据，以及 2004 年 6 月由拉萨水文站提供的水文资料设计。具体实施地段则需要根据水面宽度、河岸性质做出相应的计算。

　　堤坝的安全加高根据其级别和防浪要求按表 7.6 规定，为 0.3～0.6m。其中重要堤段的安全加高值可适当加大至 1.0m。由于河道特征差异较大，根据河流水文特征，宽河床段的堤坝安全超高可略低于窄河床段，顺直段可略低于弯曲段之冲刷岸的堤坝安全超高。

表 7.6　堤坝安全加高值

堤防工程的级别	1	2	3	4	5
不允许越浪的堤防工程/m	1.0	0.8	0.7	0.6	0.5
允许越浪的堤防工程/m	0.5	0.4	0.4	0.3	0.3

2. 工程地质条件

　　拉萨河风沙灾害治理河段的地质基础以晚古生代石炭、二叠纪岩层为基底，上覆中生代三叠纪岩层。由于新构造运动强烈，区域变质作用明显，两岸山地完整性较差。第四纪地层多为松散的陆相冲洪积物，广泛分布于河谷地带。阶地和河床组成物质一般为以砾石、粗砂和细砂为主的碎屑堆积物，堆积厚度从几米到几十米不等，顶层为 0.25～1.0m 厚的细砂或亚砂土，下部为粗砂和砾石，透水性较强，具有较稳定的工程特性，其承载力可满足河堤建设工程等方面的要求，符合国家现行标准。

3. 堤线布置

　　堤线布置遵循以下原则：根据地形、地质条件，河流变迁，现有建筑物位置、施工条件等因素综合分析确定；堤线与河水流向相适应，并与洪水主流线大致平行，一个河段两岸的堤防间距应大致相等；堤线力求平顺，各河段之间或堤防与高地之间平缓连接；尽可能利用现有堤坝和有利地形，堤坝修筑在工程地质条件稳定的滩岸，尽可能避开软弱地基、深水地带、古河道、强透水地基；利于防汛抢险和工程管理。由于护岸堤坝兼防洪和风沙灾害防治两种功能，堤线布置的上述原则除满足防洪要求外，还应兼顾减小心滩和边滩型沙尘源地面积。

4. 堤防基础

　　拉萨河宽谷地段河床基础均为沙砾石夹层，在强水流条件下局部地段可能遭受冲刷侵蚀。为了增强堤脚的稳定性，在现河床地面以下设置箱形毛条石铅丝笼，并在铅丝笼前缘设置大块抛石。根据不同地段的具体情况（如河面宽度、凹凸岸、工程地质、水流特性等），箱形铅丝笼设计为底宽 2.0～2.5m，高 1.2～1.5m 不等。铅丝笼材料采用 8# 铅丝，连接部采用 10# 铅丝。因箱形铅丝笼凸出堤坝迎水坡，水流冲刷的受力面积增大，可以减缓水流对堤坝边坡的冲击和对堤坝基础部位的淘蚀。之所以不采用混凝土铸造堤坝基础，是由于一旦基础以下沙砾石夹层被流水冲刷出现空穴，容易发生整体倾斜甚至垮塌，而箱形毛条石铅丝笼基础既有整体性，又具有一定塑性，即使有局部地段发生下沉，也不会损害堤坝基础的整体稳定性。

5. 堤形与堤身

按因地制宜、就地取材的原则，综合考虑地质条件、施工条件、工程造价等因素，采用干砌毛条石堤坝。堤身参数包括堤顶高程、基础轮廓尺寸、防渗与排水设施等。堤顶高程按设计洪水位加堤顶安全超高值确定，设计洪水位按国家现行有关标准的规定进行。堤顶宽度、基础轮廓尺寸根据各工程段施工、管理和稳定性要求确定。堤身防渗采用黏土、混凝土、土工膜等材料；堤身排水采用伸入背水坡脚或贴坡滤层，滤层材料采用砂、砾料或土工织物等材料。防渗体应满足疏透稳定以及施工要求，其顶部高出设计水位 0.5 m。根据不同防护对象的防护需要（表 7.4），采用以下三种不同的护岸堤。

干砌毛条石护岸堤。主要用于应急治理工程区，堤形结构为梯形断面，迎水坡 1 : 0.75，背水坡 1 : 1，堤高 1.5m，堤顶宽 3.5m。迎水坡采用质地坚硬的花岗岩毛条石干砌，其后铺设 0.3m 厚的碎卵石反滤层和 0.2m 厚的砂子垫层。背水坡内回填砂土，分层洒水，机械夯实。毛条石规格 0.7m× 0.5m×0.4m，强度等级不低于 MU30。堤防基础为河床地面以下箱形块石铅丝笼，并在铅丝笼前缘设置大块抛石。箱形铅丝笼底宽 2.0m，高 1.2m，块石厚度不小于 30cm。笼体采用 8# 铅丝，连接部采用 10# 铅丝。抛石截面为高 1.2m，底宽 2.1m 的三角形，抛石厚度不小于 40cm。

铅丝笼护岸堤。主要用于应急治理工程区心滩周围和重点治理工程区，堤形结构为梯形断面，迎水坡 1 : 0.5，背水坡 1 : 1，堤高 1.5m，堤顶宽 3.5m。迎水坡采用块石铅丝笼结构，铅丝笼顶宽 1.0m，底宽 2.5m，高 1.5m，边坡均为 1 : 0.5。块石厚度不小于 30cm，强度等级不低于 MU30。背水坡内回填沙砾石。堤防基础为河床地面以下箱形块石铅丝笼，并在铅丝笼前缘设置大块抛石。箱形铅丝笼底宽 2.5m，高 1.2m，块石厚度不小于 30cm。笼体采用 8# 铅丝，连接部采用 10# 铅丝。抛石截面为高 1.2m，底宽 2.1m 的三角形，抛石厚度不小于 40cm，强度等级不低于 MU30。

砾石护岸堤。主要用于各工程区河道内的心滩周围，采用梯形断面，迎水坡和背水坡均为 1 : 1.2，堤高 1.2m，堤顶宽 1.0m，底宽 3.88m。构筑材料为河道疏浚的砾石。

7.4.3　机械防沙工程

机械防沙工程包括半隐蔽式草方格沙障、高立式阻沙栅栏、挡沙护坡墙等，主要针对不同的沙尘源地类型和风沙危害形式建立的防沙工程（表 7.7）。

表 7.7　机械防沙工程的应用对象和规模

机械防沙工程类型	应用对象	应急治理工程区	重点治理工程区	外围治理工程区
半隐蔽式草方格沙障/亩	阶地、冲洪积扇流动沙地和山坡覆沙	6147	4324	14109
高立式阻沙栅栏/亩	山坡覆沙	1800	—	—
挡沙护坡墙/亩	山坡覆沙	839	—	—
合计	—	—	4324	14109

1. 半隐蔽式草方格沙障

草方格沙障主要用于流动沙地（丘），规格 1m×1m。作物秸秆埋入地下深度 10～15cm，地面以上高度 20cm 左右，形成半隐蔽式低矮沙障。在平坦沙地和沙丘迎风坡上，先扎设与主风向垂直的方格沙障主带，后扎设与主带垂直的副带。在沙丘背风坡和山地覆沙坡面，顺坡从下而上先扎设主带，然后横坡从上往下扎设副带，避免草障被踩踏或被沙埋。

2. 高立式阻沙栅栏

采用尼龙网栅栏，孔隙度 40%，栅栏高度 1.0m，底部贴近地面，立柱采用 6.3 号的角钢，间隔 2.0m，立柱埋深 50cm。阻挡山坡覆沙前沿沙舌前进的栅栏，走向与覆沙坡脚边缘一致；在阻挡风沙流、保护下风向构筑物或建筑物的作业段，栅栏走向与主风向垂直。

3. 挡沙护坡墙

采用重力式挡墙，坐浆法施工。墙体高 1.5m，厚 0.4m，浆砌块石结构，块石厚度不小于 20cm，强度等级不低于 MU30。外露面坡度为 1∶0.75，采用 M7.5 砂浆勾缝。墙后回填砂子或沙砾石反滤层，反滤层厚度 20cm。设置泄水孔，泄水孔边长或直径不小于 10cm，外倾坡度不小于 5%，间距 2～3m，按梅花形布置。在土质地基施工段，挡墙的基础埋深 0.6m；岩质地基施工段，基础埋深 0.4m。

7.4.4　林草工程

恢复和重建沙尘源地的林草植被是防沙工程中最有效、最常用和最具有可持续性的技术措施，拉萨市防沙工程区的自然条件适宜实施植被恢复和重建工程，城市及其周边的绿化美化也需要建立多种景观类型的林草植被。在拉萨市防沙工程中，根据不同类型沙尘源地的水土条件，分别实施农田防护林（网）、沙棘片状林、乔灌混交片状林、乔灌混交造林+人工种草、砂生槐灌木造林+人工种草等植被恢复和重建工程（表 7.8）。

表 7.8　林草工程的应用对象和规模

林草工程类型	应用对象	应急治理工程区	重点治理工程区	外围治理工程区
农田防护林（网）*/亩	连片农田	35522	21840	18274
沙棘片状林/亩	心滩、边滩流动沙地	17737	6619	17279
乔灌混交片状林/亩	心滩和边滩的半流动沙地、半裸露沙砾地和裸露砾质地	19354	10034	10379
乔灌混交造林+人工种草/亩	阶地半流动沙地（丘）、半裸露沙砾地和裸露砾质地	5371	1298	1053
砂生槐灌木造林+人工种草/亩	冲洪积扇半流动沙地（丘）和裸露沙砾地	9033	4434	13237

林草工程类型	应用对象	应急治理工程区	重点治理工程区	外围治理工程区
人工种草**/亩	阶地、冲洪积扇半流动沙地（丘）、半裸露沙砾地和裸露沙砾地	14404	5732	14290
合计***/km	—	87017	44225	60222

* 农田防护林防护的农田面积；** "乔灌混交造林+人工种草"与"砂生槐灌木造林+人工种草"面积之和；
*** 第一至五行数据之和，即不包含"人工种草"面积。

1. 农田防护林（网）工程

农田防护林网由主、副林带组成。主林带与主风向垂直，间距 100m；副林带与主林带垂直，间距 150m。主林带每带四行（两行乔木加两行灌木），副林带每带三行（两行乔木加一行灌木），"品"字形布局，株行距 2m×1m。乔木树种为新疆杨，灌木树种为江孜沙棘，均为 2~3 年生带根苗造林，种苗等级Ⅰ、Ⅱ级。穴状整地，乔木植苗穴规格 0.5m×0.5m×0.5m，灌木植苗穴规格 0.4m×0.4m×0.5m。

2. 沙棘造林工程

选择江孜沙棘为片状沙棘林树种，株行距 2m×1.5m，初植密度 223 株/亩。采用 2~3 年生带根苗，种苗等级Ⅰ、Ⅱ级。穴状整地，植苗穴规格 0.4m×0.4m×0.5m。春季、雨季造林。加强幼林管护，对成活率低于 80% 的，及时进行补植。

3. 乔灌混交造林工程

选择垂柳、乌柳或白柳等喜水乔木树种和江孜沙棘灌木树种，营造乔、灌隔行混交的片状林。乔木树种的株行距 4m×4m，初植密度 42 株/亩。灌木树种的株行距 2m×4m，初植密度 84 株/亩。裸露砾质地造林均采用 2~3 年生营养袋带根苗，其他立地类型的种苗不需营养袋，种苗等级均为Ⅰ、Ⅱ级。穴状整地，乔木植苗穴规格 0.5m×0.5m×0.5m，灌木植苗穴规格 0.4m×0.4m×0.5m。春季、雨季造林，对成活率低于 80% 的，及时进行补植。

4. 乔灌混交造林+人工种草工程

乔灌混交造林的乔木和灌木树种的建植密度与"乔灌混交造林工程"相同，但乔木树种选择耐瘠薄的新疆杨，灌木树种仍为江孜沙棘。裸露砾质地造林均采用 2~3 年生营养袋带根苗，其他立地类型的种苗不需营养袋，种苗等级均为Ⅰ、Ⅱ级。穴状整地，乔木植苗穴规格 0.5m×0.5m×0.5m，灌木植苗穴规格 0.4m×0.4m×0.5m。春季、雨季造林，对成活率低于 80% 的，及时进行补植。人工种草在林下进行，草种选择耐旱、耐寒、耐瘠薄的披碱草、固沙草或者白草。在不破坏或尽量少破坏原有草地植被的情况下，应用松耙、浅耕翻、补播覆土等措施，进行人工补播，以促进林下草本植被的快速恢复。草种用量为 1kg/亩。

5. 砂生槐灌木造林+人工种草工程

砂生槐灌木林为片状林，人工种草为砂生槐灌木林下补种披碱草。砂生槐造林采用种子撒播、条播或者穴播，雨季来临时播种（赵文智等，1998）。种子为前一年成熟度好、无机械损伤、无发霉和受潮的种子。播种前用 30℃的温水泡种 24 小时，捞出后用 10%的磷化锌拌种。撒播法选择阴雨天气，最好为连阴雨天气，将表土浅翻松土，种子撒在地面上，然后覆土 2～3cm 厚，播种量 3～5kg/亩。条播法按播种行将砂生槐种子均匀播种，行距 1m，播深 4cm，播种量 2.5kg/亩。穴播法的穴距为 0.5m×0.5m、1.5m×1.5m，呈"品"字形配置，穴深 4～5cm，每穴播种子 5 粒左右，覆土 3cm，稍加镇压，播种量 1.5～2kg/亩。披碱草种子按 1kg/亩的播种量，播种后覆土耙磨。

6. 人工种草

通过松耙、浅耕翻、补播覆土等农艺措施，人工补播耐贫瘠的固沙草、白草、披碱草等，草种用量 1kg/亩。采用撒播法，撒播草种后耙磨镇压。播种深度 2～3cm，在春季或夏季雨后播种。

7.5　工程技术体系的防沙效果与模式应用

7.5.1　工程技术体系的防沙效果评估

尽管拉萨市防沙工程区的气候和土壤条件较差，但采取合理有效的措施和循序渐进的步骤，恢复和重建良好植被是完全可行的。沙质和沙砾质退化草地的土壤理化性质较低劣、持水能力低下，工程初期以增大植被覆盖度、控制地表起沙起尘为目标，补植易成活、耐寒、耐旱的乡土植物种作为重建植被生态系统的先锋植物种。当植被覆盖度能够抵御中等风力条件下的土壤临界侵蚀风速后，再通过人工促进方法，逐步提高生物多样性，优化植被生态系统。这一过程中，相应的保护性措施可以保障补播植物的正常生长，加快土壤环境的改善。西藏江当沙地综合治理示范区和狮泉河镇防沙工程的成功实施，都为严酷环境下沙质退化草地和沙砾质沙地表植被建设提供了宝贵经验。

拉萨市防沙工程中的片状防护林和人工草地是恢复和重建植被生态系统的关键。拉萨河的心滩、边滩和阶地，以及河谷地带的冲洪积扇表面的沙质和沙砾质沙尘源地，是营造片状防护林的主要区域。其中，地势较平缓的低阶地和高河漫滩，以江孜沙棘片状防护林为主。江孜沙棘具有强大的水土保持功能和较广的生态幅，以及较高的经济利用价值，并有人工栽植的成功经验。水柏枝属的一些物种多生长在河滩沙地或河滩草地等地下水位较高的地方。在阶地面上的乔灌混交片状防护林，树种选择易成活、生长速度快的杨树，灌木树种仍以适应能力强的沙棘为主。在海拔 2800～4400m 的山坡、拉萨河两岸冲洪积扇的沙砾地上，砂生槐可以形成单优势群落，并且在相似地区，有砂生槐人工种植的成功经验。

人工植草的立地类型主要是河流阶地和冲洪积扇上的半流动沙地（丘）、半裸露沙砾地以及裸露沙砾地。其中半流动沙地（丘）土壤机械成分较细，肥力较好。相比之下，半裸露沙砾地的土壤机械成分较粗（表7.9），有机质和养分含量较低（表7.10），但均具备重建人工植被的潜力。裸露沙砾地以造林为主，林下植草为辅。

表 7.9　人工植草工程区不同立地类型的土壤机械组成

立地类型	机械组成/%								平均粒径/mm
	<0.0063mm	0.00632 ~ 0.025mm	0.025 ~ 0.0632mm	0.0632 ~ 0.25 mm	0.25 ~ 0.632 mm	0.632 ~ 1.0 mm	1.0 ~ 1.3 mm	1.3 ~ 2.0mm	
半流动沙地	1.19	4.20	8.01	56.52	25.87	3.29	0.61	0.32	0.221
半裸露沙砾地	1.07	3.25	9.37	51.25	25.58	5.21	2.23	2.02	0.275

表 7.10　人工植草工程区不同立地类型的土壤有机质和养分含量

立地类型	有机质/%	全氮/%	速氮/ppm	全钾/%	速效钾/ppm	全磷/(g/kg)	有效磷/(mg/kg)
固定沙地	0.92	0.103	75.91	1.08	70	0.40	13.8
半裸露沙砾地	0.32	0.017	37.81	1.07	30	0.43	15.0

＊1ppm＝10^{-6}。

在拉萨市防沙工程的"生物防沙+工程防沙+河道整治+地质灾害治理"技术模式中,河道整治工程消除了心滩和边滩沙尘源地季节性变化对实施防沙工程带来的不利影响;机械防沙工程增加了地面粗糙度,降低了风速,拦截并迫使贴地层运动的沙尘沉降;生物防沙工程,包括带状(绿篱)和片状防护林、人工草地、乔灌草结合促进植被恢复等),则是固定沙尘源地、恢复和重建植被生态系统,进而根治风沙灾害的终极手段。农田防护林(网)既有风障的防风作用,也有改善农田小气候的功能。这些相互配置形成的综合防护体系的要素和功能完备,实施以来极大削弱了拉萨河谷地的风沙活动强度,有效消除了风沙灾害,成为柳吾新区和拉萨火车站建设,以及青藏铁路拉萨河段安全运营的重要保障。

在拉萨市防沙工程实施前,2001 ~ 2006 年平均冬季 PM_{10} 浓度达 81.2μg/m³,春季 79.6μg/m³,夏季和秋季分别为 41.8μg/m³ 和 56.4μg/m³,并以 2006 年 2 月为时间突变点,PM_{10} 浓度开始降低(卓嘎等,2009)。至防沙工程实施后的 2010 年,拉萨市 PM_{10} 浓度年均值仅为 48μg/m³。按照《环境空气质量标准》(GB 3095-2012)规定的 PM_{10} 二级浓度日均限值,超标率仅为 1.1%。拉萨市全年环境空气质量优良天数达 361 天,其中优占 69.9%、良占 29.0%、轻微污染占 0.8%、重度污染占 0.3%(平措,2012),空气环境质量得到显著改善。

7.5.2　工程技术体系模式及其推广应用前景

拉萨市防沙工程区内几乎包含了不同生物气候区河流宽谷地带的所有沙尘源地类型,特别是青藏高原在第四纪以来剧烈隆升和外营力侵蚀作用下形成十分复杂的河谷地形,导致河谷地带的风场和风沙运移路径多变、风沙灾害的危害方式多样,这些不利因素为构建城镇防沙技术体系带来困难。但从另一个角度看,一旦形成完善的城镇防沙技术体系,将为其他区域的河流宽谷地带城镇防沙提供更加可靠的参考模式,也更具有推广应用价值。总体上,拉萨市防沙工程技术体系可以概括为"生物防沙+工程防沙+河道整治+地质灾害治理"模式,但是针对不同的工程区和沙尘源地类型,也有不同的工程技术配置。

1. "绿篱+高立式沙障+片状林+林下植草"技术配置

在城市上风向边缘地带，为了兼顾绿化和美化功能，采用"绿篱+高立式沙障+片状林+林下种草"技术配置。在水分条件较好的洪积扇下部，采用高立式沙障外围配置"片状林+林下种草"；在水分条件较差的洪积扇中、上部，采用高立式沙障外围仅配置片状灌木林。在高立式沙障下风向，配置带状绿篱。高立式沙障在林、草植被恢复之前阻沙作用突出，绿篱则起到进一步拦截越过高立式沙障的风沙流的作用。外围植被逐渐恢复到足以控制地表起沙起尘后，沙障的作用越来越小，绿篱的景观作用将取代防沙作用（图7.11）。

2. "半隐蔽式/高立式沙障+林草"技术配置

针对高河漫滩、河流阶地和洪积扇表面，甚至山坡覆沙体下部水分条件较好的流动沙地（丘），采用"半隐蔽式草方格沙障+林草"技术配置（图7.12）。半隐蔽式草方格沙障是先行的临时性机械防沙措施，其作用在于固定沙面，抑制风沙活动，为障间人工重建的林草植被正常生长提供稳定和良好的环境。这是一种经典的技术配置，已经在国际风沙灾害防治工程中取得巨大成功。拉萨河宽谷地带的气候相对湿润，林草植被较易成活，在后期工程管护得当的情况下，使用这一技术配置的效果将随植被生长而逐渐显现。针对山坡覆沙体中、上部水分条件较差的流动沙地（丘），采用"半隐蔽式草方格沙障+灌木"技术配置；在山坡覆沙体与其相邻区域各类沙尘源地之间，采用"高立式沙障+林草"技术配置。这种技术配置的人工林以乔灌木混交为主，水分较好地段的林下草被为人工植

图7.11　"绿篱+高立式沙障+片状林+林下植草"技术配置

图7.12　"半隐蔽式草方格沙障+林草"技术配置

草，水分较差地段依靠草本植物自然入侵形成草被。"高立式沙障+林草"技术配置的主要功能，一是防止沙尘源地发生起沙起尘现象，二是在山风时阻止山坡覆沙体产生风沙流向河谷方向运移，谷风时切断山坡覆沙体的沙源补给，对隔断沙障两侧的沙尘物质交换，特别是减少山坡覆沙体的物质补给具有重要作用。

3. "河道整治+防护林"技术配置

针对枯水期出露的边滩、心滩和低河漫滩沙尘源地，采取"河道整治+防护林"技术配置（图7.13）。通过河道整治使这类沙尘源地无论在枯水期还是丰水期，范围都比较固定，部分沙尘源地被缩小甚至消除，有利于实施防沙工程。在实施河道整治工程后，原有的边滩几乎消失；心滩面积大幅缩小，部分低河漫滩消失，在剩余的心滩和河漫滩，通过人工建植以乔木为主、灌木为辅的防护林固定沙尘源地；沿拉萨河两岸建立护岸林，既达到防沙目的，又起到绿化美化作用。

4. "地质灾害治理+半隐蔽式沙障+林草"技术配置

拉萨市防沙工程区内的部分山坡覆沙体坡度较大，特别是铁路所经地段，在修筑路基时往往需要开挖边坡，使得松散的山坡覆沙体非常容易发生垮塌而形成地质灾害，需要在山坡覆沙体坡脚修建挡土墙；同时在山坡覆沙体上实施半隐蔽式草方格沙障，并在沙障间通过人工建植灌木林和草被固定沙面（图7.14）。

图7.13　"河道整治+防护林"技术配置消除部分河床沙尘源地

图7.14　"地质灾害治理+半隐蔽式沙障+林草"技术配置防治山坡覆沙体形成地质灾害

第8章 青藏高原半干旱和半湿润气候区
小城镇防沙工程

青藏高原人口密度较低，大中型城市数量少，以小城市和建制镇为主。截至2015年，青藏高原小城市和建制镇达340多个。受气候和海拔影响，居住环境恶劣的高海拔干旱区城镇数量稀少，半干旱和半湿润气候区的小城市和建制镇分布相对密集。为了完善公路、铁路和航空立体交通运输系统，中国政府投入巨额资金在一些重要城镇附近修建机场。这些小城镇和机场大多坐落在地势相对开阔的山间盆地或者河流宽谷，海拔一般为2900～4200m。高海拔引起积温低，高原地形引起气候干旱且多大风，这导致植被稀疏和生态系统脆弱；强烈物理风化和外营力作用，在地势较低区域形成厚度不等的松散碎屑沉积物。这些自然因素为危害部分小城镇和机场的风沙灾害的形成提供了有利条件。

对于中国西部地区尤其是青藏高原，经济社会和自然条件决定了难以发展大中型城市，大力发展小城镇是提高城镇化率和生产率水平的最佳选择，也是中国新型城镇化发展战略方向（中华人民共和国国务院，2011，2014）。为了维护青藏高原小城镇的碧水蓝天，实现国家新型城镇化发展战略，对受风沙危害的部分小城镇和机场实施防沙工程十分必要。近年来，在国家和地方政府的大力支持下，对多个小城镇和机场开展了防沙工程技术研究和工程实施，其中的扎朗县桑耶镇、日喀则江当和平机场、林芝机场和米林县、昌都市卡若区（原昌都县）等是青藏高原半干旱和半湿润气候区小城镇和机场防沙工程的典型代表。

8.1 日喀则市和平机场防沙工程

8.1.1 工程区概况

和平机场位于西藏日喀则市江当乡，雅鲁藏布江中游宽谷南岸，西距日喀则市约40km，是一座以军用为主民用为辅的重要前线机场。日喀则市郊的江当乡政府紧邻机场，是当地居民聚居地。尽管江当乡仍未达到建制镇的标准，但就和平机场和江当乡政府所在地的居民数量和建设规模而言，事实上已经达到设置建制镇的要求。

实施和平机场防沙工程的主要目的是解除风沙灾害对和平机场的威胁，同时消除风沙灾害对江当乡政府所在地及其周边农牧业生产的危害，改善当地居民的生活环境。因此，防沙工程区的范围被确定为围绕和平机场这一防护对象的周边区域。防沙工程区范围介于东经89°12′～89°26′，北纬29°15′～29°23′，平均海拔约3895m，在行政划分上属日喀则市（图8.1）。工程区地势总体由南向北微倾，由西向东逐渐降低，对工程施工和灌溉设施建设十分有利。中尼公路横贯其间，交通便利。工程区属典型的高原温带半干旱气候。多年平均日照时数为3216.1h；多年平均日均温≥0℃的日数257天，此间太阳总辐射约6.12×10⁹J/m²，同期积温2609℃；日均温≥10℃日数130天，积温1783℃（陈怀顺和刘志民，1997）。年均降水量469.9mm，90%以上集中于6～9月；年均蒸发量2068.6mm；年均风速1.47m/s，主导风向西南，年均大风日数约19天（庞营军等，2016）。防沙工程实施前的天然植被主要由砂生槐、固沙草、白草等旱生植物种组成（陈怀顺和刘志民，1997）。

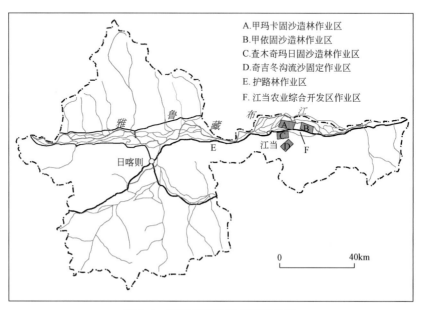

图8.1　和平机场防沙工程区位置

　　由于江当乡及其周边地区农业开发历史悠久，20世纪90年代中期实施了"江当农业综合开发"项目，已相继完成"江当沙漠化土地综合整治试验示范"工程，幸福渠扩建工程和部分地段的造林绿化工程，部分土地已被改造成为农田。在雅鲁藏布江沙砾质阶地上种植北京杨、新疆杨和砂生槐，在沙地（丘）上种植砂生槐和油蒿等，在地下水条件较好的低级阶地前缘和高河漫滩种植竹柳、沙棘、披碱草等乔灌草植物种已经获得成功，为开展大面积防沙工程建设提供了宝贵经验。

8.1.2　风沙灾害成因

　　工程区位于雅鲁藏布江中游宽谷段南岸，地势平坦宽阔，雅鲁藏布江河流冲刷和风沙作用共同构成现代地表外营力过程。以雅鲁藏布江为界，自北向南地貌形态与地表堆积物呈明显的带状空间分异：①雅鲁藏布江河床、河漫滩、废弃河道、低洼地与固定沙丘地貌组合带。雅鲁藏布江河床在防沙工程区段呈辫状河型，河汊多，风水两相营力交替作用。夏季洪水期，水位高，低河漫滩常被淹没；冬春季枯水期，水位低，心滩和边滩出露水面，在风力作用下形成季节性低矮、密集的新月形沙丘或沙丘链。地表堆积物主要是沙质和粉沙质冲积物，局部有黏土和砾质冲积物。废弃河道和低洼地积水成沼。低河漫滩有灌丛沙丘或草丛沙丘点缀（图8.2a）。②雅鲁藏布江沙砾质阶地面和新月形沙丘组合带。河流阶地在江当乡附近最为宽阔，南北宽近10km，有成片分布的新月形沙丘和沙丘链，沙丘高5~10m。平坦的阶地面风蚀强烈，地表的沙质成分大部分被风力吹蚀后聚集形成沙丘，残留在阶地面的砾石和部分沙质成分形成沙砾质地表（图8.2b）。③基岩岛山与山坡覆沙组合带。在雅鲁藏布江阶地后缘和喜马拉雅山脉北麓边缘地带，强烈的物理风化和重力侵蚀形成散布的基岩岛山突兀于阶地之上，基岩岛山东北侧迎风坡大多有流沙覆盖（图8.2c）。④喜马拉雅山脉北麓剥蚀山地、沟壑、洪积扇、坡积裙、流动沙丘组合带。喜马拉雅山脉北麓的基岩山坡物理风化强烈，上覆厚度不等的残积物和坡积物，重力作用和坡面流水形成坡积裙；山坡中下部流水侵蚀强烈，沟谷密集，沟口发育众多大小不一的洪积扇；沟口与雅鲁藏布江阶地的结合部分布新月形沙丘，并发育间歇性河流向北横穿阶地面（图8.2d）。此外，在和平机场的南部和东部分别有旱作农田3608亩和3277亩。上述地表堆积物类型分布区大多为沙尘源地，其中雅鲁藏布江沙砾质阶地面和新月形沙丘组合带、旱作农田、部分距离和平机场较近的山坡覆沙和喜马拉雅山脉北麓山坡坡脚地带的流动沙丘，是形成风沙灾害并直接威胁和平机场和江当乡政府所在地的最主要沙尘源地。

图8.2　工程区沙尘源地类型与分布

a. 雅鲁藏布江边滩和漫滩；b. 雅鲁藏布江阶地面；c. 基岩岛山与山坡覆沙；d. 喜马拉雅山脉北麓冲洪积物与沙丘

和平机场防沙工程实施前，工程区内的沙尘源地基本呈裸露或半裸露状态，天然植被稀疏低矮，植被类型主要有以砂生槐为建群种的灌丛植被、固沙草和白草为建群种的禾草植被等（陈怀顺和刘志民，1997）。砂生槐群系广泛分布于流动沙地（丘）和沙砾地，生长季覆盖度 10%～70%，风沙灾害强烈的非生长季覆盖度一般不超过 20%。砂生槐灌丛高度 30～40cm，其下草本层高度一般 25cm 以下。流动沙地（丘）上的砂生槐群系的亚建群种主要有固沙草，局部与白草、毛瓣棘豆共生。在沙砾质阶地面上，砂生槐几乎成纯种分布，生长季覆盖度在 30%左右，非生长季覆盖度一般不超过 15%。在山麓洪积扇和低山，砂生槐与白草共同建群，种类贫乏、结构简单，覆盖度一般 10%～20%。白草和固沙草两个群系面积不大，与地表覆沙厚度联系甚密，多呈斑块状分布。固沙草群系多分布于地表覆沙较厚区域，是西藏特有的群落类型。固沙草株高 20～30cm，最高可达 45cm。在固定沙地中常常单独建群，或者与砂生槐共同建群。群落组成较为单调，主要伴生种有白草、粗根韭、狼毒、高原犁头尖、藜、风毛菊等，覆盖度一般 15%～30%。白草群系主要分布在地表有薄层覆沙的沙砾地上，面积小，是沙地植被演替系列中较为重要的植物群落。高度 15～25cm，盖度 20%～30%。常单独成丛或与固沙草共同建群，伴生种有劲直黄芪、米林黄芪、狼毒、青藏狗娃花及一年生小草本。

　　和平机场防沙工程区的气候特点总体表现为全年干湿季明显，风旱同季。雨季开始期一般为 6 月中下旬，结束期一般为 9 月中旬。冬春季节在青藏冷高压控制下，高空西风急流对天气过程起支配作用，干燥少雨，多大风天气，年均沙尘暴日数 8 天以上，风沙灾害主要发生在这个时段。夏秋季受青藏热低压控制，以及宽谷沙质和沙砾质地面与周边山体热力差异的影响，近地层大气对流发展旺盛，天气系统复杂，高空暖高压和中低层切变线对天气影响最大，除降水量集中这个特点外，还多冰雹、暴雨等灾害性天气。每年 10 月至翌年 5 月降水稀少，净蒸发量大，表土干燥，大风天气也主要集中在这个时段。风旱同季和非生长季植被覆盖度低的自然条件，导致沙尘源地起沙起尘强烈，风沙灾害频繁发生。

8.1.3　防沙工程目标与布局

　　和平机场防沙工程的根本目标是解除风沙灾害对飞机起降和江当乡居民的威胁，保证国防安全和当地居民生活环境改善。为此，充分利用已有水利设施和半干旱气候条件，通过重建和恢复植被使沙尘源地得到全面治理，风沙灾害被彻底消除；水土流失得到基本控制，农田风蚀沙化不再发生，土地肥力逐渐提高，为农牧业生产提供一个良好的大环境；中尼公路两侧得到绿化，原先的荒滩变成绿荫成片的人工林地。具体包括：造林总面积50977 亩，其中以灌草为主的流沙固定面积 5993 亩。工程区将被人工植被全部覆盖。对工程区所在的整个江当宽谷地带而言，植被覆盖率将由约 43.0%增加到 72.5%。工程施工完毕 15 年后，木材蓄积量达到约 25647m³；20 年后达到约 37630m³，年木材采伐量达1882m³，除满足项目区的农牧民生活之需外，还可出售商品木材。薪柴产量 10 年后可达到 9550t，使项目区的农牧民自给有余。

　　在总体布局上，建立以防风固沙林、农田防护林（网）、护岸林、护渠林、护路林为主体的综合防护体系。突出重建和恢复植被在改善生态环境中的作用，实行乔、灌、草、片、网、带立体布局。在有灌溉条件的地段，采用以乔木为主、灌木为辅的复合植被结构，固定沙尘源地。在缺乏水源灌溉条件的局部地段，主要采用机械防沙与植被重建相结合的技术，恢复以灌草为主的植被群落，固定沙尘源地。具体布局上，根据工程区内的地形、沙尘源地类型、风沙危害特点等具体情况，结合农牧业生产需要，构建以乔木为主，乔、灌、草相结合的合理配置格局。在雅鲁藏布江高漫滩和奇吉冬沟谷内的防沙工程，以重建灌草植被为主，达到固定流沙、消除沙质地表的沙尘源地的目的；在雅鲁藏布江南岸阶地面上的防沙工程，以重建乔灌草复合结构的植被为主，达到稳定沙砾质地表和固定流沙地表的目的，并兼顾农牧业生产基地保护，美化公路沿线，防止水土流失。在工程施工顺序上，最先实施灌溉便利和立地条件较好的地段，最后实施无灌溉条件和立地条件较差的地段。

　　根据工程布局，将工程区划分为五个作业区（图 8.3）。中尼公路北侧的甲玛卡固沙造林作业区（包括第 Ⅰ、Ⅱ、Ⅲ 作业小区）为片状林，面积 25110 亩，表土以沙砾质为主，需要新修水渠用于灌溉。中尼公路两侧的护路林（第 Ⅳ 作业小区）用垂榆、刺槐、杨树绿化、美化。甲依固沙造林作业区（包括第 Ⅴ、Ⅵ 和 Ⅸ 作业小区）以片状造林为主（第 Ⅸ 作业小区为农田防护林网），总面积 14044 亩。考虑到其间分布有零星流动沙丘，在沙丘上采用半隐蔽式草方格沙障加人工播撒灌草植物种子的措施，固定流沙。中尼公路南侧的查木奇玛日固沙造林作业区中第 Ⅶ 作业小区为片状林，第 Ⅷ 作业小区为农田防护林（网），总面积 12551 亩，表土以沙砾质为主。奇吉冬沟流沙固定作业区（Ⅹ）面积 5993 亩，由于缺乏水源灌溉，基本上是连片流动沙丘，不适宜营造乔木树种，全部采用半隐蔽式草方格沙障加人工播撒灌草植物种子的措施，固定流沙。

图 8.3　和平机场防沙工程布局图

8.1.4 工程技术体系

1. 造林工程

根据防沙工程的防护目标和雅鲁藏布江江当宽谷段自然条件，造林工程为生态公益林。由于中尼公路是一条旅游热线通道和国际线路，造林设计时将着重考虑美化作用。工程区的生态公益林分为防风固（阻）沙林、农田防护林和公路护路林（表8.1）。针对不同作业小区，坚持宜林则林、宜灌则灌、宜草则草的原则；针对同一作业小区的立地条件和水源状况，坚持适地适树原则。同时，大面积的造林必须参考当地已有的造林经验，尽量选择已证明适合当地生长的树种。对没有经过试种和推广的树种仅作小面积的试验性种植。根据江当乡附近的造林经验，北京杨、新疆杨、藏青杨十分适合当地条件，生长速度快，成活率高，是宽谷地区的首选树种。沙棘作为一种耐干旱的固沙植物，也适合于当地生长。而竹柳、长蕊柳、垂柳适生于江边高地下水位地带，且在夏季江水漫过地表也不影响其生长。砂生槐、披碱草适合在无灌溉条件下的沙地生长，从内地引进的油蒿在江当也获得成功，它们可以作为固沙先锋植物加以选择。在中尼公路两侧，为了增强观赏性，垂榆、刺槐可以适量种植。各树种的面积与所占比重如表8.2。

表8.1 造林面积与比重

林种	防风固（阻）沙林	农田防护林	公路护路林	合计
造林面积/亩	50240	33	704	50977
比重/%	98.55	0.07	1.38	100.00

表8.2 造林工程的树种面积与比重

树种	杨树	竹柳	沙棘	垂榆	刺槐	砂生槐、披碱草、油蒿等	合计
造林面积/亩	20489	6233	18075	94	94	5992	50977
比重/%	40.19	12.23	35.46	0.18	0.18	11.76	100.00

根据工程区内的立地条件和林种，各作业小区范围划分和树种布局为（图8.3）：第Ⅰ作业小区位于雅鲁藏布江南岸，以风沙土为主，土质疏松，地下水位很浅。在夏季，江水常常淹没沿江地带。树种选择为柳树，以竹柳为主。第Ⅱ作业小区位于雅鲁藏布江南岸阶地，地势明显比第Ⅰ作业小区高，地表以沙砾质为主，地下水位埋藏相对较深，在造林的前三年内必须辅之以人工灌溉，选择树种为沙棘。第Ⅲ作业小区位于第Ⅱ作业小区的南侧，立地条件和水源状况与第Ⅱ作业小区基本相似，选择树种为北京杨和新疆杨。第Ⅳ作业小区为中尼公路两侧20m范围内的狭长地带，地表以沙砾质为主，地下水位埋藏相对较深，在造林的前三年内必须辅之以人工灌溉。考虑到公路两侧的美观效果，选择树种为垂榆、刺槐和北京杨间种。第Ⅴ作业小区位于雅鲁藏布江南岸，以风沙土为主，土质疏松，地下水位很浅。在夏季，江水常常淹没沿江地带。树种选择为柳树，以竹柳为主。第Ⅵ作业小区位于第Ⅱ作业小区东部，立地条件与第Ⅱ作业小区相似，地下水位埋藏相对较深，

在造林的前三年内必须辅之以人工灌溉。选择树种为北京杨和新疆杨。第Ⅶ作业小区位于中尼公路南侧，地表以沙砾质为主，地下水位埋藏深，在造林的前三年内必须辅之以人工灌溉。选择树种为北京杨和新疆杨。第Ⅷ、Ⅸ作业小区分别位于和平机场的南侧和东侧，均为农田防护林（网）。选择树种为北京杨和新疆杨。

　　造林用苗使用国家或自治区规定的Ⅰ、Ⅱ级苗。垂榆为Ⅰ级苗，苗龄 2~3 年，苗高 2.0~2.5m，苗径 2.5~3.5cm；杨树、柳树、刺槐、沙棘为Ⅰ、Ⅱ级苗，苗龄 3 年以上。工程区以沙砾质地表为主，砾石含量高，在挖穴时尽量剔除砾石，植苗填土应以沙土为宜，并埋紧。植苗穴规格为：垂榆 0.8m×0.8m×0.8m，杨树、柳树、刺槐、沙棘 0.5m×0.5m×0.5m。灌溉配套设施除修建一定的支渠和斗渠外，全部采用手提式水泵浇灌，无须大面积地平整土地。这样既节省投资，又方便灌溉。根据《中国主要树种造林技术》和《造林技术规程》，各树种的初植密度为：杨树、柳树、沙棘片状造林 3.0m×3.0m，公路两侧的垂榆、刺槐、杨树 3.0m×3.0m，农田防护林的杨树 2.0m×1.5m。工程区旱季较长，土质保水性差，特别是春秋季节气候干旱。因此，栽植时饱灌一次；栽植的前三年内，春秋季节每 15 天饱灌一次，直到雨季来临；三年后，可根据具体的气候情况，决定灌溉次数和时间间隔。

　　2. 半隐蔽式草方格沙障+人工种植灌草工程

　　奇吉冬沟谷内的第Ⅹ作业小区流动沙丘密布，沙丘高度一般为 5~10m，是其东北下风向农田沙害的最主要沙尘源地，属于严重缺水区，只能采用"半隐蔽式草方格沙障+人工种植灌草"技术。由于流动沙丘土地瘠薄，在实施草方格工程固定流沙的前提下，优先选择耐旱、耐寒、耐贫瘠、适于沙地生长的灌草植物；在尽量选择乡土植物种的同时，也做适当的引种。根据这一原则，植物种的选择主要为砂生槐、披碱草和油蒿，种子为上一年秋季成熟的Ⅰ级种子。根据工程区的气候特点，草方格规格为 1m×1m，材料为青稞或者小麦秸秆，预期使用寿命约 4 年。砂生槐种子预处理须在雨季来临前，将种子装在容器内，用 35℃的温水浸泡 3~4 天，待种子外膜松软，并有部分种子开始出芽时，再用 25℃的温水浸泡 1~2 天。在此过程中，每天换一次温水，以防止种子腐烂。披碱草种子的预处理比较简单，用 20℃的温水浸泡 1~2 天即可撒播。油蒿种子可不进行预处理，直接散播。将预处理好的砂生槐种子直播到草方格内，5~6 粒种子为一穴，每个草方格内播一穴，上覆约 3cm 的湿沙层即可。油蒿种子和预处理好以后的披碱草种子，直播在草方格内，上覆 2~3cm 湿沙层即可。

　　3. 灌溉工程

　　灌溉工程的主体是修建引用雅鲁藏布江水源的渠道。在防沙工程实施前，当地政府已经修建了一条干渠。第Ⅱ作业小区支渠的渠首选在和平机场西南，与江当干渠相接，新修支渠全长 5530m，渠首与渠尾地面高差 10.1m。第Ⅵ作业小区支渠的渠首选在和平机场南侧，新修支渠全长 6320m，渠首与渠尾地面高差 6.4m。第Ⅶ作业小区支渠的渠首选在和平机场西南，距第Ⅱ作业小区渠道入口上游约 9km 处，新修支渠全长 5770m，渠首与渠尾地面高差 4.3m（图 8.3）。对于不能直接使用渠道灌溉的其他工程区，采用手提式潜水泵配备水龙带和橡胶水管进行半移动式灌溉，以及浇水车移动式灌溉（表 8.3）。

表 8.3　灌溉设备一览表

序号	名称	单位	规格	数量
1	发电机	台	50kW，柴油发电	5
2	潜水泵	台	扬程 15～30m	50
3	手提式潜水泵	台	扬程 11m	50
4	水龙带	m	与潜水泵配套	3500
5	橡胶水管	m	与手提式潜水泵配套	20000
6	浇水车	台	自吸自喷，满载 8t	1

4. 保护和抚育工程

防沙工程施工结束后，在中尼公路两侧进行围封，防止人畜破坏造林成果。围封的网围栏总长度 14776m，立柱采用长 2m 的水泥柱，地下埋深 0.5m，间隔 20m，网围栏高度 1.5m。此外，配备防火设备 5 套，防病虫害用的可悬挂式农药喷洒机 5 套，建设面积分别为 50m² 的管护房屋三处。

8.2　扎囊县桑耶镇防沙试验示范工程

桑耶镇防沙试验示范工程是在国家"十一五"科技支撑项目和林业公益性行业科研专项课题支持下，开展的一项针对高寒干旱区防沙的试验示范工程，目的在于对各种防沙技术及其优化配置技术体系进行试验和示范，为实施区域性防沙工程提供技术支持。

8.2.1　工程区概况

桑耶镇位于雅鲁藏布江中游宽谷区北岸，隶属西藏自治区扎囊县。2016 年先后被国家发展和改革委员会、财政部以及住房和城乡建设部共同认定为第一批中国特色小镇，第三批国家新型城镇化综合试点，桑耶镇常住人口约 2500 人。桑耶镇在全国范围内特别是藏区的重要地位，在于约公元 779 年建成的桑耶寺。桑耶寺享有"藏民族之宗，藏文化之源"的美誉，是西藏第一座佛、法、僧俱全的寺庙。寺内殿塔林立，琼楼金阙，规模宏阔，是藏、汉、印三种不同建筑风格的完美融合，以栩栩如生的壁画造像和巧夺天工的木雕、石刻、唐卡等文物瑰宝驰名于世。以桑耶寺为代表的藏传佛教文化，以青浦为代表的修行文化，以及桑耶镇"一寺靠山，一河护城"的坛城式城镇空间格局，均具有极高的历史文化价值，被列为第四批国家重点文物保护单位，是国家级雅砻风景名胜区的主要景区之一。

桑耶镇位于东经 91°30′，北纬 29°19′，海拔 3575m，与位于其西南方向的扎囊县城直线距离约 18km，与位于其东南方向的山南市乃东区直线距离约 27km（图 8.4）。桑耶镇的地理位置靠近藏东南地区，受西南季风影响比较明显，属高原温带半干旱季风气候。多年平均日照时数约 3092h，太阳总辐射近 6.02×10⁹J/m²。多年平均气温 8.6℃，极端最高气温 30.3℃，极端最低气温−18.6℃，无霜期约 135 天。多年平均降水量约 420mm，其中夏季降水量约占全年的 70%，冬季和春季的降水量合计约占全年的 12%。多年平均风速约

3.2m/s，一般风级为 3～7 级，大风（≥8 级）日数约 73 天，主要集中在 12 月至翌年 3 月，具有典型的"风旱同季"气候特点，风沙灾害是主要自然灾害之一。防沙工程区位于桑耶镇的西南部和南部的流动沙地及半流动沙地（图 8.4），是形成风沙灾害并严重危害桑耶镇的最主要沙尘源地。工程区地势北高南低，其东侧的一条雅鲁藏布江支流径流量不大，但可以满足桑耶镇居民生活和农业生产用水，且每年 4～9 月在山地冰雪融水和降水的补给下，还有剩余水量供给防沙工程等生态用水。

图 8.4　桑耶镇位置与沙尘源地分布

8.2.2　风沙灾害成因

桑耶镇位于山前冲洪积扇中上部，地势高亢。防沙工程区位于山前冲洪积扇中下部、雅鲁藏布江阶地面和高河漫滩。风沙灾害的形成与雅鲁藏布江河谷地貌和风场密切相关。在雅鲁藏布江桑耶镇段，河谷宽广，谷底平坦，普遍发育沙质的河流心滩、漫滩和阶地。在高原河谷地带的山谷风和系统性天气影响下，漫滩和低阶地的沙质沉积物被风力搬运并堆积在地势较高的高阶地和冲洪积扇上，使质地松散的沙质沉积物广泛覆盖在河漫滩、各级河流阶地和冲洪积扇之上，形成连片沙地，发育 2～15m 高的流动和半流动沙丘。特别在冬春季节，雅鲁藏布江水位下降达 3～4m，边滩与心滩大面积出露，并常常连为一体，使心滩沙质沉积物也成为主要沙尘源地，被输送到各级阶地和冲洪积扇上。

防沙工程区植被类型单一、覆盖度低。天然植被主要是砂生槐灌丛和固沙草群落。由于生态环境脆弱，受人为活动影响较大，砂生槐灌丛的覆盖度只有约 30%。在沙地上，固沙草为砂生槐的共建种，局部分布砂生槐–藏龙蒿或砂生槐–藏沙蒿群落；群落物种数常常在 2～6 个，常见的有固沙草、藏沙蒿、藏龙蒿、劲直黄芪、小画眉草等。固沙草群落的覆盖度从 10% 到 60% 不等，常形成单优势种群落，群落中的伴生种很少，在 1m×1m 样方内只有 1～2 个伴生物种出现。在半固定沙地上，固沙草群落的覆盖度 10%～40%，但物种组成有所提高，可以达到 3～4 种，并常常与藏龙蒿、藏沙蒿和砂生槐形成斑块状镶嵌分布的半流动–半固定沙地植被景观。流动沙地上次生演替的早期阶段主要为毛瓣棘豆，覆盖度最大可以达到 20%～30%，常常形成单优势种群落；在沙砾地上，次生演替的早期阶段主要为劲直黄芪–藏沙蒿群落，覆盖度常常在 5%～10%，物种数 3～5 个。在半固定沙地上以藏沙蒿灌丛和藏龙蒿灌丛为主，常常伴生固沙草、劲直黄芪、毛瓣棘豆等。随着群落的演替进程，渐渐有砂生槐定居，在景观尺度上呈斑块状镶嵌分布。在雅鲁藏布江岸边水分条件相对较好的沙砾地和沙地上生长着三春柳灌丛和白草草原，三春柳灌丛的覆盖度一般在 30%～40%，常有白草伴生。白草草原作为演替的中间阶段的群落，常常会形成单优势种群落，覆盖度可以达到 20%～40%。流动沙地上的植被覆盖度则几乎为零。人工植被非常单一，主要有北京杨、旱柳、垂柳人工林。因此，当地可供选择的乡土树种十分有限，开展引种试验是实施防沙工程的唯一出路。

桑耶镇防沙工程区受高原季风、高空西风急流和西南季风多重影响，低层大气在一年中表现出两种基本相反的温压场和风场：夏半年（6～10 月）被低层暖性低压控制，西南季风由东向西沿河谷和相对较低山口进入，带来温润空气，形成"雨季"，且风力较弱。冬半年被低层冷性高压控制，西风带急流轴从 11 月南移至雅鲁藏布江一线，直至翌年 5～6 月迅速北撤。此间不断有各种波长的槽、脊随西风急流东移，冷锋频繁，多大风天气；加之雅鲁藏布江谷地的地势西高东低，河谷走向与风向近乎平行，加强了风力。同时，河谷地带的地表昼夜受热不均，特别是春季，谷地的地表在白昼增温迅速，与两侧高大山体形成强烈的温差，形成强劲的山谷风。西风急流与不同尺度山谷风的叠加效应，导致冬春季节多大风。对邻近桑耶镇的乃东区沙尘暴研究结果表明，多年平均沙尘暴日数约 10.6 天，主要发生在每年的 2～4 月，且 14：00～18：00 发生的沙尘暴占沙尘暴总次数的近

91%（陈定梅和吴明芳，2007）。在这种"风旱同季"的气候背景下，风沙灾害频繁发生，故有昔日"四野俱沙，荆棘稀疏，狂风袭来，飞沙走石，遮天蔽日"的记录[①]。

8.2.3　防沙工程目标与布局

桑耶镇防沙试验示范工程的总目标是筛选适合当地的防沙植物种及其种植技术，筛选具有改土、保水和保肥功能、促进沙尘源地植被恢复的新材料，研发植物措施和机械措施相结合的流沙固定技术，供当地实施防沙工程推广应用。具体目标包括：筛选出可用于防沙工程的植物种 5 种以上，辅助材料 2 种，优化配置技术 1 套；建立技术试验示范区面积 2000 亩，开展技术应用中试，发挥技术辐射和推广作用；建设示范区面积 10000 亩；应用上述技术实施防沙工程后，工程区的生态环境状况预期得到显著改善。

在工程布局和技术使用方面，自雅鲁藏布江北岸河漫滩至山前冲洪积扇，分别针对地下水位较浅的沙质高河漫滩（即便已分布生长良好的沿江防护林，但林下几乎无灌草植被，沙面裸露），采取封育措施促进林下植被恢复；流动沙地（丘）以灌草沙生植被重建为主，沙丘丘间地乔木造林为辅，同时开展生物措施与机械措施相结合的流沙固定技术试验；土壤特别贫瘠的粗砂地和流动沙地（丘），开展无公害治沙材料促进植被恢复和重建试验；半裸露沙砾地和灌丛沙地以围封保护促进植被自然恢复为主，人工灌草植被重建为辅。为了将来在桑耶镇实施大规模防沙工程，根治风沙灾害，通过试验示范工程提供适合各类沙尘源地的治理技术。为此，在 2000 亩试验示范区内单独设立 800 亩技术研究核心区，进行各种防沙工程技术的精细研究，包括所选植物种的种植和生理生态学研究、沙丘丘间低地的杨树和柳树高杆造林研究、半隐蔽式草方格沙障与人工种植草灌木试验研究、新型材料对促进植被重建和恢复的作用研究等（图 8.5）。

8.2.4　技术试验与工程技术体系

1. 工程技术试验

在地下水位较浅的边滩、高漫滩、低洼的缓起伏流动沙地和沙丘丘间地，技术试验主要是选择当地适应性较好的垂柳和旱柳，利用扦插高杆造林，固定流沙。在地势高亢、地下水位低的流动沙地（丘），主要开展生物措施与机械措施（草方格）相结合的流沙固定技术试验，先设置半隐蔽式草方格沙障，障间混合撒播藏沙蒿、沙打旺、披碱草、柠条、杨柴、花棒、紫穗槐种子，以期选择适生植物种用于重建植被。同时，为了改善流动沙地（丘）土壤保水保肥能力很差的状况，选择具有改善沙化土地土壤特性的多孔性层状硅酸盐治沙新材料，以及含有营养基和专门分解植物纤维微生物的"种植绳"，将两种无公害新材料配合使用。按行种植植物时，根据需要开挖播种浅沟或者植苗沟，将多孔性层状硅酸盐治沙新材料撒于沟内，其上置入"种植绳"，即可以播种或者植苗。按穴状整地种植

---

① 段敏，扎西班典，刘枫，小拉次. 桑耶镇："种"出来的高原生态绿色小镇. 中国西藏网（2018 年 7 月 20 日）.

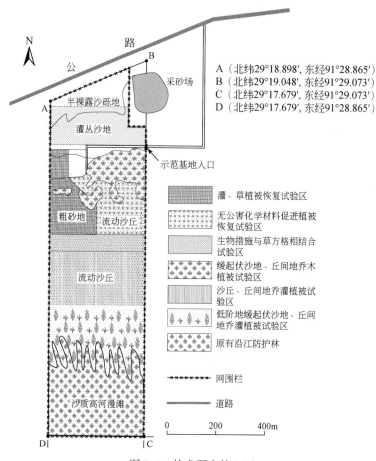

A（北纬29°18.898′，东经91°28.865′）
B（北纬29°19.048′，东经91°29.073′）
C（北纬29°17.679′，东经91°29.073′）
D（北纬29°17.679′，东经91°28.865′）

图 8.5　技术研究核心区

带根植物苗时，将这两种新材料放置在种植穴的底部。多孔性层状硅酸盐治沙新材料用量一般为 450kg/亩，"种植绳"用量根据具体情况而定。在灌丛沙地和沙砾地，选择藏沙蒿、沙打旺、披碱草、柠条、杨柴、花棒、紫穗槐等沙生灌草植物，作为先锋植物种，隔行带状撒播种子。

　　乔灌木和草本植物种的筛选及其种植技术研究，主要针对北京杨、旱柳、榆树、桎柳、柠条、花棒、紫穗槐、杨柴共 8 个品种乔灌木，以及披碱草、藏沙蒿、沙打旺、紫花苜蓿、冷地早熟禾共 5 个品种草本植物。在地下水位较高的试验工程区，垂柳（旱柳）采用扦插高杆造林方法，扦插种条长度 1.5m 以上，直径>3cm；北京杨为带根苗，种苗 2 年生，株高>1.5m；榆树为带根苗，种苗 2 年生，株高>1.0m。在地下水位较低的试验工程区，乔木种植方式均为带根苗，挖穴栽植，树种比例为北京杨 1∶垂柳（旱柳）2∶榆树 1，株行距 2m×4m；桎柳、柠条、花棒等灌木为带状种植，株行距 1m×2m；紫穗槐和杨柴为隔行带状种子撒播，行间距 1m。为了固定流沙地表，利于草本植物种子撒播，首先按 1m×1m 规格扎设半隐蔽式草方格沙障，然后在沙障内撒播混合草本植物种子，种子播撒后覆沙 1~2cm，在自然条件相同的情况下比较其出苗率和生长状况。

多孔性层状硅酸盐和"种植绳"两种无公害材料选择、配置和性能改进研究，在半流动沙地（丘）、流动沙地（丘）和沙砾地分别开展技术试验。植物种选择披碱草、藏沙蒿、冷地早熟禾三个物种，以 1m×1m 方格式种子直播。播种时开挖 10cm 深、20～30cm 宽的播种沟，沟内施用多孔性层状硅酸盐和"种植绳"两种材料，种子上覆 1～2cm 沙层。其中，多孔性层状硅酸盐治沙新材料掺入土壤中，改善土壤热质传递关系、土墒条件，起到固水、固肥的作用，改善团粒结构，为建植初期提供土墒支撑条件。"种植绳"为植物纤维、营养基和专用纤维降解微生物组成，既能够改善土壤的微生态，也可作为治沙植物生长初期的养分供给源。

植被恢复与快速复壮技术研究，主要通过围封，并加以适当灌溉的途径，达到植被恢复与快速复壮的目的。桑耶镇政府出资修建一条流经试验示范区的简易水渠，可为试验示范区灌溉提供便利。该水渠由桑耶镇北部的雅江支流右岸引水，经山前冲洪积扇（生长砂生槐灌丛的沙砾地）自试验示范区北部边界进入，流经试验示范区中北部砂生槐灌丛沙砾地、裸露沙砾地和流动沙地（丘），试验示范区内水渠总长约 500m。为保护试验示范区的技术试验免受当地群众放牧、砍伐的破坏，沿试验示范区四周边界设立刺铅丝网围栏（图 8.5，表 8.4）。

表 8.4　试验示范工程建设内容与规模

序号	试验内容	沙尘源地类型	技术措施	面积/亩
1	生物措施与机械措施相结合的流沙固定技术	流动沙地（丘）	草方格+灌草植被	100
2	无公害化学材料促进植被恢复技术	半流动、半固定沙地（丘）	化学材料+灌草植被	50
		裸露、半裸露沙砾地	化学材料+灌草植被	50
		流动沙地（丘）	化学材料+灌草植被	50
3	乔、灌木固沙造林技术	流动沙地（丘间地）	乔木造林	410
		缓起伏流动沙地	乔灌造林	140
4	围封促进植被自然恢复技术	半裸露沙砾地	封育	1200

2. 植物种遴选与种植技术试验

通过对试验示范工程区内的天然和人工种植的垂柳、旱柳、北京杨、榆树、紫穗槐、柽柳、砂生槐、柠条、花棒、杨柴、沙打旺、披碱草、沙蒿、籽蒿、沙打旺共 14 种乔、灌、草植物生理生态指标测定和对比分析（图 8.6，表 8.5），垂柳、旱柳、北京杨、榆树四种乔木和柽柳灌木成活率都比较高，生长状况良好。种子撒播和条播的草本植物中，仅沙蒿成活率较高，生长状况较好，尽管沙蒿各项生理生态学参数表现不佳，但种子撒播当年成活率和次年存活率较高。而沙打旺、柠条、花棒在种植当年成活率较高，但次年仅有零星存活，而且生长状况很差；但花棒和柠条的生理和生态学表现较好，可以采用带根苗造林，提高成活率。披碱草在种植当年成活率高达 95% 以上，但次年存活率几乎为零；其他试验植物（包括紫穗槐、杨柴）只在当年有 10%～15% 的成活率，次年存活率为零。三年试验结果表明，垂柳、旱柳、榆树、北京杨、砂生槐、柽柳和藏沙蒿 7 种乔灌木可以作为防沙工程的首选树种，柽柳和柠条灌木仅适宜带根苗造林。在水土条件好的低级阶地面和沙丘丘间地可以种植紫花苜蓿，在发挥防沙功能的同时，增加经济产出。同时，为了保证防沙工程的顺利实施，对适宜工程区的主要植物种的种植技术进行了试验和总结。

图 8.6　主要乔灌木生理生态监测

a. 流动沙丘与丘间地治理技术；b. 半流动沙地和沙砾地治理技术；c~d. 杨树生态生理监测与种植技术；
e. 榆树生态生理监测与种植技术；f. 柽柳生态生理监测与种植技术

表 8.5　用于防沙工程的供试植物种成活率

植物种	当年成活率/%	次年存活率/%	第三年存活率/%
旱柳、垂柳	86	72	61
北京杨	92	84	68
榆树	96	94	75
柽柳	52	45	38
柠条锦鸡儿	95	45	28
杨柴	95	15	11
花棒	20	零星	零星
沙蒿、籽蒿	95	15	13
紫花苜蓿	—	93	78
沙打旺	80	零星	零星
披碱草	83	0	0
紫穗槐	4	0	0

　　榆树造林技术。适宜的立地条件包括水土条件较好的荒漠化土地和流动沙丘丘间地。无须平整土地，依地形起伏穴状整地，植苗穴规格 0.4m×0.4m×0.4m。苗木质量为国家Ⅰ、Ⅱ级带根苗，主根系保存完整，苗龄 2 年，苗高 0.8～1.0m。株行距 2m×4m，植苗时保持根系舒展，苗木直立，压实回填的沙土，并在根部围成一个半径 30cm、高 10cm 的圆形小埝，便于灌溉。造林季节在 3 月下旬至 4 月上旬。栽植时饱灌一次，20 天后饱灌一次。造林后对成活率不足 85% 的地块在造林次年进行补植；对因风蚀造成裸根的苗木，及时培土、扶正。

　　北京杨造林技术。适宜的立地条件包括水土条件较好的荒漠化土地和流动沙丘丘间地。无须平整土地，依地形起伏穴状整地，植苗穴规格 0.4m×0.4m×0.4m。苗木质量为国家Ⅰ、Ⅱ级带根苗，主根系保存完整，种苗 2 年生，株高>1.5m。株行距 2m×4m，植苗时保持根系舒展，苗木直立，压实回填的沙土，并在根部围成一个半径 30cm、高 10cm 的圆形小埝，便于灌溉。造林季节在 3 月下旬至 4 月上旬。栽植时饱灌一次，20 天后饱灌一次。造林后对成活率不足 85% 的地块在造林次年进行补植；对因风蚀造成裸根的苗木，及时培土、扶正。

　　垂柳、旱柳造林技术。适宜的立地条件包括雅鲁藏布江的边滩、漫滩、地势较高的心滩，以及部分水土条件较好的荒漠化土地和流动沙丘丘间地。无须平整土地，如果是带根苗，则依地形起伏穴状整地，植苗穴规格为 0.4m×0.4m×0.4m；如果采用种条扦插，则种条为生长健壮的活枝条，无病虫害，长度 1.5m 以上，直径>3cm。带根苗种植或者种条扦插时，株行距 2m×4m，带根苗种植或者种条保持直立，压实回填的沙土，并在根部围成一个半径 30cm、高 10cm 的圆形小埝，便于灌溉。造林季节在 3 月下旬至 4 月上旬。栽植时饱灌一次，20 天后饱灌一次。造林后对成活率不足 85% 的地块在造林次年进行补植；对因风蚀造成裸根的苗木，及时培土、扶正。

　　柽柳造林技术。柽柳是一种喜光树种，耐旱、耐寒、耐沙割与沙埋，根系发达，萌蘖性强，生长较快，是营造防风固沙林的主要树种之一。适宜的立地条件包括水土条件较好的荒漠化土地、流动沙丘丘间地和低矮流动沙丘。无须平整土地，依地形起伏穴状整地，植苗穴规格为 0.4m×0.4m×0.4m。苗木质量为国家Ⅰ、Ⅱ级带根苗，主根系保存完整，苗龄 3 年，苗高 0.8～1.0m。株行距 1m×2m。植苗时保持根系舒展，苗木直立，压实回填的沙土，并在根部围成一个半径 30cm、高 10cm 的小埝，便于灌溉。造林季节在 3 月下旬至 4 月上旬。栽植时饱灌一次，20 天后饱灌一次。造林后对成活率不足 85% 的地块在造林次年进行补植；对因风蚀造成裸根的苗木，及时培土、扶正。

　　沙蒿造林技术。沙蒿属半灌木，根系发达，根幅 1.2m 以上，是优良的固沙植物。在雅鲁藏布江中游河谷地带，可以采用种子直播方法造林。适宜的立地条件包括水分条件较差的荒漠化土地和流动沙地（丘）。由于土壤松软，播种前无须深耕细耙，可以依地形起伏进行播种。在流沙地播种时，为了避免春季土壤风蚀将种子吹走，需要先在流沙地扎设 1m×1m 的半隐蔽式草方格沙障。种子为当年成熟种子，质量须达国家Ⅰ、Ⅱ级，播种前对种子做清选处理。可采取条播或者穴播，条播前在草方格沙障内开挖深 10cm、宽 20～30cm 的条播沟，播幅 6cm，行距 1m；穴播前在草方格沙障内开挖深 10cm、长和宽为 30cm 的播种穴，每个草方格沙障内为一穴。开挖条播沟或者播种穴后，施用多孔性层状硅酸盐和"种植绳"两种治沙新材料，条播用量约450kg/亩，穴播用量约200kg/亩。然后播散种子，条播用种量以2.5kg/亩为宜，穴播种子用量以1.5kg/亩为宜。播后覆土1~2cm，并镇压。播种时间适宜在雨季来临前的4月上中旬。由于沙蒿种子小，易于被大风吹蚀，播后防止土壤风蚀是最重要的管理环节。

　　3. 工程技术体系

　　桑耶镇风沙灾害的运移路径是自南偏西向北偏东方向，风沙灾害形成的初始源地位于雅鲁藏布江北岸的沙质高漫滩和边滩甚至部分出露的心滩，加强区在流动沙地（丘）覆盖的阶地和洪积扇中下部。沙尘源地的地势自南向北逐渐抬高，土壤水分条件随之变差。技术研究核心区的模式基本代表了整个防沙工程技术体系，自南向北为五带防护技术体系：①沿江防护林带。分布在雅鲁藏布江北岸边滩、高漫滩和部分心滩，这些沙尘源地均为沙质地表，一部分常年出露水面，一部分在冬春季节枯水期出露水面，是发生风沙灾害的源头。地下水位高，无需灌溉，适宜种植喜水性的高大乔木，例如垂柳（旱柳）、北京杨等。②前缘乔灌木林带。其南部紧邻沿江防护林带，是风沙灾害逐渐加强的地带，位于地势较低、上覆流沙的低级阶地和沙丘丘间地，地下水位较高，乔木成林后可利用部分地下水。适宜种植北京杨、榆树、柽柳、柠条等中生乔灌木和部分旱生灌木。在无灌溉条件下，受土壤水分限制，乔木种植密度不宜过大，株行距以4m×4m为宜；乔木林下的灌木以带状种植，以带间距2m、株距1m为宜；灌木林带间可种植紫花苜蓿、藏沙蒿等，隔行带状种子撒播。③半隐蔽式草方格沙障+灌草带。其南部紧邻前缘乔灌木林带，是风沙灾害加强最突出的地带，地势较高，流动沙丘密布，土壤水分条件差。人工重建植被必须在设置半隐蔽式草方格沙障，固定流沙地表的前提下实施。草方格规格为1m×1m，植物种选择以砂生槐、藏沙蒿、固沙草等旱生灌木和草本为主。在高大的流动沙丘上，可使用多孔性层状硅酸盐和"种植绳"材料，改善灌草初植时的土壤水分和养分条件。④灌草恢复带。其南部紧邻半隐蔽式草方格沙障+灌草带，是风沙灾害的加强地带，分为半流动沙地（丘）和沙砾地两个带。对于邻近半隐蔽式草方格沙障+灌草带的半流动沙地（丘）和裸露沙砾地，使用多孔性层状硅酸盐和"种植绳"材料+人工种植灌草植被技术，快速提高植被覆盖度。灌草种选择砂生槐、藏沙蒿、固沙草等旱生植物，在不破坏原生植被的前提下，采取近东西走向的带状种植方式，带间距1m。对于半固定沙地（丘）和半裸露沙砾地，宜采取围封方式，促使植被自然恢复。

8.3　林芝机场和米林县防沙工程

8.3.1　工程区概况

　　林芝机场位于米林县境内，与米林县城和林芝市区的直线距离分别为约15km和37km，是西藏东南部极为重要的空港，在区域经济社会发展和国防建设方面发挥着不可替代的作用。米林县城和林芝机场均坐落在雅鲁藏布江谷地。防沙工程区范围为东经94°09′~94°28′，北纬29°12′~29°25′，沿雅鲁藏布江河谷呈北东—南西向狭长地带，平均海拔2935~2980m，防沙工程区总面积91557亩（图8.7）。由于雅鲁藏布江在丰、枯水位期间的落差大，一般有3~4m，河流沿岸的沙质冲积物在风力作用下形成众多大小不一的斑块状沙尘源地，部分阶地面上（包括农田）的植被受到破坏后也成为沙尘源地，使林芝机场和米林县城不时受到风沙灾害侵袭。

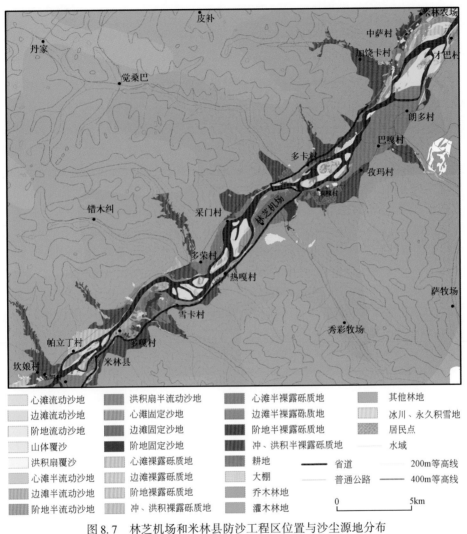

图8.7　林芝机场和米林县防沙工程区位置与沙尘源地分布

　　防沙工程区属高原温带半湿润季风气候，日照充足，多年平均日照时数为2013h，太阳总辐射6.0×10⁹~7.0×10⁹J/m²。多年平均气温约8.6℃，日均温≥0℃积温3218℃（斯确多吉，2002），无霜期约189天（傅平顺等，2009）。多年平均降水量约650mm，其中6~9月降水量约占全年的72%，10月到翌年5月降水稀少；多年平均蒸发量约1643mm。据林芝机场气象站观测数据，年均风速约3.4m/s（范菠等，2007），2006~

2010 年平均大风日数 175 天（任远际等，2012）①。防沙工程区涉及的地带性土壤，主要有褐土、灰褐土、棕壤和亚高山草甸土，特别是风沙土和发生荒漠化的亚高山草甸土是主要土壤类型。在雅鲁藏布江两侧沙质和沙砾质的沙尘源地，呈斑块状分布砂生槐、小叶香茶菜、小叶野丁香等组成的旱生灌丛植被；在地势较高的沙砾质河流阶地面上，植被以蔷薇、枸子、忍冬、小檗、水柏枝、绣线菊等次生灌丛为主。

8.3.2 风沙灾害成因

林芝机场和米林县防沙工程区的沙尘源地受河道两侧冲洪积物分布、两岸山体地形和风场的制约以及人类活动的影响，总体上沿河谷及河谷两侧呈带状分布。从沙尘源地的物质基础来看，绝大多数是雅鲁藏布江及其一级支流冲积物，即使有部分沙尘源地已被风力侵蚀改造，但沙尘物质源头仍是河流冲积物，仅少数沙尘源地的物质基础为沿河谷两侧的谷地前缘洪积物。由于雅鲁藏布江河床宽阔，河汊多，心滩、河漫滩和低级阶地被切割成零星斑块。分布于江心洲、边滩、阶地、谷坡等地貌部位的沙质沉积物，在风力作用下形成沿河流走向呈斑块状不连续分布，或者呈条带状分布的各类沙源地（图8.8）。特别是雅鲁藏布江丰、枯水位差很大，极端情况下可达11m多（分别出现于1998年8月25日和1995年3月2日），导致大面积的心滩和边滩处于丰水期淹没、枯水期出露的状态，枯水期出露的沙质心滩和边滩在强劲的风力作用下成为重要的沙尘源地。在河谷两侧，近地面风场受沿岸众多的中小尺度突兀山嘴地形影响显著，山谷风和山嘴附近局部回流十分强盛，阶地表面形成沿风向发育的风蚀槽和流沙带，山地迎风坡则形成斑块状山坡覆沙体。河谷地带斑块状分布的耕地，也是冬春季节风沙活动的重要发生源地。

防沙工程区内的植被退化严重，覆盖度普遍较低，主要有五种植被类型：①砂生槐群落。为典型的旱生群落类型，主要分布于雅鲁藏布江两岸的低级阶地、沙丘丘间地和山前冲积扇。群落以片状、带状分布，植被覆盖度一般为5%～50%，高度40～120cm，平均冠幅0.9m×1.0m，基部分枝数均在4～7个，单株平均枝地径为2cm。②青藏蒿和毛蕊花混生群落。主要分布于雅鲁藏布江两岸的半流动沙地（丘），其混合覆盖度约20%，植被平均高度55cm，呈星团状分布。这一群落在半流动沙丘中有较强的抗逆适应性，有增加覆盖度的可能性。③变绿小檗、灰荀子、二色锦鸡儿和毛叶绣线菊混生群落。是较为高大的植被群落类型，主要分布于雅鲁藏布江两岸的山前冲积和洪积扇，以及林芝机场周边的雅鲁藏布江心滩。群落以块状及带状分布，植被覆盖度一般为10%～55%，高度180～350cm，混生群落的平均冠幅约1.6m×1.8m，基部分枝数均在10个以上；单株平均枝地径为2.5cm。④扁刺蔷薇群落。体现为以扁刺蔷薇为主的灌丛及灌草混生群落，主要分布于雅鲁藏布江两岸的漫滩和低级阶地。群落以块状及片状分布，盖度一般为5%～20%，高度为120～200cm，单株冠幅平均为0.8m×2.3m，基部分枝数一般在2个以上；单株平均枝地径为1.8cm。⑤毛莲蒿群落。表现为半灌木状的旱生群落类型，主要分布于雅鲁藏布江两岸的低级阶地和山前冲积扇，以块状、带状分布，覆盖度一般10%～35%，

① 邹学勇等.2007.藏东南防沙治沙工程规划（林芝地区）(2008～2010年)(内部报告).8.

高度 25 ~ 120cm。

图 8.8　沙尘源地分布地貌部位

a. 心滩沙地；b. 边滩和低级阶地上的流动沙地（丘）；c. 阶地流动沙地（丘）；d. 洪积扇下部覆沙

　　林芝机场地面大风的形成与地形关系十分密切。林芝机场两侧均为高大山脉，白昼太阳照射对机场东南侧不规则山体表面增温，但受不规则山体影响，增温效果在时间和空间上并不均匀，使各个山顶、山坡、谷底出现较大的温度变化率和气压梯度。这种非均匀的下垫面热力和动力作用，导致山谷内形成不稳定的扰动气流。随着温度和气压梯度的不断增大，以及扰动气流的加强，使河谷内产生持续的大风，并且由于上游山谷较宽阔，而汇流于正对机场的山谷出口较狭窄，"狭管效应"使山谷风的风速加大吹向机场。在没有较强的天气系统影响时，夜间和上午一般为谷风，风向多为西南或东北，平均风速 1 ~ 3m/s。在晴朗少云的天气下，机场午后常出现较强的谷风，风向为东南（谭波和赵志军，2010）。以跑道中间观测的风速数据为例，将瞬时风速≥17m/s 作为一个大风日，年均大风日数达 175 天，其中冬春季节（12 月至翌年 5 月）大风日数占全年的约 2/3，达 117 天（任远际等，2012），且大风主要出现在每日的 13∶00 ~ 19∶00（徐海等，2014）。大风频繁、沙尘源地散布和植被退化，造成每年冬春季节有 12 次左右的风沙灾害天气（朱丽艳等，2008）。

8.3.3　防沙工程目标与布局

　　坚持以人为本理念，根据工程区的资源环境状况、社会经济条件和防护对象功能定位，通过实施防沙工程，河谷两侧沙尘源地风蚀起沙和流沙前移得到根本遏制，河床季节性沙尘源地面积减小且地表风沙活动得到控制，保障林芝机场及其周边生态安全和飞行安全。最终实现生态环境改善、经济健康发展和满足国防需要，维护防沙工程区独特的地理环境，促进区域经济社会和资源环境协调发展的总体目标。防沙工程的具体目标包括：营造片状防风固沙林 31782 亩，半隐蔽式草方格沙障+造林工程 470 亩，农田防护面积 12567亩（营造农田防护林网 1134 亩），围封保护 46738 亩。

根据林芝机场和米林县城风沙灾害形成和运移特征，以及工程区水热条件相对优越的优势，坚持"因地制宜"原则，在总体布局上，以雅鲁藏布江干流谷地为主轴，以沙尘源地综合治理为重点，建立农、林、牧相结合，防、治、用有机统一的工程体系。针对不同的沙尘源地类型采取不同的技术措施：在地势较低、土壤水分条件较好的心滩、漫滩和阶地面上的流动沙地（丘）、半流动沙地（丘）、裸露沙砾地和半裸露沙砾地，营造乔灌混交固沙林；在地势较高、土壤水分条件较差的阶地面和洪积扇前缘地带的裸露沙砾地，营造灌木固沙林；在地势高、土壤水分条件差的阶地面和洪积扇中下部缓坡地带的流动沙地（丘）、半流动沙地（丘）和裸露沙砾地，营造灌草结合固沙林；在地势高、土壤水分条件差的山坡覆沙和高级阶地上的流动沙地（丘），采取半隐蔽式草方格沙障+人工种植灌草技术措施。对出现植被退化但尚未引起风沙灾害或者有轻微起沙起尘强度的沙尘源地，例如半裸露沙砾地和固定沙地（丘），采取围封恢复植被措施。

在防沙技术的具体应用中，工程区内的沙尘源地呈斑块状分布，且类型多样，决定了治理技术的多样性。不同斑块沙尘源地的立地条件、风沙活动强度和所处的风沙流场环境不同，需要采取不同的植被恢复或重建技术，以及固沙或阻沙应急技术等多种技术的集成。另外，雅鲁藏布江的心滩和漫滩沙尘源地受水位涨落影响，既需要考虑沙尘源地治理工程本身的技术要求，也需要保证河道泄洪能力不受影响。因此，在具体的工程布局和技术使用上，心滩、边滩和漫滩造林工程 27538 亩、阶地半流动沙地（丘）造林工程 643亩、阶地裸露沙砾地造林工程 328 亩、冲洪积裸露沙砾地灌木纯林造林工程 611 亩、冲洪积裸露沙砾地灌草结合造林工程 1578 亩、山坡流动沙地（丘）灌草结合造林工程 272 亩、山坡半流动沙地（丘）灌木纯林造林工程 1084 亩、连片农田防护林（网）营造面积 1134亩（保护农田面积 12567 亩）、阶地流动沙地（丘）乔灌草造林工程 198 亩、围封保护工程 46738 亩。

8.3.4 工程技术体系

由于防沙工程区内不同类型的沙尘源地呈零星的斑块状分布，被划分为 309 个作业小班，无法在一幅工程设计图上显示。故在工程设计时，将每个作业小班的范围用经纬度控制，以便施工作业。

1. 造林工程

心滩、边滩和漫滩造林工程。营造乔灌混交固沙林，树种混交比例为 1 垂柳（旱柳）：1 米林杨（北京杨）：2 云南沙棘，造林面积 27538 亩。垂柳（旱柳）和米林杨采取高杆扦插植苗方式，不需开挖植苗穴；沙棘造林穴状整地，植苗穴规格为 0.4m×0.4m×0.5m。

垂柳（旱柳）和米林杨（北京杨）的插条为当年活枝，插杆长度 1.8m 以上，直径>3cm；云南沙棘种苗为国家Ⅰ、Ⅱ级带根苗，苗龄 3 年，苗高 0.8~1.2m。垂柳（旱柳）和米林杨（北京杨）株行距均为 4m×8m，造林密度 21 株/亩；云南沙棘株行距 4m×4m，造林密度 42 株/亩。三种树种均采用"品"字形隔行种植，造林总密度 84 株/亩。

　　阶地半流动沙地（丘）造林工程。营造乔灌混交固沙林，植物种选择林芝云杉和二色锦鸡儿，总面积 643 亩。林芝云杉和二色锦鸡儿采取穴状整地，林芝云杉植苗穴规格 0.5m×0.5m×0.5m，二色锦鸡儿植苗穴规格 0.4m×0.4m×0.5m。林芝云杉为容器苗植苗造林，二色锦鸡儿为植苗造林，株行距均为 4m×4m，采用"品"字形隔行种植，造林密度分别为 42 株/亩，造林总密度 84 株/亩。林芝云杉种苗为国家Ⅰ、Ⅱ级容器苗，苗龄 5 年，苗高>0.3m；二色锦鸡儿种苗为国家Ⅰ、Ⅱ级带根苗，苗龄 3 年，苗高 0.8~1.2m。

　　阶地裸露沙砾地造林工程。营造乔灌混交固沙林，树种选择米林杨（北京杨）和二色锦鸡儿，总面积 328 亩。米林杨（北京杨）不需开挖植苗穴，采取高杆扦插植苗方式；二色锦鸡儿穴状整地，植苗穴规格为 0.4m×0.4m×0.5m。米林杨（北京杨）和二色锦鸡儿的株行距均为 4m×4m，采用"品"字形隔行种植，造林密度分别为 42 株/亩，造林总密度 84 株/亩。

　　冲洪积裸露沙砾地灌木纯林造林工程。营造二色锦鸡儿灌木纯林，总面积 611 亩，主要位于洪积扇中下部地带。二色锦鸡儿植苗点穴状整地，植苗穴规格为 0.4m×0.4m×0.5m。株行距 4m×4m，采用"品"字形种植，造林密度 42 株/亩。

　　冲洪积裸露沙砾地灌草结合造林工程。植物种选择二色锦鸡儿、砂生槐和披碱草，总面积 1578 亩，主要位于洪积扇中上部地带。二色锦鸡儿采取穴状整地，植苗穴规格为 0.4m×0.4m×0.5m，株行距 4m×4m，采用"品"字形种植；砂生槐为人工穴播种子造林，在二色锦鸡儿植苗点以外按穴距 1m×1m 点播，点播穴规格 0.2m×0.2m×0.1m，每穴点播 5~6 粒种子；二色锦鸡儿植苗和砂生槐播种以后，耙松植苗点以外的土表，撒播披碱草种子并抚平土面，披碱草播种量为 10kg/亩。砂生槐和披碱草种子为国家Ⅰ、Ⅱ级种子，播前进行预处理。

　　山坡半流动沙地（丘）灌木纯林造林工程。营造二色锦鸡儿灌木纯林，总面积 1084 亩。二色锦鸡儿采取穴状整地，植苗穴规格为 0.4m×0.4m×0.5m。株行距 4m×4m，采用"品"字形种植，造林密度 42 株/亩。

　　农田防护林（网）造林工程。农田防护林（网）宜采取复合结构，以增强防护效果。根据工程区的自然条件，为了降低工程造价，选择垂柳（旱柳）和米林杨（北京杨）混交型林带，混交比例为 1∶1，造林面积 1134 亩，防护农田总面积 12567 亩。垂柳（旱柳）和米林杨（北京杨）均为高杆扦插造林，不需开挖植苗穴。农田防护林（网）的主林带与主风向垂直，间距 100m；每带 3 行，株行距 3m×1.5m；每带两侧种植垂柳（旱柳），中间一行种植米林杨（北京杨）；垂柳（旱柳）和米林杨（北京杨）彼此呈"品"字形种植。副林带与主林带垂直，间距 150m；副林带每带 2 行，株行距 3m×1.5m，种植垂柳（旱柳）和米林杨（北京杨）各一行，垂柳（旱柳）和米林杨（北京杨）彼此呈"品"字形种植。

2. 半隐蔽式草方格沙障+人工植被工程

阶地流动沙地（丘）乔灌草造林工程。植物种选择林芝云杉、二色锦鸡儿和披碱草，总面积 198 亩。林芝云杉和二色锦鸡儿均采取穴状整地，林芝云杉植苗穴规格 0.5m×0.5m×0.5m，二色锦鸡儿植苗穴规格 0.4m×0.4m×0.5m。林芝云杉和二色锦鸡儿株行距均为 4m×4m，采用"品"字形隔行种植，造林密度分别为 42 株/亩，造林总密度 84 株/亩。在造林前首先实施草方格工程以固定沙面，草方格完成后开挖植苗穴，植苗后耙松植苗点以外的草方格间沙面，撒播披碱草种子并抚平沙面。披碱草播种量为 10kg/亩，种子为国家Ⅰ、Ⅱ级种子，播前进行预处理。

山坡流动沙地（丘）灌草结合造林工程。植物种选择二色锦鸡儿、砂生槐和披碱草，总面积 272 亩。二色锦鸡儿采取穴状整地，植苗穴规格为 0.4m×0.4m×0.5m，采用"品"字形种植。砂生槐为人工穴播种子造林，点播穴 0.2m×0.2m×0.1m，每穴点播 5～6 粒种子。造林前首先实施草方格工程以固定沙面，草方格完成后开挖二色锦鸡儿植苗穴和砂生槐点播穴，植苗后耙松植苗点以外的草方格间沙面，撒播披碱草种子并抚平沙面，披碱草种子播种量为 10kg/亩，播前进行预处理。

半隐蔽式草方格沙障使用的工程材料为小麦或青稞秸秆，草方格规格为 2m×2m，沙面以上露头 15～25cm；主带与主风向垂直，副带与主带垂直。施工作业时，草方格从地势高处向地势低处施工。先根据主风向划定草方格主带扎设线，沿线平铺小麦或青稞秸秆，草厚 5～6cm，用平口铁锹将秸秆中部压入沙面约 15cm，地上露头约 15～25cm，再向草带基部壅沙加固草带。主带完成后，与主带垂直铺设副带，副带铺草厚度 4～5cm，扎设过程中注意与主带的衔接。

3. 围封保护工程

围封保护工程主要针对出现植被退化，但尚未引起风沙灾害或者有轻微起沙起尘强度的沙尘源地。围封保护总面积 46738 亩，其中阶地和冲洪积半裸露沙砾地围封保护面积 39193 亩、固定沙地（丘）围封保护面积 7545 亩。围封保护工程包括每个斑块均设立网围栏围封，促进植被自然恢复和演替。网围栏采用水泥立柱和刺铅丝，立柱间距 10m，高度 1.8m（地下 0.5m，地上 1.3m）。围栏铅丝共 9 道，其中最高 1 道为刺铅丝。

4. 保护和抚育工程

根据工程区自然条件，心滩、漫滩和低级阶地等地下水位较浅的区域为春季造林，高级阶地和山坡地带为雨季造林。砂生槐和披碱草在春季降雨来临前播种，或者在春季降雨之后及时播种。对地下水位较深，不能修渠引水，而又需要灌溉的地块，采取水车移动式灌溉。基本灌溉制度是：栽植时饱灌一次，20 天后饱灌一次，降水及时则无需人工灌溉；次年后，可根据具体的气候情况，决定灌溉次数和时间间隔。对成活率不足 85% 的地块在造林次年进行补植，补植苗为质量合格的大苗或者同龄苗。对因风蚀和水蚀造成裸根的苗木，及时培土、扶正。

造林完成后，及时使用对牲畜和幼树无害、能防止牲畜啃咬树皮的石灰进行涂白；若发生病虫害，及时喷施化学药剂抑制病虫害蔓延。较为常见的杨树腐烂病，使用 10% 碱水喷洒。同时，及时投放高效无害鼠药，防止鼠啃树皮，提高造林成活率。

8.4　防沙工程技术体系模式

　　青藏高原的小城镇主要是数量众多的建制镇，镇内常住居民一般在 5000 人以下。对于人口稀少的青藏高原而言，它们往往是县域内的经济、文化和政治中心，对引领区域经济社会发展的作用十分重要。从农牧业生产对土地资源的依赖和宜居环境的角度，历史上逐渐形成和现代新建的小城镇基本都位于河流宽谷地带。然而，青藏高原作为亚洲众多河流的发源地，河流上中游的水文特点是丰水期和枯水期的水位差较大。河流宽谷段的河床宽阔、水流速度降低，并发育较多的心滩、相对宽广的边滩和阶地。河流丰水期带来的大量泥沙沉积于心滩、边滩和漫滩，并在枯水期出露水面。在枯水期和风旱同季环境下，枯水期出露水面的心滩、边滩和漫滩沙质沉积物被风力年复一年地吹向地势较高的阶地和山前地带，经过数千年甚至数万年，形成心滩—边滩—漫滩—阶地—山前坡地彼此相连的沙尘源地（李森等，1997；邹学勇等，2004）。在河流宽谷近地层风场的作用下，坐落于河流岸边的小城镇经常遭受风沙危害。由于青藏高原河谷地带的大风形成原因和风场特征（Li et al.，1999；Zou et al.，2008），沙尘源地类型和分布（杨逸畴，1984；李森等，1997），以及绝大多数城镇坐落的地貌部位具有高度相似性，在若干小城镇防沙工程实践的基础上，青藏高原半干旱和半湿润气候区小城镇防沙工程技术体系可概括为"五带"模式，即：沿江防护林带、乔灌混交林带、乔灌草混交林带、灌草混交带和灌草混交恢复带（图 8.9）。

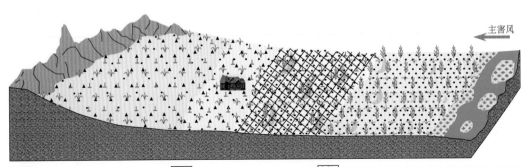

图 8.9　青藏高原半干旱和半湿润气候区小城镇防沙工程技术体系模式

　　沿江防护林带。营造于丰水期水深不超过 1.5m 的河流心滩、边滩、漫滩和地势低的一级阶地。春季造林时河流心滩、边滩和漫滩出露水面，施工便利，但丰水期河流水位上涨，部分造林地块可能被水淹没。选择的树种主要是喜水的高大乔木和灌木，如垂柳（旱柳）、米林杨（北京杨）、沙棘等。在丰水期水深不超过 1.0m 的河流心滩、边滩和漫滩，适宜营造乔灌混交林，形成复合结构林带，增强固定沙尘源地和阻截外来沙尘的能力。沿江防护林带所处位置的土壤水分对植被生长不构成限制条件，且沙质或者沙砾质土地较松软，尽可能采取高杆扦插造林，降低工程造价。在丰水期水深 1.0～1.5m 的心滩、边滩和漫滩营造纯乔木林，株行距一般为 4m×4m，对于重点治理的沙尘源地，株行距可为 3m×

3m。在丰水期水深小于 1.0m 的心滩、边滩、漫滩和一级阶地营造乔灌混交林，乔木株行距一般为 4m×4m，灌木株行距为 2m×2m，乔灌木树种均呈"品"字形间隔种植。

乔灌混交林带。营造于上覆流动沙地（丘）、半流动沙地（丘）或者半裸露沙砾地的低级阶地，是重点治理的沙尘源地。这一地带的地势较低，受河流和山前洪积扇前缘地下水补给，地下水位较高，土壤水分对建植初期的植被有一定限制。适宜营造乔灌混交林，形成复合冠层结构，增强固定沙尘源地和阻截来自沿江防护林带沙尘的能力。树种选择中生和旱生乔灌木，以杨树、榆树、锦鸡儿、砂生槐等乡土树种为主，乔灌木一般种植带根苗，砂生槐灌木可用种子撒播或者穴播，播前对种子进行预处理。对于流动沙地（丘），在水土条件较好的沙丘丘间地，营造杨树、锦鸡儿等树种的乔灌混交林；沙丘上需要首先设置半隐蔽式草方格沙障，然后再营造榆树、砂生槐等旱生树种的乔灌混交林。对于半流动沙地（丘）和半裸露沙砾地，在不破坏原有植被的情况下，因地制宜地选择树种，营造乔灌混交林。乔木株行距一般为 4m×4m，植株较高大的灌木（如沙棘、锦鸡儿）株行距为 2m×2m，植株较小的灌木（如砂生槐）株行距为 1m×1m，乔灌木树种均呈"品"字形间隔种植。

乔灌草混交林带。营造于上覆流动沙地（丘）、半流动沙地（丘）或者裸露、半裸露沙砾地的高级阶地和洪积扇下部，是重点治理的沙尘源地。这一地带的地势较高，土壤水分对植被生长限制性较强。适宜营造乔灌草混交林，形成复合冠层结构，增强固定沙尘源地和阻截来自上风向沙尘的能力。植物种选择旱生和部分中生的乔灌草物种，以榆树、杨树、锦鸡儿、砂生槐、披碱草、固沙草等乡土植物种为主，适当引入柽柳等灌木，增加物种多样性。乔灌木种植带根苗，呈"品"字形间隔种植；砂生槐灌木和草本植物可用种子撒播或者穴播，播前对种子进行预处理。对于流动沙地（丘），在水土条件相对较好的沙丘丘间地，营造榆树、杨树、锦鸡儿、柽柳、砂生槐等乔灌混交林，草本植物在乔灌木成林过程中能够自然入侵，形成林下植被层；沙丘上的土壤水分条件差，风沙活动强烈，须首先设置半隐蔽式草方格沙障，然后再建植榆树、砂生槐、披碱草、固沙草等旱生植物种组成的乔灌草植被。对于半流动沙地（丘）或者裸露、半裸露沙砾地，在不破坏原有植被的情况下，因地制宜地选择植物种，营造具有复合结构的乔灌草植被。受土壤水分限制，乔灌草混交林中的乔木株行距平均不小于 4m×4m；灌木株行距根据水土条件而定，在 2m×2m 至 4m×4m 之间；草本植物的用种量以 10kg/亩为宜，播前对种子进行预处理。

灌草混交带。营造于洪积扇中下部裸露和半裸露沙砾地，是重点治理的沙尘源地。这一地带的地势高，土壤水分是限制植被生长的关键要素，株形高大且耗水的乔木难以大面积存活，适宜建植低矮和耐旱、具有复合结构的灌草混生植被，固定沙尘源地，防止地表起沙起尘。植物种选择耐旱、耐贫瘠的灌草物种，以砂生槐、锦鸡儿、披碱草、固沙草等乡土植物种为主。锦鸡儿等灌木带根苗呈"品"字形种植；砂生槐灌木和草本植物可用种子条播、撒播或者穴播，播前对种子进行预处理。种植带根苗灌木的株行距，根据具体的水土条件而定，一般在 2m×2m 至 4m×4m 之间；砂生槐灌木穴播的株行距一般为 1m×1m，条播的带间距为 1m。撒播的草本植物用种量以 10kg/亩为宜。

灌草混交恢复带。是以人工促进灌草植被恢复为主的防护带，位于洪积扇中上部。这一地带的地势高亢，土壤养分和水分条件很差，乔木难以存活。因人类活动强度较弱，原生灌草植被保存相对较好，地表为半裸露沙砾地。对于现存植被较好且具有自我恢复能力的区域，可实施围封保护，实现植被自然恢复；对于现存植被较差且自我恢复能力较弱的区域，应在保护现有植被的前提下，补植低矮和耐旱、具有复合结构的灌草混生植被，固定沙尘源地，防止地表起沙起尘。植物种选择耐旱、耐贫瘠的灌草物种，以砂生槐、披碱草、固沙草等乡土植物种为主。砂生槐灌木和草本植物用种子条播或者穴播，播前对种子进行预处理。砂生槐灌木穴播的株行距一般为 1m×1m，条播的带间距为 1m。撒播的草本植物用种量以 10kg/亩为宜。

第 9 章 中国北方半干旱气候区小城镇防沙工程

加强小城镇建设是中国政府的战略决策，在推动城镇化进程和城乡经济一体化，逐步缩小城乡差别和工农差别过程中起着举足轻重的作用（周理荣，2018）。中国北方半干旱气候区小城镇数量众多，除少数小城镇是县级政府所在地以外，其他大多为乡级建制镇（图1.7）。中国北方半干旱气候区的风沙灾害主要是在冬春季节西伯利亚冷高压低层气流向南辐射产生强劲的偏北风，以及广阔的沙尘源地供给大量沙尘物质的共同作用下形成（图1.15），风沙灾害孕灾环境具有一定的相似性，城镇防沙工程技术在很大程度上也具有通用性。开展典型的受风沙危害小城镇的防沙工程研究，对其他小城镇实施防沙工程具有重要的借鉴价值，其中内蒙古自治区乌审旗县城嘎鲁图镇最具代表性（吴晓旭，2010；石莎，2013）。

9.1　区　域　概　况

嘎鲁图镇（原名达布察克镇）地处毛乌素沙地的腹地（图9.1），位于东经108°44′，北纬38°45′，海拔约1350m，行政区域面积2309.4km²。全镇总人口约6.2万人，其中城镇常住人口3万余人，在小城镇中属于中等规模。毛乌素沙地不仅是中国北方主要沙尘源

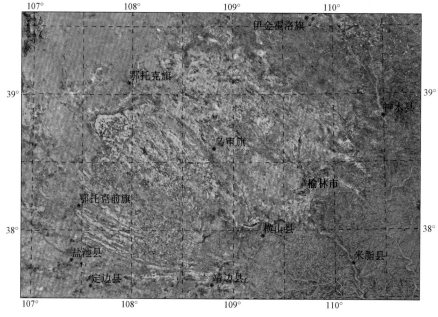

图9.1　嘎鲁图镇位置

地之一，也是东亚强沙尘暴运移路径中主要的加强区（京津风沙源治理工程二期规划思路研究项目组，2013）。因此，在中国北方风沙灾害区小城镇中，嘎鲁图镇防沙工程技术体系具有广泛的代表性。

9.1.1　自然条件与社会经济条件

　　毛乌素沙地位于鄂尔多斯构造剥蚀高原向陕北黄土高原过渡的洼地——乌审洼地，是一古老的沉积构造盆地，面积约 4.2 万 km²，海拔为 1000~1600m。毛乌素沙地的地势由西北向东南逐渐倾斜，地形主要是缓起伏的丘陵、"梁地"、缓平的冲洪积台地与宽阔的谷地或滩地，地貌呈"梁地"、滩地、沙地相间分布的特点，对应的植被类型是梁地上的草原与灌丛植被、滩地上的草甸植被、盐生和沼泽植被，半固定和固定沙地（丘）上的沙生灌丛植被，以及流动和半流动沙地（丘）上的沙生灌丛植被（朱振华，2008）。嘎鲁图镇所在的乌审旗境内沙地总面积为 6988km²，约占全旗总面积的 60.5%，其中：固定沙地（丘）3080km²，约占沙地总面积的 44.1%；半固定沙地（丘）573km²，约占 8.2%；半流动沙地（丘）555km²，约占 7.9%；流动沙地（丘）2780km²，约占 39.8%（吴晓旭，2010）。

　　嘎鲁图镇位于温带南部季风区的边缘，属于典型的半干旱气候。多年平均日照时数约 2960h，年均太阳辐射总量为 $5.720 \times 10^9 \text{J/m}^2$，植物生长期的太阳辐射总量约 $3.545 \times 10^9 \text{J/m}^2$，占全年辐射总量的约 62.0%。多年平均气温 7.1℃，7 月平均气温 22℃，1 月平均气温 -9.4℃；极端最高气温 35.5℃，极端最低气温 -28℃。多年平均无霜期约 145 天，日均气温 ≥0℃的积温约 3300℃。年降水量一般 350~400mm，但年际变化大，最大降水量 634.1mm，最少仅 132.9mm；年内降水量极不均匀，7~9 月降水量占全年的 70%~80%。多年平均蒸发量 2590mm 左右，是年降水量的 6 倍有余（朱振华，2008）。多年平均风速约 3.4m/s，大风日数约 24 天（曹长春和白彤，1999），最多达 54 天；主害风向为北偏西风。多年平均沙尘暴日数约 22 天，最多达 62 天。

　　受不同土壤类型及其抵抗侵蚀能力的影响，形成以"梁地"、滩地和沙地（丘）为主的地貌类型，在这三种地貌类型上分别分布着栗钙土、草甸土和盐碱土（或沼泽潜育土）、风沙土，其中以沙地（丘）地貌类型上的风沙土分布最广泛，约占所有土壤类型总面积的 78.3%。防沙工程区的地带性植被属于温带草原，但是人类活动的持续干扰，如采伐灌木、滥垦、过度放牧等，使自然植被从原来的禾草草原、禾草-小灌木荒漠草原、局部旱生和中生灌丛，逐渐退化为固定和半固定沙地（丘）的旱生、中生半灌木和灌木群落，以及半流动和流动沙地（丘）的籽蒿、沙鞭、沙蓬等群落。地带性植被严重退化，典型地带性植被，如针茅、兴安胡枝子、冷蒿等只零星出现在少数"梁地"上，而隐域性植被发育广泛，且具有明显的荒漠植被特征。不同土壤类型的持水保肥能力差异，使"梁地"栗钙土上仍保留一定的本氏针茅群落、柠条灌丛群落等地带性植被；滩地草甸土和盐碱土上发育芨芨草、碱茅、马蔺等群落；沙地（丘）风沙土上则分布油蒿、臭柏灌丛、中间锦鸡儿灌丛、沙柳等群落。

　　在乌审旗 11645km² 范围内，多年平均地表水径流量约 3.30 亿 m³（《乌审旗志》编撰委员会，2001）。无定河、纳林河和海流图河是常年性河流，白河为季节性河流。地表水资源分布不均匀，在大面积的沙地（丘）区域地表水资源匮乏。嘎鲁图镇防沙工程区基本没有可利用的地表水资源，植被重建和恢复主要依赖降水和有限的地下水。

乌审旗总人口 13.27 万人，其中农村牧区人口 6.3 万人。2017 年全旗地区生产总值 363.44 亿元，第一、第二和第三产业总产值分别为 14.18 亿元、256.48 亿元和 92.78 亿元，其中第三产业中的旅游收入 31 亿元，共接待游客 92.9 万人次。财政总收入累计完成 41.22 亿元，城乡常住居民人均可支配收入 41582 元。嘎鲁图镇辖区内总人口 67442 人，其中常住人口 48493 人（包括郊区农牧民）。耕地面积 13.8 万亩（乌审旗人民政府，2018）。嘎鲁图镇已成为全旗重要的产业基地，是鄂尔多斯细毛羊种源基地和核心养殖基地。

9.1.2 风沙危害的成因

中国北方半干旱区含有丰富沙尘物质的荒漠化土地是风沙灾害形成的物质基础。嘎鲁图镇风沙灾害既有自然因素也有人为因素的原因，自然因素总体上促进荒漠化的发生发展，而人为因素既有促进也有逆转荒漠化过程的作用（吴晓旭等，2009）。土地荒漠化的自然因素包括地表物质松散、气候干旱和多大风。乌审旗全境和嘎鲁图镇防沙工程区内的土壤以风沙土为主，成土母质主要是风积、洪积、冲积和黄土母质，土壤含沙量丰富（图 9.2），质地松散，内聚力差，具有较强的易碎性和不稳定性，易于风蚀起沙，这为土地沙漠化提供了丰富的物质基础。气候干旱、冬半年漫长而夏季短促，且降水集中于夏季是乌审旗气候的基本特点。据嘎鲁图镇气象站资料，7～9 月降水量约占全年降水量的 70%～80%，冬季降水稀少，个别年份甚至无降水。特别是 20 世纪 50 年代以来，降水趋于减少，气温逐渐升高，气候有暖干化趋势（图 9.3）。嘎鲁图镇多年平均大于起沙风（气象站观测高度为 10m 处的风速≥6.4m/s）风速的累积时间约 187.1 小时/年，其中春季（3～5 月）大风日数占全年大风日数的 50% 以上，这种"风旱同季"的气候特点为风沙灾害形成提供了充足的动力条件。

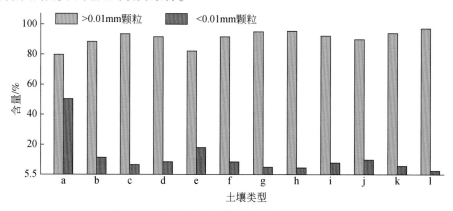

图 9.2　乌审旗主要土壤类型表土层颗粒组成

a. 黄棉土；b. 侵蚀黄沙土；c. 沙化栗钙土；d. 变质栗钙土；e. 侵蚀淡黄沙土；f. 洪淤土；g. 丘间洼地灰淤土；
h. 沙化灰淤土；i. 脱潜灰淤土；j. 固定沙丘风沙土；k. 半固定沙丘风沙土；l. 流动沙丘风沙土

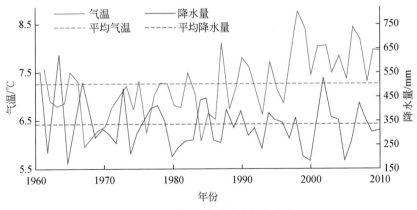

图 9.3　嘎鲁图镇降水和气温变化

得益于中国各级政府和部门对土地荒漠化治理和风沙灾害防治的巨大投入，作为沙尘源地的荒漠化土地面积从 20 世纪 80 年代中期以前的快速扩展（吴波和慈龙骏，1998），此后逐渐进入明显缩小阶段（吴晓旭，2010；张靖，2014），其中流动沙地（丘）面积从 1987 年占乌审旗总面积的 44.0%，下降到 2012 年的 30.9%；同期的固定沙地（丘）面积则从 28.3% 增加到 32.9%，半固定沙地（丘）面积从 6.0% 增加到 10.2%（图 9.4）。流动沙地（丘）大量转变成半固定和固定沙地（丘），其中 1987～1997 年，荒漠化土地面积扩展的趋势得到抑制，总体趋于稳定，只是部分地区略有增加，部分地区开始逆转；1997～2012 年，大部分荒漠化土地开始逆转，表现为流动沙地（丘）面积大幅度减小，植被开始恢复（张靖，2014）。在人为因素的强力作用下，嘎鲁图镇风沙灾害有所减轻（吴晓旭和邹学勇，2011）。

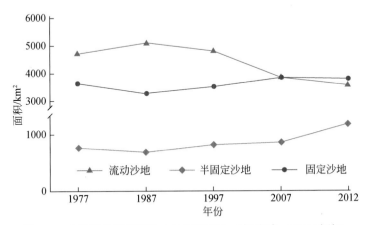

图 9.4　乌审旗各类荒漠化土地面积变化（据张靖，2014 改编）

9.1.3　风沙危害程度

嘎鲁图镇位于毛乌素沙地腹地的地理位置，决定了风沙灾害是其主要的自然灾害。对嘎鲁图镇产生严重危害的灾害性风沙天气中，扬沙天气最为频繁，多年平均扬沙天气日数占沙尘天气总日数的 55.1%，平均每年有约 31.5 天；浮尘日数占 27.1%，平均每年有约 15.5 天；沙尘暴和强沙尘暴日数占 17.8%，平均每年有约 10.2 天。扬沙天气出现的频率最高，表明形成风沙灾害的沙尘物质主要来源于本地（格日乐等，2009）。在"风旱同季"的环境背景下，灾害性风沙天气以春季最多，约占全年的 53.1%，春季扬沙、沙尘暴和浮尘分别占全年总数的 47.64%、63.10% 和 57.59%。春季灾害性沙尘天气导致大气中的 PM_{10} 日均质量浓度高达 2500μg/m³ 以上，比国家日均浓度二级标准高出 15 倍以上，严重污染大气环境，危害居民身心健康，对居民正常生活和生产活动造成不良影响。嘎鲁图镇上风向边缘地带因风沙入侵，经常在局部地段发生沙埋房屋、水井、畜棚和道路等现象（图 9.5），清理入侵流沙消耗大量人力、物力和资金，制约了居民生活水平的持续提高。

图 9.5　嘎鲁图镇上风向风沙危害（摄于 2006 年 6 月 25 日）

　　土地生产力伴随风沙灾害不断发生而下降。实地调查结果表明，嘎鲁图镇周边的旱作农田表土层风蚀厚度最大达 5～7cm/a，土壤黏粒、有机质、总氮和总磷损失分别高达 2600kg/亩、518kg/亩、26kg/亩和 36kg/亩。沙尘暴和扬沙过程中的风沙流是一种贴近地面运动的挟沙气流，大部分沙粒特别是较粗沙粒都集中在 20cm 高度内，对春季作物幼苗具有强烈打击作用，经常导致幼苗植物组织严重受伤而减产甚至枯死。风沙埋压幼苗或者吹蚀种子，有时需要补种 3～4 次（葛连光，2000[①]）。风沙灾害造成农作物产量低而不稳是中国北方风沙灾害区普遍存在的现象。风沙灾害导致各类草场退化，原有由旱生植物构成的草场面积大幅减少。沙地上的一年生草本和沙生植物占据优势，多年生草本退化；"梁地"草场风蚀，滩地草场沙压，植被变得稀疏低矮、草质变劣，产草量大幅下降（表 9.1，图 9.6）。根据乌审旗土地普查资料，新中国成立初期至 1976 年全旗可利

---

　　① 葛连光. 2000. 沙尘暴的成因机制与防御措施//伊金霍洛旗科学技术协会. 鄂尔多斯市优秀科技论文集——农业类：145-146.

用草场面积下降 10.5 万亩，1981 年可利用草场面积与新中国成立初期相比下降 190.5 万亩，牧业经济收入也因此下降（李瑞凯等，2001）。直至 1987 年以后，草场持续退化的趋势才得以扭转。

表 9.1　荒漠化对草场生产力的影响

草场情况	总盖度/%	高度/cm	干物重/(g/m²)	优质牧草质量所占比例/%
封育	55	23~46	213	90.8
沙化	25	5~36	90	60.0

图 9.6　嘎鲁图镇农田和草场沙害
a. 农田表土风蚀粗化；b. 春季玉米幼苗受风蚀沙割；c. 沙埋草场；d. 草场积沙退化

9.2　风沙活动特征与单项工程技术选择

嘎鲁图镇周边的沙尘源地有流动沙地（丘）、半固定沙地（丘）、固定沙地（丘）、黄土"梁地"和旱作农田共五类，其中黄土"梁地"可细分为裸露"梁地"和"梁地"翻耕旱地。根据实地观测，流动沙地（丘）和半固定沙地（丘）的起沙起尘强度最大，裸露黄土"梁地"和"梁地"翻耕旱地次之，玉米留茬地和固定沙地（丘）最小。由于不同类型沙尘源地的起沙起尘强度存在显著差异，在风沙灾害形成和加强中的作用也不相同，并对防沙工程的总体布局和技术选择产生决定性影响。因此，全面掌握风沙活动特点是建立城镇防沙技术体系的前提。

9.2.1 风沙活动的特点

嘎鲁图镇周边沙丘密布，不同固定程度和规模大小的沙丘对风沙活动强度及其空间分异产生显著影响。按照植被覆盖度分别为<10%、10%~60%和>60%三个等级对应为流动沙丘、半固定沙丘和固定沙丘，实地随机调查了212个沙丘，其中流动沙丘73个，平均高度6.3m；半固定沙丘72个，平均高度5.5m；固定沙丘67个，平均高度3.6m。随着植被覆盖度的增加，沙丘高度变得低矮。高大的流动沙丘是主要的沙尘源地，也是防沙工程重点治理对象。

根据嘎鲁图镇气象站资料，多年平均大于起沙风风速的作用时间以偏北风为主，其中N、NWN、NW、WNW四个风向分别占所有大于起沙风风速的风向总和的18.9%、49.2%、24.2%、57.6%，合计达80.1%（表9.2）。在大于起沙风风速的各等级风速中，6.4~7.3m/s的风速累积时间占大于起沙风风速的风速累积总时间的约55.6%；6.4~8.3m/s的风速累积时间占约82.6%；6.4~10.3m/s的风速累积时间占约96.7%；大于10.3m/s的风速累积时间仅占近3.3%（表9.3）。从能够反映风力输沙能力指标的输沙势来看，嘎鲁图镇的多年平均合成输沙势为218.9VU，属于中等风能环境（Fryberger，1979）。根据最大可能输沙率的计算方法（凌裕泉，1997），嘎鲁图镇多年平均最大可能输沙率达4134.9kg/（m·a），合成输沙方向为318°（西北方向）。其中，在NW、NWN、WNW三个风向上的最大可能输沙量占总输沙量的51.02%；在N、NWN、NW、WNW、W五个风向上的最大可能输沙量约占总输沙量的76.0%（图9.7）。也就是说，形成嘎鲁图镇风沙灾害最主要的风速介于6.4~10.3m/s之间，风向为西北方向，这样的风速风向分布特点是构建防沙工程技术体系的科学依据。

表9.2 嘎鲁图镇多年平均16方位大于6.4m/s风速（10m高度）的累积时间 （单位：h）

风向	N	NEN	NE	ENE	E	ESE	SE	SES
大于6.4m/s风速的累积时间	18.9	5.1	0.6	0.8	0.2	1.4	4.5	5.6
风向	S	SWS	SW	WSW	W	WNW	NW	NWN
大于6.4m/s风速的累积时间	3.3	2.8	2.4	4.1	6.4	57.6	24.2	49.2

表9.3 嘎鲁图镇多年平均大于6.4m/s各等级风速（10m高度）累积时间所占百分比

风速等级/（m/s）	6.4~7.3	7.4~8.3	8.4~9.3	9.4~10.3	10.4~11.3	11.4~12.3	12.4~13.3	13.4~14.3	14.4~15.3	>15.4
百分比/%	55.62	26.94	9.94	4.25	1.61	0.44	0.10	0.10	0.00	1.00

嘎鲁图镇周边风场特征和沙尘源地类型多样性，决定了输沙率的空间变异性很大。对于沙丘，当流动沙丘丘顶3m高处风速为5.2、6.3、7.0、8.9、9.4、10.0、12.3m/s时，

其平均输沙率分别是 1.04、2.19、4.53、6.68、11.36、18.67、20.25、25.59g/（m·min），分别为 4.5m/s 风速时的 1.7 倍、3.5 倍、3.9 倍、7.8 倍、8.6 倍、15.0 倍和 27.0 倍。这说明尽管嘎鲁图镇的风速分布主要集中在 10m 高度处 8.3m/s 以下，但大于 8.3m/s 的较高风速形成的风沙灾害是最危险的。对于不同植被覆盖度的沙丘，在风速相近情况下，沙丘丘顶的平均输沙率随植被覆盖度的增加而减小。当丘顶 3m 高度处风速为 5.2m/s 时，流动沙丘丘顶的平均输沙率约 1.04g/（m·min），分别是植被覆盖度 10% ~ 15% 和植被覆盖度 25% ~ 35% 沙丘丘顶输沙率的 2.8 倍和 176 倍；当 3m 高处风速为 5.8m/s 时，则分别为 5.4 倍和 37.0 倍。表明随着风速的增大，植被覆盖度较低的半固定沙丘的起沙起尘强度会显著加强。对于平坦流沙地，输沙率随风速增大而显著增大。当 3m 高度处风速为 4.0m/s 时，输沙率就可以达到 0.79g/（m·min）；风速为 7.1m/s 时，输沙率为 1.66g/（m·min）；而当风速达到 8.2m/s 时，输沙率为 1.81g/（m·min）。对于黄土"梁地"，输沙率也是随植被覆盖度的增加而减小，相同风速下，裸露"梁地"的输沙率大约是农田玉米留茬"梁地"的 4 倍；有柠条覆盖的"梁地"则几乎不起沙尘。无论是流动沙丘、平坦流沙地和半固定沙丘，还是裸露黄土"梁地"、农田留茬和翻耕"梁地"，约 90% 的输沙量都集中在贴近地表 0 ~ 10cm 高度范围内（图9.8）。因此，嘎鲁图镇防沙工程技术的选择不同于风沙流高度大的戈壁地区。

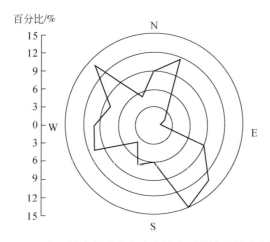

图9.7　嘎鲁图镇多年平均各方位最大可能输沙量玫瑰图

9.2.2　单项技术的选择

单项技术是整个防沙工程体系的基本要素。选择单项技术的依据，一是确保防沙工程发挥预期效能，二是尽可能降低工程造价，三是材料来源有保障和施工简便。根据嘎鲁图镇所在区域的自然和经济社会条件，以及防沙工程经验，采取机械措施和植物措施相结合的工程体系是有效的技术途径。

1. 机械措施

对于城镇防沙工程，常用的机械措施主要包括半隐蔽式草方格沙障、高立式沙障、阻沙栅栏和砾石（黏土）沙障等。嘎鲁图镇周边甚至整个乌审旗境内的小麦种植面积有限，无充足的扎设草方格沙障的小麦秸秆来源；木材和黏土资源也十分稀缺，不具备大规模设置木料栅栏和黏土沙障的条件。但是，工程区周边有较丰富的乔灌木林资源，利用枯死或者人工修剪的乔灌木枝条设置高立式沙障，既有价格低廉的材料来源，施工也很简便，且当地居民具有多年的施工经验。鉴于防沙工程区风速基本上集中在10.3m/s以下（占起沙风速累积时间的96.7%），且风向较为单一。因此，嘎鲁图镇防沙工程体系中的机械措施以高立式沙障为主，高立式沙障在地面以上高度0.5m，疏透度35%~40%（Wu et al.，2013），主要应用于流动沙地（丘）、黄土"梁地"覆沙地和平坦流沙地。

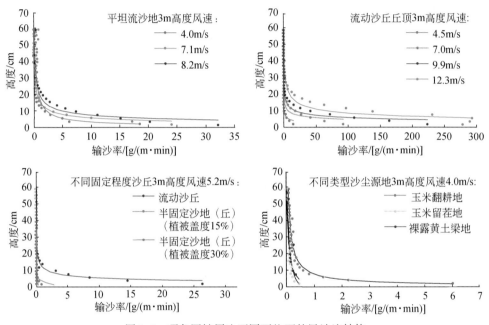

图9.8　嘎鲁图镇周边不同下垫面的风沙流结构

2. 生物措施

嘎鲁图镇防沙工程区内的植被有较强的自我恢复潜力，防沙工程的生物措施主要包括三类，第一类是对固定黄土"梁地"、植被覆盖度大于45%的半固定沙地（丘）和固定沙地（丘）实行3~5年封育保护；第二类是对植被覆盖度10%~45%的半固定沙地（丘）实行人工补植，耕地的地块内建立灌木防护林带和实行保护性耕作管理措施；第三类是针对流动沙地（丘）、黄土"梁地"覆沙地和平坦流沙地实施植被重建。

通过人工补植措施促进植被恢复，仅针对植被覆盖度10%~45%的半固定沙地（丘）。为了在正常降水量情况下保持植被生长，从减少植被耗水和提高植被覆盖度的角度考虑，人工补植的灌木树种主要为沙柳。原有植被覆盖度10%~20%的半固定沙地（丘），起沙起尘强度仍然很大，补植沙柳密度为74株/亩。原有植被覆盖度20%~45%的半固定沙地（丘），起沙起尘强度相对较小，补植沙柳密度为33株/亩。对补植后的工程区实行封育3~5年，植被覆盖度可达60%以上（杨越等，2012），完全能够满足防沙工程要求（刘飞雄，2015）。

灌木防护林带主要应用于包括水浇地和旱地的耕地，耕地的防护林带分为耕地外围防护林带和耕地内部防护林带。耕地外围防护林带位于地块四周边缘，树种为株形高大的小叶杨（新疆杨）乔木和沙柳（旱柳、沙棘）灌木，由 3 行乔木和 3 行灌木构成复合型林带。乔木株行距为 4m×4m；灌木株行距为 2m×2m，分别在乔木株间和行间种植。耕地内部防护林带树种全部使用小叶锦鸡儿灌木，每带 3 行，株行距 0.75m×0.75m，带间距 15m。"保护性耕作"技术包括作物种植方式、作物留茬、秸秆覆盖和免耕技术。作物种植采取与主害风向垂直的条播方式。

人工重建植被主要应用于流动沙地（丘）、黄土"梁地"覆沙地和平坦流沙地。对于流动沙地（丘），采取"沙柳+油蒿"混合配置方式，沙柳株行距 1.5m×10m，油蒿的株行距 1.0m×2.5m。每行沙柳和油蒿与主害风向垂直（或沿沙丘迎风坡等高线种植）。在流动沙丘的丘顶，受土壤水分限制，采取单一的油蒿植被。油蒿株行距为 1.6m×2.0m。对于黄土"梁地"覆沙地和平坦流沙地，采取"灌木林带+半灌木覆盖"混合配置方式，灌木林带树种选择沙柳，使用带根苗种植时，株行距为 3m×6m；采用扦插高杆造林时，株行距为 1.5m×6.0m。半灌木覆盖是指在灌木林带空白区，种植油蒿或者籽蒿半灌木。使用油蒿或者籽蒿带根苗种植时，株行距 1.5m×2.0m；使用种子穴播时，每穴点播 8～10 粒种子。

9.3 防沙工程目标与布局

嘎鲁图镇虽然属于建制镇，尚未达到小城市的规模，在广阔的中国北方风沙灾害区的核心功能也较弱，农副产品消费量较小，但考虑到它是县城级别的建制镇，在县级行政区域内具有重要的政治和经济地位，在中国北方风沙灾害区具有突出的代表性。因此，防沙工程目标略低于一般城镇防护目标，属于典型的半干旱区城镇的圈层防沙工程布局。

9.3.1 工程总体目标与设计原则

坚持以人为本理念，根据工程区的自然环境状况和城镇功能定位，通过实施防沙工程，遏制嘎鲁图镇周边沙尘源地的风蚀起沙，以及流沙前移对城镇的威胁。防沙工程实施后与实施前相比，因风沙天气造成的重度及以上污染天数减少40%以上；风沙天气过程中TSP、PM_{10} 和 $PM_{2.5}$ 的年平均和24小时浓度分别在国家规定的二级浓度限值的2.5倍以下。防护范围占嘎鲁图镇行政区的约30%以上，防沙工程区内用于农牧业生产的土地面积约占35%。防沙工程实施后，嘎鲁图镇的生态环境得到显著改善，实现经济社会和资源环境协调发展的总体目标。

根据嘎鲁图镇自然条件和经济社会条件，防沙工程设计遵循以下原则：①按照中国北方半干旱区城镇防沙工程"三圈模式"设计（图5.2）。考虑到主害风向为西北风，城镇边缘绿化美化景观带在西北方向适当加宽，东南方向适当减小；农牧业生产与沙地（丘）封禁圈的近郊设施农业次级圈层在西北方向适当减小，东南方向适当加宽；远郊沙地（丘）封禁及农牧户独立生产次级圈在西北方向适当加宽，东南方向适当减小；沙地

（丘）封禁保护圈在西北方向适当加宽，东南方向适当减小。②充分利用半干旱区植被具有一定的自然恢复能力，加强人工促进植被恢复技术应用。在防沙工程区内，将有限的可利用水资源主要用于农牧业生产，防沙工程尽可能利用天然降水。在满足防沙目标的前提下，通过合理配置不同耗水量和防沙效果的植物种，使天然降水能够满足植被恢复的需要。恢复后的植被能够自然生长并向有利于植被稳定的方向演化，使工程体系具有长效功能，降低工程后期维护成本。③既充分利用现有的成熟技术，降低工程造价，又适当利用新材料和新技术，推进城镇防沙工程技术进步。嘎鲁图镇防沙工程区沙丘密布，治理流动沙地（丘）是技术难点。一方面尽量使用多种机械措施（高立式沙障、半隐蔽式沙障等）和植被重建相结合的成熟技术，以降低工程造价和保障工程成功；另一方面在半干旱区适当使用具有改善土壤功能的新材料和新技术，既可以降低防沙工程失败的风险，又可以探索新材料和新技术的使用环境（图9.9），丰富城镇防沙技术，服务于更多的半干旱区城镇防沙工程。④防沙工程的单项技术和技术模式具有可复制性。在中国北方半干旱区受风沙危害的城镇数量有数百座，其中大多数建制镇和部分中小城市都位于沙尘源地内部或者边缘地带，城镇防沙任务艰巨。对城镇防沙工程技术和模式的典型案例研究，是顺利推进中国北方半干旱区城镇防沙工程逐步实施的重要途径。嘎鲁图镇属于规模较大的建制镇，接近于小城市规模，且位于广阔的沙尘源地内部，在中国北方半干旱区具有典型性。在防沙工程设计中，既充分考虑嘎鲁图镇的具体条件，也兼顾其他受风沙危害城镇的自然和人文条件，使嘎鲁图镇防沙工程技术模式在中国北方半干旱区具有通用性。

图9.9　嘎鲁图镇防沙工程新材料试验

a. 流动沙丘迎风坡在无机械沙障防护条件下，应用含有营养基和专门分解植物纤维微生物的"种植绳"新材料，与多孔性层状硅酸盐新材料配合使用开展防沙工程试验（2008年）；b. 试验工程实施效果（种植油蒿，2009年）

9.3.2　工程布局

嘎鲁图镇周边是广阔的沙尘源地，防沙工程总体布局属于典型的中国北方半干旱区城镇防沙工程"三圈模式"（图5.2）。以建成区为核心向外围逐层扩展，由绿化美化景观带、农牧业生产与沙地（丘）封禁圈、沙地（丘）封禁保护圈三个圈层构成。针对嘎鲁图镇常住居民不足 10 万人的县城级别的建制镇，为了在有限资金投入的情况下达到最佳防沙效果，城镇边缘绿化美化景观带平均宽度约 300m，但在西北方向（城镇上风向）的绿化美化景观带宽度可增加到 450m，而东南方向则减小到 200m 左右。为了尽可能满足城镇居民的粮食和副食需求，充分利用有限的可利用土地资源，将农牧业生产与沙地（丘）封禁圈进一步分为近郊设施农业次级圈层和远郊沙地（丘）封禁与农牧户独立生产次级圈层。设施农业次级圈层平均宽度约 2.0km，以节水型高效农业为发展目标，是城镇居民农副产品生产基地，在嘎鲁图镇西北方向的宽度约 1.5km，东南方向增加到 2.5km 左右。远郊沙地（丘）封禁与农牧户独立生产次级圈层平均宽度约 2.5km，农牧业生产主要以户为基本单元，种植业主要散布于地势较低的平坦"梁地"，畜牧业主要散布于牧草生长较好的滩地、部分盐碱和沼泽地。沙地（丘）封禁保护圈平均宽度至少 5km，在西北方向的宽度增加到约 7.0km，东南方减小到 3.0km 左右，重点建设灌—草复合生态林，禁止人为破坏。由于嘎鲁图镇在东北和西南方向距离其他乡镇行政区界线仅约 5km，为了保证防沙工程达到预期效果，工程区将不可避免地跨越嘎鲁图镇行政界线（图 9.10）。

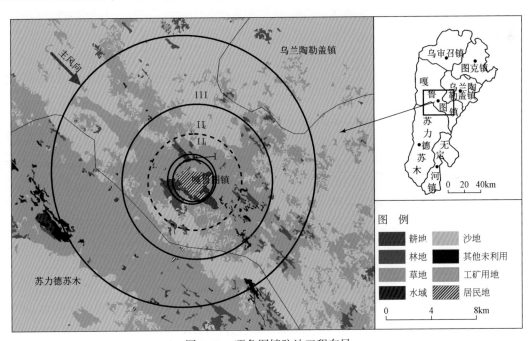

图 9.10　嘎鲁图镇防沙工程布局

9.4　工程技术体系

按照"三圈模式"构建嘎鲁图镇防沙工程技术体系的特点是：绿化景观带在满足城镇居民休闲需要的同时，选择的树种能够适应当地自然环境，并且对外来沙尘具有较强的吸附能力。农牧业生产与沙地（丘）封禁圈内沙尘源地的治理以流动和半固定沙地（丘）、裸露黄土"梁地"和"梁地"上翻耕地为主，通过对植物种的合理配置，恢复无灌溉植被生态系统；对滩地、部分盐碱和沼泽地采取建植林带措施加以防护。沙地（丘）封禁保护圈内的沙尘源地主要以自然恢复和人工促进恢复相结合的途径恢复植被，鼓励分散在该区域的农牧户，在有效保护草场和耕地的前提下发展农牧业生产。

9.4.1 绿化美化景观带

防沙工程中的城镇边缘绿化美化景观带不同于一般意义上的城市绿化工程，它包含了城市绿化工程为居民提供休闲场所的功能，同时还具有拦截和吸附来自城镇外围沙尘的功能。在树种选择和景观设计方面，有关城市绿化的国家和行业规范、标准仅供参考。根据城镇防沙工程中城镇周边绿化美化景观带的特殊要求，绿化美化景观带树种选择主要依据以下原则：①乡土树种与外来树种相结合。乡土树种有沙柳、旱柳、紫穗槐、柠条、沙棘、油蒿、籽蒿等灌木和半灌木，为了增加物种多样性和丰富绿化美化带的景观，增加樟子松、油松、侧柏、沙冬青、沙地柏等常绿乔灌木树种，以及榆树、刺槐、新疆杨、小叶杨、臭椿、小叶丁香、榆叶梅等落叶阔叶乔灌木树种。②速生、中生和慢生树种相衔接。用于绿化美化景观带的乔灌木树种，既要考虑快速显现效果和长期显现效果，也要考虑树种更新周期。速生树种可以选择新疆杨、小叶杨、臭椿、沙柳等，中生树种可以选择刺槐、榆树、柠条、沙棘、小叶丁香、榆叶梅等，慢生树种可以选择樟子松、油松、侧柏、沙地柏等。③落叶和常绿树种、乔木和灌木树种相协调。植物叶片是植物滞尘能力大小的决定性因素（张桐等，2017；张鹏骞等，2017），而植物枝条由于其表面积小，滞尘能力有限。中国北方地区的风沙灾害主要发生在冬春季节，落叶树种的叶片此时已经凋零，植物主干和枝条的防沙功能主要体现在降低近地层风速，迫使沙尘在绿化带内沉降；而常绿树种仍有叶片存在，具有较强的滞尘能力。采取落叶和常绿树种混交的方式，可以使绿化美化景观带常年具有较强的滞尘能力。乔木树形高大，树冠所占的空间也较大，防护距离远；但乔木具有明显的主干，减小贴地层风速、拦截和吸附贴地层沙尘的能力不足；而灌木和半灌木相对低矮，建植密度大，恰好能够弥补乔木的不足。采取乔木和灌木树种混交方式，可显著提高绿化美化景观带的防风和滞尘能力。

嘎鲁图镇周边的土壤以壤质砂土和砂土为主（Zou et al.，2018），土壤结构松散，不利于保水保肥，但利于绿化美化景观带施工。嘎鲁图镇边缘绿化美化景观带总面积94708亩，包括耕地4143亩、林地4345亩、草地85615亩、沙地546亩和居民点用地59亩。为了保障嘎鲁图镇边缘绿化美化景观带成功建设，以旱生和中生树种为主，乔木树种主要选择小叶杨（新疆杨）、榆树、臭椿、樟子松、侧柏；灌木和半灌木树种主要选择沙柳（旱柳）、柠条、紫穗槐、沙冬青、沙地柏、油蒿等；草本植物是绿化美化景观带的重要组成部分，可以在绿化美化景观带建成后，通过草本植物自然入侵形成林下草本植被。由于绿化美化景观带是城镇防沙工程中最后一道拦截沙尘的屏障，也是城镇绿化的重要组成部分，乔灌木的建植密度较大。特别是考虑到绿化美化景观带拦截沙尘的功能，在植被总体高度上采取高—低—高—低—高的景观格局，增大挟带沙尘的风能在绿化美化景观带内的消散程度，利于沙尘沉降和植物滞尘。

在嘎鲁图镇边缘绿化美化景观带工程区内分布沙丘较多，首先需要平整土地，然后开挖种植乔灌木的植苗穴。乔木植苗穴规格为 0.6m×0.6m×0.6m，灌木植苗穴规格为 0.5m×0.5m×0.5m。自建成区向外围方向，绿化美化景观带平均以约 60m 为一小带，共分为五个小环状景观带：邻近建成区的第一个环状景观带，以慢生常绿乔木树种为主，突出城市美化效果。乔灌木树种比例为 1∶4。其中，乔木树种比例为小叶杨（新疆杨、榆树）1∶樟子松 2∶侧柏 1，株行距 4m×4m；灌木树种比例为沙柳（旱柳、紫穗槐）2∶沙冬青 1∶沙地柏 2，株行距 2m×2m。第二个环状景观带，以中生和速生的落叶和常绿树种为主，乔灌木树种比例为 1∶9，植被总体高度相对较低。乔木树种比例为榆树（刺槐）1∶小叶杨（新疆杨）1∶樟子松（侧柏）2，株行距 6m×6m；灌木树种比例为沙柳（旱柳、沙棘）2∶小叶丁香（榆叶梅）1∶沙地柏（沙冬青）1，株行距 2m×2m。第三个环状景观带，以速生和中生的落叶和常绿乔木树种为主，乔灌木树种比例为 1∶4，植被总体高度相对较高。乔木树种比例为小叶杨（新疆杨）2∶榆树（刺槐）1∶樟子松（侧柏）1，株行距 4m×4m；灌木树种比例为沙柳（旱柳、沙棘）2∶小叶丁香（榆叶梅）1∶沙地柏（沙冬青）2，株行距 2m×2m。第四个环状景观带，以速生和中生的落叶和常绿树种为主，乔灌木树种比例为 1∶9，植被总体高度相对较低。乔木树种比例为榆树（刺槐）1∶小叶杨（新疆杨）1∶樟子松（侧柏）2，株行距 6m×6m；灌木树种比例为沙柳（旱柳）2∶沙棘（柠条）1∶沙地柏（沙冬青）1，株行距 2m×2m。第五个环状景观带，以速生和中生的落叶和常绿树种为主，乔灌木树种比例为 1∶4，植被总体高度相对较高。乔木树种比例为小叶杨（新疆杨）1∶榆树（臭椿）1∶樟子松（侧柏）2，株行距 4m×4m；灌木树种比例为沙柳（旱柳）2∶沙棘（柠条）2∶沙地柏（沙冬青）1，株行距 2m×2m。在绿化美化景观带内种植的所有乔灌木均使用符合国家 Ⅰ、Ⅱ 级标准的 2~3 年生带根苗，采取"品"字形种植。嘎鲁图镇边缘绿化美化景观带自西北至东南方向的宽度逐渐由 450m 减小到 200m 左右，在分带施工中，五个环状景观带自西北至东南的平均宽度逐渐由 90m 缩小到 40m，以保持嘎鲁图镇环状景观带的完整性。

9.4.2　近郊设施农业次级圈层内部的防沙工程体系

嘎鲁图镇防沙工程中的近郊设施农业次级圈层总面积 157.69km²，其中属于沙尘源地的耕地面积 4835 亩，"梁地"覆沙地面积 39393 亩，裸露"梁地"面积 421 亩，它们呈斑块状镶嵌分布（图 9.11）。在建立近郊设施农业次级圈层内部的防沙工程体系时，固定"梁地"和滩地上的植被成为阻滞风沙侵袭和吸收贴地层沙尘的天然屏障，必须严格加以保护，并充分利用其在防沙工程体系的作用。针对耕地、"梁地"覆沙地和裸露"梁地"三类沙尘源地，分别采取相应的技术措施对每个地块进行单独治理，使每个地块成为相对独立的防沙工程基本单元，最终形成由实施防沙工程后的沙尘源地和原来的非沙尘源地组成的景观丰富和格局多样的防沙工程体系。

近郊设施农业次级圈层内的耕地包括水浇地、"梁地"上的旱地和菜地。水浇地和雨养旱地是耕地中最主要的沙尘源地，采取"防护林带+保护性耕作"防沙技术。"防护林带"分为耕地外围防护林带和地块内部防护林带，考虑到组成林带的植物生长受土壤水分限制，"防护林带"均以耐旱灌木为主。外围防护林带位于地块四周边缘，使用树形较高大的乔灌木，树种选择小叶杨（新疆杨）乔木和沙柳（旱柳、沙棘）灌木，乔灌木树种比例为1:3。林带由6行乔灌木组成，最外行为灌木。乔木株行距为4m×4m；灌木株行距为2m×2m，分别在乔木株间和行间种植（图9.12a）。耕地内部防护林带树种全部使用小叶锦鸡儿灌木，林带宽度1.5m，每带3行，株行距0.75m×0.75m，带间距15m（图9.12b）。"保护性耕作"技术包括作物种植方式、作物留茬、秸秆覆盖和免耕技术。作物种植采取条播方式，每条走向与主害风向垂直（即与耕地内部防护林带平行），条间距根据不同作物品种而定。秋收之后实行留茬，小麦等秸秆较纤细和植株较密的作物留茬高度0.2m，玉米等秸秆较粗和植株稀疏的作物留茬高度>0.5m。对于秸秆粗壮的作物，留茬后再采取秸秆覆盖措施，秸秆使用量不低于50kg/亩。部分起沙起尘强度大的地块，除实施作物留茬和秸秆覆盖措施以外，在春季风沙灾害高发期播种时还应采取免耕措施，避免表层土壤结构被全部破坏，加剧起沙起尘。

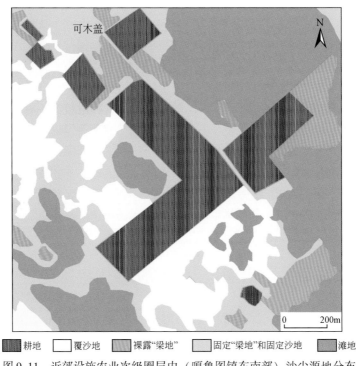

图9.11 近郊设施农业次级圈层内（嘎鲁图镇东南部）沙尘源地分布

"梁地"覆沙地的地形比较平坦，局部存在小型沙丘，起沙起尘强度大，是主要沙尘源地类型之一。重建和恢复"梁地"覆沙地的植被，首先采取机械措施固定流沙地表，形成植被生长初期的稳定小环境，避免幼苗被强烈的风沙损毁。由于"梁地"覆沙地的土壤水分较匮乏，重建和恢复后的植被难以得到灌溉，主要依赖天然降水维持正常生长，因此采取"高立式沙障+灌木林带+半灌木覆盖"防沙技术。高立式沙障材料为沙柳等灌木枝条或者杨树等乔木细枝条，沙障地面以上高度0.5m，疏透度35%～40%（Wu et al.，2013），沙障间距3.0m（沙障高度的6倍）。灌木林带树种选择沙柳，种植在高立式沙障下风向1m处。使用2～3年生沙柳带根苗种植时，依地形起伏穴状整地，植苗穴规格为

0.5m×0.5m×0.5m，株行距为3m×6m。采用扦插高杆造林时，沙柳扦插种条为生长健壮的活枝条，无病虫害，长度1m以上，直径>2cm，种条插入地下深度0.5m，保证种条下部达到湿沙层。考虑到扦插高杆造林成活率较低，株行距为1.5m×6.0m。半灌木覆盖是指在高立式沙障和灌木林带空白区，种植沙生半灌木植物覆盖地表。半灌木植物种选择油蒿或者籽蒿，使用2~3年生带根苗种植时，依地形起伏穴状整地，植苗穴规格为0.3m×0.3m×0.3m，株行距1.5m×2.0m（图9.13）；使用种子穴播时，种子符合国际Ⅰ、Ⅱ级质量标准，点播穴规格0.10m×0.10m×0.05m，穴距与带根苗株行距相同，每穴点播8~10粒种子，雨季来临前的6月播种，播种后覆土1.5~2.0cm。沙柳灌木和沙蒿（油蒿）半灌木种植密度合计为260株/亩。根据所用植物种耗水野外试验，按照年降水量350mm计算，完全能够满足植被水分需要，重建和恢复后的植被能够进入正常生长和自然演化过程（石莎，2013）。

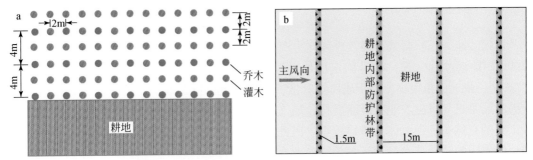

图9.12　近郊设施农业次级圈层内的耕地防护林带配置

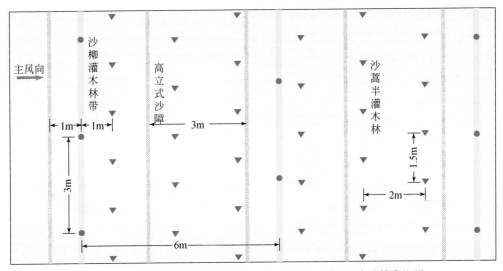

图9.13　近郊设施农业次级圈层内的"梁地"覆沙地防沙技术配置

裸露"梁地"面积较大，植被覆盖度一般在10%以下，在风沙灾害形成过程中供给的粉沙和黏粒成分较多。由于植被退化，原本属于典型草原的"梁地"形成了以柠条为建群种的灌丛植被，部分地段仍有地带性植物——本氏针茅的渗入，成为草本层建群种。对

"梁地"上柠条灌丛水分平衡和封育效果的研究结果显示，柠条灌丛覆盖度约 8.2% 时，土壤水分仍处于盈余状态（张仲平，2006），经过封育后自然恢复的柠条灌丛和草本层植被总盖度可高达 35%（张广才，2004），这表明恢复"梁地"植被以达到防沙效果的有效途径，是建立"柠条灌丛+草本层"植被。治理裸露"梁地"时，在严格保护现有植被的前提下，春季种植柠条。采取依地形穴状整地，植苗穴规格为 0.4m×0.4m×0.5m，株行距 2m×3m，呈"品"字形，相互平行的每行与主风向垂直。在种植的柠条行间采取浅沟条播方式补播两行针茅，用种量约 5kg/亩。施工完毕后，对工程区实行封育保护，三年后再适度利用。实践证明，在自然环境与嘎鲁图镇相近的条件下，这种播种方式取得了良好效果，植被覆盖度可提高到约 70%，产草量提高数倍（程积民等，2001）。

9.4.3　远郊沙地（丘）封禁与农牧户独立生产次级圈层内部的防沙工程体系

　　远郊沙地（丘）封禁与农牧户独立生产次级圈层总面积 331.67km²，其中包括"梁地"覆沙地、流动沙地（丘）和半固定沙地（丘）101.92km²，裸露黄土"梁地"等未利用地 1.73km²，耕地面积很小。由于居民点分散，均以农牧户独立生产方式为主（图 9.14）。该次级圈层是近郊设施农业次级圈层与沙地（丘）封禁保护圈两个圈层的过渡区域，实施防沙工程的自然条件在总体上差异较小。因此，对黄土"梁地"覆沙地、裸露黄土"梁地"和旱作农田的防沙技术与"近郊设施农业次级圈层内部的防沙工程体系"相同。半固定沙地（丘）的防沙工程主要针对植被覆盖度 10%～45% 的沙地（丘）。根据水分平衡观测和计算结果（石莎，2013），对于原有植被覆盖度 10%～20% 的半固定沙地（丘），在严格保护原有植被的前提下，通过人工补植沙柳灌木提高植被覆盖度。沙柳补植密度平均为 74 株/亩，株行距 3m×3m。原有植被覆盖度 20%～45% 的半固定沙地（丘），人工补植沙柳的密度平均为 33 株/亩，株行距 4.5m×4.5m。补植沙柳灌木后，对工程区实施封育保护，为其他灌草植物种入侵提供良好的自然环境。封育 3～5 年后，半固定沙地（丘）转变成固定沙地（丘）。

　　流动沙地（丘）特别是流动沙丘治理工程，是远郊沙地（丘）封禁与农牧户独立生产次级圈层防沙工程的重点。根据流动沙丘迎风坡和丘顶的水分平衡研究（石莎，2009），在年降水量约 350mm 情形下，迎风坡种植油蒿、籽蒿、沙柳、羊柴和小叶锦鸡儿单一植物种时，合理密度为每亩 347、513、227、253 和 167 株，相当于株行距分别为 1.4m× 1.4m、1.1m×1.1m、1.7m×1.7m、1.6m×1.6m 和 2.0m×2.0m，达到的植被覆盖度分别为 58.5%、75.4%、19.3%、35.0% 和 28.5%。沙丘丘顶种植油蒿、籽蒿、沙柳、羊柴和小叶锦鸡儿单一植物种的合理密度为每亩 200、280、140、173 和 93 株，相当于株行距分别为 1.8m×1.8m、1.5m×1.5m、2.1m×2.1m、1.9m×1.9m 和 2.6m×2.6m，达到的植被覆盖度分别为 33.7%、41.1%、11.9%、23.9% 和 15.9%（图 9.15）。仅就植被覆盖度而言，种植油蒿或者籽蒿就可达到固定沙丘的目的。但从城镇防沙工程的防护效果和可持续性角度，仅种植油蒿或者籽蒿存在植被高度有限和物种单一问题，不利于防沙工程中植被的自然演化和生态功能维持。而建立复合植被既能在有限的水分条件下使防沙工程的防护效果最大化,也有利于植被生态功能维持。在年降水量约 350mm 情形下,基于水分平衡的复合植被密度计算结果表明,"沙柳+油蒿"或者"沙柳+籽蒿"配置能够达到最佳防护效果。"沙柳+油蒿"配置时,沙丘迎风坡的沙柳和油蒿种植密度分别为 225 株/亩和 80 株/亩,总密度达 305 株/亩;沙丘丘顶的沙柳和油蒿种植密度分别为 140 株/亩和 13 株/亩,总密度达 153 株/亩。"沙柳+籽蒿"配置时,沙丘迎风坡的沙柳和籽蒿种植密度分别为 225 株/亩和 140 株/亩,总密度达 365 株/亩;沙丘丘顶的沙柳和籽蒿种植密度分别为 140 株/亩和 26 株/亩,总密度达 166 株/亩。为了获得"沙柳+油蒿"或者"沙柳+籽蒿"最佳种植密度和植被覆盖度,计算结果如表 9.4。

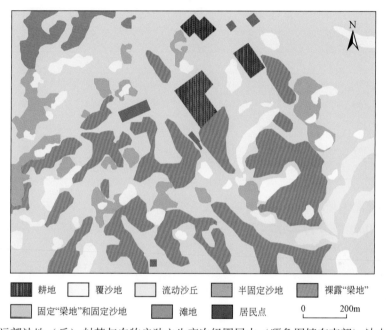

图 9.14　远郊沙地(丘)封禁与农牧户独立生产次级圈层内(嘎鲁图镇东南部)沙尘源地分布

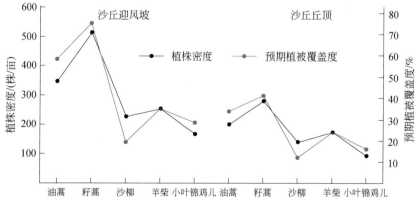

图 9.15　流动沙丘迎风坡和丘顶种植单一植物种的合理密度和预期植被覆盖度

表 9.4　复合植被中各植物种配置密度和植被总覆盖度

沙丘迎风坡				沙丘丘顶			
沙柳密度 /(株/亩)	油蒿密度 /(株/亩)	总密度 /(株/亩)	植被覆盖度 /%	沙柳密度 /(株/亩)	油蒿密度 /(株/亩)	总密度 /(株/亩)	植被总覆盖度 /%
33	273	306	49.2	13	140	153	24.6
60	246	306	46.7	33	120	153	23.3
93	213	306	44.1	46	106	152	22.1
120	186	306	41.6	60	93	153	20.8
153	153	306	39.0	80	80	160	19.5
186	120	306	36.4	93	60	153	18.2
213	93	306	33.9	20	153	173	23.5
40	333	373	51.6	33	133	166	22.5
73	293	366	49.4	53	120	173	21.4
113	260	373	47.1	66	100	166	20.4
146	220	366	44.9	86	86	172	19.4
186	186	372	42.6	100	66	166	18.4
220	146	366	40.4	120	53	173	17.3

　　沙柳与其他灌木植物种混合配置时，沙柳平均株高按 2m 计算，有效防护距离至少为 5 倍株高，即 10m。在年降水量约 350mm 条件下，流动沙丘迎风坡的沙柳按行间距 10m，株距采用野外调查平均值 1.5m，沙柳种植密度为 45 株/亩。"沙柳+油蒿"混合配置时，油蒿的株行距 1.0m×2.5m，种植密度 260 株/亩，植被覆盖度可达 47.9%；"沙柳+籽蒿"混合配置时，籽蒿的株行距 1.0m×2.0m，种植密度 330 株/亩，植被覆盖度可达 51.0%（表 9.5）。在流动沙丘的丘顶，土壤水分条件差，若种植耗水相对较大的沙柳，仍采用"沙柳+油蒿"或者"沙柳+籽蒿"的混合植被，总覆盖度均小于 25%。因此，只能种植单一的油蒿或籽蒿。在丘顶种植油蒿时，株行距为 1.6m×2.0m，密度 200 株/亩，植被覆盖度可达 33.8%；种植籽蒿时，株行距为 1.2m×2.0m，密度 270 株/亩，植被覆盖度可达 41.1%。流动沙丘背风坡的干沙层厚度大，土壤水分条件极差，而且在实施防沙工程过程中处于不断积沙状态，无法重建植被。在沙丘迎风坡和丘顶固定过程中，沙丘高度逐渐降低，背风坡的高度和坡度也随之下降，其他植物种逐渐入侵形成天然植被。

　　流动沙丘的迎风坡和丘顶起沙起尘强度大，在没有防护措施的条件下灌木幼苗难以成活，穴播或者条播的种子容易被吹失。因此，采取"高立式沙障+沙柳+沙蒿（籽蒿）"防护体系。高立式沙障的材料、高度、孔隙率和沙障间距与"梁地"覆沙地采用的高立式沙障相同。流动沙丘的完整防护体系包括：迎风坡脚前端丘间地种植沙棘、枸杞和苜蓿，沙棘株行距 1m×1m，枸杞配置株行距 1.0m×1.5m，苜蓿播种行距 0.3m（周平等，2002；刘广全等，2004；孙洪仁等，2008）。所有灌草植物的行走向和高立式沙障走向均与主风向垂直（图 9.16）。

表 9.5　复合植被配置时的株行距和植被总盖度（石莎，2009）

沙丘部位	植被群落	沙柳行距/m	沙柳株距/m	油蒿/籽蒿行距/m	油蒿/籽蒿株距/m	植被总盖度/%
迎风坡	沙柳+油蒿	10.0	1.5	1.0	2.5	47.9
	沙柳+籽蒿	10.0	1.5	1.0	2.0	51.0
丘顶	油蒿	—	—	2.0	1.6	33.8
	籽蒿	—	—	2.0	1.2	41.1

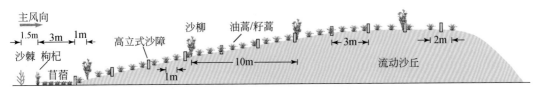

图 9.16　流动沙丘治理技术配置

9.4.4　沙地（丘）封禁保护圈内部的防沙工程体系

沙地（丘）封禁保护圈总面积 720.33km²，其中包括"梁地"覆沙地、流动沙地（丘）和半固定沙地（丘）312.66km²，裸露黄土"梁地"等未利用地 4.56km²，耕地面积仅有 0.57km²；植被覆盖度较高的灌草地面积 394.40km²（图 9.17）。根据起沙起尘强度大小，沙地（丘）封禁保护圈内总体上可分为两大类沙尘源地，一类是起沙起尘强度大的"梁地"覆沙地、流动沙地（丘）和植被覆盖度小于 45% 的半固定沙地（丘），另一

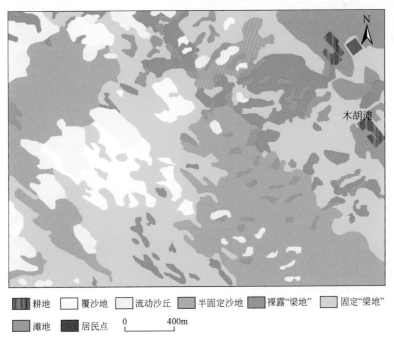

图 9.17　沙地（丘）封禁保护圈内沙尘源地分布

类是起沙起尘强度相对较低的植被覆盖度大于 45% 的半固定沙地（丘）和"梁地"上灌草地（图 9.8）。由于居民点很分散，以农牧户独立生产方式为主；加之沙地（丘）封禁保护圈面积大，难以彻底消除各类沙尘源地的起沙起尘。因此，只能针对不同类型的沙尘源地，以农牧户居住点为中心，重点在半径 500m 范围内实施防沙工程（图 9.18），在空间上形成以农牧户为格点的防沙工程体系。农牧户居住点之间没有被覆盖到的区域，除采取局部人工种植固沙植物和大范围飞播工程外，充分利用半干旱区植被具有自我恢复能力的有利条件，采取封育措施保护现有植被，促进植被自然恢复。

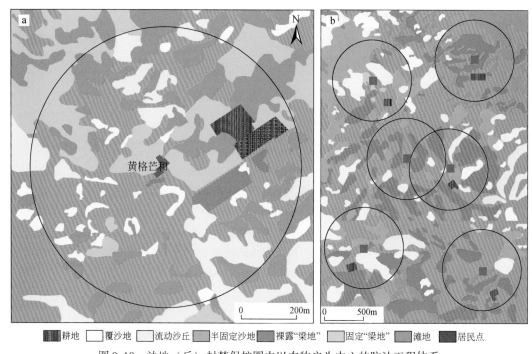

耕地　　覆沙地　　流动沙丘　　半固定沙地　　裸露"梁"　　固定"梁地"　　滩地　　居民点

图 9.18　沙地（丘）封禁保护圈内以农牧户为中心的防沙工程体系
a. 以农牧户为中心的防沙工程区范围；b. 以农牧户为空间格点的防沙工程体系示意

　　沙地（丘）封禁保护圈内的流动沙地（丘）、植被覆盖度小于 45% 的半固定沙地（丘）、"梁地"覆沙地、裸露"梁地"和耕地，采取的防沙技术和工程体系与"近郊设施农业次级圈层内部的防沙工程体系"相同，对植被覆盖度大于 45% 的半固定沙地（丘）和"梁地"实行保护性利用，农牧户重点利用滩地草场和现有耕地。毛乌素沙地的总体特点是各类沙尘源地和非沙尘源地呈斑块状镶嵌分布，流动沙丘与滩地相间分布的现象十分常见（图 9.6c）。农牧户周边的沙尘源地也是如此，长度达数十米甚至数百米的流动沙丘和沙丘链，高度一般小于 10m，移动速度较快，对居民点、滩地草场、固定"梁地"和固定沙地（丘）威胁最大（图 9.19a）。以农牧户居住点为中心，半径 500m 范围内的沙尘源地，尤其是流动沙丘是重点治理对象。为了防止流动沙丘前移掩埋滩地草场，对流动沙丘实施与"近郊设施农业次级圈层内部的防沙工程体系"相同的防沙工程（图 9.16），同时在沙丘上风向前缘增加"小叶杨（新疆杨）+沙柳"乔灌混交复合林带（图 9.19b）。小叶杨（新疆杨）3 行，株行距 4m×4m；沙柳 3 行，株行距 2m×2m。乔灌木树种呈"品"

字形种植。小叶杨（新疆杨）和沙柳成林后，在其下风向至少可以提供 30m 的防护范围，能够有效削弱流动沙丘迎风坡的风速，相当于建立了"前挡后拉"治沙工程中的"前挡"工程，林带与沙丘迎风坡的"高立式沙障+灌木林带+半灌木覆盖"措施组成完整的防护工程体系。对于耕地，除了建立耕地内部防护林带（图 9.12b），并实行保护性耕作技术，还需要增加耕地四周的乔灌木复合林带（图 9.19c）。林带的树种选择和建造方式，以及保护性耕作技术，均与"近郊设施农业次级圈层内部的防沙工程体系"相同。

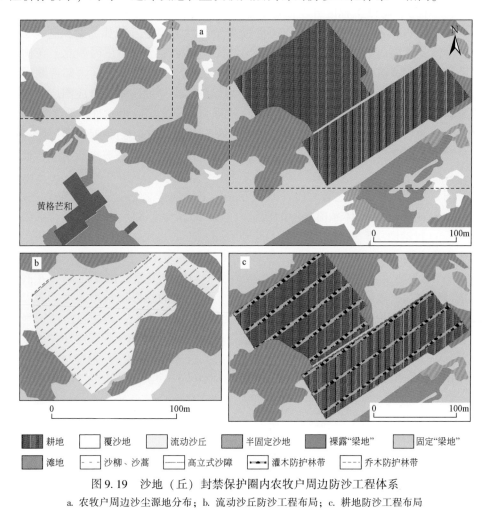

图 9.19　沙地（丘）封禁保护圈内农牧户周边防沙工程体系
a. 农牧户周边沙尘源地分布；b. 流动沙丘防沙工程布局；c. 耕地防沙工程布局

　　当农牧户居住点之间的直线距离在 1000m 以内时，以农牧户居住点为中心、半径 500m 的防护圈能够相互覆盖，在局部区域形成完善的防护体系。当农牧户居住点之间的直线距离超过 1000m 时，以农牧户居住点为中心的防护圈之间存在不能被覆盖的区域（图 9.18b）。对于这部分未被覆盖的区域，实施防沙工程的重点在流动沙地（丘）、"梁地"覆沙地、裸露"梁地"和植被覆盖度小于 20% 的半固定沙地（丘），采取的技术措施与以农牧户居住点为中心的防护圈内的相同。对植被覆盖度大于 20% 的沙尘源地以封育措施为主，封育期为 3~5 年。在有劳动力和资金保障的条件下，对植被覆盖度 20%~45%

的沙尘源地实施适度治理，以快速恢复植被。

9.4.5　各圈层之间的衔接

位于中国北方风沙灾害区的城镇防沙工程体系，不同于青藏高原山间盆地和河流宽谷区的城镇防沙工程体系。青藏高原上形成风沙灾害并威胁城镇的沙尘源地面积一般在数平方千米至数百平方千米，防沙工程区可以覆盖全部或者大部分沙尘源地；而中国北方风沙灾害区的沙尘源地面积广阔，防沙工程区不可能覆盖全部沙尘源地。例如，面积达 4.2 万 km² 的毛乌素沙地及其周边地区，都是嘎鲁图镇风沙灾害的沙尘源地。正因如此，在构建中国北方风沙灾害区的城镇防沙工程体系时，必须考虑工程区以外和工程区内部各圈层之间的衔接问题。也就是说，既要防止沙地（丘）封禁保护圈层过度防护，造成圈层外围积沙从而形成流动性沙丘，对防护体系产生更严重的威胁；又要大幅减少越过沙地（丘）封禁保护圈层的外来沙尘，使来自工程区以外的沙尘和来自沙地（丘）封禁保护圈层内局地少量的沙尘，在进入远郊沙地（丘）封禁与农牧户独立生产次级圈层后被再次消减，最终达到城镇防沙目标。

嘎鲁图镇防沙工程区在主害风向（西北方向）上的防护总宽度达 11.45km，最窄的东南方向也有 8.20km。防护体系由外层的沙地（丘）封禁保护圈层逐渐过渡到农牧业生产与沙地（丘）封禁圈层和城镇边缘绿化美化景观带，形成逐层强化防沙功能的圈层防护体系。在乌审旗全境，2014 年的植被覆盖度以 20%～40% 为主，占总面积的近 72.4%（薛倩等，2016）。沙地（丘）封禁保护圈层形成后，平均植被覆盖度恢复到 45% 左右，即使对于土壤结构最为松散的风沙土，也超过不发生土壤风蚀的临界植被覆盖度，即以沙柳为建群种的 38% 植被覆盖度（赵晨光和李青丰，2014）。也就是说，即便在防沙工程区以外有沙尘向嘎鲁图镇方向运移，大部分沙尘也会在沙地（丘）封禁保护圈层防护体系的阻截和削弱下逐渐沉降，所剩少部分沙尘继续前进，进入远郊沙地（丘）封禁与农牧户独立生产次级圈层。由于远郊沙地（丘）封禁与农牧户独立生产次级圈层内的平均植被覆盖度恢复到 50% 以上，进入该次级圈层内的以细粒成分为主的沙尘将几乎全部被迫沉降，而且这些细粒沙尘有利于土壤结皮形成，进一步提高土壤的抗风蚀能力，达到近郊设施农业次级圈层以及建成区免遭风沙危害的目的。

9.5　工程技术体系的防沙效果与模式应用

城镇防沙工程的防护效果主要体现在降低进入建成区沙尘量和沙尘浓度方面。根据"三圈模式"工程布局和各圈层防沙工程体系，结合实地起沙起尘和沙尘流量观测结果，对各圈层和整个防沙工程体系防沙效果进行综合评价，是判定整个防沙工程技术体系成功与否的标准。

9.5.1　植被恢复和重建效果评估

对毛乌素沙地及其周边地区 12.44 万 km² 范围内的遥感调查表明，2000～2013 年间的多年平均植被覆盖度近46.2%，且呈逐年上升趋势，植被覆盖度由最低的39.3%上升到最高的近53.7%（冯颖，2015）。对2000～2014年乌审旗境内的遥感调查同样显示出植被覆盖度呈增加趋势，特别是植被覆盖度20%～40%的区域面积，由2000年的约10.9%，增加到2007年的约18.8%和2014年的约72.4%（薛倩等，2016）。仅在禁牧、休牧和划区轮牧政策引导下，自2000年至2012年，植被覆盖度60%～80%的区域面积就增加到毛乌素沙地总面积的近31.4%，大于80%的植被覆盖度增加到近19.4%，两者合计达50.8%（佟斯琴等，2015）。这些调查结果表明，人工促进植被恢复不仅可行，而且成效显著。提高毛乌素沙地植被覆盖度的潜力仍然较大，嘎鲁图镇防沙工程区的植被覆盖度至少可达45%（石莎，2009；杨越等，2012）。

根据嘎鲁图镇防沙工程体系中的植被恢复和重建技术配置，城镇边缘绿化美化景观带的平均植被覆盖度大于70%。近郊设施农业次级圈层内，除设施农业用地以外，其他防沙工程所占区域的平均植被覆盖度可达60%以上。远郊沙地（丘）封禁与农牧户独立生产次级圈层内的平均植被覆盖度可达50%以上，即使在流动沙丘上人工重建植被的覆盖度也可达约50%（石莎，2009）。沙地（丘）封禁保护圈内，通过对流动沙地（丘）、低植被覆盖度半固定沙地（丘）、"梁地"覆沙地和裸露"梁地"的植被恢复和重建，平均植被覆盖度也可达约45%。防沙工程区各圈层内的植被物种配置是依据水分平衡观测和计算结果制定的最佳方案，能够保证植物在年降水量350mm条件下正常生长，实际植被覆盖度将大于预期植被覆盖度，其中没有包括工程区植被恢复后形成的土壤结皮作用。经过恢复和重建的植被具有适应性强、复合冠层结构和防沙效能高的特点。人工补植的沙柳、柠条、沙棘、沙蒿等灌木的根系发达，都是工程区的适生物种，能够充分利用降水和地下水。植被恢复过程中土壤的理化性质也发生相应改变，土壤表层（0～5cm）的细粒成分显著增加（Yang et al.，2014）；固定沙地的表土层（0～20cm）有机质含量9.51g/kg，接近于天然草地，高于撂荒地和退耕还林地，有效氮、速效磷和速效钾含量分别达9.64mg/kg、2.08mg/kg和77.48mg/kg，全部高于退耕还林地（杨越等，2012）。表明人工促进恢复和重建的植被，进入植被—土壤系统的良性循环状态，有利于植被的正常生长和自然演化，使防沙工程技术体系的防护功能得以持续发挥作用。

9.5.2　工程技术体系的防沙效果评估

根据流动和半固定沙地（丘）上单一的沙柳灌丛植被、半固定沙地（丘）以沙蒿为建群种的灌草共生植被、平坦典型草地（"梁地"）以小叶锦鸡儿为建群种的灌草共生植被、草甸草原（滩地）以芨芨草为建群种的低矮禾草植被，共四种植被类型样地的起沙起尘和风蚀风积状态实地观测（赵晨光和李青丰，2014），以沙柳为建群种的流动沙地（丘），植被覆盖度在0～30%时，土壤风蚀严重；植被覆盖度在30%～45%时，土壤风蚀较轻微；植被覆盖度在45%～60%时，不仅不发生土壤风蚀，还有明显的堆积现象。由此确定流动沙地（丘）上单一的沙柳灌丛植被情况下，不发生起沙起尘现象的临界植被覆盖度38%。以沙蒿为建群种，伴生禾草类杂草的半固定沙地（丘），根据不同植被覆盖度条件下土壤风蚀厚度的观测结果推算，不发生起沙起尘现象的临界植被覆盖度为34%。以小叶锦鸡儿为建群种，伴生禾草类杂草的平坦典型草地（"梁地"），不发生起沙起尘现象的临界植被覆盖度为37%。以芨芨草为建群种，伴生禾草类杂草的草甸草原（滩地），不发生起沙起尘现象的临界植被覆盖度为40%。从上述观测结果可以看出，当植被覆盖度达到40%以上时，就能够有效抑制各类地表的沙尘排放。对以沙柳、沙蒿和柠条锦鸡儿为建群种的流动、半固定和固定沙地（丘）实地观测结果同样显示，当植被覆盖度小于30%时，土壤风蚀严重；当植被覆盖度大于40%时，土壤风蚀基本停止（贺威，2014）。根据不同研究者对毛乌素沙地植被覆盖度的研究结果（冯颖，2015；佟斯琴等，2015；薛倩等，2016），嘎鲁图镇防沙工程区以外的平均植被覆盖度按照40%计算，在嘎鲁图镇防沙工程实施后，沙地（丘）封禁保护圈层、远郊沙地（丘）封禁与农牧户独立生产次级圈层、近郊设施农业次级圈层、城镇边缘绿化美化景观带的平均植被覆盖度分别达50%、>50%、60%、70%，完全能够达到防沙目标的要求。

对毛乌素沙地不同植被覆盖度条件下地形平坦沙地开展的不同风速下的风蚀输沙率实地观测表明，植被覆盖度分别在0%、10%、20%、30%时，1m高度处地表沙尘起动的临界风速分别为4.5、4.7、5.8、6.1m/s（黄富祥等，2001）。根据植被覆盖条件下风沙传输模型（Wasson and Nanninga，1986），在设定空气动力学粗糙度（z_0）为1cm时，计算出植被覆盖度分别为0%、10%、20%、30%、40%、50%、60%、70%条件下，1m高度处的起沙起尘临界风速依次为4.5、4.9、5.6、6.5、8.0、10.3、13.7、18.9m/s（黄富祥等，2001）。事实上，z_0值大小随植被覆盖度和植被平均高度而变化。乌审旗境内沙地上的沙柳平均株高1.77m，柠条平均株高1.40m，沙蒿平均株高1.20m（贺威，2014）。嘎鲁图镇防沙工程中的人工促进和重建植被以沙柳、柠条、沙蒿等灌木和半灌木为主，草本植被主要通过自然入侵方式形成，植被平均高度大于1m。因此，在计算野外1m观测高度和气象站10m观测高度上的风速时，z_0不能取1cm固定值，而应按照植被平均高度大于1m情形下的不同覆盖度取值（郭索彦等，2014）。对z_0重新取值后，计算出植被覆盖度0%、10%、20%、30%、40%、50%、60%条件下，10m高度处的起沙起尘临界风速分别为5.5、6.7、8.2、10.1、13.2、17.7、24.2m/s。位于嘎鲁图镇的气象站记录数据显示，多年平均6.4~10.3m/s风速累积时间占所有起沙风速累积时间的约96.7%，大于10.3m/s风速累积时间仅占近3.3%（表9.3）。这意味着，在平均状态下全年大于起沙风速的96.7%时间内，植被覆盖度达到30%时，就可以有效防止起沙起尘现象发生。当植被覆盖度达到50%时，可以有效防止八级大风情况下起沙起尘现象发生。当植被覆盖度达到60%时，完全不会发生起沙起尘现象。这些基于实地观测和计算的数据，证明了嘎鲁图镇防沙工程体系的防沙效果完全达到预期目标。

9.5.3 工程技术体系模式及其推广应用前景

中国北方半干旱气候区面积达100多万km^2，小城市和建制镇数量达684座，其中建制镇数量679座。这些城镇所处的风沙环境具有高度的相似性：风沙灾害发生的时间都是以冬春季节为主；动力条件受蒙古–西伯利亚高压向南辐散气流影响，形成强劲的西北风（图1.15）；沙尘源地的土壤质地以结构松散的壤质砂土、砂质壤土和粉质壤土为主

（图 1.10）；以灌草为主的低矮植被覆盖度普遍较低（图 1.6），除受人为因素强烈干扰的区域，地带性植被占优势；受自然条件制约，城镇周边的农牧户居民点较分散，农业生产主要为半农半牧或者纯牧业。这些高度相似的风沙环境背景，决定了嘎鲁图镇防沙工程技术体系模式在中国北方半干旱气候区具有推广应用价值。

在嘎鲁图镇防沙工程"三圈模式"的推广应用中，城镇常住居民在 5 万～10 万人的建制镇，按照嘎鲁图镇防沙工程"三圈模式"应用；常住居民在 10 万人以上的各级别城市，"三圈模式"中的各圈层宽度按照第 4 章中的"中国北方半干旱区城镇防沙技术模式"应用。对于城镇常住居民（不含辖区农牧民）在 5 万人以下的建制镇，可以根据城镇人口规模和建成区面积适当调整各圈层的宽度。城镇常住居民在 1 万人以下的建制镇，绿化美化景观带自西北至东南方向的宽度逐渐由 200m 减小到 100m 左右；近郊设施农业次级圈层平均宽度约 1.0km，自西北至东南方向的宽度逐渐由 0.6km 增加到 1.4km 左右；远郊沙地（丘）封禁与农牧户独立生产次级圈层平均宽度约 1.5km，自西北至东南方向的宽度逐渐由 2km 减小到 1km 左右；沙地（丘）封禁保护圈平均宽度约 2.5km，自西北至东南方向的宽度逐渐由 3.5km 减小到 1.5km 左右。城镇常住居民在 1 万～3 万人的建制镇，绿化美化景观带自西北至东南方向的宽度逐渐由 300m 减小到 150m 左右；近郊设施农业次级圈层平均宽度约 1.5km，自西北至东南方向的宽度逐渐由 1km 增加到 2km 左右；远郊沙地（丘）封禁与农牧户独立生产次级圈层平均宽度约 2km，自西北至东南方向的宽度逐渐由 2.5km 减小到 1.5km 左右；沙地（丘）封禁保护圈平均宽度约 4.5km，自西北至东南方向的宽度逐渐由 6km 减小到 3km 左右。城镇常住居民在 3 万～5 万人的建制镇，绿化美化景观带自西北至东南方向的宽度逐渐由 350m 减小到 200m 左右。近郊设施农业次级圈层平均宽度约 2km，自西北至东南方向的宽度逐渐由 1.5km 增加到 2.5km 左右；远郊沙地（丘）封禁与农牧户独立生产次级圈层平均宽度约 2.5km，自西北至东南方向的宽度逐渐由 3km 减小到 2km 左右；沙地（丘）封禁保护圈平均宽度约 5km，自西北至东南方向的宽度逐渐由 6km 减小到 4km 左右。针对各圈层内的不同土地利用类型的防沙技术配置与嘎鲁图镇防沙工程相同，但需要根据当地的自然条件和地带性植被建群种，选择植被恢复和重建时所用的植物种。

第10章 工程效益与环境影响

自然环境和人类活动的空间差异，导致不同区域城镇风沙灾害的成因、危害形式和强度均有很大不同。基于"因害设防、因地制宜"原则开展的城镇防沙工程既有其共同要求，也有明显的区域特殊性。尽管城镇防沙工程都是以植被恢复和重建技术为主，但处于不同生物气候区的城镇防沙工程体系在多项技术优化配置方面仍有显著差别。例如，位于极端干旱和高寒地区的狮泉河镇防沙工程中大量采用了砾石沙障，植被重建依赖灌溉措施；位于青藏高原半干旱气候区的拉萨市防沙工程中河道整治是重要内容，灌溉措施处于次要地位；位于中国北方半干旱区的嘎鲁图镇防沙工程则主要应用植被恢复和重建技术建立防护林，主要依赖天然降水。无论采取何种技术，城镇防沙工程具有的共同特点，一是完成工程建设后，将对城镇及其周边区域发挥巨大的生态和经济效益；二是城镇防沙工程在施工过程中，普遍存在土石方挖填、机械和人工露天作业等。在气候干燥的城市防沙工程区，施工过程和工程后期运营过程中都将不可避免地对环境产生一系列深刻影响。

10.1 工 程 效 益

10.1.1 生态效益

城镇防沙工程利用生物的和机械的各类技术，对城镇外围沙尘源地或风沙输移通道进行整治，显著提高工程区林地、草地植被覆盖度，形成城镇周边地带的绿色屏障，在有效防治城镇风沙灾害的同时，还产生多方面的生态效益。

1. 改善城镇及其周边植被生态系统

植被恢复和重建作为城镇防沙工程体系的主体，不仅在防治城镇风沙灾害中起关键作用，还在改善工程区植被生态系统过程中具有无可替代的作用。在植物多样性匮乏、群落结构简单、植被生态系统异常脆弱的风沙灾害区，植被恢复和重建对改善植被生态系统的作用尤为重要。例如，在狮泉河镇防沙工程实施前，工程区内仅在狮泉河沿岸散生或呈小面积的斑块状分布少量秀丽水柏枝、变色锦鸡儿和藏西蒿等灌丛，以及稀疏针茅与其他禾草群落，绝大部分沙砾质地表处于裸露和半裸露状态，平均植被覆盖度不足10%（图10.1a，图10.1b）。防沙工程实施后十余年来，工程区植被覆盖度提高到60%以上，形成以班公柳为建群种的人工植被，且群落构成随着时间推移趋于复杂，生物多样性显著提高（图10.1c，图10.1d）。对防沙工程区内的植被调查结果表明，工程区现有植物多达30种以上，包括班公柳、秀丽水柏枝、新疆杨、变色锦鸡儿、藏沙蒿、垂穗披碱草、紫花苜蓿、垫型蒿、黑穗画眉草、灌木亚菊、纤杆蒿、栉页蒿、沙生针茅、羊茅、老芒麦、假苇扶子茅、矮野青茅、弯茎还阳参、黑穗画眉草、冻原白蒿、棉刺头菊、昆仑蒿、燥原荠、高原荠、垫状棱子芹、铺散亚菊、五梗风毛菊、念珠荠、线叶龙胆等。除班公柳、新疆杨、变色锦鸡儿等乔灌木树种和披碱草、紫花苜蓿等人工种植草种外，其他植物都是在生态环境改善后自然入侵的植物种。

图 10.1　狮泉河镇防沙工程实施前后的植被变化

a、b. 工程实施前（分别为干旱年份和降水较多年份）；c、d. 工程实施后（植被覆盖度提高，植物种增加）

2. 改善小气候

植被恢复和重建后对局部气象因子如气温、空气湿度、地温等产生积极影响，促使周围环境更加利于植物生长，这是防沙工程显示出的重要生态效益之一。根据实地观测，防沙工程区的林草植被通过影响局部气象因子，对改善和缓冲伤害性环境因子的作用十分显著，在春秋季节具有增温作用，通常可使 0.5～2.0m 高度处气温增高 0.6～3.1℃；夏季具有降温作用，一般可使 0.5～2.0m 高度处的气温降低 10℃ 左右，地面日最低温度提高 1～3℃；冬季使地面日最高温度提高 2～4℃，地面日最低温度提高 3～5℃；蒸发量比旷野减少 43%～59%。

植被对空气湿度的调节作用也很显著，根据对流动沙丘表面带状活体沙障成林后的观测数据，夏季沙丘表面空气相对湿度比未营造活体沙障的裸露沙丘表面提高 15%～50%（许林书和许嘉巍，1996）。在更大时间和空间尺度上，空气湿度的变化更多取决于区域气候条件，防沙工程区林草植被的影响相对下降。例如，乌兰布和沙漠"三北"防护林营造前后对区域空气湿度的影响就比较有限（陈炳浩等，2003）。但对于风沙灾害区的中小城镇来说，防沙工程区的林草植被在夏季还是显著提高了城镇空气相对湿度。植被覆盖度提高能够增加空气中负氧离子。据测定，城市室内负氧离子含量一般为 40~50 个/m³，街道林荫处含 100~200 个/m³，而树林内多达 1 万个/m³ 以上。

3. 改良土壤

城镇防沙工程的首要目的是防治风沙灾害，缓解甚至消除风力对土壤的侵蚀。在流沙区，随着植物生长和植被覆盖度的增加，流动沙地逐渐演变为半固定、固定沙地。在这一过程中，生物结皮的出现及其由藻类、地衣结皮向苔藓结皮的演替，标志着流沙成壤过程的开始（李新荣等，2018）。与流沙相比，生物结皮在物理性质方面具有质地细（<0.1mm 黏粒显著增加）、容重低、孔隙度高、持水性增强等特征；在化学性质方面，养分含量增高、碳酸钙积累显著、易溶盐含量增加等，这些特性均有利于促进土壤性质的改良。在沙砾质地表及戈壁区，土壤主要由沙和粉沙组成，植被对过境沙尘的截留和沉降作用，更甚于固定沙尘源地对改良土壤的意义。根据观测，植被覆盖度 10%~20% 时，可阻截过境沙尘量的 69.7%；覆盖度 30%~40% 时，可阻截过境沙尘量的 78.2%；覆盖度 40%~50% 时，99% 以上的沙尘颗粒被阻截沉积。城镇防沙工程中的林草植被在这方面也同样表现出优异的功能，草本植被对细颗粒的截留和沉降作用尤其显著（图 10.2）。除此之外，植物工程措施对调节土壤温度和水分、丰富土壤微生物数量和种类，以及提高土壤养分和有机质含量的作用，都有助于促进土壤成土过程，改良土壤性质。

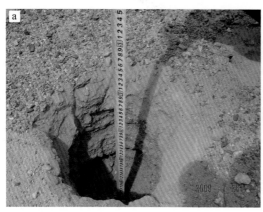

图 10.2　狮泉河防沙工程区内外土壤剖面对比

a. 防沙工程区外土壤剖面；b. 防沙工程区内土壤剖面

4. 提高区域光能利用率和固碳速率

树木平均光能利用率一般为 1%~2%，森林净固碳速率约 1.4kg/(m²·a)。沙尘源地区域的乔灌木受环境条件特别是水分因子限制，对太阳能利用率较低。对毛乌素沙地灌木测定结果显示，太阳能利用率大约 0.1%，固碳速率 0.5kg/(m²·a) 左右。荒漠植被的光能利用率和固碳速率均远远不及以上两类植被。城镇防沙工程主要在干旱、半干旱和部分半湿润地区，防沙工程区的植被是人工恢复和重建的乔灌草混交植被，光能利用率和固碳速率将显著提高。据方精云等（2015）测算，2000~2010 年间"三北"防护林四期工程（实施面积 5.2 万 km²）对区域生态系统固碳的贡献为 340.7Tg C，京津风沙源治理工程

（实施面积 3.3 万 km²）对区域生态系统固碳的贡献为 69.7Tg C。由此可以判断，以植被恢复和重建为核心的城镇防沙工程将大幅提高光能利用率和生态系统固碳量，促进区域生态系统能量流动和物质循环速率。

10.1.2 经济效益

尽管城镇防沙工程并不强调直接经济效益，但"绿水青山就是金山银山"却是实实在在的。从实际效果来看，城镇防沙工程不仅能够产生显著的直接经济效益，而且因改善城镇环境带来的间接经济效益更加巨大。城镇防沙工程产生的直接经济效益主要包括农作物产量、草地产草量、木材和薪柴量的增加而得到的收益；间接经济效益主要通过改善城镇及其周边地带的环境空气质量、保障居民生产生活条件、提高土地利用率等方式间接获得。

1. 增加林木产品

城镇防沙工程实施后，包含连片农田的治理区，绝大部分农田将建成乔灌混交农田防护林（网）。根据风沙灾害区人工林生长速度和周期，一般在十年后开始生产木材和薪柴。在农田以外的其他乔灌木造林区，无论片状林，还是林带，成林后都可以通过合理间伐或轮伐逐渐获得林木产品收益。

2. 增加草地面积和产草量

风沙灾害区的草地生产力大多非常低下，产出的草料质量低甚至不可利用，特别是在气候极端恶劣、风沙活动强烈的区域，立地条件差，草被稀疏，基本没有利用价值。城镇防沙工程区的人工种草和草地改良等工程，在封育保护、灌溉、施肥等人为因素积极干预下，一般 2~3 年即可收获优良牧草，而且产草量比防沙工程实施前提高数倍（程积民等，2001）。

3. 提高粮食产量

城镇防沙工程包括工程区内的农田防护林（网）建设。农田防护林（网）的防风作用和小气候调节作用，以及风沙环境治理后对农作物的保护作用，都有助于粮食稳产和增产。在农田防护林（网）保护下，干旱区的玉米产量可提高 5.1% 以上（郝玉光和卢平，1997），半干旱区的小麦产量可提高 4.6%~7.6%（王忠林，1991），半湿润区的玉米平均增产 17.8%~35.0%，花生平均增产 23.9%~40.6%（张日升，2017）。尤其是防护林（网）通过对农田贴地层风速、气温和湿度的调节作用，使粮食的品质得以显著提高。在风沙灾害区的实验研究证明（杨瑞英和姜凤岐，1980），防护林下风向 $2H$ 处的玉米粒重比无防护林保护的玉米粒重提高 56.8%，防护林下风向 $3H$ 的玉米粒重提高 61.3%，$5H$ 的玉米粒重提高 52.4%，$7H$ 的玉米粒重提高 64.0%，$10H$ 的玉米粒重提高 25.2%，如果防护范围以 $25H$ 计，玉米粒重平均提高 41.4%。林带下风向 $2H$ 处的玉米糖含量高达 12.75%，蛋白质含量高达 9.25%；防护范围内平均糖含量 6.90%，平均蛋白质含量 6.13%，比无防护林保护的玉米糖含量和蛋白质含量分别提高 2 倍和 1.9 倍。由此可见，农田防护林（网）对提高粮食的产量和质量均有显著作用。

4. 改善投资环境

城镇作为其所在区域的经济中心，环境质量是吸引投资和发展经济的重要影响因素。《国家新型城镇化规划（2014—2020 年）》中明确提出实施大气污染防治行动计划，改善城乡接合部环境，形成有利于改善城市生态环境质量的生态缓冲地带（中华人民共和国国务院，2014），其中包括风沙灾害引起的大气颗粒污染物消减。风沙灾害区拥有广阔的土地和矿产等自然资源，以及较低的人力成本，具有很高的投资价值和很大的开发潜力。但是，风沙灾害导致城镇空气质量严重下降，对城镇周边的交通、通信、电力和农业设施等产生严重破坏，城镇的投资环境较差，成为城镇经济健康发展的制约因素之一。城镇防沙工程的实施，可以扭转这一不利局面。例如，狮泉河镇防沙工程实施后，完全消除了建成区街道积沙问题，保障了穿越防沙工程区的狮（狮泉河）—普（普兰县）公路畅通无阻。狮—普公路是连接狮泉河镇和阿里昆莎机场的唯一通道，具有重要战略意义。狮泉河镇防沙工程还对保护阿里军分区通信、电力设施起到了至关重要的作用。青藏铁路沿拉萨河段和拉萨火车站的安全运营，对西藏经济和旅游业发展正在发挥巨大的作用，间接经济效益难以评估。

10.1.3　社会效益

由于防护对象的特殊性，城镇防沙工程被赋予了内涵更丰富的社会责任，而工程的实施也产生了广泛的社会效益。

1. 为城镇居民提供舒适和安全的生活环境

"安居乐业"是每个中国人的愿望，但是风沙灾害区的居民饱受风沙之苦，沙尘天气对居住环境和人体健康产生严重危害，挫伤广大居民的幸福感。城镇防沙工程对大气沙尘颗粒污染物的消减，既改善了生态环境，也提高了广大居民的生产生活环境质量，增强了人民群众幸福感。研究发现，空气颗粒污染物可引起急性和慢性支气管炎、哮喘、肺炎，甚至肺癌等呼吸道和心血管疾病，尤其对老人和儿童易感人群的危害更大（Nevalainen and Pekkanen，1998；Samet et al.，2000；孟紫强，2000；Campen et al.，2001）。当空气中 24 小时 PM_{10} 平均浓度 $\geqslant 50mg/m^3$ 时，儿童和成人平均住院人数分别增加 89% 和 47%；超过 $150mg/m^3$ 时，儿童住院人数增加 3 倍（孟紫强等，2003）。对中国北方风沙灾害区一座典型城市春季沙尘暴期间的呼吸系统疾病人数研究表明，沙尘暴期间的就诊人数比无沙尘暴期间增加 24% ~55%（陈晓燕等，2007a）。对中国北方风沙灾害区的两座典型城市 2002 ~2006 年 5 年间沙尘天气引起的超额死亡人数的研究结果显示（王旗等，2011），其中一座城市居民因心血管疾病、脑血管疾病、呼吸系统疾病导致的每年平均超额死亡人数分别为 172.6、241.2、48.0 人；另一座城市居民的每年平均超额死亡人数分别为 78.6、106.4、25.2 人。两座城市居民超额死亡经济损失每年平均分别约 38968 万元和 18005 万元；超额患病经济损失每年平均分别约 7233.08 万元和 1249.62 万元。由此可见，城镇防沙工程不仅能够为城镇居民带来良好的安居环境，而且对减少疾病、减轻医疗负担具有重大意义。

2. 为建设生态文明城市服务

2007 年党的十七大报告提出，要建设生态文明。党的十八大以来，习近平同志把生态文明建设作为中国特色社会主义"五位一体"总体布局和"四个全面"战略布局的重要内容之一，作为重大民生实事紧紧抓在手上，生态文明建设的地位和作用更加突显。在物质文明已相对发达的当代城镇，广大居民已将生态文明作为现实的追求目标。城镇防沙工程归根结底服务于城镇生态文明建设，保障风沙灾害区城镇经济社会健康发展。与此同时，城市形象也因环境改善而得到提升。位于毛乌素沙地边缘的榆林市和藏西北高原的狮泉河镇，多年来在防沙工程的保驾护航下，已发展成为所在区域的生态明珠和城市生态文明建设的样板。拉萨市是西藏自治区政治、经济、文化、宗教中心，以前风沙天气影响高原明珠的形象，随着防沙工程的实施和持续发挥效能，现已成为生态城市、高原明珠。

3. 促进区域经济社会和资源环境可持续发展

城镇是区域经济发展的中心，风沙灾害区经济发展水平总体上相对较低，城镇在区域经济发展中的地位更为突出。城镇防沙工程不仅服务于城镇经济社会发展，还为所在区域经济社会与资源环境可持续发展提供生态和环境保障。在中国北方风沙灾害区，土地面积广阔，但受干旱气候和风沙灾害制约，土地有效利用率很低，粮食、牧草和木材等生产水平较低，成为经济发展洼地。城镇防沙工程在合理利用有限的水资源前提下，一方面以消减大气颗粒污染物、改善城镇及其周边地区的大气环境质量为根本目的；另一方面在防沙工程区内，通过对沙尘源地的有效治理，使原来粮食、牧草和木材生产水平低下，甚至没有利用价值的土地，转变为具有较高生产水平的土地，极大地促进了区域经济社会和资源环境可持续发展。在青藏高原风沙灾害区，铁路和公路是青藏高原内部，以及青藏高原与内地互联互通的最主要通道，青藏铁路进入拉萨河沿岸后，首当其冲面临风沙灾害威胁，是拉萨市防沙工程确保了铁路不受沙害影响，对青藏高原地区的经济可持续发挥了举足轻重的作用。地处藏西北高原的狮泉河镇防沙工程，成功挽救狮泉河镇，使其免蹈楼兰古城的覆辙，成为保障狮泉河盆地经济社会可持续发展的世纪工程。

4. 为其他城镇、工矿和湖库防沙提供范例

中国风沙灾害区共有大城市 7 座、中等城市 2 座、小城市 66 座、建制镇 1553 座，另外还有大量的湖泊、水库、工矿和其他的重要基础设施，它们都面临不同程度的风沙危害，防沙任务任重道远。在相同或者相似的自然环境下，无论是城镇，还是湖泊、水库、工矿等重要基础设施，其防沙工程技术原理基本相同，在防沙技术体系中的各项技术配置具有相似性。通过"解剖麻雀"的方法，在不同生物气候区建立典型的城镇防沙工程技术体系，对未来逐步开展其他城镇和其他重要基础设施的防沙工程具有重要的借鉴价值。例如，西藏阿里的昆莎机场及其周边地区的防沙工程，就充分借鉴了狮泉河镇防沙工程技术成果。地处拉萨河谷的贡嘎国际机场自通航以来就一直为雅鲁藏布江河谷的风沙问题所困扰，因拉萨河谷的风沙灾害与雅鲁藏布江河谷具有很多相似之处，因而拉萨市防沙工程可为贡嘎国际机场周边沙尘源地的综合治理提供借鉴。

10.2　环境影响评价

10.2.1　施工阶段的环境影响

城镇防沙工程施工过程中对环境产生的影响主要表现为扬尘、噪声、废水和固体废物排放，及其对环境的暂时性损害。

1. 扬尘

城镇防沙工程施工作业场地和材料运输路面属于开放性尘源。风沙灾害区多具有干旱、多风的气候特点，施工过程中，大部分沙尘源地会产生扬尘，对施工作业场地及其周围大气环境产生不同程度的污染。依照经济、简单和可行的原则，在具备机械洒水条件的施工区，采用洒水工程车及时喷洒施工面，土壤表面含水量达到5% ~ 7%时，扬尘通量可降低90%以上。运输车辆碾压砂石路面产生的扬尘，也会对道路周围环境造成一定污染，污染距离一般几十米，最远上百米。路面扬尘也可采用洒水的方法，特别在村庄敏感点附近，路面洒水可有效降低扬尘。对于不具备洒水条件的施工场地（如狮泉河镇防沙工程区砾石沙障建造工程），施工产生的大量扬尘不可避免地影响周围大气环境，但其临时性和局部扬尘特征，大大降低了环境污染程度，对环境的影响范围有限。对需要动用机械作业的场地，也可在雨季（夏季）施工，充分利用雨季土壤水分大、不易起尘的有利条件，翌年春季到来时实施生物防沙工程。

2. 废水

工程施工期间产生的废水主要是施工人员生活废水和清洗机械废水。生活废水中污染物以COD为主，清洗机械和车辆废水以石油类为主。但总体而言，防沙工程施工过程中使用的机械数量有限，作业点分散，生活废水、清洗机械和车辆废水对环境的影响很小。为尽量减少废水直接进入河流或地下水而造成污染，施工人员生活点、机械和车辆清洗和维修点应远离河道，废水集中处理。

3. 噪声

防沙工程所使用的施工机械噪声多为70 ~ 120dB，对周围声环境影响范围约为300m。城镇防沙工程一般位于城镇外围区域，距离居民区等噪声敏感点较远，基本不会对城镇居民产生噪声污染。

4. 固废

工程施工过程中产生的固废主要是施工人员的生活固废、建筑废物以及运输遗弃物。对这些固废如果处理不当，对周围生态环境、水环境和城市形象及当地居民生活将会产生不利影响。其中，生活固废需进行收集压实处理，并运送至附近垃圾处理站。防沙工程建筑固废量非常有限，通常可以不予考虑，特殊情况下产生的建筑垃圾，可利用粉碎机就地粉碎，尽量回收利用，或集中堆放埋压处理。所有进出施工场地拉运砂石、土和其他废弃物的车辆用编织物覆盖，防止沿途遗失。只要严格遵循防治固体废物污染环境的相关规定，防沙工程施工过程中产生的固废对环境的影响可以忽略不计。

5. 生态环境影响

城镇防沙工程主要对城镇周边沙尘源地进行彻底治理，是对工程区原生环境的一次较彻底的改造和重建。工程施工过程中，原有的生态平衡被部分打破甚至彻底打破，而新的生态平衡尚未建立，因而对生态环境的影响不可避免。由于城镇防沙工程内容具有区域特殊性，对生态环境的影响也各不相同。例如，河道整治是拉萨市防沙工程的重要组成部分，土石方工程对取土（石）区地表和植被造成一定破坏；在狮泉河镇防沙工程中，原先作为天然输沙场的戈壁表面被完全破坏，施工过程不仅产生沙尘，稀疏植被也被彻底破坏。在施工期，这些活动的确对局部生态环境造成一定损害。但以植被恢复和重建为主要目的的城镇防沙工程，是一项典型的区域生态环境建设工程，工程施工结束后将对生态环境改善产生显著的积极作用。

10.2.2　工程建设后的环境影响

1. 对大气环境影响

城镇防沙工程的重要目标是减轻大气沙尘污染，其主要途径是针对沙尘源地进行彻底治理。根据西藏自治区环境监测中心站 1990~2016 年在拉萨市的环境空气质量监测结果，SO_2、NO_2 及其他 NO_x 的监测值无论何时都小于 $0.1mg/m^3$，基本符合《环境空气质量标准》（GB 3095-2012）二级标准的要求。但 TSP 或 PM_{10} 的小时监测值则在大风时有超过 $1mg/m^3$ 现象，严重超标。这表明拉萨市环境空气中 SO_2、NO_2 等与人类活动密切相关的污染物并不高，而表征空气中的颗粒物含量的 TSP 或 PM_{10} 的监测值则在大风时都比较高，是拉萨市空气污染指数的主要贡献源。相关分析表明，逐月最大风速超过 10m/s 的日数与降尘量之间存在良好的相关性。随防沙工程的逐步实施，柳吾新区周边 90% 以上沙尘源地被固定，拉萨市大气中的 TSP 和 PM_{10} 浓度可消减 80% 左右，大气质量明显改变，TSP 和 PM_{10} 浓度符合《环境空气质量标准》（GB 3095-2012）二级标准的要求。

狮泉河镇的防沙工程，在减轻城镇大气沙尘污染方面效果尤其显著。据狮泉河气象站资料，自 1962 年以来沙尘天气日数具有强烈的"时代"特色，大致可分为以下几个阶段：①1962~1970 年，沙尘天气日数平均每年 20.2 天。这一阶段狮泉河盆地变色锦鸡儿、秀丽水柏枝等天然灌木植被尚未大规模破坏，生态环境接近天然状态。②1971~1990 年，沙尘天气日数平均每年 86.3 天。这一阶段狮泉河盆地变色锦鸡儿和秀丽水柏枝被当地居民作为生活燃料遭受了最大规模的砍伐破坏，狮泉河盆地内的灌木植被丧失殆尽。由于盆地广泛分布松散的第四纪沉积物，植被的丧失诱发了地表起沙尘和沙尘天气的频繁发生。尽管年均风速比上一个阶段明显降低，也不足以削弱地表风沙活动。③1991~2000 年，沙尘天气日数大幅降低，平均每年只有 37.4 天。在之前 20 年植被遭到毁灭性破坏和地表强烈风蚀后，狮泉河镇上风向平坦开阔的冲洪积平原已演变成为裸露沙砾质地表，主要以输沙戈壁的形式存在，就地风蚀起沙已显著减弱；同时，当地政府充分认识到保护生态环境、遏制风沙灾害的重要性和紧迫性，逐步实施了狮泉河盆地第一、第二期防沙工程。这是沙尘天气减少的自然背景和人文原因。④2001～2010 年，沙尘天气日数进一步降低，平均每年12.0 天。这一阶段实施了狮泉河盆地第三期治沙工程，各期工程的防护作用是沙尘天气减少的主要原因。⑤2010～2016 年，沙尘天气日数持续减少，平均每年只有 2.5 天。防沙工程中的重建植被逐渐进入繁盛期，防护效果越来越显著；同时由于工程区面积较大，良好的植被覆盖使得工程区成为上风向来袭风沙的"净化器"。

2. 对土壤环境的影响

人工草地建设工程中，施肥是提高牧草产量、质量和经济效益的有效手段。但如果施肥不当，会造成土壤环境的污染。例如，过量施用氮肥引起氨挥发对大气造成污染，地下水由于硝酸盐富集而引起富营养化，从而对人畜健康构成威胁。城镇防沙工程中，尽管工程区大，但仅在工程建设初期施用十分有限的化肥，造成的面源污染很低。停止施用化肥后，可将牧草作为绿肥直接返田，利用有机肥改良土壤。因此，在控制化肥施用总量和施用周期并及时利用绿肥取代的情况下，适度的化肥施用不会对土壤环境造成污染。

3. 对水环境的影响

城镇防沙工程施工结束后，机械和生物工程都不会产生污染物的排放，因而对水体环境没有消极影响。在拉萨市防沙工程中，以河道整治和防沙相结合的工程体系完成后，河床滩地面积减少，两岸植被覆盖度增加，水土保持能力增强，河流泥沙含量将进一步减少。狮泉河镇防沙工程，由于需要引用狮泉河水灌溉，对正常河水径流量产生一定影响，但对水质不会造成危害。根据轮灌方案，防沙工程实施的最初几年内，灌溉剩余的地表径流足以维持狮泉河镇发展和居民生产生活用水需求。防沙工程体系稳定发挥功能以后，林草植被对地表径流的依赖性有所降低，对地表水的用量也将越来越少。狮泉河上游水库的建成和使用，充分利用水库的蓄水调洪功能，也可以降低工程区植被灌溉对水资源安全的影响。

4. 植物引种对生态系统的影响

防沙工程中的植物种选择，一般遵循适地适树原则。但实践证明，从工程区以外引进适生植物种，也是防沙工程必要的和成功的做法。通过引进植物种增加植物多样性和工程体系防沙功能，有可能带来生物入侵对地带性植被生态系统的威胁。外来物种进入新的生态系统，最后能否成为入侵种取决于两个因素：一是进入新环境的外来物种的自身特点，二是工程区环境是否容纳入侵。外来入侵种如果适应工程区的空气温度和湿度、海拔、土壤、水分等环境条件，便可自行繁衍。一般情况下，外来物种虽可形成自然群落，但仅可维持较低水平，并不会对整体生态系统造成危害。典型的生物入侵是一个从引入到定居、建群，而后扩散、暴发的复杂链式过程。作为成功的入侵种，种群必须经历扩散及暴发，以达到高密度和大尺度的空间分布，进而有能力造成显著或严重的经济和生态影响。狮泉河镇防沙工程引进的班公柳，是 20 世纪 80 年代由阿里地区日土县引进的高大半乔木树种，三十多年的成功栽培和推广实践证明，在有灌溉条件下具有很好的适应性，截至目前尚未发生过病虫害现象，对狮泉河镇的城市绿化发挥了重要作用。防沙工程区内由于水土条件的改善，施工后第二年出现了自然繁殖的变色锦鸡儿、秀丽水柏枝和藏沙蒿等乡土植物种。可见班公柳以其适宜性可以持续地对狮泉河盆地的生态建设发挥作用，不会对当地乡土物种构成威胁，二者可以和谐共生。根据恢复生态学原理和植被演替规律，班公柳人工林将逐渐进入一个自然演化的过程，随着各种乡土植物种的出现和繁殖，最适宜植物种逐渐占据群落的主导地位。班公柳尽管生态适应能力较强，但并不具备成功入侵所需的传播能力和繁殖特性，也不具备无干预条件下迅速蔓延的环境条件。因此，班公柳人工林不会成为外来入侵物种而导致生态灾难，只能在人工干预下繁殖和更新，并作为植被恢复的长期过渡树种。

5. 对交通和社会环境的影响

城镇防沙工程通过利用生物和机械等技术治理城镇周边沙尘源地，其出发点之一就是保障交通线路运营安全，改善城镇居民生产生活环境，因而对交通和社会环境的影响全部是正面和积极的。例如，针对山坡覆沙对铁路隧道的危害，拉萨市防沙工程体系中专门设计了挡沙墙、草方格以及人工重建植被，消除了青藏铁路沿拉萨河路段的风沙危害。狮泉河镇防沙工程实施前最大的问题之一是城镇街道积沙极为严重，市内交通严重受阻。通过实施"砾石沙障+防护林带+人工草地+灌溉系统"四位一体防沙技术模式，完全斩断了戈壁风沙对城镇的侵袭，彻底解决了城市交通面临的沙害问题。在狮泉河镇外围，穿越防沙工程区的公路也再未发生积沙现象。

第 11 章 工程管理与质量保障

城镇防沙工程是一项涉及造林、农田水利和土木工程等专业的综合性工程。工程施工难度较低，但对各单项工程的施工顺序和专业性要求高。工程质量取决于前期对风沙灾害成因、危害形式和强度的研究深度，工程总体规划和设计的合理性，工程施工过程中的科学管理，以及工程实施后的有效管理。

11.1 前期科学研究、工程规划与设计

城镇风沙灾害的成因、危害形式和强度，取决于城镇所处地貌部位、周边地形、沙尘源地类型、区域风场特征和风沙活动强度等环境要素。城镇的规模和重要性、人类活动的方式和强度决定城镇防沙工程的具体防护目标。由于不同城镇所处风沙环境和具体防护目标不同，在工程勘测、工程规划和工程设计之前，必须对城镇风沙灾害的成因、危害形式和强度开展深入研究。前期研究的重点包括风沙运移路径，沙尘输移高度和输移量，沙尘源地是否具有人工促进植被恢复或者重建植被的条件，适合当地环境的机械防沙技术，工程材料来源和工程造价比较分析等内容。在此基础上，结合城镇长期发展规划和具体防护目标，确定防沙工程所应用的单项技术和优化的整体工程技术体系，提出可行性研究报告。

风沙灾害区的自然条件严酷，加之城镇防沙工程的防护标准和技术要求比其他重要基础设施高，因此，城镇防沙工程难度大，工程造价高。在资金投入充裕的情况下，小型城镇可以通过一次性工程规划、设计和施工，完成整个防沙工程体系建设。对于大多数城镇来说，受资金投入、技术成熟度和劳动力等因素的限制，需要通过多期工程分步实施，才能完成整个防沙工程体系建设。这就要求在工程规划阶段分清轻重缓急，依据空间上由近及远、由小到大，技术上先易后难，时间上先应急后根治的风沙灾害治理原则，进行总体规划、分期实施。总体规划应明确阐述整个防沙工程和各期工程的建设范围、任务、总体防护目标和阶段性防护目标，以及各期工程之间的合理衔接。对技术成熟度低的工程，应规划先导试验，为完善技术，改进工程设计提供依据。

工程设计必须在前期科学研究、可行性论证和工程规划基础上进行，总体原则是在有效防治风沙灾害的前提下，因地制宜，就地取材，降低工程造价。对于分期实施的城镇防沙工程，依据前期科学研究成果和工程规划，分期设计。为了在工程设计和施工过程中不断总结经验和教训，逐步优化工程技术体系配置，在每期工程实施前进行工程设计，避免多期工程一次设计。由于城镇防沙工程的特殊性，工程设计在依据国家标准和规范，以及林业、农业、水利和建筑等行业标准和规范的基础上，可以根据工程区的自然条件和城镇防沙的具体目标适当修正各单项技术的参数，同时对各单项技术的施工顺序和时间节点加以说明。由于防沙工程的施工环境恶劣，工程造价适当高于国家和地方定额。在工程设计

过程中，所关注的核心问题是工程技术体系是否达到优化，并能够实现城镇防沙具体目标。根据前期科学研究成果，计算和预估工程技术体系的防沙效能，确保工程设计达到工程规划确定的阶段性防护目标。为了保证防沙工程技术应用的合理性，以及工程实施后能够达到预期防护目标，可行性研究报告、总体规划和工程设计三个阶段都须经过严格论证。

11.2　施工组织与管理

在工程设计完成后，工程建设单位根据《中华人民共和国招标投标法》和《中华人民共和国招标投标法实施条例》，进行公开招标。中标单位在施工前制定详细的工程建设管理制度，并在工程建设单位和工程监理单位负责人的监督下，严格按照工程建设管理制度实施过程管理。

11.2.1　施工准备

在工程建设实施前，施工单位需要进行人员、技术和现场准备。人员准备包括工程建设单位负责人，施工单位项目经理人、技术人员和工人队伍，监理单位的现场监理人等有关人员，并由这些人员组成工程项目组。由于城镇防沙工程涉及跨行业的专业技术，每一单项技术在专业上具有很强的针对性，以及使用功能、结构类型、地质条件、环境因素的要求，而施工单位和监理单位一般具有较强的专业性。因此，需要在工程设计人员的指导下，对工程项目组进行现场技术交底，以便工程项目组成员熟悉、学习施工图纸和设计说明文件，掌握设计意图、工程特点和要求，方便施工单位编制包括工程特点、任务划分、施工进度、重要节点和质量控制等详细内容的施工组织设计。在缺乏风沙灾害防治专业技术人员情况下，施工单位可以聘请专业人员担任技术顾问。现场技术交底后，工程项目组成员进一步明确施工内容，落实现场施工条件，完成施工前的一切准备。

11.2.2　现场管理

在工程施工过程中，施工单位派出的工程项目经理应不定期检查施工现场人员，保证施工现场全体人员按照施工组织计划规定的时间准时出勤，监督现场全体人员严格按照施工程序和规范进行安全施工。工程项目经理监督施工队伍按照施工组织计划编排的工程进度计划施工，及时发现施工组织计划和实际情况的差异，采取必要措施加以纠正，保证工程按期完成。通常情况下，工程项目经理对每10天的工程进度进行一次总结，但是在人工促进恢复或者重建植被的阶段，植树种草受季节限制，对每3天的工程进度就要进行一次总结，以便保证按期完成植被建设工程。对定期检查和总结中发现的问题，及时采取措施，从劳力、材料和资金方面予以保证。

为了保证施工质量，工程项目经理应定期召集项目质量控制的例会，对于重要工序的质量控制，可根据实际情况不定期召开分析会议。质量控制的会议主要分析施工现场情况、原材料质量情况、存在的主要质量问题与改正要求、实际施工进度与施工进度计划的符合情况、施工安全情况、下一阶段施工安排等，并整理会议内容，以便归档形成完整的工程质量资料。施工单位技术员对每一完工的单项工程和工序严格验收，杜绝使用质量不合格材料和存在不合格工程。施工记录必须完整，应包括从施工准备到全部完工过程中的逐日施工技术、进度、变更等内容。在工程施工完成后，由现场技术人员将逐日记录的施工和技术处理等情况加以整理，填写工程施工记录表，并经工程项目经理签名确认，纳入施工技术资料档案。施工记录中应特别注意工程的开工和竣工日期、各单项工程的施工起始日期、技术资料、材料供应情况；设计变更前后的设计图纸和文字说明，以及变更原因；部分单项工程的特殊要求和施工方法；质量、安全、机械事故情况，发生原因和处理方法；工程建设单位、施工单位、监理单位负责人，或者工程项目组对工程所做的生产和技术方面的决定或者建议；自然和人为因素引起的停工情况等。

11.2.3　竣工验收

在施工单位完成工程施工后，按照要求向工程建设单位提出工程竣工验收。工程竣工验收由工程建设单位或者工程施工单位组织验收会议，会议组成员由工程建设单位、工程设计单位、工程施工单位、工程监理单位负责人，以及聘请的技术专家组成。验收内容包括工程现场验收和技术资料验收。工程现场验收主要是查看工程施工质量与工程设计要求是否相符。施工单位和监理单位提供的技术资料是竣工验收会议组成员认定工程质量的重要参考，技术资料验收包括：竣工工程项目一览表；包含工程设计图纸会审记录、技术交底记录、技术变更记录、质量检查记录、内部预验收记录、设备使用情况等技术资料；包含施工记录表、材料检验合格证、工程质量事故的发生经过和处理记录，工程结算资料等。工程竣工验收合格后，工程施工单位及时办理有关手续，向建设单位移交工程。

11.3　工程后期管护

城镇防沙工程投入使用后，为了保证防沙工程发挥预期的防护作用，无论是机械防沙技术还是生物防沙技术构成的工程设施都需要精心管理和维护。由各类机械防沙技术构成的工程设施使用寿命较短，需要定期维护或者更新。例如，工程区前沿的高立式沙障需要根据沙埋的情况及时拔高或更新；广泛使用的半隐蔽式草方格沙障在没有人畜破坏的情况下，自然使用寿命只有4~5年，4~5年后需要全面更新；砾石（黏土）沙障在没有风蚀缺口的情况下，使用寿命较长，为8~10年，但更新困难。林草工程的抚育管理更为重要，素有"三分造，七分管"之说。加强工程后期的管理维护工作，其重要性不亚于工程建设。为此，应成立专门的工程管护机构，负责工程区的管理和维护，并在《森林法》、《草原法》、《水土保持法》、《土地管理法》和《环境保护法》的法律框架下，制定针对工程管护的政策和规章制度，使管护工作有法可依，有章可循，严禁以任何借口毁坏林地、草地和其他工程设施。建立责、权、利相结合的负责制度和奖惩制度，明确责任人，对管护成绩显著的给予奖励，对管护不力甚至破坏工程设施的则要给予处罚并限期恢复。

工程后期管护需要有稳定的管护资金来源。由于城镇防沙工程规模大，应用的技术类型多，长期的管护工作任务重，管护人员需要有一定的专业技术，必须有稳定和充足的专项管护资金保障。如果缺乏后期管护资金，在防沙工程体系可能遭受局部损坏的情况下，风沙活动会以损坏部位为突破口，摧毁更大范围的工程设施，导致风沙再起，甚至整个防沙工程体系崩溃。因此，确保稳定和充足的工程后期管护资金，维持管护工作的正常运行，是确保工程持久发挥防沙功能的必要措施。

在工程后期管护过程中，需要严格按照相关技术规程和工程设计要求，对各单项技术组成的分项工程出现的不同问题采取相应的维护或更新措施。只有在维持各单项技术组成的分项工程正常发挥功能的前提下，整个防沙工程技术体系才能正常发挥防沙效能，并使整个防沙工程由初期阶段以防沙为主的功能，向优化生态系统为主的生态调节功能转换，进而从根本上消除风沙灾害。在日常管护工作中，针对不同单项技术组成的分项工程应有区别地对待。对于由机械防沙技术组成的分项工程，根据工程设计要求，确定其是临时性辅助工程还是长久性工程。临时性辅助工程有其设计寿命，仅需要在设计寿命期内进行正常管护。例如，狮泉河镇防沙工程中的砾石沙障，其设计寿命为 8～10 年，仅在工程初期发挥防护功能，在此期间内，砾石沙障是否得到正常维护，决定着防护林带和人工草地等生物防沙工程的成败。而长久性工程则需要长期管理和维护，对沙埋、人畜破坏和风蚀等造成的局部破损，必须及时修补或者更新。对于由生物防沙技术组成的分项工程，根据工程设计要求，确定植被恢复或重建工程、利用自然形成的物理性土壤结皮和生物性土壤结皮达到防沙目的的工程区范围。在植被恢复或重建工程区范围内，对成活率不达标地段应及时进行补植；需要灌溉的地段，应按照工程设计规定的灌溉周期及时灌溉；封育区的封育期限和适度利用区的利用强度，均应严格按照工程设计规定执行；有特殊要求的防护林带（网），应按照工程设计要求对乔、灌木植株进行定期修剪，保证林带（网）发挥最大防护效率。在利用自然形成的物理性土壤结皮和生物性土壤结皮达到防沙目的的工程区范围内，应严格限制人畜进入，以免践踏表土，破坏土壤结皮。对于配套防沙工程的灌溉系统，一是保证渠道和管道畅通，及时清理被淤塞的渠道和管道；二是在冬季非灌溉期排干渠道和管道内的积水，防止低温冻裂；三是对破损的渠道和管道及时维修。对于其他配套工程，例如，工程区周边围栏、工程区瞭望塔、防火设备、防治病虫害设备和药品等，均要常年保持完好状态，保证能够及时消除工程区内发生的意外事件。

11.4　配套保障措施

前期深入的科学研究、科学的工程规划与设计、有效的施工组织与管理、规范的工程后期管护是保障城镇防沙工程"硬件"建设的必要条件。但是，城镇防沙工程的顺利实施和高效发挥功能，还需要相应的配套保障措施，其中工程建设资金、当地人才培训和技术储备、当地政府和部门的相关政策是关键的配套保障措施。

11.4.1　建设资金保障

足额的资金投入是顺利实施防沙工程，保障工程进度与质量的先决条件。风沙灾害区的经济基础一般比较薄弱，依靠地方政府筹集全部工程建设资金的难度极大，难以实施大规模的防沙工程，必须依靠国家或省（自治区）级政府的专项资金支持，地方政府筹措小部分配套资金和投入适当劳动力。防沙工程建设一旦起动，必须按照工程进度，保证足额资金按时到位，这是由防沙工程的特殊性决定的。因为防沙工程建设必须连续施工，一旦停工，强烈的风沙将摧毁前期实施的工程，导致整个工程失败。

在保证资金投入的前提下，强化资金使用管理，制定完善的资金管理办法，充分使用有限的资金，使之发挥最大的投资效率。在资金使用管理上，按照《会计法》和《会计基础工作规范》等法律法规的要求，严格会计核算，强化会计监督。实行专户存储、专款专用、单独核算。不得以任何方式挤占、截留、挪用或强行划转、抵扣各种贷款本息、税金、各类债务等。严格执行会计核算规定，保证会计信息的真实、可靠、完整、及时。工程施工单位根据实际发生的业务进行核算，填制会计凭证、登记会计账簿，按要求编制财务决算。加强资金稽查工作，厉行节约，杜绝一切浪费现象，严肃查处资金使用过程中的违法违纪行为。

按照整个工程的时间安排、建设内容、工程量及相应的预算额统筹安排，合理分配，使每一份资金都落实到工程的具体环节上。由机械防沙技术、生物防沙技术、辅助技术组成的各单项工程及工程管理是整个防沙工程体系中不可分割的组成部分，任何一项工程出现质量问题，都将严重降低整个工程体系的预期防沙效果。因此，每一分项工程都必须保证足够的预算内资金，确保工程质量达到工程设计要求，避免降低工程质量导致工程体系的防护功能减弱甚至失败。

11.4.2　人才和技术保障

在工程招标过程中，选择中标单位的重要依据之一是技术人才是否满足施工要求。在工程建设过程中，建设单位和监理单位应监督施工单位组织一支高水平管理队伍和专业技术队伍，严格按照工程设计施工，加强工程质量监理。必要情况下，聘请风沙灾害防治方面的专家进行现场指导，严格把关。

为了保障工程后期管理和维护工作有效开展，以及未来实施防沙工程建设的需要，在防沙工程实施过程中培训和培养当地技术骨干，包括专业技术骨干和工程管理骨干，以及当地农牧民防沙技术员。培训和培养方式可以充分利用工程施工过程涉及的相关技术，实地实例地培养技术骨干，也可以通过举办不同类型、不同层次、灵活多样的培训班，并结合当地风沙灾害的具体特点，有针对性地讲授风沙灾害防治技术和方法。通过多种形式的培训，既培养出一批防沙技术骨干力量，又提高防沙队伍的整体素质和技术水平，从而在技术力量上保证防沙工程建设的长远需要。

11.4.3　政策保障

风沙灾害防治是一项公益性很强的工程，必须依靠全社会、各部门共同努力。为了提高各级领导和广大群众对风沙灾害防治的认识水平，引导全社会投入到风沙灾害防治事业中，加大宣传力度、深度和广度尤为必要。首先，要加强对各级、各部门领导干部的宣传教育。利用干部培训班、研讨班及讲座，向领导干部宣讲风沙灾害的严重性，风沙灾害防治与可持续发展、脱贫致富的关系，风沙灾害防治的方针政策、主要行动与主要措施，以及各级政府和部门的职责，让领导干部充分重视风沙灾害防治工作。其次，通过宣传教育提高广大人民群众对风沙灾害防治事业的参与程度，使全社会都能认识到风沙灾害防治是改善生态环境，功在当代、利在千秋的伟大事业。通过宣传风沙灾害防治先进单位与个人，风沙灾害防治的成效、经验和前景，普及风沙灾害防治常识与技术，增强风沙灾害防治信心与能力。通过宣传教育，提高广大群众的环境保护和风沙灾害防治意识，使风沙灾害防治以及保护防沙工程成果真正成为干部群众的自觉行动。

防沙工程任务重，工作条件艰苦，必须建立完备的管理机制，才能实现预期的工程目标。地方政府和各部门应把风沙灾害防治工作列为重要议事日程，经常加以研究，切实加强领导，动员组织广大群众和科技人员投身风沙灾害防治事业。成立由建设单位主管领导牵头，由相关部门负责人和技术人员组成的专门机构，实行归口管理，明确责任、权利和义务，奖优罚劣。制定完善的政策措施，以保持强有力的组织管理。加强组织领导的重要方式是建立领导干部任期责任制，把风沙灾害防治的具体任务指标层层分解落实到各级领导肩上，作为干部年度和任期内政绩考核内容。

制定奖惩政策是调动广大干部群众积极性、考核风沙灾害防治成绩的必要措施。工程施工和后期管护过程中，对有突出贡献的单位和个人予以奖励。对资金利用不当、任务完成不好，或由于不负责、怠工、偷工减料等造成一定经济损失的单位和个人，予以处罚并追究当事人的责任。对破坏防沙工程成果的行为人予以严厉处罚，以激励和调动单位和个人投入防沙工程建设的积极性，为防沙工程的实施和后期管理维护创造良好的社会环境。

参 考 文 献

安志山，张克存，屈建军，牛清河，张号 . 2014. 青藏铁路沿线风沙灾害特点及成因分析 . 水土保持研究，21（2）：285-289.

白虎志，马振锋，董文杰，李栋梁，方锋，刘德祥 . 2006. 西藏高原沙尘暴气候特征及成因研究 . 中国沙漠，26（2）：249-253.

包为民 . 1996. 沙土含水率对起沙临界风速的影响 . 中国沙漠，16（3）：315-317.

包英霞，石艳菊，王建国 . 2008. 内蒙古地区沙尘暴时间分布特征及其沙尘气溶胶 TSP 浓度值 . 内蒙古环境科学，20（4）：9-12.

彼得普梁多夫 H A. 1958. 铁路防沙 . 北京：人民铁道出版社：1-124.

曹长春，白彤 . 1999. 乌审旗沙漠化土地危害及其治理措施 . 内蒙古林业科技，（Z1）：21-23.

常春平，邹学勇，张春来，黄永梅，程宏，赵延治，全占军，邱玉郡，房志玲，王升堂 . 2006. 拉萨河下游河谷风沙源分布特征及其成因 . 山地学报，24（4）：489-497.

陈炳浩，郝玉光，陈永 . 2003. 乌兰布和沙区区域性防护林体系气候生态效益评价的研究 . 林业科学研究，16（1）：63-68.

陈定梅，吴明芳 . 2007. 山南稚鲁藏布江中游干季沙尘天气的气候特征、成因分析及预防 . 西藏科技，（12）：50-53.

陈东，曹文洪，傅玲燕，程义吉 . 1999. 风沙运动规律的初步研究 . 泥沙研究，（6）：84-89.

陈怀顺，刘志民 . 1997. 西藏日喀则江当及其毗邻地区植被组成特点 . 中国沙漠，17（1）：63-69.

陈淑清 . 2003. 城市化：我国经济长期增长的动力之源 . 经济与管理研究，（5）：20-23.

陈晓燕，牛静萍，丁国武，王燕侠，孟紫强，耿红 . 2007a. 沙尘暴对呼吸系统疾病的影响 . 环境与健康杂志，24（2）：63-65.

陈晓燕，牛静萍，丁国武，王燕侠 . 2007b. 民勤县沙尘暴期间 $PM_{2.5}$ 浓度变化特征分析 . 中国公共卫生，23（5）：614-615.

程道远 . 1980. 国外化学固沙简介 . 世界沙漠研究，（1）：33-37.

程积民，万惠娥，杜锋 . 2001. 黄土高原半干旱区退化灌草植被的恢复与重建 . 林业科学，37（4）：50-57.

程建军，智凌岩，薛春晓，蒋富强 . 2017. 铁路沿线下导风板对风沙流场的控制规律 . 中国铁道科学，38（6）：16-23.

程幸福 . 2001. 绿色屏障抗风沙—沙湾县东湾镇改善生态环境见成效 . 新疆林业，（4）：25.

程致力，高尚武，王志刚 . 1989. 人工绿洲防护林体系对沙尘控制作用的研究 . 林业科学研究，2（5）：483-488.

慈龙骏，吴波 . 1997. 中国荒漠化气候类型划分与潜在发生范围的确定 . 中国沙漠，17（2）：107-111.

次旺，卓玛 . 2017. 拉萨城市近地层风环境特征初步分析 . 气候变化研究快报，6（2）：63-67.

丁庆军，许祥俊，陈友治，胡曙光 . 2003. 化学固沙材料研究进展 . 武汉理工大学学报，25（5）：27-29.

董光荣，董玉祥，李森，刘玉璋，尹秉高 . 1996. 西藏"一江两河"中部流域土地沙漠化防治规划研究 . 北京：中国环境科学出版社：1-161.

董立国，蒋齐，张源润，蔡进军，王月玲，季波，李生宝，马步超，火勇 . 2006. 农用土壤保水剂在半干旱地区林业生产中应用效果研究 . 中国农学通报，22（2）：132-135.

董玉祥 . 1993. 沙漠化灾害现状与损失评估 . 灾害学，8（1）：13-18.

董治宝，陈渭南，董光荣，陈广庭，李振山，杨左涛 . 1996. 植被对风沙土风蚀作用的影响 . 环境科学学报，16（4）：437-443.

杜虎林，王涛，肖洪浪，冯起，郑威，孙书澎，周宏伟，彭晓玉，邱永志，许波，张定卫，王强．2010.
塔里木沙漠公路防护林带根灌节水试验研究．中国沙漠，30（3）：522-527.

杜虎林，鲍忠文，金小军，周宏伟，孙书澎，阎若森，吴天长．2012. 塔里木沙漠公路防护林滴灌水分利
用效率分析．中国沙漠，32（2）：359-363.

杜英．2005. 西部地区城镇化过程中的生态效应研究．西北农林科技大学硕士学位论文：30-32.

范菠，旺杰，旦增，红梅，陈宫燕，谭波．2007. 西藏林芝机场飞行气象条件分析．气象，33（9）：
59-63.

方精云，于贵瑞，任小波，刘国华，赵新全．2015. 中国陆地生态系统固碳效应．中国科学院院刊，
30（6）：848-857.

冯丽文，郑斯中．1986. 中国的降水变率及其差距．地理科学，6（2）：101-109.

冯颖．2015. 毛乌素沙地植被盖度变化及其对气候变化的响应．北京林业大学硕士学位论文：16-25.

冯泽深，高甲荣，赵哲光，贺康宁，李柏．2010. 干旱区防护林空间配置模式及成本效益分析．干旱地区
农业研究，28（4）：269-274.

付亚星，王乐，彭帅，王红营，常春平，2014. 河北坝上农田防护林防风效能及类型配置研究——以河
北省康保县为例．水土保持研究，21（3）：279-283.

傅平顺，左慧林，李春艳．2009. 近50年林芝霜冻对气候变化的响应．西藏科技，（5）：59-61.

甘肃省科技厅．2001. 荒漠化防治与治沙技术．兰州：甘肃人民出版社：140.

高函，吴斌，张宇清，丁国栋．2010. 行带式配置柠条林防风效益风洞试验研究．水土保持学报，24（4）：
44-47.

高函．2010. 低覆盖度带状人工柠条林防风阻沙效应研究．北京林业大学博士学位论文：1-139.

高尚玉，张春来，邹学勇，伍永秋，魏兴琥，黄永梅，石莎，李汉东．2012. 京津风沙源治理工程效益
（第二版）．北京：科学出版社：64-65.

高廷，王静爱，李睿，岳耀杰．2011. 中国北方农牧交错带土地利用变化及预测分析．干旱区资源与环
境，25（10）：52-57.

格日乐，邹学勇，吴晓旭，钱江．2009. 近45年内蒙古乌审旗气候变化对沙尘天气的影响．干旱区研究，
26（5）：613-620.

巩国丽，刘纪远，邵全琴．2014. 基于RWEQ的20世纪90年代以来内蒙古锡林郭勒盟土壤风蚀研究．地
理科学进展，33（6）：825-834.

苟日多杰．2003. 柴达木盆地沙尘暴气候特征及其预报．气象科技，31（2）：84-87.

苟诗薇，伍永秋，夏冬冬，潘婕．2012. 青藏高原冬、春季沙尘暴频次时空分布特征及其环流背景．自然
灾害学报，21（5）：135-143.

顾琳．2003. 明清时期榆林城遭受流沙侵袭的历史记录及其原因的初步分析．中国历史地理论丛，
18（4）：52-56.

郭亮华，何彤慧，李勇，邱开阳．2010. 宁夏草地生态与畜牧业生产研究——从《宁夏回族自治区草原管
理条例》看宁夏草地生态与畜牧业经济良性互动的途径．农业工程技术（农产品加工业），（11）：
26-30.

郭索彦，刘宝元，李智广，邹学勇，刘淑珍．2014. 土壤侵蚀调查与评价．北京：中国水利水电出版社：
123-126.

郭学斌，梁爱军，郭晋平，梁凤玉．2011. 晋北风沙特点、防风林带结构及效益．水土保持学报，
25（6）：44-48.

韩东．2005. 青海省沙漠化现状及治理对策．中南林业调查规划，24（1）：5-8.

韩茜．2011. 北京市大气污染物中可吸入颗粒物（PM10）造成的健康损失研究——人力资本法实例研究．

北方环境，23（11）：150-152.

韩致文，陈广庭，胡英娣，姚正义 . 2000. 塔里木沙漠公路防沙体系建设几个问题的探讨 . 干旱区资源与环境，14（2）：35-40.

韩致文，王涛，董治宝，张伟民，王雪芹 . 2004. 风沙危害防治的主要工程措施及其机理 . 地理科学进展，23（1）：13-21.

郝玉光，卢平 . 1997. 乌兰布和沙区人工绿洲农田防护林小气候效益与作物产量关系的研究 . 林业科学研究，10（1）：19-23.

贺威 . 2014. 毛乌素沙地植被特征及其对土壤侵蚀的响应 . 内蒙古农业大学硕士学位论文：10-33.

侯青，安兴琴，王自发，王郁，孙兆斌 . 2011. 2002～2009 年兰州 PM$_{10}$ 人体健康经济损失评估 . 中国环境科学，31（8）：1398-1402.

花婷，王训明，次珍，张彩霞，郎丽丽 . 2012. 中国干旱、半干旱区近千年来沙漠化对气候变化的响应 . 中国沙漠，32（3）：618-624.

黄富祥，高琼 . 2001. 毛乌素沙地不同防风材料降低风速效应的比较 . 水土保持学报，15（1）：27-30.

黄富祥，牛海山，王明星，王跃思，丁国栋 . 2001. 毛乌素沙地植被覆盖率与风蚀输沙率定量关系 . 地理学报，56（6）：700-710.

黄琼中 . 2001. 拉萨市环境空气质量与气象特征分析 . 中国环境监测，17（6）：50-53.

江远安，魏荣庆，王铁，霍广勇，黄秉光 . 2007. 塔里木盆地西部浮尘天气特征分析 . 中国沙漠，27（2）：301-306

金炯，董光荣，邵立业，邹学勇，申建友，周广立，刘玉璋，郭迎胜 . 1991. 阿里地区狮泉河镇风沙危害与整治规划 . 中国沙漠，11（3）：20-28.

金文，王元，张玮 . 2003. 疏透型防护林绕林流场的 PIV 实验研究 . 实验流体力学，（4）：56-61.

靳正忠，雷加强，李生宇，徐新文 . 2017. 咸水滴灌下塔里木沙漠公路防护林土壤生化作用强度及微生物生态特征 . 生态学报，37（12）：4091-4099.

京津风沙源治理工程二期规划思路研究项目组 . 2013. 京津风沙源治理工程二期规划思路研究 . 北京：中国林业出版社：106-118.

康富贵，李耀辉 . 2010. 2010 年春季民勤沙地近地面沙尘气溶胶浓度特征 . 气象与环境学报，26（6）：6-12.

孔令强，田光进，柳晓娟 . 2017. 中国城市生活固体垃圾排放时空特征 . 中国环境科学，37（4）：1408-1417.

赖先齐，秦莉，张风华 . 2002. 新疆绿洲生态农业建设与可持续发展 . 中国生态农业学报，10（4）：129-130.

蓝晓宁，陈丽丽 . 2005. 新疆草原生态经济发展探析 . 塔里木大学学报，17（3）：104-108.

李飞，赵军，赵传燕，张小强 . 2011. 中国干旱半干旱区潜在植被演替 . 生态学报，31（3）：689-697.

李贵玲 . 2014. 浮尘影响下上海大气颗粒物的污染特征 . 华东理工大学硕士学位论文：11-56.

李建英，常学礼，蔡明玉，张继平，宋彦华 . 2008. 科尔沁沙地土地沙漠化与景观结构变化的关系分析 . 中国沙漠，28（4）：622-627.

李鸣冈 . 1980. 铁路两侧流沙固定的原则和措施 . 流沙治理研究 . 中国科学院兰州沙漠研究所沙坡头沙漠科学研究站（集刊）. 银川：宁夏人民出版社：27-48.

李庆 . 2016. 青藏高原土地沙漠化现代过程分析 . 北京师范大学博士学位论文：30-43.

李瑞凯，赵淑贤，黄玉忠 . 2001. 乌审旗沙漠化土地的变化分析与思考 . 内蒙古林业调查设计，24（4）：16-19.

李森，王跃，哈斯，杨萍，靳鹤龄，张甲坤 . 1997. 雅鲁藏布江河谷风沙地貌分类与发育问题 . 中国沙漠，17（4）：342-350.

李胜功 . 1994. 狮泉河谷地植被现状与风沙危害治理途径的初步研究 . 干旱区研究，11（2）：46-52.

李圣军 . 2013. 城镇化模式的国际比较及其对应发展阶段 . 改革，（3）：81-90.

李万志 . 2017. 近 54 年柴达木盆地风速特征研究 . 青海气象，（1）：40-44.

李文胜，苏文锷，刘钰华，侯平 . 1995. 新疆绿洲防护林体系结构优化模型与应用研究 . 干旱医资源与环境，9（4）：201-208.

李祥妹，赵卫，黄远林 . 2016. 基于生态系统承载能力核算的西藏高原草地资源区划研究 . 中国农业资源与区划，37（1）：167-173.

李晓英，姚正毅，肖建华，王宏伟 . 2016. 1961–2010 年青藏高原降水时空变化特征分析 . 冰川冻土，38（5）：1233-1240.

李新荣，回嵘，赵洋 . 2016. 中国荒漠生物土壤结皮生态生理学研究 . 北京：高等教育出版社：1-423.

李新荣，谭会娟，回嵘，赵洋，黄磊，贾荣亮，宋光 . 2018. 中国荒漠与沙地生物土壤结皮研究 . 科学通报，63（23）：2320-2334.

李旭谦，杜铁瑛 . 2015. 青海天然草地的不同退化类型 . 青海草业，24（3）：49-52.

李宇，徐新文，许波，李丙文，邱永志 . 2014. 塔里木沙漠公路防护林乔木状沙拐枣平茬复壮技术的研究 . 干旱区资源与环境，28（2）：103-108.

梁存利 . 2017. 模糊层次分析法在西藏草地退化研究中的应用 . 草地学报，25（1）：172-177.

梁书民，厉为民 . 2007. 青藏铁路对西藏城镇化的影响 . 西藏发展论坛，（1）：49-52.

廖莉团，苏欣，李小龙，马娜，王梦迪，周蕴薇 . 2014. 城市绿化植物滞尘效益及滞尘影响因素研究概述 . 森林工程，30（2）：21-24.

凌裕泉 . 1997. 最大可能输沙量的工程计算 . 中国沙漠，17（4）：362-368.

凌裕泉，屈建军，金炯 . 2003. 稀疏天然植被对输沙量的影响 . 中国沙漠，23（1）：12-17.

刘辰琛 . 2017. 植被周围气流场分布与土壤风蚀 . 北京师范大学博士学位论文：1-114.

刘多庆 . 2003. 风沙线上筑"长城"——记武威市凉州区清源镇王庄村党支部 . 党的建设，（6）：17.

刘飞雄 . 2015. 毛乌素沙地典型植被恢复模式生态效益研究 . 现代园艺，（8）：176.

刘广全，李文华，王鸿哲，马松涛，燕爱玲 . 2004. 沙棘苗木蒸腾耗水对土壤水分含量的响应 . 国际沙棘研究与开发，2（4）：21-26.

刘拓 . 2006. 中国土地沙漠化经济损失评估 . 中国沙漠，26（1）：40-46.

刘薇 . 2001. 浅谈城市外围化带的规划与用地管理 . 规划师，17（2）：96-98.

刘文彬，刘涛，黄祖照，刘叶新，邝俊侠 . 2013. 利用偏振–米散射激光雷达研究广州一次浮尘天气过程 . 中国环境科学，33（10）：1751-1757.

刘贤万 . 1993. 猁粒运动及其数理简析 . 中国沙漠，13（2）：1-7.

刘贤万 . 1995. 实验风沙物理与风沙工程学 . 北京：科学出版社：1-258.

刘贤万，凌裕泉，贺大良，陈福生 . 1982. 下导风工程的风洞实验研究——（1）平面上的实验 . 中国沙漠，2（4）：14-21.

刘小平，董治宝 . 2002. 湿沙的风蚀起动风速实验研究 . 水土保持通报，22（2）：59-62.

刘新春，钟玉婷，何清，艾力·买买提明 . 2011. 塔克拉玛干沙漠腹地沙尘气溶胶质量浓度的观测研究 . 中国环境科学，31（10）：1609-1617.

刘新平，董智新 . 2014. 新疆草地畜牧业增长及其要素贡献构成分析 . 新疆农业科学，51（10）：1955-1960.

刘新卫，张定祥，陈百明 . 2008. 快速城镇化过程中的中国城镇土地利用特征 . 地理学报，63（3）：301-310.

刘耀林，李纪伟，侯贺平，刘艳芳．2014．湖北省城乡建设用地城镇化率及其影响因素．地理研究，33（1）：132-142．

刘钰华，王树清．1994．新疆绿洲防护林体系．新疆环境保护，16（4）：87-91．

卢琦，吴波．2002．中国荒漠化灾害评估及其经济价值核算．中国人口·资源与环境，12（2）：29-33．

吕国君．2007．城市周边生态环境的可持续研究．科技资讯，（14）：155．

罗布次仁，晓柏，巫鹏飞．2007．近几年拉萨市环境空气质量状况及与部分气象要素的关系分析．西藏科技，（9）：52-55．

马士龙，丁国栋，郝玉光，肖辉杰，杨婷婷，尚润阳马．2006．单一白刺灌丛堆周围风速流场的试验研究．水土保持研究，13（6）：147-149．

毛东雷，雷加强，曾凡江，王翠，周杰，再努拉·热和木吐拉．2014．新疆策勒沙漠–绿洲过渡带不同下垫面地表蚀积变化特征．中国沙漠，34（4）：961-969．

毛曦．2004．试论城市的起源和形成．天津师范大学学报（社会科学版），（5）：38-42．

孟紫强．2000．环境毒理学．北京：中国环境科学出版社：338-380．

孟紫强，胡敏，郭新彪，李德鸿，潘小川．2003．沙尘暴对人体健康影响的研究现状．中国公共卫生，19（4）：471-472．

孟紫强，张剑，耿红，卢彬，张全喜．2007．沙尘暴对呼吸及循环系统疾病日门诊量的影响．中国环境科学，27（1）：116-120．

穆罕默德，赵莹莹，孙刚，周道玮．2001．节水灌溉技术研究进展．农业与技术，21（4）：27-32．

尼玛吉，杨勇，次珍，次仁央宗．2014.1981—2010年拉萨市降水特征分析．中国农学通报，30（17）：262-266．

庞营军，屈建军，陈怀顺，谢胜波，肖建华．2016．雅鲁藏布江江当宽谷区固沙措施对流沙理化性质的改良效应．水土保持通报，36（6）：67-72．

彭少麟．1996．恢复生态学与植被重建．生态科学，15（2）：26-31．

平措．2012．西藏拉萨市城市空气污染管理现状及其思考．西藏大学学报（自然科学版），27（1）：7-10．

秦小静，孙建，陈涛．2015．青藏高原温度与降水的时空变化研究．成都大学学报（自然科学版），34（2）：191-195．

冉津江，季明霞，黄建平，齐玉磊，李玥，管晓丹．2014．中国北方干旱区和半干旱区近60年气候变化特征及成因分析．兰州大学学报（自然科学版），50（1）：46-53．

任远际，陈静，龚杰昌．2012．林芝机场风场特征及对飞机起降的影响．科技视界，（27）：41-43．

沈建国，刘菲，牛生杰，姜学恭．2006．一次沙尘暴过程TSP质量浓度的连续观测和分析．中国沙漠，26（5）：786-791．

沈双全，杜越，徐丽君，欧春泉．2017.2015年我国城市空气质量时空特征分析．环境与健康杂志，34（3）：213-215．

盛连喜，许嘉巍，刘惠清．2005．实用生态工程学．北京：高等教育出版社：2-3．

石莎．2009．半干旱区城镇防沙治沙植被恢复与重建——以内蒙古乌审旗达布察克镇为例．北京师范大学博士学位论文：29-63．

石莎．2013．半干旱区城镇防沙治沙植被恢复与重建．北京：中央民族大学出版社：1-238．

石忆邵．2003．关于城市化的几个学术问题的讨论．同济大学学报（社会科学版），14（3）：33-38．

史培军，宋长青，景贵飞．2002．加强我国土地利用/覆盖变化及其对生态环境安全影响的研究——从荷兰"全球变化开放科学会议"看人地系统动力学研究的发展趋势．地球科学进展，17（2）：161-168．

史培军，严平，高尚玉，王一谋，哈斯，于云江．2000．我国沙尘暴灾害及其研究进展与展望．自然灾害学报，9（3）：71-77．

司志民，刘海洋，陈智，宣传忠，宋涛．2016．植被盖度和灌木带状配置对近地表风速廓线的影响．农机化研究，38（10）：178-182．

斯确多吉．2002．几种苜蓿在西藏林芝地区的引种比较试验．畜牧兽医杂志，21（6）：7-8．

孙保平．2000．荒漠化防治工程学．北京：中国林业出版社：192-196．

孙洪仁，马令法，何淑玲，李品红，刘爱红．2008．灌溉量对紫花苜蓿水分利用效率和耗水系数的影响，16（6）：636-645．

孙群郎．2011．美国城市美化运动及其评价．社会科学战线，（2）：94-101．

孙书存，包维楷．2005．恢复生态学．北京：化学工业出版社：1-25．

谭波，赵志军．2010．林芝机场地面大风特征分析及其对飞行的影响．资源开发与市场，26（12）：1071-1092．

佟斯琴，刘桂香，包玉海．2015．2000—2012年鄂尔多斯禁牧区植被覆盖度变化监测．水土保持通报，35（2）：136-140．

童玉芬，李若雯．2007．中国西北地区的人口城市化及与生态环境的协调发展．北京联合大学学报（人文社会科学版），5（15）：77-81．

土登次仁，袁杰，李银涛，刘英辉，康朝龙．2013．拉萨河谷地区第四纪沉积物特征及其意义．西藏大学学报（自然科学版），28（2）：18-21．

汪洋．2007．城市化过程中区域水环境管理响应探讨．城市道桥与防洪，（9）：167-170．

王安宇，王谦谦．1985．青藏高原大地形对冬季东亚大气环流的影响．高原气象，4（2）：109-120．

王存忠，牛生杰，王兰宁．2010．中国50a来沙尘暴变化特征．中国沙漠，30（4）：933-939．

王继和，马全林，刘虎俊，杨自辉，张德奎．2006．干旱区沙漠化土地逆转植被的防风治沙效益研究．中国沙漠，26（6）：903-909．

王旗，廖逸星，毛毅，华欣洋，王式功，吴波．2011．沙尘天气导致人群健康经济损失估算．环境与健康杂志，28（9）：804-808．

王汝幸．2017．北京市春季大气降尘及源解析（2008—2015）．北京师范大学博士学位论文：57-103．

王石英，蔡强国，吴淑安．2004．美国历史时期沙尘暴的治理及其对中国的借鉴意义．资源科学，26（1）：120-128．

王式功，王金艳，周自江，尚可政，杨德宝，赵宗锁．2003．中国沙尘天气的区域特征．地理学报，58（2）：193-200．

王微，周蕾．2015．宁夏草食畜牧业发展现状、潜力及优势分析．宁夏农林科技，56（11）：56-59．

王翔宇．2010．不同配置格局沙蒿灌丛防风阻沙效果研究．北京林业大学博士学位论文：1-125．

王彦平．2016．西北强风沙环境混凝土冲蚀磨损与防护材料试验研究．兰州交通大学博士学位论文：1-127．

王玉朝，赵成义．2001．绿洲—荒漠生态脆弱带的研究．干旱区地理，24（2）：182-188．

王忠林．1991．农田防护林结构特征与作物产量关系的探讨．陕西林业科技，（2）：49-52．

王遵娅，丁一汇，何金海，虞俊．2004．近50年来中国气候变化特征的再分析．气象学报，62（2）：228-236．

隗瀛涛．1989．重庆城市研究．成都：四川大学出版社：1-228．

魏立强．2003．城市化带来的环境问题．长春大学学报，13（6）：30-32．

乌审旗人民政府．2018．乌审旗2017年国民经济和社会发展统计公报．<http://www.wsq.gov.cn/index.html>

《乌审旗志》编撰委员会编．2001．乌审旗志．呼和浩特：内蒙古人民出版社：123-151．

邬建国．2000．景观生态学概念与理论．生态学杂志，19（1）：42-52．

吴斌，张宇清，吴秀芹．2009．中国沙区人居环境安全研究的初步探讨．中国沙漠，29（1）：50-55．

吴波，慈龙骏 . 1998. 五十年代以来毛乌素沙地荒漠化扩展及其原因 . 第四纪研究，（2）：165-172.

吴波，李晓松，刘文，杨晓晖，卢琦 . 2006. 京津风沙源工程区沙漠化防治区划与治理对策研究 . 林业科学，42（10）：65-70.

吴海，程妍东，倪继宾，李海钢 . 2005. 包头市城市系统中风沙天气与 TSP、PM$_{10}$、降尘之间量的对应关系 . 内蒙古林业调查设计，8（增刊）：28-31.

吴晓旭 . 2010. 半干旱风沙区城镇周边防沙技术——以内蒙古乌审旗达布察克镇为例 . 北京师范大学博士学位论文：1-102.

吴晓旭，邹学勇 . 2011. 内蒙古乌审旗风沙活动规律研究 . 自然灾害学报，20（1）：134-141.

吴晓旭，邹学勇，王仁德，钱江，格日乐 . 2009. 内蒙古乌审旗土地沙漠化退化过程研究 . 水土保持研究，16（1）：136-140.

吴正 . 1987. 风沙地貌学 . 北京：科学出版社：1-316.

吴正 . 2009. 中国沙漠及其治理 . 北京：科学出版社：670-671.

吴正，凌裕泉 . 1965. 风沙运动的若干规律及防止风沙危害的初步研究 . 治沙研究（第 7 号），北京：科学出版社：7-14.

吴正，彭世古 . 1981. 沙漠地区公路工程 . 北京：人民交通出版社：1-171.

吴正等 . 2003. 风沙地貌与治沙工程学 . 北京：科学出版社：1-449.

伍永秋 . 2018. 青藏高原地表物质组成分布图（1：250 万）. 西安：西安地图出版社 .

武弘麟 . 1999. 历史上中国北方农牧交错带土地利用演变过程 . 水土保持研究，6（4）：91-110.

西藏自治区地质矿产局 . 1993. 西藏自治区区域地质志 . 北京：地质出版社：1-334.

夏训诚，陈广庭，李崇舜，周兴佳，潘伯荣 . 1995. 塔里木沙漠石油公路工程技术研究 . 中国沙漠，15（1）：1-9.

辛林桂，程建军，王连，智凌岩，陈柏羽，王瑞 . 2018. 沙漠地区三种风沙侧向输导工程的数值模拟 . 水土保持通报，38（4）：195-201.

辛有俊，杜铁瑛，辛玉春，吴阿迪，陆福根 . 2011. 青海草地载畜量计算方法与载畜压力评价 . 青海草业，20（4）：13-22.

徐海，邹捍，李鹏，谭波 . 2014. 林芝机场地面强风的统计特征及其对飞行安全的影响 . 高原气象，33（4）：907-915.

徐雪梅，王燕 . 2004. 城市化对经济增长推动作用的经济学分析 . 城市发展研究，11（2）：48-52.

许成安，杨青 . 2003. 城市化与我国西部生态环境保护 . 生产力研究，（4）：26-28.

许端阳 . 2009. 气候变化和人类活动在沙漠化过程中相对作用的定量研究 . 南京农业大学博士学位论文：95-110.

许林书，许嘉巍 . 1996. 沙障成林的固沙工程及生态效益研究 . 中国沙漠，16（4）：392-396.

薛倩，牟凤云，涂植凤 . 2016. 毛乌素沙地植被覆盖度遥感动态监测——以内蒙古乌审旗为例 . 重庆第二师范学院学报，29（4）：169-173.

雅库波夫 Т Ф. 1956. 土壤风蚀及其防止 . 梁式弘译 . 北京：农业出版社：1-64.

杨迪 . 2002. 城市生活垃圾对扬尘污染的影响及其防治措施 . 科技情报开发与经济 . 12（4）：147-150.

杨根生，王一谋，赵兴梁 . 1993. 我国西北地区 "5.5" 强沙尘暴的危害状况与对策 . 甘肃气象，11（3）：43-48.

杨国清，刘耀林，吴志峰 . 2007. 基于 CA-Markov 模型的土地利用格局变化研究 . 武汉大学学报（信息科学版），32（5）：414-418.

杨和辰，张丹，楚宝临，张卫东，夏鹏超，袁睿，陈敏，杜敏，冀磊，陈旭，赵矿 . 2017. 青藏高原典型城市拉萨市大气颗粒物污染源成分谱建立研究与特征分析 . 中国环境监测，33（6）：46-54.

杨荣,何佳,周旗.2017.拉萨市近36年气候变化特征分析.宝鸡文理学院学报(自然科学版),
　37(2):68-73.

杨汝荣.2003.西藏自治区草地生态环境安全与可持续发展问题研究.草业学报,12(6):24-29.

杨瑞英,姜凤岐.1980.农田防护林提高粮食质量研究初报.林业科技通讯,(8):15-17.

杨文斌,杨红艳,卢琦,吴波,乐林,姚建成,王晶莹,胡小龙.2007.低覆盖度不同配置灌丛内风流结
　构与防风效果的风洞实验.中国沙漠,27(5):791-796.

杨文斌,董慧龙,卢琦,王晶莹,梁海荣,姜丽娜,赵爱国.2011.低覆盖度固沙林的乔木分布格局与防
　风效果.生态学报,31(17):5000-5008.

杨文斌,李卫,党宏忠,冯伟,卢琦,姜丽娜,杨红艳,吴雪琼.2015.低覆盖度治沙:原理、模式与效
　果.北京:科学出版社:1-378.

杨晓鹏,张志良.1994.青海省人口承载力的地区分布与地理背景.西北人口,(1):23-27.

杨逸畴.1984.雅鲁藏布江河谷风沙地貌的初步观察.中国沙漠,4(3):12-15.

杨永春,刘治国.2007.近20a来中国西部河谷型城市固体废弃物污染变化趋势.干旱区资源与环境,
　21(12):47-56.

杨越,哈斯,孙保平,杜会石,赵岩,钟晓娟.2012.毛乌素沙地南缘不同植被恢复类型的土壤养分效应.
　中国农学通报,28(10):37-42.

姚慧茹,李栋梁.2016.1971—2012年青藏高原春季风速的年际变化及对气候变暖的响应.气象学报,
　74(1):60-75.

叶笃正,罗四维,朱抱真.1957.西藏高原及其附近的流场结构和对流层大气的热量平衡.气象学报,
　28(2):108-121.

于云江,史培军,鲁春霞,刘家琼.2003.不同风沙条件对几种植物生态生理特征的影响.植物生态学
　报,27(1):53-58.

俞孔坚,吉庆萍.2000a.国际"城市美化运动"之于中国的教训(上)——渊源、内涵与蔓延.中国园
　林,16(1):27-33.

俞孔坚,吉庆萍.2000b.国际"城市美化运动"之于中国的教训(下).中国园林,16(2):32-35.

岳耀杰,王静爱,易湘生,史培军,邹学勇,张峰.2008.中国北方沙区城市风沙灾害危险度评价——基
　于遥感、地理信息系统和模型的研究.自然灾害学报,17(1):15-20.

岳耀杰.2008.减轻土壤风蚀的土地利用评价与结构优化研究——以半干旱区榆阳区为例.北京师范大学
　博士学位论文:1-163.

曾加芹.2007.1985~2005年西藏资源人口承载力探析.西南农业学报,20(4):843-849.

曾文彬.1996.荒漠绿洲农田防护林体系的效益.新疆林业,(5):27-31.

张爱林,蒋作平,尕玛多吉.2006.西藏仲巴:风沙刮9个月,沙漠撵城跑.新华每日电讯,2006年4月
　3日第8版.

张存桂.2013.青藏高原蒸发皿蒸发量的时空变化对水平衡的影响.青海师范大学硕士学位论文:13-28.

张登山,高尚玉,石蒙沂,哈斯,严平,鲁瑞洁.2009.青海高原土地沙漠化及其防治.北京:科学出版
　社:1-194.

张广才,于卫平,刘伟泽,王富伟,黄利江,张德龙.2004.毛乌素沙地不同治理措施植被恢复效果分析.
　林业科学研究,17(S1):53-57.

张核真,唐小萍.2002.拉萨气候与沙尘日数的变化趋势及其关系.西藏科技,(12):51-52.

张惠远,王仰麟.2000.土地资源利用的景观生态优化方法.地学前缘,7(增刊):112-120.

张继义,赵哈林,崔建垣,李玉霖,苏永中.2005.沙地植被恢复过程中克隆植物分布及其对群落物种多
　样性的影响.林业科学,41(1):5-9.

张靖 . 2014. 1977–2012 年乌审旗沙漠化演变景观格局分析 . 大连民族学院学报, 16 （3）: 253-257.

张俊良, 彭艳 . 2006. 我国小城镇人口规模问题研究 . 农村经济, （9）: 102-104.

张克存, 屈建军, 俎瑞平, 方海燕 . 2005. 不同结构的尼龙网和塑料网防沙效应研究 . 中国沙漠, 25 （4）: 483-487.

张克存, 屈建军, 牛清河, 张伟民, 韩庆杰 . 2010. 青藏铁路沿线砾石方格固沙机理风洞模拟研究 . 地球科学进展, 25 （3）: 284-289.

张奎壁, 邹受益 . 1989. 治沙原理与技术 . 北京: 中国林业出版社: 35-44.

张林源, 蒋兆理 . 1992. 论我国西北干旱气候的成因 . 干旱区地理, 15 （2）: 1-12.

张娜 . 2017. 内蒙古草原畜牧业适度规模经营研究 . 内蒙古大学硕士学位论文: 1-73.

张鹏骞, 朱明淏, 刘艳菊, 杨峥 . 2017. 北京路边 9 种植物叶片表面微结构及其滞尘潜力研究 . 生态环境学报, 26 （12）: 2126-2133.

张日升 . 2017. 辽宁风沙区农田防护林对农作物产量的影响 . 防护林科技, （5）: 10-12.

张胜邦, 董旭 . 1997. 青海格尔木市防治荒漠化规划研究 . 北京: 中国环境科学出版社: 34-63.

张桐, 洪秀玲, 孙立炜, 刘玉军 . 2017. 6 种植物叶片的滞尘能力与其叶面结构的关系 . 北京林业大学学报, 39 （6）: 70-77.

张铜会, 赵哈林 . 2000. 科尔沁沙地采用人工植被对流沙治理的技术 . 中国沙漠, 20 （增刊）: 48-52.

张新, 聂观涛 . 2004. 坚持城乡统筹推进郊区经济社会协调发展 . 城郊发展, （1）: 4-7.

张永仲 . 2007. 创建绿色宜居北京——北京第二道绿化隔离地区的规划与建设 . 北京规划建设, （6）: 88-91.

张玉, 宁大同, Smil V. 1996. 中国荒漠化灾害的经济损失评估 . 中国人口·资源与环境, 6 （1）: 45-49.

张远东 . 2002. 荒漠绿洲过渡带植被与绿洲稳定性研究 . 东北林业大学博士学位论文: 1-136.

张占峰, 张焕平, 马小萍 . 2014. 柴达木盆地平均风速与大风日数的变化特征 . 干旱区资源与环境, 28 （10）: 90-94.

张志刚, 高庆先, 矫梅燕, 毕宝贵, 延昊, 任阵海 . 2007. 影响北京地区沙尘天气的源地和传输路径分析 . 环境科学研究, 20 （4）: 21-27.

张仲平 . 2006. 毛乌素沙地植被格局变化及水分收支平衡分析——以乌审旗为例 . 内蒙古大学硕士学位论文: 1-55.

章家恩, 徐琪 . 1999. 恢复生态学研究的一些基本问题探讨 . 应用生态学报, 10 （1）: 109-113.

赵晨光, 李青丰 . 2014. 毛乌素沙地不同植被条件下的土壤风蚀效果 . 草原与草业, 26 （2）: 38-43.

赵成义, 王玉朝, 李国振 . 2001. 荒漠—绿洲边缘区研究 . 水土保持学报, 15 （3）: 93-97.

赵强, 周余萍 . 2002. 青海沙尘暴分布特征及其与大风天气的关系 . 青海气象, （3）: 12-16.

赵彤彤, 宋邦国, 陈远生, 闫慧敏, 徐增让 . 2017. 西藏一江两河地区人口分布与地形要素关系分析 . 地球信息科学学报, 19 （2）: 225-237.

赵文智, 董光荣, 孙宏义 . 1998. 西藏八邡公路沙害治理条件评价及方法 . 中国沙漠, 18 （3）: 226-232.

赵性存 . 1985. 中国沙漠地区铁路的修筑 . 中国沙漠, 5 （2）: 3-10.

赵性存, 潘必文 . 1965. 风沙对铁路危害及其防治措施 . 地理, （1）: 13-17.

赵煜飞, 张强, 余予, 杨贵 . 2017. 中国小时风速数据集研制及在青藏高原地区的应用 . 高原气象, 36 （4）: 930-938.

郑捷, 王自发, 朱江, 李杰, Fang F, Pain C C. 2016. 非结构网格空气质量模式对东亚强沙尘暴的初步模拟研究 . 气候与环境研究, 21 （6）: 663-677.

郑元润 . 2000. 西部大开发与可持续生态环境建设 . 世界科技研究与发展, （2）: 74-76.

中国科学院学部 . 2003. 关于加速西藏农牧业结构调整与发展的建议 . 地球科学进展, 18 （2）: 165-167.

中国可持续发展林业战略研究项目组.2002.中国可持续发展林业战略研究总论.北京：中国林业出版社：235-239.

中华人民共和国国务院.2011.国务院关于印发全国主体功能区规划的通知.中华人民共和国国务院公报，(17)：3-89.

中华人民共和国国务院.2014.中共中央国务院印发《国家新型城镇化规划（2014—2020年)》.中华人民共和国国务院公报，(9)：4-32.

中华人民共和国环境保护部，质量监督检验检疫总局.2012.环境空气质量标准（GB 3095—2012).北京：中国环境科学出版社：1-6.

中华人民共和国林业部防治荒漠化办公室.1994.联合国关于在发生严重干旱和/或沙漠化的国家特别是在非洲防治沙漠化的公约.北京：中国林业出版社：2-3.

中华人民共和国水利部，中华人民共和国国家统计局.2013.第一次全国水利普查公报.北京：中国水利水电出版社：1-20.

中华人民共和国水利部.2014.防洪标准（GB 50201-2014).北京：中国计划出版社：5-6.

中国科学院新疆资源开发综合考察队.1994.新疆第四纪地质与环境.北京：中国农业出版社：196-211.

钟巍，熊黑钢.1999.塔里木盆地南缘4ka B. P.以来气候环境演化与古城镇废弃事件关系研究.中国沙漠，19(4)：343-347.

周成虎，孙战利，谢一春.1999.地理元胞自动机研究.北京：科学出版社：1-29.

周军莉，王元，张国强.2005.林带宽高比对防护效应的影响.建筑热能通风空调，24(5)：102-105.

周蕾，王银惠，王微.2015.宁夏草食畜牧业发展现状及对策.宁夏农林科技，56(10)：46-49.

周理荣.2018.加快小城镇建设，促进地方经济发展.城市建设理论研究（电子版)，(17)：181.

周娜，张春来，田金鹭，亢力强.2014.半隐蔽式草方格沙障凹曲面形成的流场解析及沉积表征.地理研究，33(11)：2145-2156.

周平，李吉跃，招礼军.2002.北方主要造林树种苗木蒸腾耗水特性研究.北京林业大学学报，24(6)：50-55.

周士威，程致力，尹洁芬.1987.林带防风效应的实验.林业科学，23(1)：11-23.

周旭，张镭，郭琪，衣娜娜，田鹏飞，陈丽晶.2017.强沙尘暴的数值模拟及PM_{10}浓度的时空变化分析.中国环境科学，37(1)：1-12.

朱抱真，丁一汇，罗会邦.1990.关于东亚大气环流和季风的研究.气象学报，48(1)：4-16.

朱景朝，宁义杰.2013.新疆在沙漠腹地发现喀拉沁古城 出土精美兵器.深圳大学学报（人文社会科学版)，30(2)：110.

朱丽艳，李百航，洪忠，朱仕荣，李华.2008.西藏林芝机场周边防沙治沙技术研究.林业建设，(3)：5-9.

朱振华.2008.毛乌素沙地飞播后植被演替规律研究.内蒙古农业大学硕士学位论文：8-9.

朱震达，吴正，刘恕.1980.中国沙漠概论（修订版).北京：科学出版社：1-107.

朱震达，赵兴梁，凌裕泉，胡英娣，王涛.1998.治沙工程学.北京：中国环境科学出版社：1-191.

卓嘎，德庆卓嘎，陈涛.2009.拉萨市大气污染分布特征及气象影响因子分析.中国环境监测，25(1)：90-97.

卓嘎，陈思蓉，周兵.2018.青藏高原植被覆盖时空变化及其对气候因子的响应.生态学报，38(9)：3208-3218.

邹学勇，董光荣.1992.森格藏布河谷盆地第四纪地貌发育和环境演变.干旱区资源与环境，6(1)：58-67.

邹学勇，董光荣.1993.风沙物理学的发展与展望.地球科学进展，8(6)：44-49.

邹学勇, 刘玉璋, 张春来, 董光荣, 刘连友, 高尚玉, 史培军, 严平, 哈斯. 2004. 西藏八一镇—邛多江公路沙害成因与治理. 自然灾害学报, 13 (6): 15-24.

邹学勇, 董光荣, 王周龙. 1995. 戈壁风沙流若干特征研究. 中国沙漠, 15 (4): 368-373.

邹学勇, 张春来, 吴晓旭, 石莎, 钱江, 王仁德. 2010. 城镇防沙的理论框架与技术模式. 中国沙漠, 30 (1): 8-25.

Allen J R L. 1982. Simple models for the shape and symmetry of tidal sand waves: (1) statically stable equilibrium forms. Marine Geology, 48: 31-49.

Allgaier A. 2008. Aeolian sand transport and vegetation cover. Arid Dune Ecosystems, 200: 211-224.

Anderson R S, Haff P K. 1988. Simulation of eolian saltation. Science, 241: 820-823.

Anderson R S, Hallet B. 1986. Sediment transport by wind: Toward a general model. Geological Society of America Bulletin, 97: 523-535.

Ash J E, Wasson R J. 1983. Vegetation and sand mobility in the Australian desert dunefield. Zeitschrift für Geomorphologies, 45 (s): 7-25.

Bagnold R A. 1941. The Physics of Blown Sand and Desert Dunes. London: Methuen Company: 1-265.

Beach Erosion Board Corps of Engineers. 1960. Sand moement by wind action (on the characteristic of sand traps). Technical Memorandum, 119: 1-51.

Belly P Y. 1964. Sand moement by wind. U. S. Army Coastal Engineering Research Center. Technical Memorandum, No. 1, Washington, D. C.

Bitog J P, Lee I B, Hwang H S, Shin M H, Hong S W, Seo I H, Kwon K S, Mostafa E, Pang Z. 2012. Numerical simulation study of a tree windbreak. Biosystems Engineering, 111 (1): 40-48.

Black D, Henderson J V. 1999. Theory of urban growth. Journal of Political Economy, 107: 252-284.

Bofah K K, Al-Hinai K G. 1986. Field tests of porous fences in the regime of sand-laden wind. Journal of Wind Engineering and Industrial Aerodynamics, 23: 309-319.

Bolca M, Turkyilmaz B, Kurucu Y, Altinbas U, Esetlili M T, Gulgun B. 2007. Determination of impact of urbanization on agricultural land and wetland land use in Balçovas' Delta by remote sensing and GIS technique. Environmental Monitoring and Assessment, 131: 409-419.

Boldes U, Colman J, Maranon Di Leo J. 2001. Field study of the flow behind single and double row herbaceous windbreaks. Journal of Wind Engineering and Industrial Aerodynamics, 89: 665-687.

Borrelli J, Gregory J M, Abtew W. 1987. Wind barriers: a reevaluation of height, spacing, and porosity. Transactions of the American Society of Agricultural Engineers, 32 (32): 2023-2027.

Bradley E F, Mulhearn P J. 1983. Development of velocity and shear stress distribution in the wake of a porous shelter fence. Journal of Wind Engineeringand Industrial Aerodynamics, 15: 145-156.

Brown S, Nickling W G, Gillies J A. 2008. A wind tunnel examination of shear stress partitioning for an assortment of surface roughness distributions. Journal of Geophysical Research: Atmospheres, 113 (F2): F02S06, doi: 10. 1029/2007JF000790.

Bu C F, Zhao Y, Hill L R, Zhao C, Yang Y, Zhang P, Wu S. 2015a. Wind erosion prevention characteristics and key influencing factors of bryophytic soil crusts. Plant and Soil, 397 (1-2): 163-174.

Bu C F, Wu S F, Han F P, Yang Y, Meng J. 2015b. The combined effects of moss-dominated biocrusts and vegetation on erosion and soil moisture and implications for disturbance on the Loess Plateau, China. PLoS One, 10 (5): e0127394.

Bu C F, Zhang K, Zhang C, Wu S. 2015c. Key factors influencing rapid development of potentially dune-stabilizing moss-dominated crusts. PLoS One, 10 (7): e0134447.

Bu C F, Wang C, Yang Y, Zhang L. 2017. Physiological responses of artificial moss biocrusts to dehydration-rehydration process and heat stress on the Loess Plateau, China. Journal of Arid Land, 9 (3): 419-431.

Bu C F, Li R X, Wang C, Bowker M A. 2018. Successful field cultivation of moss biocrusts on disturbed soil surfaces in the short term. Plant and Soil, 429 (1-2): 227-240.

Buckley P Y. 1987. The effect of sparse vegetation on the transport of dune sand by wind. Nature, 325 (6103): 426-428.

Buettner T. 2015. Urban estimates and projections at the United Nations: The strengths, weaknesses, and underpinnings of the world urbanization prospects. Spatial Demography, 3 (2): 91-108.

Burri K, Gromke C, Lehning M, Graf F. 2011. Aeolian sediment transport over vegetation canopies: A wind tunnel study with live plants. Aeolian Research, 3 (3): 205-213.

Campen M J, Nolan J P, Schladweiler M C, Kodavanti U P, Evansky P A, Costa D L, Watkinson W P. 2001. Cardiovascular and thermoregulatory effects of inhaled PM-associated transition metals: A potential interact ion between nickel and vanadium sulfate. Toxicological Sciences, 64 (2): 243-252.

Carborn J M. 1957. Shelter Belts and Microclimate. Bulletin 29, Forestry Commission, H. M. S. O. , London: 1-125.

Chalmers A T, Van Metre P C, Callender E. 2007. The chemical response of particle-associated contaminants in aquatic sediments to urbanization in New England, U. S. A. Journal of Contaminant Hydrology, 91: 4-25.

Chen L, Xie Z, Hu C, Li D, Wang G, Liu Y. 2006. Man-made desert algal crusts as affected by environmental factors in Inner Mongolia, China. Journal of Arid Environments, 67 (3): 521-527.

Cheng H, Zou X, Zhang C, 2007. A study of the number of sand grains lifting off per unit time and per unit sand bed area. Journal of Geophysical Research: Atmospheres, 112 (D15), doi: 10. 1029/ 2006JD007641.

Cheng H, Liu C, Zou X, Li J, He J, Liu B, Wu Y, Kang L, Fang Y. 2015. Aeolian creeping mass of different grain sizes over sand beds of varying length. Journal of Geophysical Research: Earth Surface, 120: 1404-1417.

Cheng H, He W, Liu C, Zou X, Kang L, Chen T, Zhang K. 2018. Transition model for airflow fields from single plants to multiple plants. Agricultural and Forest Meteorology, 266-267: 29-42.

Cheng L, Lu Q, Wu B, Yin C, Bao Y, Gong L. 2016. Estimation of the costs of desertification in China: A critical review. Land Degradation & Development (Special issue), doi: 10. 1002/ldr. 2562.

Chepil W S. 1945. Dynamics of wind erosion: III. The transport capacity of the wind. Soil Science, 60 (65): 475-480.

Chepil W S. 1946. Dynamics of wind erosion: V. Cumulative intensity of soil drifting across eroding field. Soil Science, 61 (3): 257-263.

Cleugh H A. 1998. Effects of windbreaks on airflow, microclimates and crop yields. Agroforestry Systems, 41 (1): 55-84.

Cornelis W, Gabriëls D. 2005. Optimal windbreak design for wind-erosion control. Journal of Arid Environments, 61 (2): 315-332.

Crawley D M, Nickling W G. 2003. Drag partition for regularly-arrayed rough surfaces. Boundary-Layer Meteorology, 107 (2): 445-468.

Cui Q, Feng Z, Pfiz M, Veste M, Kuppers M, He K, Gao J. 2012. Trade-off between shrub plantation and wind-breaking in the arid sandy lands of Ningxia, China. Pakistan Journal of Botany, 44 (5): 1639-1649.

Donat M G, Lowry A L, Alexander L V, O'Gorman P A, Maher N. 2016. More extreme precipitation in the world's dry and wet regions. Nature: Climate Change, 6: 508-513.

Dong G R, Li C Z, Jin J, Gao S Y, Wu D. 1987. Some results of the simulant experiment on wind erosion soil in wind tunnel. Chinese Science Bulletin, 32 (24): 1703-1709.

Dong Z, Luo W, Qian G, Wang H. 2007. A wind tunnel simulation of the mean velocity fields behind upright porous fences. Agricultural and Forest Meteorology, 146 (1): 82-93.

Dong Z, Luo W, Qian G, Lu P. 2008. Wind tunnel simulation of the three-dimensional airflow patterns around shrubs. Journal of Geophysical Research: Earth Surface, 113 (F2), F03016, doi: 10.1029/2007JF000967.

Dupont S, Bergametti G, Marticorena B, Simoëns S. 2013. Modeling saltation intermittency. Journal of Geophysical Research: Atmospheres, 118 (13): 7109-7128.

Dupont S, Bergametti G, Simoëns S. 2015. Modeling aeolian erosion in presence of vegetation. Procedia IUTAM, 17 (2): 91-100.

Dyer K. 1986. Coastal and estuarine sediment dynamics. Chichester: Wiley: 1-358.

Fang H, Wu X, Zou X, Yang X. 2018. An integrated simulation-assessment study for optimizing wind barrier design. Agricultural and Forest Meteorology, 263: 198-206.

Fryberger S G. 1979. Dune form and wind regime. US Geological Survey Professional Paper, 1052: 137-169.

Fryrear D W. 1985. Soil cover and wind erosion. Transactions of the American Society of Agricultural Engineers, 28 (3): 781-784.

Fryrear D W, Saleh A, Bilbro J D, Schomberg H M, Stout J E, Zobeck T M. 1998. Revised Wind Erosion Equation. Wind Erosion and Water Conservation Research Unit, USDA-ARS, Southern Plains Area Cropping Systems Research Laboratory. Technical Bulletin No. 1: 1-175.

Gao X. 2002. Function and structure of the farmland shelterbelts in northern area of Shanxi Province. Journal of Forestry Research, 13 (3): 217-220.

Gillette D A, Stockton P H. 1989. The effect of nonerodible particles on the wind erosion of erodible surfaces. Journal of Geophysical Research: Atmospheres, 94 (D10): 12885-12893

Gillette D A, Adams J, Endo A, Smith D, Kihl R. 1980. Threshold velocities for impact of soil particles in the air by desert soils. Journal of Geophysical Research: Oceans, 85 (C10): 5621-5630.

Gillies J A, Lancaster N. 2013. Large roughness element effects on sand transport, Oceano Dunes, California. Earth Surface Processes and Landforms, 38 (8): 785-792.

Gillies J A, Nickling W G, King J. 2002. Drag coefficient and plant form-response to wind speed in three plant species: burning bush (Euonymus alatus), Colorado blue spruce (Picea pungens glauca.), and fountain grass (Pennisetum setaceum). Journal of Geophysical Research: Atmospheres, 107 (D24): 4760-4774.

Gillies J A, Nield J M, Nickling W G. 2014. Wind speed and sediment transport recovery in the lee of a vegetated and denuded nebkha within a nebkha dune field. Aeolian Research, 12: 135-141.

Greeley R, Iversen J D, Pollack J B, Udovich N, White B. 1974. Wind tunnel studies of Martian Aeolian processes. Proceedings of Royal society London: Series A, 341: 331-360.

Gregory J M, Wilson R G, Singh U B. 1993. Wind erosion: detachment and maxium transport rate. Written for presentation at the 1993 International Summer Meeting Sponsored by ASAE and CSAE, No. 932050.

Gross G. 1987. A numerical study of the air flow within and around a single tree. Boundary-layer meteorology, 40 (4): 311-327.

Guan D, Zhang Y, Zhu T. 2003. A wind-tunnel study of windbreak drag. Agricultural and Forest Meteorology, 118: 75-84.

Han L F, Xu Y P, Yang L, Deng X J. 2015. Changing structure of precipitation evolution during 1957-2013 in Yangtze River Delta, China. Stochastic Environmental Research and Risk Assessment, 29: 2201-2212.

Han Z, Wang T, Sun Q, Dong Z, Wang X. 2003. Sand harm in Taklimakan Desert highway and sand control. Journal of Geographical Sciences, 13（1）：45-53.

Handerson V. 2002. Urbanization in developing countries. The World Bank Research Observer, 17（1）：89-112.

Harris R B. 2010. Rangeland degradation on the Qinghai-Tibetan Plateau：A review of the evidence of its magnitude and causes. Journal of Arid Environments, 74：1-12.

Held I M, Soden B J. 2006. Robust responses of the hydrological cycle to global warming. Journal of Climate, 19：5686-5699.

Henderson V. 2003. The urbanization process and economic growth：The so-what question. Journal of Economic Growth, 8：47-71.

Hotta S, Kubota S, Katori S, Horikawa K. 1985. Sand transport by wind on a wet sand surface. Proceedings of 19th Coastal Engineering Conference, Houston. 1265-1281.

Howard A D, Morton J B, Gadelhak M, Pierce D B. 1978. Sand transport model of barchan dune equilibrium. Sedimentology, 25（3）：307-338.

Hu C X, Zhang D L, Liu Y D. 2004. Research progress on algae of the microbial crusts in arid and semiarid regions. Progress in Natural Science, 14（4）：289-295.

Indoitu R, Orlovsky L, Orlovsky N. 2012. Dust storms in Central Asia：Spatial and temporal variations. Journal of Arid Environments, 85：62-70.

Johnson J W. 1965. Sand moment on coastal dunes. Proceedings-Federal Inter-Agency Sedimentation Conference, United States Department agriculture miscellaneous Publication, No. 970：747-755.

Judd M J, Raupach M R, Finnigan J J. 1996. A wind tunnel study of turbulent flow around single and multiple windbreaks, part I：velocity fields. Boundary-Layer Meteorology, 80（1-2）：127-165.

Kalnay E, Cai M. 2003. Impact of urbanization and land-use change on climate. Nature, 423：528-531.

Kang L, Zhang J, Yang Z, Zou X, Cheng H, Zhang C. 2018. Experimental investigation on shear-stress partitioning for flexible plants with approximately zero basal-to-frontal area ratio in a wind tunnel. Boundary-Layer Meteorology, 169（2）：251-273.

King J, Nickling W G, Gillies J A. 2005. Representation of vegetation and other non-erodible elements in aeolian shear stress partitioning models for predicting transport threshold. Journal of Geophysical Research：Earth Surface, 110（F4）, F04015, doi：10. 1029/2004JF000281.

Kok J F, Parteli E J, Michaels T I, Karam D B. 2012. The physics of wind-blown sand and dust. Reports on Progress in Physics, 75（10）：106901-107019.

Kühn M. 2003. Greenbelt and green heart：Separating and integrating landscapes in European city regions. Landscape and Urban Planning, 64：19-27.

Lan S B, Wu L, Zhang D L, Hu C. 2015. Effects of light and temperature on open cultivation of desert cyanobacterium *Microcoleus vaginatus*. Bioresource Technology, 182：144-150.

Lan S, Zhang Q, Wu L, Liu Y, Zhang D, Hu C. 2014. Artificially accelerating the reversal of desertification：Cyanobacterial inoculation facilitates the succession of vegetation communities. Environmental Science and Technology, 48（1）：307-315.

Lancaster N, Baas A. 1998. Influence of vegetation cover on sand transport by wind：field studies at Owens Lake, California. Earth Surface Processes and Landforms, 23（1）：69-82.

Lee J P, Lee E J, Lee S J. 2014. Shelter effect of a fir tree with different porosities. Journal of Mechanical Science and Technology, 28（2）：565-572.

Leenders J K, Van Boxel J H, Sterk G. 2007. The effect of single vegetation elements on wind speed and sediment transport in the Sahelian zone of Burkina Faso. Earth Surface Processes and Landforms, 32 (10): 1454-1474.

Leenders J K, Sterk G, Boxel J H V. 2011. Modeling windblown sediment transport around single vegetation elements. Earth Surface Processesand Landforms, 36 (9): 1218-1229.

Li B, Ellis J T, Sherman D J. 2014. Estimating the impact threshold for wind-blown sand. Journal of Coastal Research, 70 (s): 627-632.

Li J, Okin G S, Herrick J E, Belnap J, Miller M E, Vest K, Draut A E. 2013. Evaluation of a new model of aeolian transport in the presence of vegetation. Journal of Geophysical Research: Earth Surface, 118 (1): 288-306.

Li S, Dong G, Shen J, Yang P, Liu X, Wang Y, Jin H, Wang Q. 1999. Formation mechanism and development pattern of aeolian sand landform in Yarlung Zangbo River valley. Science in China Series D: Earth Sciences, 42 (3): 272-284.

Liu C, Zheng Z, Cheng H, Zou X. 2018. Airflow around single and multiple plants. Agricultural and Forest Meteorology, 252: 27-38.

Lyles L, Krauss R K. 1971. Threshold velocities and initial particle motion as influenced by air turbulence. Transactions of the American Society of Agricultural Engineers, 14 (3): 563-566.

Marticorena B, Bergametti G, Aumont B, Callot Y, Legrand M. 1997. Modeling the atmospheric dust cycle: 2. Simulation of Saharan sources, Journal of Geophysical Research: Atmospheres, 102 (D4): 4387-4404.

Mayaud J R, Wiggs G F S, Bailey R M. 2016. Characterizing turbulent wind flow around dryland vegetation. Earth Surface Processes and Landforms, 41 (10): 1421-1436.

McDaniel J, Alley K. 2005. Connecting local environmental knowledge and land use practices: A human ecosystem approach to urbanization in West Georgia. Urban Ecosystems, 8: 23-38.

McKenna-Neuman C, Nickling W G. 1989. A theoretical and wind tunnel investigation of the effect of capillary water on the entrainment of sediment by wind. Canadian Journal of Soil Science, 69: 79-96.

Mohammed A E, Stigter C J, Adam H S. 1996. On shelterbelt design for combating sand invasion. Agriculture, Ecosystems & Environment, 57 (2-3): 81-90.

Momber A W. 2000. The erosion of cement paste, mortar and concrete by gritblasting. Wear, 246 (1-2): 46-54.

Mugica V, Maubert M, Torres M, Muñoz J, Rico E. 2002. Temporal and spatial variations of metal content in TSP and PM_{10} in Mexico City during 1996−1998. Journal Aerosol Science, 33: 91-102.

Musick H B, Gillette D A. 1990. Field evaluation of relationships between a vegetation structural parameter and sheltering against wind erosion. Land Degradation and Development, 2 (2): 87-94.

Nevalainen J, Pekkanen J. 1998. The effect of particulate air pollution on life expectancy. Science of the Total Environment. 217 (1-2): 137-241.

Nickling W G. 1984. The stabilizing role of bonding agents on the entrainment of sediment by wind. Sedimentology, 31 (1): 111-117.

Nickling W G. 1988. Initiation of particle movement by wind. Sedimentology, 35 (3): 499-511.

Nickling W G, Ecclestone M. 1981. The effects of soluble salts on the threshold shear velocity of fine sand. Sedimentology, 28: 505-510.

Nkonya E, Gerber N, Baumgartner P, von Braun J, De Pinto A, Graw V, Kato E, Kloos J, Walter T. 2011. The economics of land degradation: toward and integrated global assessment. ZEF-Discussion Papers on Development Policy No. 150. Bonn: Center for Development Research. 1-184.

Normile D. 2007. Getting at the roots of killer dust storms. Science, 317 (5836): 314-316.

Okin G S. 2008. A new model of wind erosion in the presence of vegetation. Journal of Geophysical Research: Earth

Surface, 113 (F2), F02S10, doi: 10. 1029/2007JF000758.

Okin G S, Gillette D A. 2001. Distribution of vegetation in wind - dominated landscapes: Implications for wind erosion modeling and landscape processes. Journal of Geophysical Research: Atmospheres, 106 (106): 9673-9683.

Park C H, Li X R, Zhao Y, Jia R L, Hur J S. 2017. Rapid development of cyanobacterial crust in the field for combating desertification. PLoS One, 12 (6): e0179903.

Perera M D A E S, 1981. Shelter behind two-dimensional solid and porous fences. Journal of Wind Engineering and Industrial Aerodynamics, 8: 93-104.

Plate E J. 1971. The aerodynamics of shelterbelts. Agricultural and Forest Meteorology, 8: 203-222.

Prach K, Pyšek P, Šmilauer P. 1997. Changes in species types during succession: A search for pattern. Oikos, 79 (1): 201-205.

Prach K, Pyšek P, Šmilauer P. 1999. Predition of vegetation succession in human-disturbed habitats using an expert system. Restoration Ecology, 7 (1): 15-23.

Puustinen A, Hameri K, Pekkanen J, Kulmala M, de Hartog J, Meliefste K, ten Brink H, Kos G, Katsouyanni K, Karakatsani A, Kotronarou A, Kavouras I, Meddings C, Thomas S, Harrison R, Ayres J G, van der Zee S, Hoek G. 2007. Spatial variation of particle number and mass over four European cities. Atmospheric Environment, 41: 6622-6636.

Pye K, Tsoar H. 1990. Aeolian Sand and Sand Dunes. London: Hyman Unwin: 1-396.

Qian W, Tang X, Quan L. 2004. Regional characteristics of dust storms in China. Atmospheric Environment, 38: 4895-4907.

Qiu G Y, Lee I B, Shimizu H, Gao Y, Ding G D, 2004. Principles of sand dune fixation with straw checkerboard technology and its effects on the environment. Journal of Arid Environments, 56 (3): 449-464.

Raine J K, Stevenson D C. 1977. Wind protection by model fences in a simulated atmospheric boundary layer. Journal of Wind Engineering and Industrial Aerodynamics, 2: 159-180.

Ralf S, Alexey V. 2003. Optimization methodology for land use patterns-evaluation based on multiscale habitat pattern comparison. Ecological Modeling, 168: 217-231.

Ramachandran S, Srivastava R. 2016. Mixing states of aerosols over four environmentally distinct atmospheric regimes in Asia: coastal, urban, and industrial locations influenced by dust. Environmental Science and Pollution Research, 23: 11109-11128.

Raupach M R. 1992. Drag and drag partition on rough surfaces. Boundary-Layer Meteorology, 60 (4): 375-395.

Raupach M R, Gillette D A, Leys J F. 1993. The effect of roughness elements on wind erosion threshold. Journal of Geophysical Research: Atmospheres, 98 (D2): 3023-3029.

Requier-Desjardins M, Adhikari B, Sperlich S. 2011. Some notes on the economic assessment of land degradation. Land Degradation & Development, 22: 285-298.

Rice M A. 1991. Grain shape effects on aeolian sediment transport. Acta Mechanica, 1 (s): 159-166.

Rosenfeld M, Marom G, Bitan A. 2010. Numerical simulation of the airflow across trees in a windbreak. Boundary-layer Meteorology, 135 (1): 89-107.

Rossi F, Li H, Liu Y D, Philippis R D. 2017. Cyanobacterial inoculation (cyanobacterisation): Perspectives for the development of a standardized multifunctional technology for soil fertilization and desertification reversal. Earth-Science Reviews, 171: 28-43.

Samet J M, Dominici F, Curriero F C, Coursac I, Zeger S L. 2000. Fine particulate air pollution and mortality in 20 US cities, 1987–1994. New England Journal of Medicine, 343 (24): 1742-1749.

Shao Y. 2008. Physics and Modelling of Wind Erosion (2th revised and expanded edition). New York: Springer Publishing Company: 1-452.

Shi P, Yan P, Yuan Yi, Nearing M A. 2004. Wind erosion research in China: past, present and future. Progress in Physical Geography, 28 (3): 366-386.

Skidmore E L. 1986. Wind erosion climatic erosivity. Climatic Change, 9: 195-208.

Stiger C J, Darnhofer T O, Herrera H S. 1989. Crop protection from very strong winds. Recommendations from a Costa Rican agroforestry case study//Reifsnyder W S and Darnhofer T O (eds.). Meteorology and Agroforestry, ICRAF Nairobi: 521-529.

Sun B, Tuliang W U, Chen Y, Liao S. 2006. A preliminary study on effects of four urban greenbelt types on human comfort in Shenzhen, P. R. China. Forestry Science and Technology, 5 (2): 84-92.

Suter-Burri K, Gromke C, Leonard K C, Graf F. 2013. Spatial patterns of aeolian sediment deposition in vegetation canopies: Observations from wind tunnel experiments using colored sand. Aeolian Research, 8: 65-73.

Sutton S L F, Mckenna-Neuman C. 2008. Variation in bed level shear stress on surfaces sheltered by nonerodible roughness elements. Journal of Geophysical Research: Earth Surface, 113 (F3), F03016, doi: 10. 1029/2007JF000967.

Tang H P, Zhang X S. 2003. Establishment of optimized eco-productive paradigm in the farming-pastoral zone of northern China. Acta Botanica Sinica, 45 (10): 1166-1173.

Thomas B. 2006. Heavy particle dispersion over level terrain and in windbreak flow. University of Alberta (Canada), Dissertation for the Degree of Doctor: 1-203.

Thuyet D V, Do T V, Sato T, Hung T T. 2014. Effects of species and shelterbelt structure on wind speed reduction in shelter. Agroforestry Systems, 88 (2): 237-244.

Torita H, Satou H. 2007. Relationship between shelterbelt structure and mean wind reduction. Agricultural & Forest Meteorology, 145 (3-4): 186-194.

UNCCD. 1994. United Nations Convention to combat Desertification in those countries experiencing serious drought and/or desertification, particularly in Africa. Geneva: UNEP: 1-27.

United Nations. 1974. Manual VIII: Methods for projections of urban and rural population. Department of Economic and Social Affairs, Population Division (ST/ESA/Ser. A/55) (United Nations publication, Sales No. E. 74. XIII. 3).

Walter B, Gromke C, Lehning M. 2012a. Shear-stress partitioning in live plant canopies and modifications to Raupach's model. Boundary-Layer Meteorology, 144 (2): 217-241.

Walter B, Gromke C, Leonard K, Clifton A, Lehning M. 2012b. Spatially resolved skin friction velocity measurements using Irwin sensors: A calibration and accuracy analysis. Journal of Wind Engineering and Industrial Aerodynamics, 104-106: 314-321.

Wang R, Li J, Wang J, Cheng H, Zou X, Zhang C, Wu X, Kang L, Liu B, Li H. 2017a. Influence of dust storms on atmospheric particulate pollution and acid rain in northern China. Air Quality, Atmosphere & Health, 10 (3): 297-306.

Wang R, Liu B, Li H, Zou X, Wang J, Liu W, Cheng H, Kang L, Zhang C. 2017b. Variation of strong dust storm events in Northern China during 1978−2007. Atmospheric Research, 183: 166-172.

Wang S G, Wang J Y, Zhou Z J, Shang K Z. 2005. Regional characteristics of three kinds of dust storm events in China. Atmospheric Environment, 39: 509-520.

Wang W B, Liu Y D, Li D H, Hu C, Rao B. 2008. Feasibility of cyanobacterial inoculation for biological soil crusts formation in desert area. Soil Biology and Biochemistry, 41 (5): 926-929.

Wang X, Dong Z, Zhang J, Liu L. 2004. Modern dust storms in China: An overview. Journal of Arid Environments, 58: 559-574.

Wang X, Zhang Y, Zhang W, Xu X, Fu C. 2009. Comparison of erodibility on four types biological crusts in Gurbantunggut Desert from wind tunnel experiments. Journal of Arid Land Studies, 19 (1): 237-240.

Wasson R J, Nanninga P M. 1986. Estimating wind transport of sand on vegetated surfaces. Earth Surface Processes and Landforms, 11 (5): 505-514.

Webb N P, Okin G S, Brown S. 2014. The effect of roughness elements on wind erosion: The importance of surface shear stress distribution. Journal of Geophysical Research: Atmospheres, 119 (10): 6066-6084.

Willetts B B. 1983. Transport by wind of granular materials of different grains shapes and densities. Sedimentology, 30 (5): 669-679.

Wolfe S A, Nickling W G. 1993. The protective role of sparse vegetation in wind erosion. Progress in Physical Geography, 17 (1): 50-68.

Woodruff N P, Zingg A W. 1953. Wind Tunnel Studies of Shelterbelt Models. Journal of Forestry Washington, 51 (3): 173-178.

Wu T, Yu M, Wang G, Wang Z, Duan X, Dong Y, Cheng X. 2012. Effects of stand structure on wind speed reduction in a Metasequoia glyptostroboides shelterbelt. Agroforestry Systems, 87 (2): 251-257.

Wu X L. 2005. Quantification and optimization of spatial contiguity in land use planning. The Ohio State University (Dissertation for the Degree of Doctor): 2-145.

Wu X, Zou X, Zhang C, Wang R, Zhao J, Zhang J. 2013. The effect of wind barriers on airflow in a wind tunnel. Journal of Arid Environments, 97: 73-83.

Wu X, Zou X, Zhou N, Zhang C, Shi S. 2015. Deceleration efficiencies of shrub windbreaks in a wind tunnel. Aeolian Research, 16: 11-23.

Xu S J, Yin C S, He M, Wang Y. 2008. A technology for rapid reconstruction of moss-dominated soil crusts. Environmental Earth Sciences, 25 (8): 1129-1137.

Yang D, Liu W, Wang J, Liu B, Fang Y, Li H, Zou X. 2018. Wind erosion forces and wind direction distribution for assessing the efficiency of shelterbelts in northern China. Aeolian Research, 33: 44-52.

Yang Y, Sun H, Han Y, Wu Z, Song S, Zhao R. 2014. Effects of artificial vegetation restoration on soil physicochemical properties in southern edge of Mu Us sandy land. Agricultural Science & Technology, 15 (4): 648-652.

Yokohari M, Takeuchi K, Watanabe T, Yokota S. 2000. Beyond greenbelts and zoning: A new planning concept for the environment of Asian mega-cities. Landscape and Urban Planning, 47 (3-4): 159-171.

Zhang C, Li Q, Shen Y, Zhou N, Wang X, Li J, Jia W. 2018. Monitoring of aeolian desertification on the Qinghai-Tibet Plateau from the 1970s to 2015 using Landsat images. Science of the Total Environment, 619-620: 1648-1659.

Zhang C, Zou X, Cheng H, Yang S, Pan X, Liu Y, Dong G. 2007. Engineering measures to control windblown sand in Shiquanhe Town, Tibet. Journal of Wind Engineering and Industrial Aerodynamics, 95: 53-70.

Zhang Y M, Wang H L, Wang X Q, Yang W K, Zhang D Y. 2006. The microstructure of microbiotic crust and its influence on wind erosion for a sandy soil surface in the Gurbantunggut Desert of Northwestern China. Geoderma, 132 (3-4): 441-449.

Zhao W, Hu G, Zhang Z Z, He Z B. 2008. Shielding effect of oasis-protection systems composed of various forms of wind break on sand fixation in an arid region: A case study in the Hexi Corridor, northwest China. Ecological

Engineering, 33 (2): 119-125.

Zhou P, Wang Z, Zhang J, Yang Z, Li X. 2016. Study on the hydrochemical characteristics of groundwater along the Taklimakan Desert Highway. Environmental Earth Sciences, 75 (20): 1-13.

Zingg A W. 1953. Wind tunnel studies of the movement of sedimentary material. Proceedings of the 5th Hydraulic Conference, Iowa Institute of Hydraulic, Iowa City: 111-135.

Zou H, Zhou L, Ma S, Li P, Wang W, Li A, Jia J, Gao D. 2008. Local wind system in the Rongbuk Valley on the northern slope of Mt. Everest. Geophysical Research Letters, 35 (13): 344-349.

Zou X, Hao Q, Zhang C, Yang B, Liu Y, Dong G, Zhou S. 1999. The trajectory parameters analysis of saltating sand grains driven by wind. Chinese Science Bulletin, 44 (18): 1681-1685.

Zou X, Wang Z, Hao Q, Zhang C, Liu Y, Dong G. 2001. The distribution of velocity and energy of saltating sand grains in a wind tunnel. Geomorphology, 36 (2-3): 156-163.

Zou X, Zhang C, Cheng H, Kang L, Wu Y. 2015. Cogitation on developing a dynamic model of soil wind erosion. Science China: Earth Sciences, 58: 462-473.

Zou X, Li J, Liu B, Zhang C, Cheng H, Wu X, Kang L, Wang R. 2016. The protective effects of nebkhas on an oasis. Aeolian Research, 20: 71-79.

Zou X, Li J, Cheng H, Wang J, Zhang C, Kang L, Liu W, Zhang F. 2018. Spatial variation of topsoil features in soil wind erosion areas of northern China. Catena, 167: 429-439.